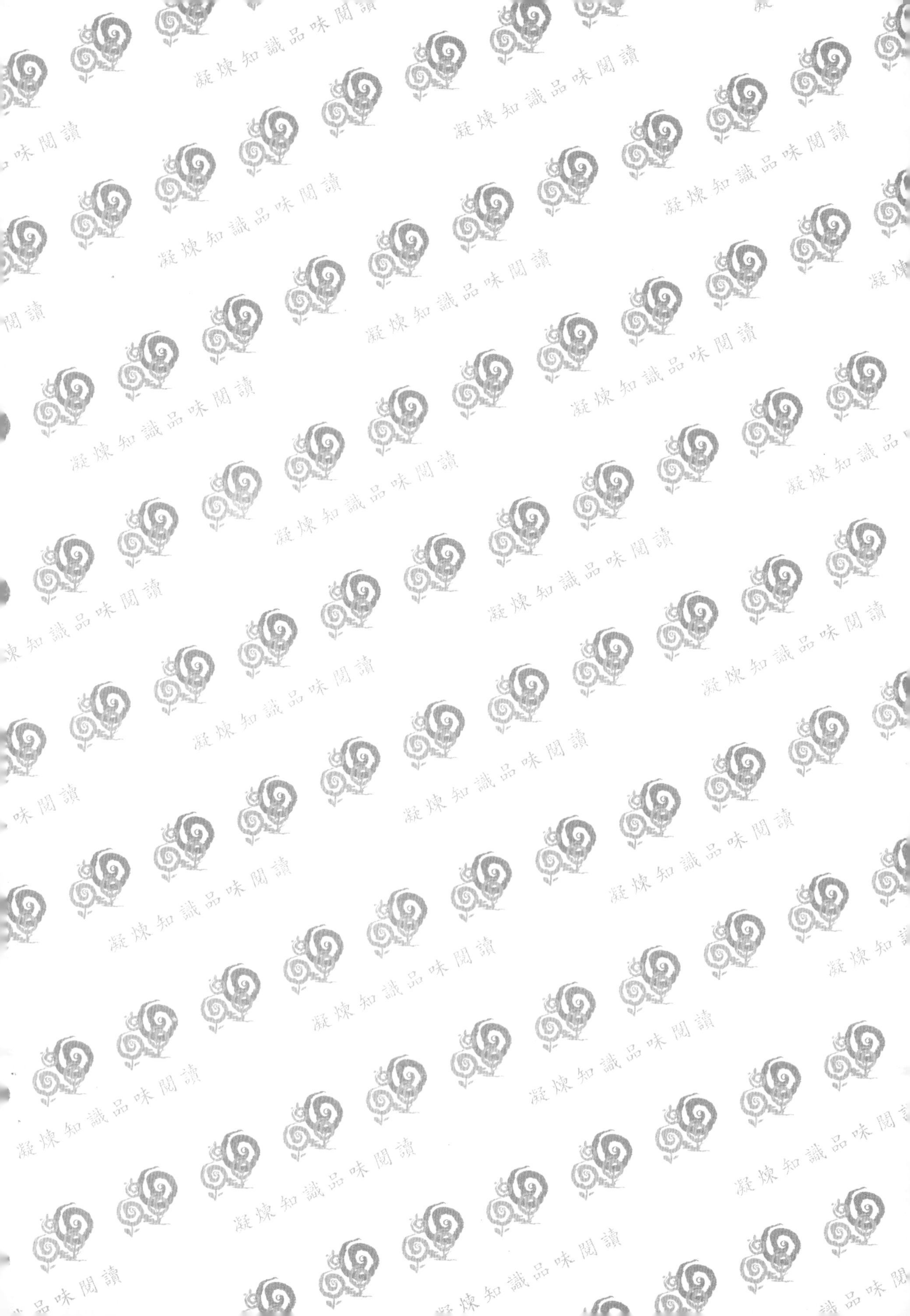

綠能系列

LED原理與應用

(第三版)　郭浩中　賴芳儀　郭守義　著

Principles and Applications of Light-emitting Diode

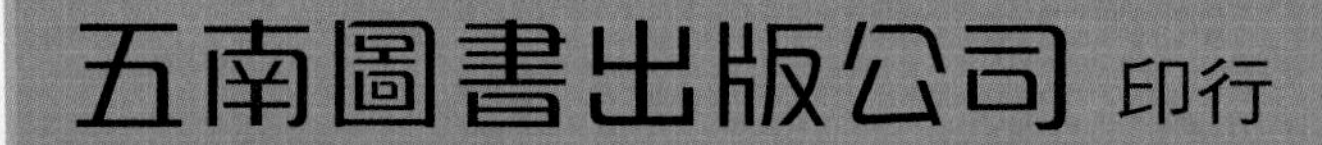
五南圖書出版公司 印行

推薦序

近年來，發光二極體（Light Emitting Diode, LED）為台灣光電產業中發展最迅速及最具未來競爭力的產品。完整的產業結構從原物料最上游藍寶石晶棒、晶片、上游磊晶、中游晶粒、下游封裝、模組至系統應用端，台灣的 LED 產品已成為全球最大的供應中心。由於環保意識抬頭，節能減碳以降低溫室效應最有效的方法之一就是使用高效率白光 LED 來全面取代室內外照明，而此舉也被視為愛迪生於 1879 年發明電燈泡以來，人類對於照明方式革命性的大躍進。

1965 年交大半導體研究中心成功自製第一顆平面式矽質電晶體及 MOSFET/Stable MOS Interface，為台灣電子工業開創新紀元之後，研究中心陸續培育出更多優秀的半導體人才，而全台灣第一顆紅光 LED 也是於 1970 年從這實驗室誕生的（我指導的技術員吳清斌做出），後來由萬邦電子公司於 1976 年正式量產成紅光 LED 晶粒，而萬邦電子正是國聯光電（晶元光電）的前身。人才的培育對於台灣高科技產業是相當重要的，現今台灣半導體及光電的技術基礎能如此豐厚紮實，實要歸功於技術經驗的傳承與累積。

郭浩中教授致力於紫外光及藍綠光氮化鎵發光元件之研究，是台灣眾多光電研究團隊中最為人所熟知的研究團隊。其獲選為 2007 年吳大猷青年獎、2007 年光學工程青年獎章、2009 年傑出人才積極留任國內優秀學者獎以及 2011 年獲選為 OSA Fellow，如此優秀的教授所引領的研究團隊，近年來在學術上創造相當多的國際級成果。以學術成就而言，在氮化鎵面射型雷射（Vertical-Cavity Surface-Emitting Laser, VCSEL）方面，郭教授與王興宗教授研究團隊在奈米計畫的輔助下，於 2008 年發表全世界第一顆藍光 meas-type VSCEL 元件，此技術領先全世界的頂尖研究團隊（如瑞士 EPFL、日本

Prof. Arakawa 團隊、美國 UCSB、日本京都大學的 Prof. Noda、韓國 KAIST 的 H. T. Lee），此研究成果備受世界矚目，被 Laser Focus World、Compound Semiconductor 及 SPIE Newsroom 等國際著名雜誌爭相報導，如此優越的成就已經成功地提昇台灣光電在國際的能見度。就產業價值而言，目前藍圖光 LED 與 LD 之關鍵技術與專利均被日本等大廠所掌握，然而郭教授研究團隊利用奈米級超晶格結構等相關技術開發出藍光 VCSEL 並在 2009 年獲得台灣（證書號：I299929）與日本（Japanese Patent Application No.: 2006-001364）專利，這是台灣在氮化鎵藍光面射型雷射第一個日本專利；在高效率氮化鎵 LED 元件開發上，利用關鍵奈米技術開發出來的白光 LED 的效率已可達 140lm/W 以上，而這些關鍵技術也正式技轉給台灣光電大廠，並陸續導入產品，這使台灣光電業能夠在氮化鎵發光元件的技術與應用上與世界大廠並駕齊驅，同時也為台灣光電產業創造超過數百億台幣以上的年產值。因此，郭教授團隊如此卓越的研究成果與貢獻應該被推崇與讚賞。

本書是由郭浩中教授及其領導的研發團隊所整理收集的文獻及近期研發之成果，內容從半導體元件、磊晶基礎原理、晶粒製作、白光封裝製程、光電特性模擬及 LED 相關應用等知識，全文內容完整豐富深入淺出，閱讀後相信讀者對此產業的技術及基本原理將有更深刻的認知，對學術界及產業界更是一大貢獻，因此本人樂為推薦並為之序。

張俊彥

前國立交通大學校長

中央研究院

2012 年 1 月　於新竹

致　謝

本書從籌備、收集資料到完成歷時約一年半，期間藉由許多貴人的幫忙才能順利完成此書。作者在此要感謝交通大學的王興宗教授、盧廷昌教授、余佩慈教授，元智大學的祁甡教授，美國伊利諾香檳校區（UIUC）的 Nick Holonyak 教授、S. L. Chuang（莊順連）教授、Milton Feng（馮明）教授，美國 Rensselaer Polytechnic Institute（RPI）的 S. Y. Lin（林尚佑）博士，香港科技大學的 K. M. Lau 教授，香港應科院副總裁吳恩柏博士，成功大學的蘇炎坤教授、張守進教授、李清庭教授、許進恭教授、薛道鴻博士、尤信介博士，晶元光電的謝明勳博士、徐大正博士，旭明光電的朱振甫博士，光寶科技的蔡增光博士、高志強博士，旭晶光電的林仲相博士、余長治博士、蔡睿彥博士，鼎元光電的宋嘉彬博士、黃國瑞、黃潤杰、陳柏洲、宋美佳、呂昇峰、胡智祥、張玉芳及其他光電研發部同仁，工研院的朱慕道博士、蔡政達博士、葉文勇博士、趙主立、顏璽軒，隆達電子的王德忠博士、張亞銜博士、李佳恩博士，台積電的朱榮堂博士，師大的李亞儒教授，感謝他們寶貴的意見、研究成果的提供以及和本研發團隊長期的合作。

另外要感謝交大光電的研究生：邱清華、柯宗憲、賴俊峰、羅明華、鄭柏孝、凌碩均、陳俊榮、高宗鼎、陳士偉、王朝勳、邱鏡學、陳信助、陳國儒等和半導體雷射技術實驗室的同學們、交大電子的研究生凃博閔、張哲榮、陳冨臻、尖端奈米光子實驗室以及奈米太陽能光電實驗室的同學們，元智大學的研究生：林瑋婷、黃劭群、王翰揚、陳瑞斌、謝曜隆、林宗民、吳旻倫、林宏勳、黃家揚、陳錦堂、徐永馨，長庚大學電子工程系先進光電實驗室的研究夥伴們，感謝你們幫忙收集、整理資料及在研究上的努力。

最後要感謝五南圖書出版公司楊榮川董事長與理工編輯室的鼎力幫忙，

幫助我們完成書稿的編輯，並製作出如此精美的圖、表。

要感謝的人實在太多，因此恐有遺漏之餘，敬請原諒。在此對所有與本研發團隊共同合作研究的伙伴、曾經幫助過我們的人以及長期默默在背後作為精神支柱的家人們致上由衷的感謝，因為有你們的幫忙，本團隊的研究才能持續精進，本書也才能順利完成，謝謝！

最後，本著作的三版改版完成最特別的要感謝前國立交通大學校長張俊彥教授，張教授在繁忙之中不忘提攜晚輩作專序推薦，實在令人感恩感佩。

郭浩中　賴芳儀　郭守義

2013年新版

作者序

發光二極體（Light Emitting Diode, LED）是由化合物半導體製作而成的發光元件，經由電子電洞之結合可將電能轉換成光的形式激發釋出。不同於一般白熾燈泡，LED 屬冷發光，其優點有耗電量低、元件壽命長、無須暖燈時間、反應速度快等優點，再加上其體積小、耐震動、適合量產，容易配合應用上的需求製成極小或陣列式元件。目前 LED 已普遍使用於資訊、通訊及消費性電子產品與顯示裝置上，成為日常生活中不可或缺重要元件。不僅如此，LED 更是台灣光電產業中最具競爭力的產品之一，中下游的晶粒切割、封裝和應用產業結構完整，加上上游磊晶片的研發、生產也在快速成長中，可望成為下一個兆元產業。自從 1994 年日本成功量產高亮度藍光二極體後，由於紅、綠、藍三原色 LED 具備，LED 全彩化的夢想得以實現，應用範圍亦大幅增加。另外，地球的環境危機除了溫室效應外，人類面臨最大的困境就是能源匱乏。即將匱乏的能源除了石油外，電能消耗也十分驚人。在台灣，目前使用在照明方面的電能消耗最大，「照明節能」將成為未來最重要的節能科技，逐漸實用化、低價化的 LED 照明，加上更有效率的太陽能發電，對於資源有限的台灣，將是新的選擇。

本書在第一版的基礎上新增加一章「白光發光二極體組成、螢光粉與封裝方式」，以專章的方式論述了白光 LED 封裝技術的最新進展，本章節也是現今光電產業技術關鍵議題。本書有系統地闡述 p-n 接面理論、發光二極體發光原理與特性、元件結構設計對於光性與電性的影響、半導體磊晶生長原理與製程技術、發光二極體在各個領域中的應用、性能參數及初步介紹光學系統設計等內容。內容涵蓋範圍廣泛，適合有志從事 LED 研發、生產和應用的工程技術人員閱讀，也可作為研究生和大學高年級學生固態照明課程的教科書或半導體物理、材料科學、照明技術和光學課程的參考書，適用於光電、電子、電機、材料、機械、能源、應物與應化等相關系所師生學習參考。

郭浩中
國立交通大學光電工程系所教授
賴芳儀
元智大學光電工程學系
郭守義
長庚大學光電工程學系
2012年

目　錄

第一章

發光二極體發展歷史與半導體概念

LED 為 Light emitting diode 的縮寫，中文名為「發光二極體」，是一種以半導體為發光材料的發光元件。其原理是因半導體中的載子（電子一電洞對）產生復合而放出光子，所以沒有燈絲發光有發熱、易燒等缺點，其發光波長取決於材料的能隙，可涵蓋紫外到紅外的波長範圍。LED 的照明產品就是利用 LED 作為光源而製造出來的照明器具。LED 被稱為第四代照明光源或綠色光源，因為其具有節能省電、環保、壽命長、體積小、響應快、抗震動性好等優點，可以廣泛應用於各種指示、顯示、情境裝飾、背光源、普通照明、城市夜景汽車頭燈等，尤其在節能省電的問題上，LED 是目前取代燈泡的最佳首選。圖 1.1 為不同材料之封裝好的 LED 照片。

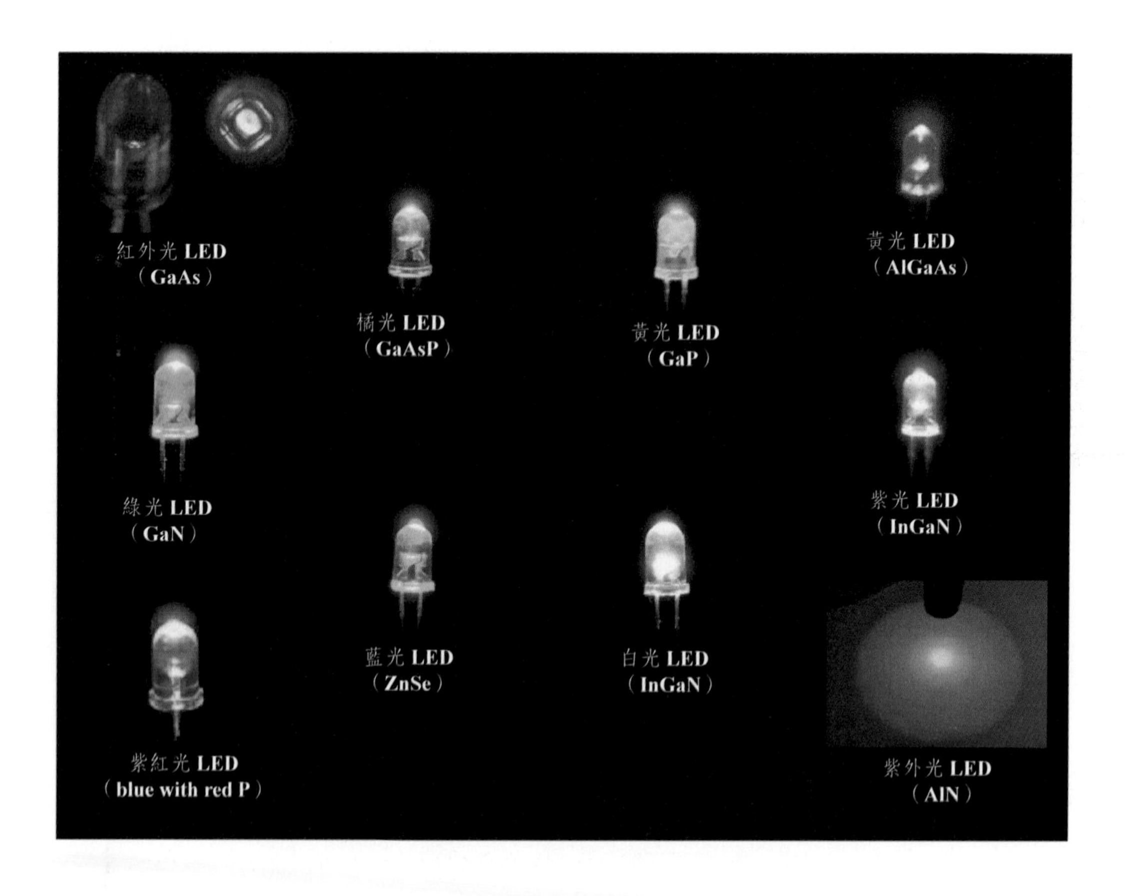

圖 1.1　不同材料和與其相對應的波長之封裝好的LED照片

資料來源：https:/.../f/How%20Do%20LED%20Lights%20Work.ppt

1.1 發光二極體發展歷史

LED 的歷史起源於 1907 年，當時對於材料的掌握，發光的機制都尚未明確，H. J. Round 發現 SiC 的微晶結構具有發光的能力，隨即公開發表在《電子世界》期刊，這是第一顆發光的 LED，Round 在文中指出第一顆 LED 是一種蕭基特二極體，並非 PN 接面二極體。1936 年，Destriau 公開發表 ZnS 作為 II-VI 半導體材料的 LED，此後 SiC 及 II-VI 族半導體已是廣為人知的發光材料。1952-1953 期間，Heinrich Welker 第一次展示出使用 III-V 族半導體做為發光材料，此後 III-V 族半導體材料引起大量的注意，III-V 族半導體材料如 GaAs，相繼被應用在波長 870-980 nm 的紅外光 LED 及被用來做為 Laser 的材料。

1962 年，Holonyak 和 Bevacqua 在應用物理期刊發表了使用 GaAsP 為發光材料的紅光 LED，這是第一顆可見光 LED，使用氣相磊晶法（VPE）在 GaAs 基板上成長出 GaAsP 二極體 PN 接面，其優點為磊晶方法簡易及低成本花費，但是由於 GaAsP 與 GaAs 並非晶格匹配的材料系統，在 GaAsP 與 GaAs 薄膜界面因為晶格不匹配的緣故，造成種種缺陷，導致發光效率不良，估計約為 0.11 lm/W。由於先天上的問題，GaAsP/GaAs 系統直到 1969 年，才由 Nuese 發現經由磊晶一定厚度 GaAsP 緩衝層，可以提高其發光效率，此為不匹配材料系統一重要發現，其觀念沿用至今。

1907 年美國 Round 首次研發出 SiC LED（發光二極體），在 10 V 偏壓下發現微弱的黃光、綠光與橘光在陰極出現，其中 SiC 是研磨砂紙上常用的材料。1923 年俄國 Losseve 則將電流注入意外形成的的 SiC p-n 接面，並使元件發出藍光。1936 年法國 Destriau 發現了注入電流可以讓 ZnS 粉末發光。1962 年任職於美國 GE 公司 N. Holonyak Jr. 等人製作並發表首顆 GaAsP 紅光 LED，但直到 1970 年 LED 的發光原理才被進一步了解，1971 年夏天美國 RCA 公司 Pankove 等人製作出第一個電激發光 MIS 結構。1990 年初期美國 Hewlett-Packard 公司的 Kuo 與日本 Toshiba 公司的 Sugawara 等人使用

AlInGaP 材料發展高亮度紅光與琥珀色 LED。

Nick Holonyak Jr. 教授是 1954 年在美國伊利諾大學（Urbana Champaign）取得電機工程（EE）博士學位的，年僅 26 歲時就進入美國當時最重要私人研究機構之一的美國貝爾電話實驗室。1957 進入 GE（美國大廠通用電氣公司，General Electric Company, GE，又稱為奇異公司），持續工作到 1963 年，其間發明了第一個發出紅光的半導體雷射，也就是 Laser Diode（LD，雷射二極體），是後來許多光碟裝置、印表機或影印機裝置的關鍵組件。Nick Holonyak Jr. 在發明了 LED 後，在 1963 年離開 GE，回到其母校美國伊利諾大學電機工程系擔任教授，許多它的學生後來都在美國加州的矽谷成立自己的事業，參與了矽谷帶動的科技浪潮。Holonyak 教授的許多貢獻獲得了美國國家科學獎、美國國家技術獎，2004 年還獲得 Lemelson 獎，是美國本土獎金金額最高的發明獎項，可說實至名歸。因為 Holonyak 教授對可見光 LED 和 LD 的貢獻，他被譽稱為可見光 LED 和 LD 之父。圖 1.2 是 Holonyak 教授的照片，圖 1.3 是作者與 Holonyak 教授的合照

圖 1.2　Nick Holonyak Jr. 教授。
照片來源：magazine.continental.com/200811-idea-makers

圖 1.3　作者與 Nick Holonyak Jr. 教授合影，圖左為交通大學電機學院院長謝漢萍教授。

GaP 材料的發展歷史始於 1960 年代，1963 年 Allen 及 1964 年 Grimmeiss & Scholz 發表了由 GaP 做為 PN 接面的 LED，其後 AT&T Bell 實驗室的 Ralph Logan 等人致力於發展 GaP 材料系統的 LED。GaP 材料的 LED 可以在日光下，發出人眼所能看見的紅光，其發光效率較 GaAsP 系統 LED 為佳，但由於 GaP 為非直接能隙的半導體，所以限制住其輻射效率。此外，如果在半導體中摻入雜質例如 N，或同時摻雜 Zn 和 O，藉由改變其能隙大小，可以放射出紅綠波長區域的光。至 1972 年，將摻雜應用至 GaAsP/GaAs 系統，M. George Craford 成功使用 N 摻雜做出第一顆黃光波段的 GaAsP/GaAs LED，除了能有效提升發光效率，更能將發光波長區段做一拓展及延伸。

隨著紅光 LED 的研究與發展，GaAsP 系統 GaP 與 GaAs 間仍有 3% 晶格不匹配，所以另一被應用的材料為 AlGaAs。Rupprecht 和 Woodall 致力於 AlGaAs 材料的研究，由於 Al 容易氧化的特性，所以磊晶方法必須使用液相磊晶而非氣相磊晶，Woodall 更設計出垂直式的液相磊晶法，結果發現 AlGaAs/GaAs 的 LED 比 GaAsP/GaAs 的 LED 有較好的發光效率。1980 年代，雙異質結構被應用在 LED 磊晶結構上，由於雙異質結構增加了侷限載子的能力，提升了電子電洞復合放光的機率，所以 AlGaAs/AlGaAs LED 在紅光 LED 演進的歷史中，提升相當高的發光效率。

1985 年後，日本研究使用 AlGaInP 系統做為可見光波段雷射的材料，發光層為 AlGaInP/GaInP 的雙異質結構，藉由 AlGaInP 之間四元材料比例的調配，成功做出 625、610、590 nm 紅橘黃波段的 LED，另外，相較於用 GaAsP 做出的 LED，AlGaInP LED 在高溫高濕的環境下，有更長壽命，所以取代 GaAsP 成為紅光主要使用的材料。

1990 年後由於製程技術的突破與發展，使用晶片接合技術成功將紅光 LED 建立在透光基板 GaP 上，大大增加了發光效率，此外，更將 LED 裸晶製成特定形狀，提升光萃取效率，增加整體發光效率，至此，紅光 LED 發展已漸趨成熟穩定。

LED 的發光波長從紫外光到紅外光，目前主要的應用市場仍以可見光為主，在材料方面目前則以應用在紅光、黃光為主的 AlInGaP 與應用在綠光、藍光的 AlInGaN 可以達到較高的發光效率。

隨著紅光與綠光 LED 的成功開發，藍光 LED 的開發幾乎在同一時期已經開始，在 1970 年代已經有人提出以氮化鎵（GaN）材料當成藍光 LED 的材料，但由於當時與 GaN 材料相關的磊晶技術尚未發達，並且一直無法成功地開發出 p 型氮化鎵（p-GaN）薄膜，因此這個研究課題很快的就遭遇瓶頸，而被科學家們所放棄。到了 1980 年代，大家把可能開發出藍光 LED 的材料焦點轉移到其他如氧化鋅（ZnO）和硒化鋅（ZnSe）等材料，此時 GaN 成為不被看好的材料，從事其相關研究的科學家也非常的少。直到 1986 年，Amano 教授（天野浩教授）和 Akasaki 教授（赤崎勇教授）的研究團隊利用 MOCVD 磊晶低溫 AlN 緩衝層，成功地成長透明、沒有崩裂表面的 GaN 薄膜，正式開啟以 GaN 材料來製作藍光 LED 的新時代。稍後 Akasaki 教授團隊進一步由 X-ray 繞射光譜、光激光譜 -PL 等量測結果，驗證了加入低溫 AlN 緩衝層後所磊晶的 GaN 薄膜，具有完美的晶格排列，此外本質缺陷所形成的施體濃度，也因此減少到 1×10^{15} cm^{-3}，電子移動率則提高了一個級次（10 倍）以上，而低溫緩衝層的加入也改善了 GaN 薄膜的電特性。1989 年日本 Akasaki 教授的研究團隊使用 Cp_2Mg 摻雜源已經可以在低溫緩衝層上，磊晶出摻鎂的 GaN 薄膜，並利用低能量電子束照射摻鎂的 GaN 薄膜，成功地獲得 p-GaN，同時他們也成功地製作出具有 p-n 接面之藍光 GaN LED。1992 年日本 Nichia 公司（日本日亞化學公司）的 Shuji Nakamura 教授（中村修二教授），使用熱退火技術成功地活化磊晶在低溫緩衝層上的 GaN 薄膜，隨後又用其設計的雙流式 MOCVD (two-flow MOCVD)成功地大幅提昇 GaN 材料的磊晶品質，成功的成長出高品質的藍光 LED 核心材料——i 層的氮化銦鎵合金（InGaN alloy），並在 1995 年研製出高亮度 GaN 藍光與綠光 LED。1996 年 Nakamura 又提出利用 InGaN 藍光 LED（波長 460 nm~470 nm）激發產生鈰黃色螢光物質之白光 LED。

從 1993 年開始，中村先生展示出第一顆使用 InGaN/GaN 材料系統的藍光 LED，隨後便展開了 GaN 材料的研究，該材料系統藉由 In 含量的改變可以控制能隙的大小，發出紫光至綠光波長的光，從第一顆藍光 LED 問世後，GaN 材料被大量研究，往後更是應用在藍光雷射的製作，於 2007 年，藍光 LED 已經擁有可以超越 100 lm/W 的實驗結果，但由於基板的選擇，還有許多需要克服的困難，未來當藍光 LED 技術發展成熟，勢必使 LED 有許多廣泛的應用與商機。由於中村教授製作出第一顆藍光 LED 及藍光 LD，因此他被譽稱為藍光 LED 與 LD 之父，他在 1999 年至美國加州聖塔芭芭拉大學材料系擔任教授，並在 2006 獲得芬蘭千禧獎，圖 1.4 為作者與中村教授的合影，圖 1.5 為作者與天野浩教授的合影。

圖 1.4　作者與中村教授合影。

圖 1.5　作者與天野教授合影。

綠光 LED 的發光層材料也是使用 InGaN/GaN 系統，但是由於 In 在含量過多的情況下，在發光層內相鄰層的接面會造成不平整的表面形態變化，造成光輸出嚴重降低，遠不如藍光波長的 InGaN/GaN LED，但是 lm 是一種相關於人眼感受程度的光源單位，由於人眼對於綠光刺激較為敏感，所以在發光效率（lm/W）上綠光 LED 仍是大於藍光 LED。

目前，LED 在我們日常生活中已隨處可見，例如：交通號誌、大型全彩顯示器及裝飾用的各種顏色 LED。而由藍光 LED 激發黃色螢光粉所製成之白光 LED 的應用範圍也愈來愈廣，從取代 CCFL 而成為手機及螢幕的背光源到車燈，乃至於室內外的照明燈具，未來白光 LED 可望成為下一世代的照明光源，圖 1.6 為發光二極體的發展概況示意圖。由於赤崎勇教授（Isamu Akasaki）、天野浩教授（Hiroshi Amano）跟中村修二教授（Shuji

Nakamura）開發了能源轉換效率高及對環境友善的光源——藍光發光二極體（LED），而藍光 LED 可產生白光 LED，此壽命長、高效率的白光 LED 可取代舊有的光源，為了表彰他們三人如此重要的貢獻，2014 年的諾貝爾物理獎頒給了這三位發明藍光 LED 的科學家。

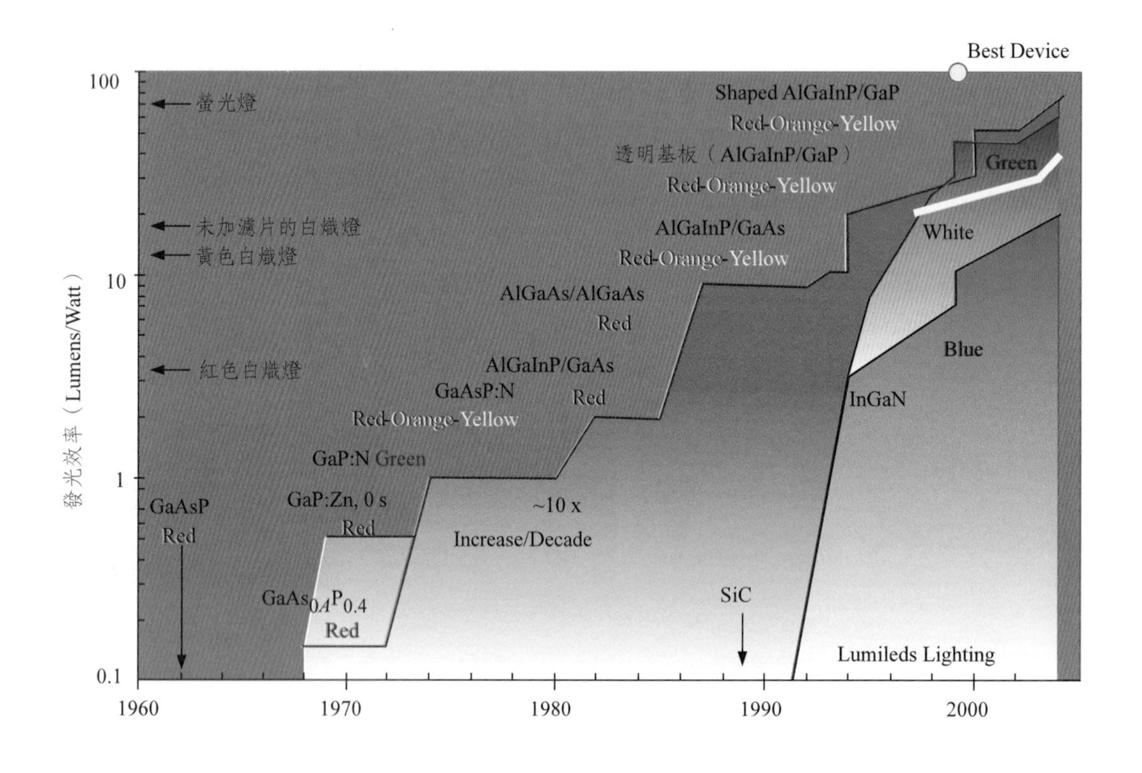

圖 1.6　發光二極體發展示意圖

1.2 半導體概念

以下將從半導體能帶概念開始介紹和 LED 相關的原理。

1.2.1 能帶

在近代物理中，單一原子的電子能量被量子化，並具有一特定不連續值，如圖 1.7 左方的鋰原子，鋰原子有兩個電子在 1 s 能階和一個電子在 2 s 能階。但當多到 10^{23} 個鋰原子緊密聚在一起時，則由於原子間的作用力，電子和電子間的能階互相重疊形成一電子能帶。此時 2 s 能帶將由 10^{23} 緊密排列的能階所形成；相同地，如圖 1.7 中所示，其他較高的能階也會形成能帶。這些能帶彼此互相重疊形成一代表金屬能帶結構的連續能帶。

然而在半導體晶格中，電子能量和金屬有明顯地不同。圖 1.8(a) 為一簡化的矽晶體二維示意圖，每一個矽原子和 4 個鄰近的矽原子互相鍵結，每一個原子外的四個價電子都以這種方式形成鏈結。

在相鄰矽原子和其所屬價電子相互作用下，晶體中電子能量會分裂成兩個可明顯區分的能帶，即所謂的價電帶（valence band, VB）和導電帶（conduction band，導電帶），兩者之間的差（間隙）即稱為能帶間隙（energy gap 或 band gap, E_g），如圖 1.8(b) 所示，在能隙中不容許電子存在。價電帶代表晶體中兩互相鍵結原子的電子波函數，而佔據這些波函數的電子就稱為價電子。在絕對零度時，電子佔據最低的能量態位，即價電帶，此時所有的鍵結都被價電子佔據了（表示沒有懸鍵），因此在價電帶中所有的電子能階都將被這些電子所填滿；導電帶代表晶體中能量高於價電帶的能

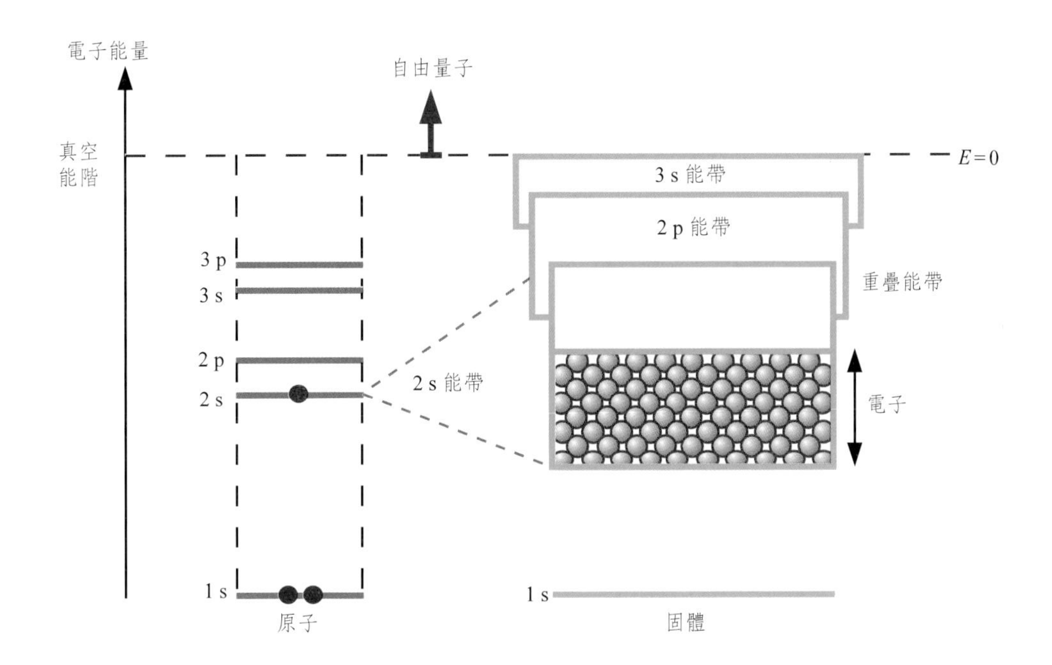

圖 1.7　金屬中，不同能帶相重疊以得到特定的單一能帶，此能帶上只填滿部分的電子。當能帶高於自由能階時，電子是不受束縛而可自由移動的。

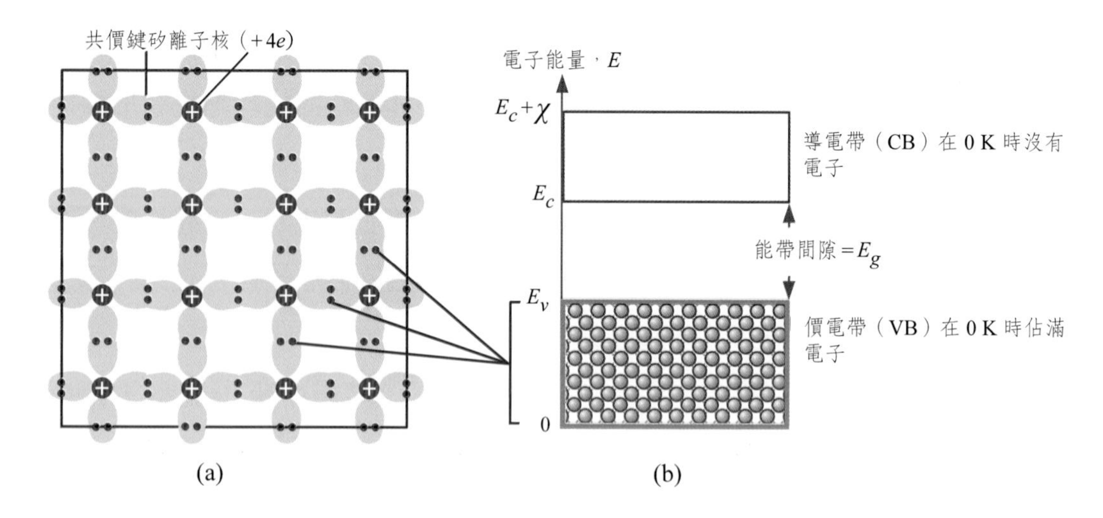

圖 1.8　(a) 簡化的矽晶體共價鍵之二維示意圖。
(b) 絕對溫度零度時，矽晶體的電子能帶圖。

帶，正常狀況下，零度凱爾溫度下（K），這些能態是空的。價電帶的頂端能量標記為 E_v，而導電帶底部能量則為 E_c，所以能隙 $E_g=E_c-E_v$，其亦代表在價電帶的電子要躍遷到導電帶所需要的能量。此外導電帶的寬度稱為電子親和力（χ）。

當電子位於導電帶時，因為其周圍有大量空的能階，所以它可在晶體中自由移動，其行為類似自由電子，此時我們可視導電帶中的電子為一具有效質量 m_e^* 的粒子。圖 1.9 說明當入射光子能量 $h\nu>E_g$ 且和價電帶中的電子相互作用，電子吸收入射光子的能量，並獲得足夠能量以克服能隙 E_g 而躍遷至導電帶，因此在導電帶中產生一個自由電子，伴隨發生的是價電帶中遺失一個電子形成空缺，此空缺稱為電洞（hole），其有效質量為 m_h^*。因此，共價鍵中空的電子能態或是遺失電子，即可視為價電帶中的電洞。在導電帶中的自由電子（電荷 e^-），因為可在晶體中自由移動，因此當外加電場時，會產生導電的情形。而電洞（電荷 h^+）只要是呈自由形態的，亦可以在晶體中自由移動。這是由於在鄰近共價鍵的電子會「跳躍」，亦即穿隧至電洞（空缺）位置以填滿空的電子能態，使得電子原來所在位置新生成了一個電洞，這等效於電洞移動至相反的方向。

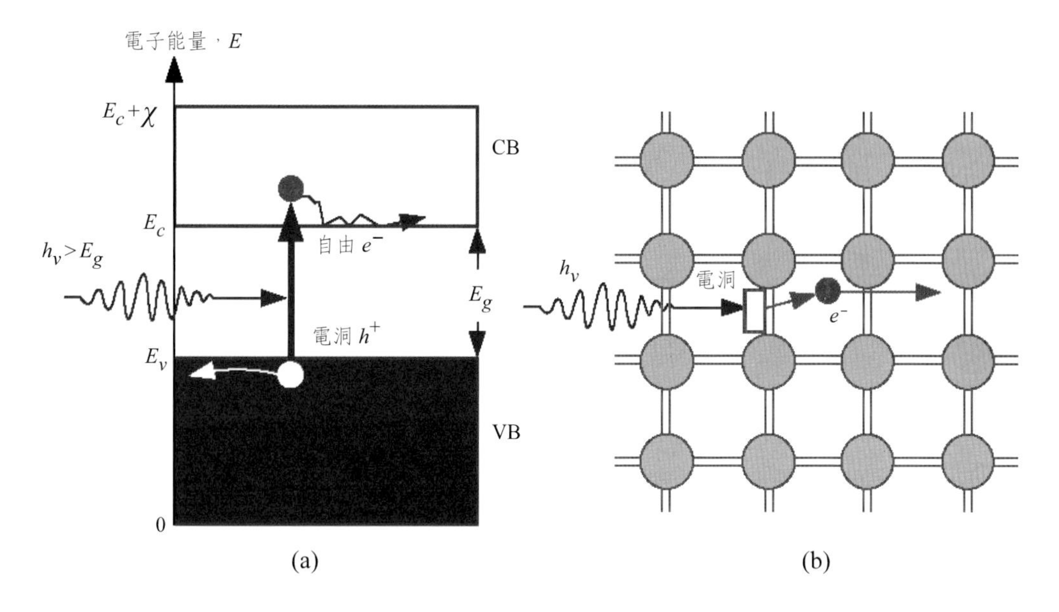

圖 1.9　(a) 光子能量大於 E_g 時會將價電帶中的電子激發至導電帶。(b) 在 Si-Si 原子間的線，表示共價鍵中的價電子。當光子將 Si 與 Si 間的鍵結打斷則在 Si-Si 鍵結中將形成一自由電子和電洞。

雖然在光子能量 $hv>E_g$ 的特殊例子中會產生電子電洞對，然而其他不同形式的能量也會導致電子—電洞對的產生。事實上，在一缺少輻射照射下的樣品中仍會持續著電子—電洞對的產生程序，這是「熱生成」所造成的結果。熱能會導致晶體中的原子不斷地振動，振動能量會將矽原子間的鍵結打斷，因此可激發價電帶中的電子至導電帶中而產生電子—電洞對。

當在導電帶中移動的電子碰到價電帶中的電洞時，它會發現有一較低能量的能態出現，因此會佔據它。例如在 GaAs 和 InP 中，電子由導電帶中掉落至價電帶並將電洞填滿，這種現象稱為「復合」，這導致導電帶、價電帶中各消失一個電子、電洞，而多餘的能量會以晶格振動方式消耗掉（熱）。在穩定狀態下，熱生成速率將和復合速率相同，所以導電帶中的電子濃度 n 和價電帶中的電洞濃度 p 會維持一定值，同時，n、p 和溫度呈相依關係。

1.2.2 本質半導體

半導體中有兩項重要的概念，能態密度與費米—狄拉克函數。能態密度（density of states, DOS），$g(E)$，表示晶體中每單位體積、單位能量的電子能態（電子波函數）之數目，單位為能態數目 /eV-cm^3。我們可利用量子力學考量晶體在一特定能量範圍下，每單位體積中有多少電子波函數來計算 DOS，圖 1.10(a) 和 (b) 顯示一簡單方法來表現 $g(E)$ 如何和導電帶及價電帶中的電子能量有所相關。根據量子力學，對於一個被限制於三維位能井中的電子，如晶體中的電子，其 DOS 隨能量增加的情形為 $g(E) \propto (E-E_c)^{1/2}$，其中 $(E-E_c)$ 為從導電帶底部算起的電子能量，DOS 只能告訴我們可用的能態，而非實際佔據的情形。

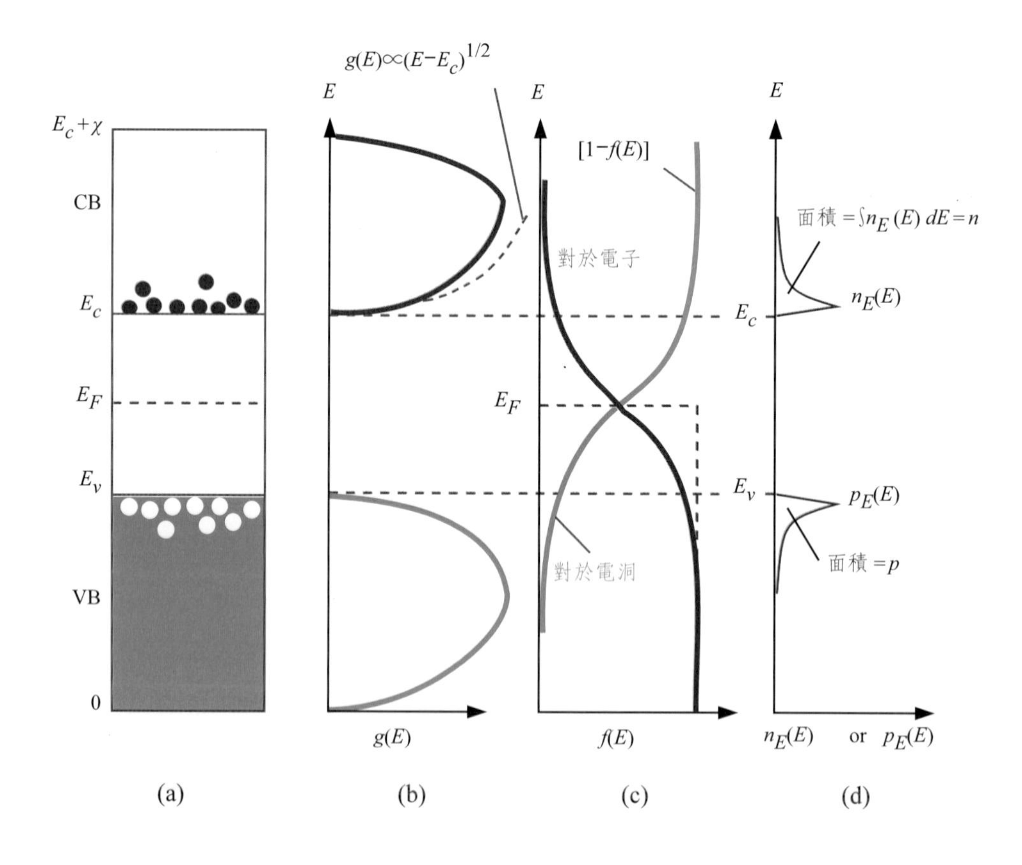

圖 1.10 (a) 能量圖；(b) 能態密度（每單位體積與每單位能量的能態數目）；(c) 費米—狄拉克機率函數（可能占據能態的機率）；(d)$g(E)$ 和，$f(E)$ 的乘積為導電帶中電子的能量密度（每單位體積與單位能量的電子數目），在 $n_E(E)$ 對 E 下的面積是電子濃度。

費米－狄拉克函數 $f(E)$ 是一個電子占據能量 E 的電子能態（指一波函數）之機率。它定義為：

$$f(E)=\frac{1}{1+\exp\left(\frac{E-E_F}{k_BT}\right)} \qquad (1\text{-}1)$$

其中 k_B 為波茲曼常數、T 是溫度（K）、而 E_F 為費米能量（Fermi level），即電子佔據機率為 1/2 時的能量。

圖 1.10(c) 顯示 $f(E)$ 的行為。假設費米能階是位於能隙間，則找到一個具能量 E 能態之電洞（失去一個電子）的機率為 $1-f(E)$。

雖然由（1-1）式可知，在 E_F 找到電子占據的機率是 1/2，但也可能沒有能態可供電子佔據。最重要的是乘積 $g_{CB}(E)f(E)$，其為在導電帶中每單位體積、每單位能量下實際電子的數目 $n_E(E)$，如圖 1.10(d) 所示。因此 $n_E\mathrm{d}E=g_{CB}(E)f(E)dE$ 為電子在能量範圍 E 到 $E+dE$ 間的數目，積分這個從導電帶底部（E_c）到頂部（$E_c+\chi$）可得到在導電帶中的電子濃度 n，即：

$$n=\int_{E_C}^{E_C+x} g_{CB}(E)f(E)\,dE \qquad (1\text{-}2)$$

當 $(E_C-E_F)\gg k_BT$，亦即 E_F 至少略低於 E_C 下幾個 k_BT，$f(E)\approx\exp[-(E-E_F)/k_BT]$，此時費米－狄拉克統計可用波茲曼統計來取代。這些半導體稱為非簡併（non-degenerate）半導體，其表示導電帶中電子的數目是遠小於在這一能帶的能態。對於一非簡併半導體，（1-2）的積分會得到：

$$n=N_c\exp\left[-\frac{(E_c-E_F)}{k_BT}\right] \qquad (1\text{-}3)$$

其中 $N_C=[2\pi m_e^* k_BT/h^2]^{3/2}$ 是和溫度相關的常數，稱為導電帶邊緣的有效能帶密度。公式（1-3）的積分結果為 $(E_c-E_F)\gg k_BT$ 時的近似形式。假如將導電帶中所有的能態，以有效濃度 N_c（每單位體積能態的數目）取代，並乘以波茲曼機率函數 $f(E_c)=\exp[-(E_c-E_F)/k_BT]$，則可得到在 E_c 的電子濃度，因此 N_c 是在導電帶能帶邊緣的有效能態密度。同樣地我們可得到價電帶中的電洞濃度，如圖 1.10(d) 所示，為：

$$p = N_c \exp\left[-\frac{(E_F - E_v)}{k_B T}\right] \tag{1-4}$$

其中， $N_v = 2[2\pi m_h^* k_B T/h^2]^{3/2}$ 為價電帶邊緣的有效能態密度。由（1-3）及（1-4）式可看出 E_F 的位置可以決定電子和電洞的濃度。

在一本質半導體中（一純的，未摻雜的晶體），$n = p$，由（1-3）及（1-4）式可看出本質半導體的費米能階 E_{Fi} 是高於 E_v 且位於能隙間，即

$$E_{Fi} = E_v + \frac{1}{2}E_g - \frac{1}{2}kT\ln\left(\frac{N_c}{N_v}\right) \tag{1-5}$$

由於 N_c 和 N_v 值是相似的，且兩者均有對數項，所以 E_{Fi} 是非常趨近於能隙的中間。由公式（1-3）和（1-4）np 的乘積可得到有用的半導體關係，稱為質量作用定律（mass action law）

$$np = N_c N_v \exp\left(-\frac{E_g}{k_B T}\right) = n_i^2 \tag{1-6}$$

其中 $E_g = E_c - E_v$ 是能隙能量，n_i^2 被定義為 $N_c N_v \exp[-E_g / k_B T]$ 是一和溫度及材料特性有關的常數，即和 E_g 相關，而和費米能階所在位置無關。本質濃度 n_i 相當於在未摻雜（純）的半導體（即本質半導體）中的電子或電洞濃度，即 $n = p = n_i$。當樣品處於熱平衡及不照光下，質量作用定律是有效的。在室溫下，砷化鎵的 n_i 為 $2.25 \times 10^6\ cm^{-3}$。

1.2.3 外質半導體

藉由摻入少量的雜質（impurity）至純晶體中，可得到半導體中有某一種極性的載子濃度會多於另一極性的粒子，這類半導體稱為外質半導體（extrinsic semiconductor）。這和純晶體的本質特性是相對的；例如，在 Si 中摻入五價雜質，如砷（As），其比 Si 多一價，則可得到一電子濃度大於電洞濃度的半導體，即 n 型半導體。相反地，如果摻入三價的雜質，如硼

（B），比四價少一價，則可得到一電洞數多於電子的 p 型半導體。

如圖 1.11(a) 所示，當少量的砷摻入 Si 晶體中，每一砷原子將取代一矽原子，周遭被 4 個矽原子所圍繞；砷有 5 個價電子，而矽有 4 個，故當一砷原子和 4 個矽原子形成鍵結時，將遺留一個未被鍵結，它類似在 Si 周圍有一氫原子，可藉由使用游離氫原子（將電子從氫原子中移除）的計算方式來計算需要多少能量才能使砷離子外的電子脫離束縛，這能量大約是 0.05 eV，接近於在室溫下的熱能（1 $K_BT \approx 0.025$ eV），因此第 5 個價電子很容易地藉由矽晶格的熱振動而被釋放，此時電子將在半導體中「自由」移動，或換句話說，電子將存在導電帶中。因此將電子激發至導電帶所需的能量約為 0.05 eV。如圖 1.11(b) 所示，摻入砷原子因為第 5 個電子在 As^+ 的周遭有局部的波函數而在砷位置衍生出局部電子能態，這些能態的能量 E_d 低於 E_c，約為 0.05 eV。故在室溫下晶格振動所產生的熱激發是足夠將電子從 E_d 激發至導電帶而產生自由電子的。因為砷原子捐獻一個電子至導電帶中，稱為施體（donor）雜質。如圖 1.11(b)，E_d 是在施體原子周遭的電子能量且其低於 E_c～0.05 eV，假設 N_d 是施體原子濃度，如果 $N_d \gg n_i$，則在室溫下導電帶的電子濃度幾乎等於 N_d，即 $n = N_d$，電洞濃度則為 $p = n_i^2/N_d$，並少於本質濃度，且維持 $np = n_i^2$。

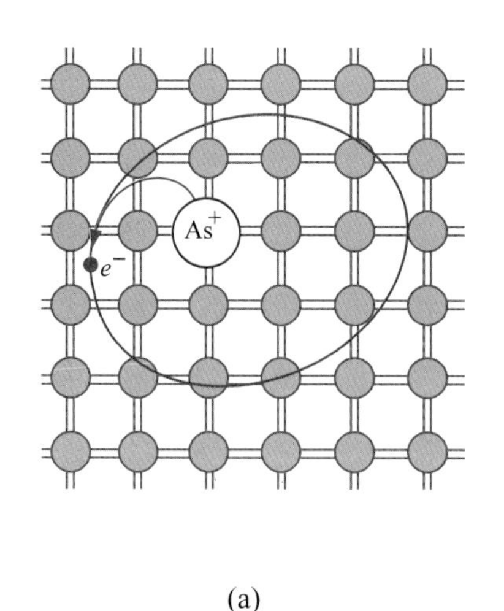

(a)

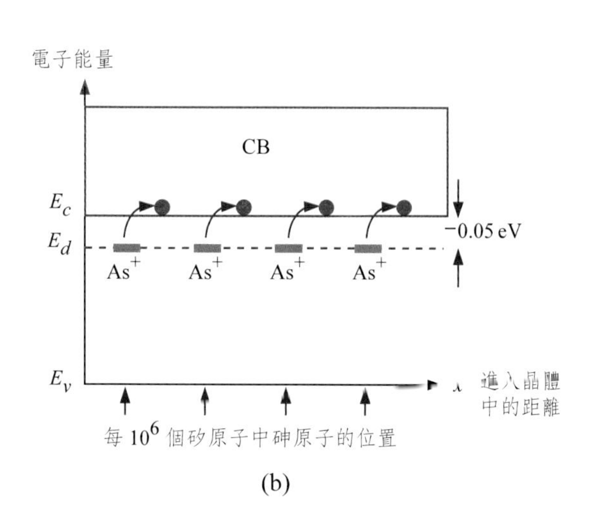

(b)

圖 1.11　(a) 摻入砷的矽半導體。(b) 少量摻雜砷的 n- 型矽能帶圖。在砷離子（As^+）位置附近，施體能階恰比 E_c 低。

半導體的傳導係數 σ 是和電子、電洞有關，假設 μ_e 和 μ_h 分別為電子和電洞的漂移遷移率，則

$$\sigma = en\mu_e + en\mu_h \tag{1-7}$$

在 n 型半導體中，傳導係數表示為

$$\sigma = eN_d\mu_e + e\left(\frac{n_i^2}{N_d}\right)\mu_h \approx eN_d\mu_e \tag{1-8}$$

同樣地，在矽晶體中摻入三價原子，例如硼，將形成 p 型矽，其在矽晶體中存在超額的電洞。考量在矽中摻入少量的硼，如圖 1.12(a) 所示，因為硼只有三個價電子，當它和鄰近 4 個矽原子共享電子時，會因有一鍵結少了一個電子而形成一個「電洞」，此電洞受到硼離子（B^-）束縛能的大小，可以前述 n 型矽例子中的方法來計算。這方式所得到的束縛能很小約為 0.05 eV，所以室溫下晶格的熱振動能讓電洞脫離 B^- 的束縛。就能帶圖來看，硼原子接受來自於鄰近鍵結的電子，即電子從價電帶中離開被硼原子接受而在價電帶中留下一個可隨意移動的電洞，如圖 1.12(b) 所示。因此硼原子在這裡為一個電子受體（acceptor）雜質。假如晶體中受體雜質（N_a）的濃度遠高於本質

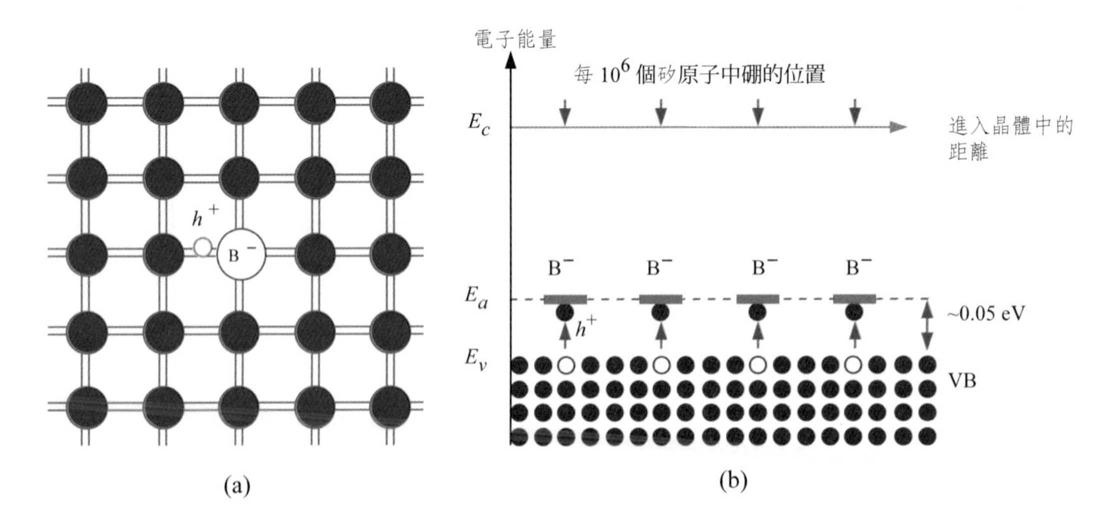

圖 1.12　(a) 摻入硼的矽半導體。(b) 少量摻雜硼的 p- 型矽能帶圖。在 B^- 位置周遭有受體能階恰高於 E_v，這些受體能階從價電帶接受電子，因此在價電帶中產生電洞。

濃度 n_i，則在室溫下所有的受體雜質將被游離，而 $p=N_a$，則電子的濃度遠小於 p 並可由質量作用定律 $n=n_i^2/N_a$ 求得，所以傳導係數可簡化成 $\sigma=eN_a\mu_h$。

圖 1.13(a)—(c) 分別為本質、n- 型和 p- 型半導體的能帶圖示意圖，電子和電洞的濃度可由公式（1-3）和（1-4）計算得知，利用 E_F 到 E_c 和 E_v 間的能量差來決定。

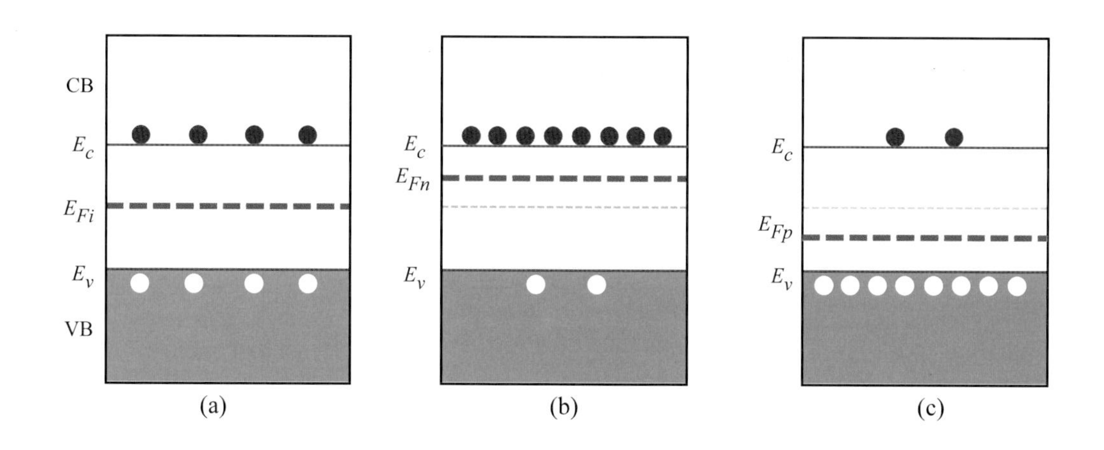

圖 1.13　(a) 本質 (b)n- 型 (c)p- 型半導體的能帶圖，在所有例子中 $np=n_i^2$，其中受體和施體能階並沒有繪在圖上。其中 E_{Fi}、E_{Fn}、E_{Fp} 分別是本質、n- 型、p- 型半導體的費米能階位置。

1.2.4　簡併半導體

當半導體摻入大量的雜質時，會造成一非常大的 n（或 p），這個值會等於或高於有效態位密度 N_c（或 N_v），對於 $n>N_c$ 和 $p>N_v$ 的半導體稱為簡併半導體（degenerate semiconductor）。此時需考慮包利不相容原理並使用費米—狄拉克統計。在這樣的半導體中，其特性較像金屬，故電阻係數約略正比於絕對溫度。

在簡併半導體中由於重摻雜造成其具有大量的載子濃度，例如當 n- 型半導體中的施體濃度增高到一定程度時，會造成施體原子彼此很靠近，而使得他們的外圍軌道互相重疊形成一狹窄的能帶，這重疊區域也會成為導電帶的一部分。來自於施體的價電子會填滿 E_C 上的能帶，就如同在金屬中，價電子會填滿其重疊的能帶。因此在簡併 n- 型半導體中的費米能階是位於導電帶之間，或是高於 E_C 的，如圖 1.14(a) 所示，此時導電帶會向能隙延伸，而形成帶尾（band tail），因而產生能隙窄化效應（bandgap narrowing effect）。圖 1.14(b) 為 p- 型簡併半導體的能帶示意圖，其費米能階位於 E_v 下的價電帶中。要注意的是在簡併半導體中，不能簡單假設 $n = N_d$ 或 $p = N_a$，因為此時施體或受體的濃度大到足以造成彼此發生作用，且並非所有的施體或受體都可以游離，而載子的濃度最後會到達一飽和值 $\sim 10^{20}$ cm^3，而且對簡併半導體來說，質量作用定律 $np = n_i^2$ 是不適用的。

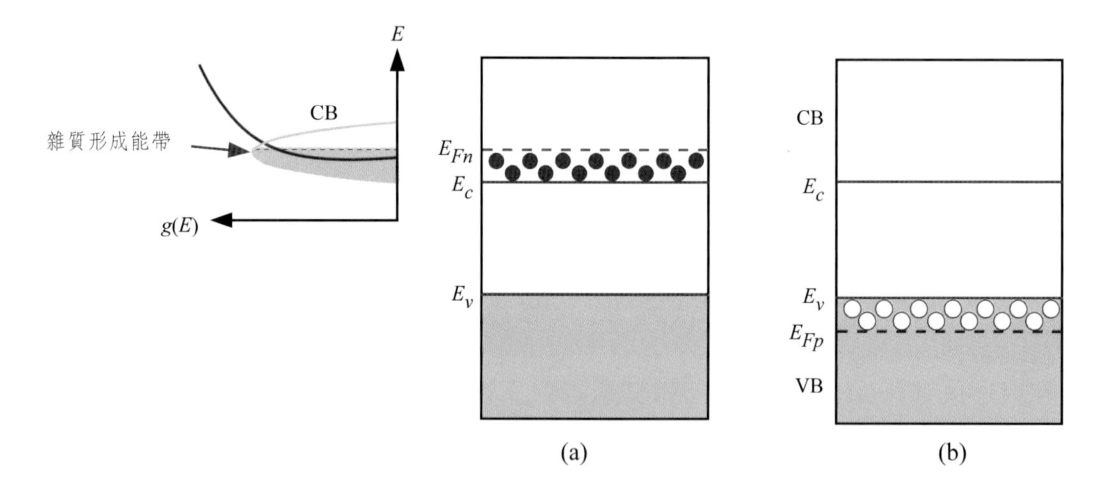

圖 1.14 (a) 簡併 n- 型半導體，大量的施體形成一能帶，並重疊 CB。(b) 簡併 p- 型半導體。

1.2.5 外加電場下的能帶圖

圖 1.15 為在一外加電壓 V 之載有電流的 n- 型半導體能帶圖，費米能階 E_F 是高於本質狀態（E_{Fi}）且較靠近 E_C，外加電壓降均勻地加在半導體上，使得半導體中的電子被加上一靜電位能，在愈靠近正極處其值會愈小。因此造成整個能帶結構的導電帶和價電帶因此歪斜，當電子由 A 漂移至 B 時，它的靜電位能因愈趨近於正極而減小。

對處於不照光的半導體，在熱平衡且沒有外加電壓或沒有 emf 產生下，因為 $\Delta E_F = eV = 0$，所以 E_F 必定均勻的跨過整個系統。但當電功加在系統上時，即當電池連接到半導體時，E_F 的改變量 ΔE_F 會等同於每個電子的電功或

eV，因此費米能階 E_F 會跟隨著靜電位能的行為。E_F 從一端到另一端的改變量 $E_F(A)-E_F(B)$ 為 eV，此能量可讓電子在半導體中移動，如圖 1.15 所示。由於半導體中的電子濃度是均勻的，所以 E_C-E_F 在各處必須維持一定值，因此導電帶、價電帶和 E_F 的彎曲量是相同的。

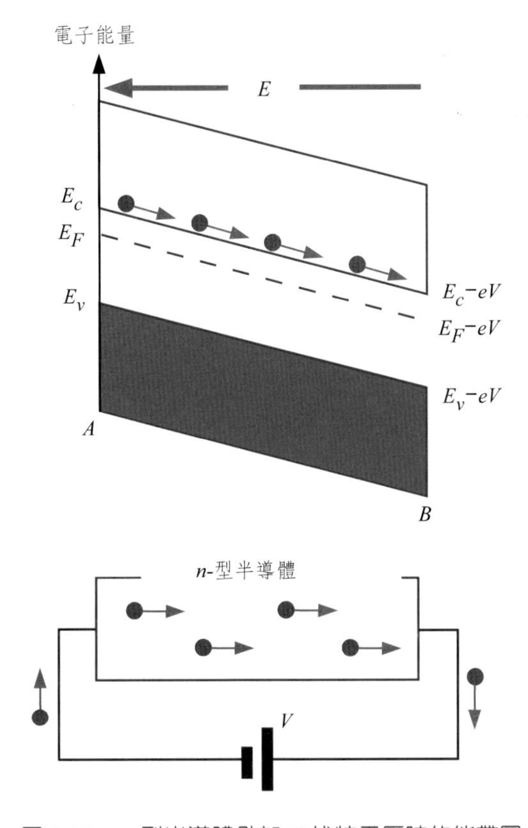

圖 1.15　n- 型半導體外加 V 伏特電壓時的能帶圖

1.3　直接和非直接能隙半導體

由量子力學可得知當電子位於一寬度 L 的無限高位能井中，其能量為量子化，表示為

$$E_n = \frac{(\hbar k_n)^2}{2m_e} \tag{1-9}$$

其中 m_e 是電子質量，k_n 為波向量，為量子數，可表示為 $k_n = \frac{n\pi}{L}$

其中 $n=1, 2, 3\cdots\cdots$，能量會隨波向量 k_n 呈拋物線地增加。在 1.2.2 節中，我們根據三維位能井問題，來計算能態密度 $g(E)$；然而，這個模型並沒有考慮到晶體中電子位能（PE）的實際變化。

電子的位能和它在晶體中的位置相關，且由於原子規則的排列使電子的位能呈週期性的變化。它將不再只是簡單地 $E_n=(\hbar k_n)^2/2m_e$。為了尋找晶體中電子的能量，則必須去解三維週期性位能的薛丁格方程。首先考慮一維晶體如圖 1.16 所示，全部的位能函數 $V(x)$ 為每個原子的電位能相加所得，即為其在 x 方向以晶體週期為 a 的電位函數，$V(x)=V(x+a)=V(x+2a)=\cdots$，接著求解薛丁格方程，

$$\frac{d^2\Psi}{dx^2}+\frac{2m_e}{\hbar^2}[E-V(x)]\Psi=0 \tag{1-10}$$

其中位能 $V(x)$ 的週期為 a，即

$$V(x)=V(x+ma);\ m=1, 2, 3, \cdots \tag{1-11}$$

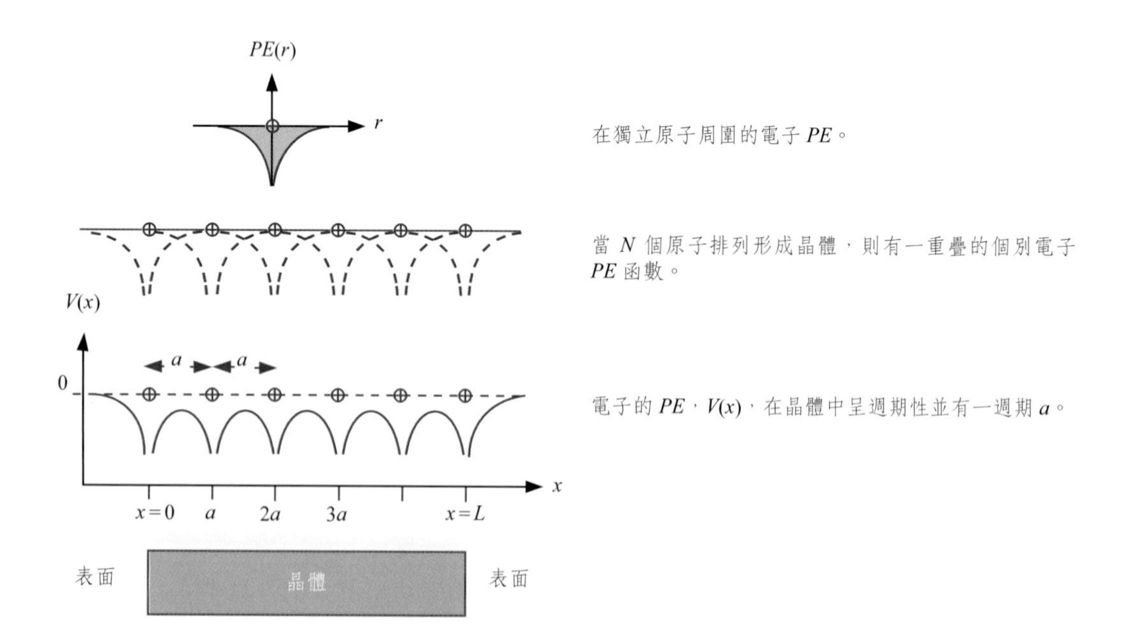

圖 1.16　電子位能（PE）在晶體中呈週期性，並具有和晶體相同的週期性 a，定體外之遠處 $v=0$（電子是自由的及 $PE=0$）。

由（1-10）式的解可得到晶體中的電子波函數和電子能量，由於 $V(x)$ 是週期性的，所以其解 $\Psi(x)$ 也是週期性的，（1-10）式的解稱為布洛克波函數（Bloch wavefunctions），其形式為

$$\Psi_k(x) = U_k(x)\exp(jkx) \tag{1-12}$$

其中 $U(x)$ 為具有和 $V(x)$ 相同週期 a 的週期性函數，且和 $V(x)$ 有關。$\exp(jkx)$ 項代表一波向量為 k 的行進波。

對一維晶體有很多像布洛克波函數的解，每一個解和特定的 k 值有關聯，所以每一個 $\Psi_k(x)$ 解對應一特定的 k_n，並代表具能量 E_k 的能態。圖 1.17 為 $E-k$ 圖，顯示能量 E_k 在波向量 $k=-\pi/a$ 到 $+\pi/a$ 的關係圖。在較低能量的 $E-k$ 曲線中的能態 $\Psi_k(x)$，是由價電子的波函數所構成，而上方的 $E-k$ 曲線則是由具有較高能量的導電帶中的能態所組成。在 0 K 下，所有的電子會填滿低 $E-k$ 曲線的能態。值得注意的是，$E-k$ 圖中的曲線是由許多分離的點組合而成，每個點對應於晶體中可允許存在的能態、波函數，這些點非

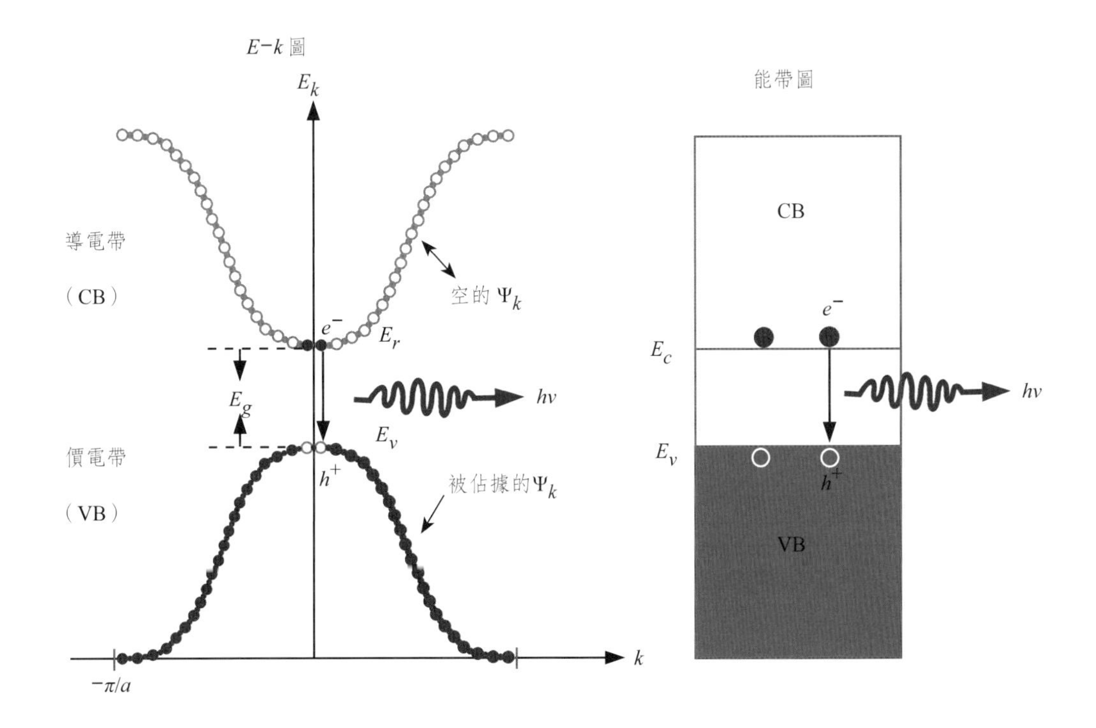

圖 1.17　直接能隙半導體的 E－k 圖

常靠近，導致於一般見到的 $E-k$ 關係圖為一連續曲線。在 $E-k$ 圖中有一能量區間，從 E_v 到 E_c 之間並沒有薛丁格方程的解 $\Psi_k(x)$。圖 1.17 的 $E-k$ 圖為一直接能隙半導體的 $E-k$ 圖，在直接能隙半導體中，當電子和電洞復合，電子將從導電帶底部掉落至價電帶的頂部，而沒有任何的 k 值改變。圖 1.17 為一一維晶體之簡單的 $E-k$ 圖，實際的晶體中是具有三維規則的。

圖 1.18(a) GaAs 的 $E-k$ 圖，其特徵和圖 1.17 相似，所以 GaAs 為一個直接能隙半導體，其電子、電洞會直接復合，並釋放出一個光子，不需經動量轉換。但在矽的例子中，導電帶的最小處，並非位於價電帶最高點的上方，而是在 k 軸上有一位移，這類的晶體稱為間接能隙半導體，如圖 1.18(b) 所示。位於導電帶底部的電子，無法和價電帶頂部的電洞直接復合，因為電子在掉落至價電帶的頂部時，它的動量必須改變，這樣並沒有遵守動量守恆定律。因此，在間接能隙半導體如矽和鍺中，電子一電洞直接復合的情形是不會發生的。復合過程的發生，須經由能隙中的復合中心，如圖 1.18(c) 中的能階 E_r，而這些復合中心可能是晶體的缺陷或雜質所造成的；電子經由補捉過程，造成能量和動量的改變，並轉移到晶格的振動，即聲子。在 E_r 被補捉到的電子，就能容易地掉入價電帶頂部空的能態，而和電洞復合。

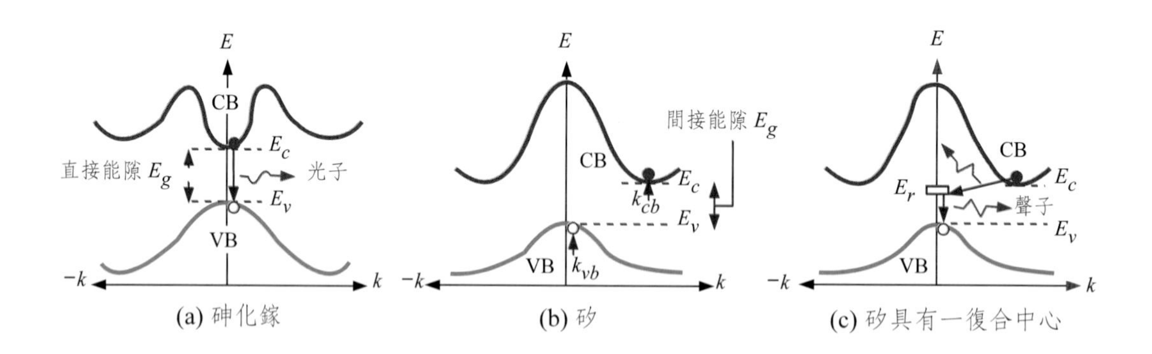

圖 1.18　(a) 在 GaAs，導電帶的最小處和價電帶最大處有相同的 k 值，因此 GaAs 為一直接能隙半導體。(b) 矽為一間接能隙半導體，其導電帶的最小處和價電帶的最大處錯開。(c) 矽中電子和電洞復合會牽涉到一復合中心。

一般的光電半導體元件主要是利用直接能隙半導體做為發光層或吸收層（即主動層），因為間接能隙半導體的電子－電洞復合需要做動量轉換，因此將電能轉為光能（或光能轉為電能）的效率會很差。但有一些特殊例子是以間接能隙半導體做為主動層，如 GaP，其特意將氮加入 GaP，使其在 E_r 處產生一復合中心，而使電子和電洞在復合中心結合，釋放出光子。

1.4　p-n 接面理論

1.4.1　無外加偏壓（開路）

n- 型矽和 p- 型矽接合在一起形成 p-n 接面，以下在平衡狀況下（亦即沒有外加偏壓，沒有光激發，在任何地方 $pn = n_i^2$）以步級接面模型（step junction model）或稱陡變接面（即 p-n 接面突然改變），來討論 p-n 接面在平衡狀態下的電荷移動情形。如圖 1.19(a) 所示，當 n- 型矽和 p- 型矽接合在一起時，有一陡的不連續冶金接合面 M 位於 n- 型與 p- 型區域間。圖中顯示出了不可移動之離子化的施體和自由電子（在導電帶，CB）位於 n 區，而不可移動之離子化的受體和電洞（在價電帶，VB）位於 p 區。

由於接合前，n- 型半導體中具有多數的電子濃度 n_{no} 和少數的電洞濃度 p_{no}，相反地，p- 型半導體中具有多數的電洞濃度 p_{po} 和少數的電子濃度 n_{po}，因此當此兩種材料接合時接面會有很大的載子濃度梯度，所以會有載子擴散的情形產生，此時電洞會向右邊擴散進入 n 區，所以電洞濃度會從 p 側（$p = p_{po}$），傾斜到 n 側（$p = p_{no}$），同時在 n 區和電子（主要載子）復合，因此在接近接面的 n 側，會有多數載子被復合，同時曝露出濃度 N_d 的正施體離子（As^+）。同樣地，電子濃度梯度會驅使電子向左邊擴散，電子擴散進入 p 側和電洞（主要載子）復合，並在此區曝露出濃度 N_a 的負受體離子（B^-），在接面 M 兩側的區域和遠離接面的 p 及 n 塊材區相比，因此成為自由電子空乏區域。

因此在 M 週遭會有空間電荷層（space charge layer, SCL）或稱電荷空乏區（depletion layer），如圖 1.19(b) 所示。圖 1.19(c) 說明在 M 周圍的空乏區之電洞和電子濃度分佈情形，其中垂直的濃度刻度為對數。

由於空間電荷層的存在，所以會產生一內建電場 E_o，方向為從正離子到負離子，即 $-x$ 方向；如圖 1.19(b) 所示，此電場會驅使電洞以和擴散方向相反的方向移動，所示會使電洞及電子漂移回到 p 區和 n 區。E_o 施以電洞一在 $-x$ 方向的漂移力，對抗電洞在 $+x$ 方向的擴散流，直到最後「平衡」的到達，即電洞向右邊擴散的速率，恰好被因電場 E_o 驅使而漂移回左邊的電洞所平衡。相似的情況也作用於電子，在平衡狀態下，電子的擴散和漂移通量也將被平衡。對均勻摻雜的 p 及 n 區，圖 1.19(d) 顯示了半導體的淨空間電荷密度 $\rho_{\mathrm{net}}(x)$，在 $x=-W_p$ 到 $x=0$（M 在 $x=0$）的 SCL 中，淨空間電荷密度 ρ_{net} 為負值，並等於 $-eN_a$，此外在 $x=0$ 到 W_n 的區域為正值，其值為 $+eN_d$。為了全部電荷須維持電中性，左手邊的總電荷，必須等於右手邊，故

$$N_aW_p=N_dW_n \tag{1-13}$$

假設施體濃度少於受體濃度 $N_d<N_a$，如圖 1.19 所示，由式子（1-13）可知 $W_n>W_p$，即空乏區滲透 n 側（輕摻雜側）會多於 p 側（重摻雜側）。同理可知，假如 $N_a \gg N_d$，則空乏區幾乎全在 n 側；一般將重摻雜區加上上標有正的記號如 p^+。在任意點的電場 $E(x)$ 和淨空間電荷 $\rho_{\mathrm{net}}(x)$ 和靜電學有關，$\mathrm{d}E/\mathrm{d}x=\rho_{\mathrm{net}}(x)/\varepsilon$，其中 $\varepsilon=\varepsilon_{\mathrm{o}}\varepsilon_{\mathrm{r}}$ 為介質的介電係數，ε_{o} 及 ε_{r} 為半導體材料的絕對介電係數和相對介電係數。因此積分整個二極體的 ρ_{net} 可決定電場，圖 1.19(e) 顯示了跨過 p-n 接面的電場變化，負的電場表示其在 $-x$ 方向，而 $E(x)$ 在 M 處有一最大值 E_o。

由定義 $E=-\mathrm{d}V/\mathrm{d}x$ 得知，在任意點的電位 $V(x)$，可由積分電場來得到，取在 p 側遠離 M 處的電位為零（在此沒有外加電壓），其為一隨意的參考準位，則如圖 1.19(f) 所示，在空乏區的 $V(x)$ 往 n 側增加，而在 n 側電位到達 V_o，此稱為內建電位（built-in potential）。

在一陡峭 n-p 接面，$\rho_{\mathrm{net}}(x)$ 可由步階函數簡化和近似，如圖 1.19(d) 所示，再積分之，可得電場和內建電位。

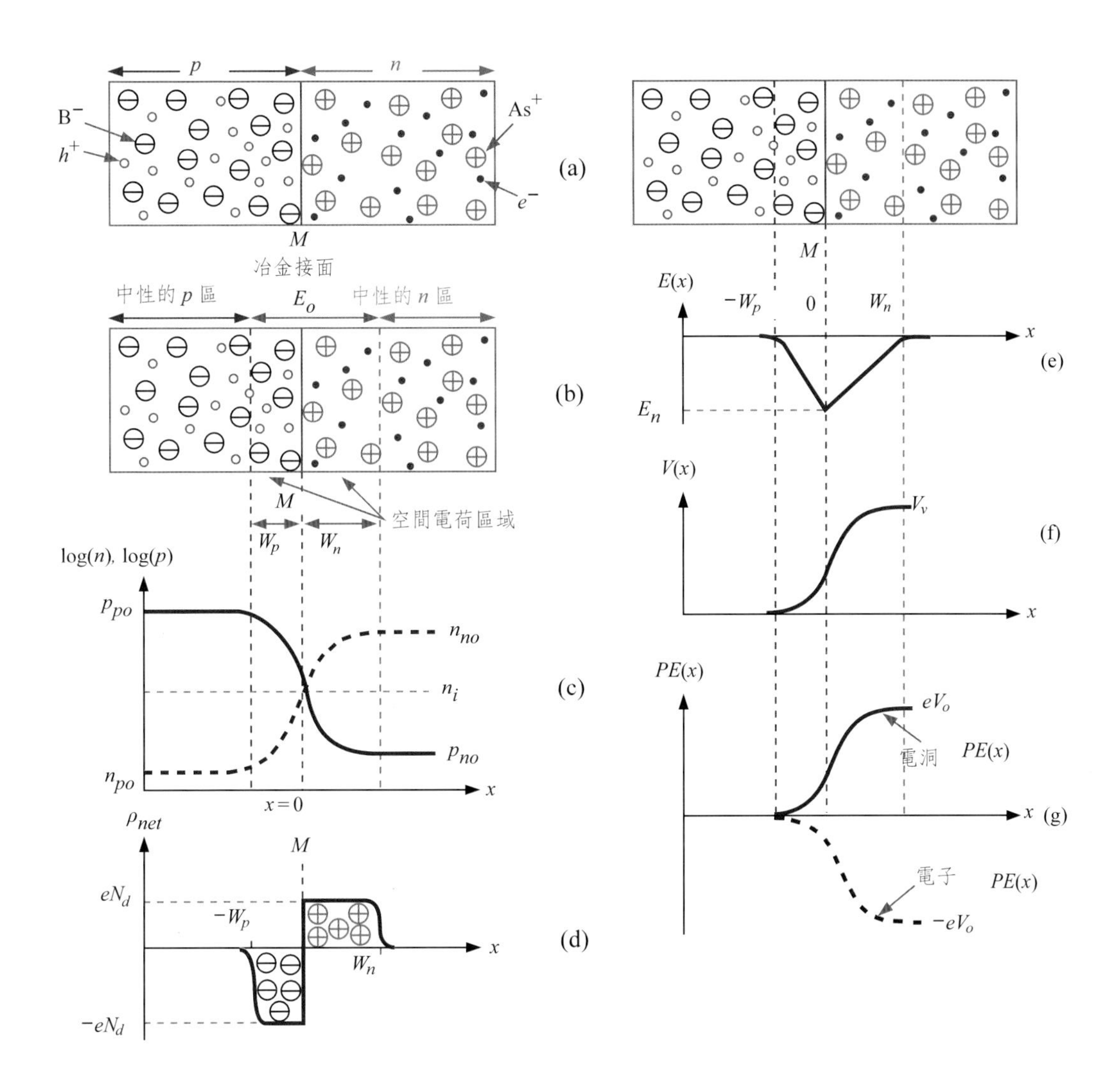

圖 1.19　pn 接面的特性示意圖

$$E_o = -\frac{eN_d W_n}{\varepsilon} = -\frac{eN_a W_p}{\varepsilon} \tag{1-14}$$

和

$$V_o = -\frac{1}{2}E_o W_o = \frac{eN_a N_d W_o^2}{2\varepsilon(N_a + N_d)} \tag{1-15}$$

其中 $\varepsilon = \varepsilon_o \varepsilon_r$ 及 $W_o = W_n + W_p$ 為在無外加電壓下的總空乏區寬度，若已知 W_o

則 W_n 或 W_p 可由（1-13）式得到。而（1-15）式為內建電位 V_o 和空乏寬度間的關係式。

使用波茲曼統計則可以讓 V_o 和摻雜參數關連起來，對於由 p 和 n 型半導體一起組成的系統，在平衡下，波茲曼統計要求載子濃度 n_1 和 n_2，在位能 E_1 和 E_2 的關係為

$$\frac{n_2}{n_1}=\exp\left[\frac{-(E_2-E_1)}{k_B T}\right] \tag{1-16}$$

其中 $E=qV$ 為位能，q 為電荷，V 為電壓，考慮電子 $q=-e$，由圖 1.19(g) 可知在遠離 M 的 p 側處，$n=n_{po}$、$E=0$，及遠離 M 的 n 側 $n=n_{no}$，$E=-eV_o$，因此

$$n_{po}/n_{no}=\exp(-eV_o/k_B T) \tag{1-17}$$

由此可知 V_o 和 n_{no} 及 n_{po} 有關，因此和 N_d 及 N_a 有關。電洞濃度的方程式是相似（1-17）式的，為

$$p_{no}/p_{po}=\exp(-eV_o/k_B T) \tag{1-18}$$

重新整理（1-17）及（1-18）式可得，

$$V_o=\frac{k_B T}{e}\ln\left(\frac{n_{no}}{n_{po}}\right) \quad 和 \quad V_o=\frac{k_B T}{e}\ln\left(\frac{p_{po}}{p_{no}}\right)$$

由於 $p_{po}=N_a$，$p_{no}=n_i^2/n_{no}=n_i^2/N_d$，所以 V_o 可改寫為

$$V_o=\frac{k_B T}{e}\ln\left(\frac{N_a N_d}{n_i^2}\right) \tag{1-19}$$

1.4.2 順向偏壓

將一電壓為 V 的電池，接到 pn 接面兩端，電池正極和 p 側相接，而負極和 n 側相接（順向電壓）時，會使位能障 V_o 減少 V，如圖 1.20(a) 和 (b) 所示，這是因為電荷空乏區外有大量的主要載子，和主要由不可移動

離子所組成的空乏區相比，其傳導係數高，因此外加電壓降主要會跨於空乏區；因此，如圖 1.20(b) 所繪，阻擋擴散的位能障（potential barrier）減少至（V_o-V），這會導致 p 側的電洞克服能障並擴散到 n 側的機率和 exp $[-e(V_o-V)/k_BT]$ 成正比；換句話說，外加電壓減少內建電位並因此減少阻止擴散的內建電場，所以現在有許多的電洞能夠擴散越過空乏區而進入 n 側，這導致注入多餘的少數載子（即電洞）進入 n 區。同樣地，超額的電子，現在能擴散進入到 p 側，而因此成為注入的少數載子。

當電洞被注入到中性的 n 側，它們會吸引來自 n 側塊材區的電子（即從外加電壓而來），所以電子濃度會有少量的增加；主要載子必需少量的增加以平衡電洞電荷，並維持 n 側的電中性。

由於內建位能障減少會造成超額的電洞擴散，此時在空乏區外的 $x'=0$ 處（x' 是從 W_n 算起）之電洞濃度為 $P_n(0)=P_n(x'=0)$。而此濃度 $p_n(0)$ 是由克服新位能障 $e(V_o-V)$ 的機率來決定，

$$p_n(0)=p_{po}\exp\left[\frac{-e(V_o-V)}{k_BT}\right] \tag{1-20}$$

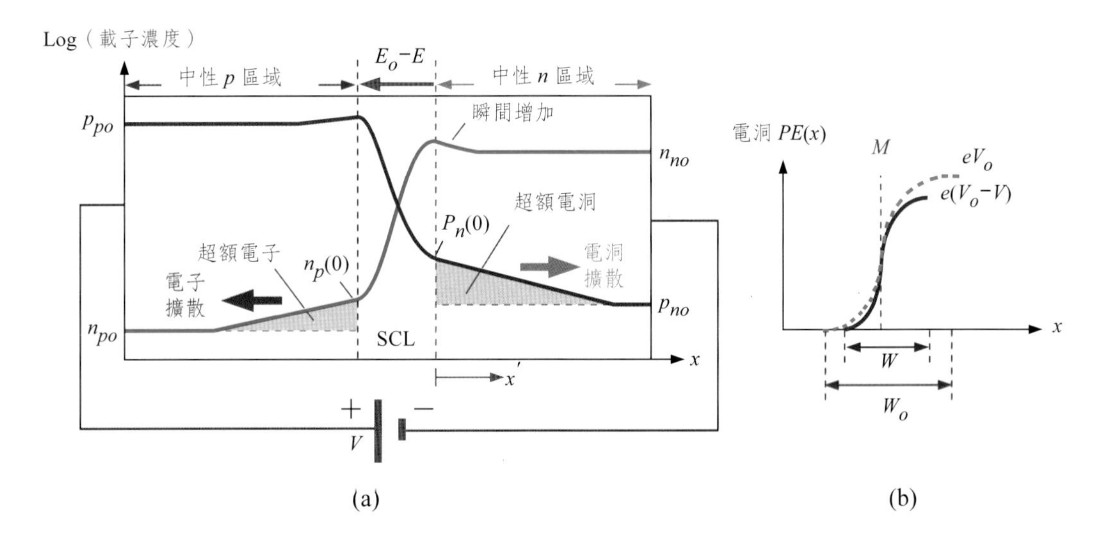

圖 1.20　(a) 順向偏壓的 pn 接面及注入少數載子在順偏壓下的載子濃度分佈；(b) 有及無外加偏壓下電洞的位能，W 為在順偏壓下 SCL 的寬度。

如圖 1.20(b) 所示，電洞位能從 $x=-W_p$ 至 $x=W_n$ 上升 $e(V_o-V)$，同時電洞濃度從 p_{po} 下降至 $p_n(0)$。將（1-20）式除以（1-18）式可得到（1-21）式為外加電壓所造成的效應，即電壓 V 如何決定超額電洞擴散並達到 n 區的數量，（1-21）式被稱為接面定律（law of the junction），其描述外加電壓對於緊鄰空乏區外之注入少數載子濃度 $p_n(0)$ 的影響；顯然地在沒有外加電壓下 $V=0$ 時，會如預期般的 $p_n(0)=P_{no}$。

$$p_n(0)=p_{no}\exp\left[\frac{eV}{k_BT}\right] \tag{1-21}$$

在 n 區注入的電洞，最後會和 n 區的電子復合，而因復合而損失的電子，可迅速地被接於這側的電池之負極所補充。在 n 區中由於電洞擴散所造成的電流可被維持住，因為更多的電洞可由 p 區補充，而 p 區的電洞則可由接於電池之正極所補充。

電子同樣地由 n 側注入到 p 側，在緊鄰空乏區外 $x=-W_p$ 處的電子濃度，可同理（1-21）式對電子得之，即

$$n_p(0)=n_{po}\exp\left(\frac{eV}{k_BT}\right) \tag{1-22}$$

同理，在 p 側由於電子擴所造成的電流，可由 n 側的電池負極端補充電子而維持一定值。因此，在順向偏壓下，流過 pn 接面的電子流可維持穩定，且這電流似乎是由於少數載子擴散所造成的，然而事實上也有一些主要載子漂移。

假如 p 及 n 區的長度較少數載子的擴散長度長，則在 n 側電洞濃度輪廓分佈預期將像熱平衡值 p_{no} 以指數形式遞減，如圖 1.20(a) 所示；若 $\Delta p_n(x')=p_n(x')-p_{no}$ 為超額的少數載子濃度，則

$$\Delta p_n(x')=\Delta p_n(0)\exp(-x'/L_h) \tag{1-23}$$

其中 L_h 定義為 $L_h=\sqrt{(D_h\tau_h)}$，是電洞擴散長度，D_h 是電洞的擴散係數，而

τ_h 是在 n 區的平均電洞復合生命期（少數載子生命期）；擴散長度是少數載子在復合消失前的平均擴散距離。在中性 n 區中任何點 x' 注入電洞的復合速率正比於在 x' 的超額電洞濃度；而在穩定狀況下，x' 處的復合速率，恰好被電洞擴散通過 x' 處的速率平衡。電洞擴散電流密度 $J_{\mathrm{D,hole}}$ 為電洞擴散流乘以電洞電荷

$$J_{\mathrm{D,\,hole}} = -\,eD_h\frac{dp_n(x')}{dx'} = -\,eD_h\frac{d\Delta p_n(x')}{dx'}$$

即

$$J_{\mathrm{D,\,hole}} = \left(\frac{eD_h}{L_h}\right) = \Delta p_n(0)\exp\left(-\,\frac{x'}{L_h}\right) \tag{1-24}$$

雖然上述的方程式顯示電洞擴散電流與位置有關，但如圖 1.21 所示，在任何位置的總電流（電子和電洞貢獻的總和）和 x 無關。圖 1.21 中顯示了少數載子擴散電流隨 x' 減少，但被多數載子的漂移電流增加所補償。在中性區的電場並不全為零，而是有一微小值，恰好足夠使這裡多數的主要載子漂移，以維持固定電流。

利用接面定律將（1-21）式中的外加電壓代入（1-24）式中的 $\Delta p_n(0)$，另外可由 $p_{no} = n_i^2/n_{no} = n_i^2/N_d$ 將 p_{no} 消去，因此在 $x' = 0$ 處，（1-24）式的電洞擴散電流為

$$J_{\mathrm{D,\,hole}} = \left(\frac{eD_h n_i^2}{L_h N_d}\right)\left[\exp\left(\frac{eV}{k_B T}\right) - 1\right] \tag{1-25}$$

在 p 區，對於電子擴散電流密度 $J_{\mathrm{D,elec}}$，也有一相似的表示式。一般而言，電荷空乏區的寬度是狹窄的（而且目前我們忽略 SCL 中的復合），因此假設電子及電洞在通過空乏區時沒有改變，即在 $x = -W_p$ 和 $x = W_n$ 處的電子流相等，所以總電流密度為 $J_{\mathrm{D,hole}} + J_{\mathrm{D,elec}}$，亦即

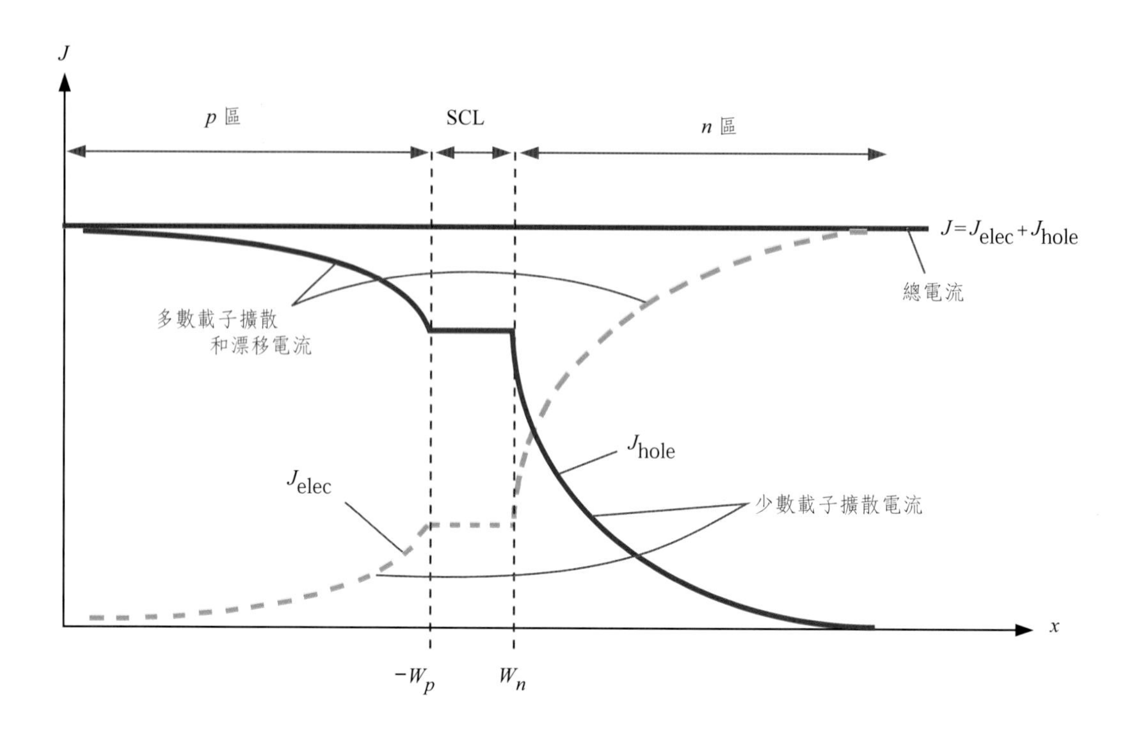

圖 1.21　元件中任何地方的總電流是一常數，緊鄰空乏區外，主要是由於少數載子擴散，而接點附近，主要是由於多數載子漂移。

$$J=\left(\frac{eD_h}{L_hN_d}+\frac{eD_e}{L_eN_a}\right)n_i^2\left[\exp\left(\frac{eV}{k_BT}\right)-1\right]$$

$$\text{或}\quad J=J_{so}\left[\exp\left(\frac{eV}{k_BT}\right)-1\right] \tag{1-26}$$

（1-26）式是常見的二極體方程式被稱為蕭克里方程式（Shockley equation），其中 $J_{so}=[(eD_h/L_hN_d)+(eD_e/L_eN_a)]n_i^2$，其代表在中性區域少數載子的擴散，常數 J_{so} 不只與摻雜 N_a、N_d 有關，更經由 n_i、D_h、D_e 及 L_e 而和材料相關。若加上一逆向偏壓 $V=-V_r$，且此逆向偏壓大於熱電壓 $k_B\mathrm{T}/e$（$=25$ mV），則（1-26）式變為 $J=-J_{so}$，故 J_{so} 為已知的逆向飽和電流密度。

前述只考慮在順向偏壓下，外部電壓只補充少數載子在中性區擴散及復合的損失；然而，有一些少數載子會在空乏區復合，因此外部電流也必須補充在 SCL 中因復合過程而損失的載子。簡單考慮一對稱的 pn 接面在外加順向偏壓下，如圖 1.22 所示，在冶金接面的中間點 C 處，電洞和電子濃度 p_M 和 n_M 是相等的，我們可由在 p 側 W_p 區域內的電子復合和在 n 側 W_n 區域內的電洞復合得到 SCL 中的復合電流，如在圖 1.22 中的陰暗區域 ABC 和 BCD 所示。假設 W_n 中的平均電洞復合時間為 τ_h，W_p 中的平均電子復合時間為 τ_e，則電子在 ABC 中復合的速率為 ABC 面積（幾乎包含所有的注入電子）除以 τ_e，而電子是由二極體電流補充；同樣地，電洞在 BCD 復合的速率為 BCD 面積除以 τ_h，因此復合電流密度為

$$J_{\mathrm{recom}} = \frac{eABC}{\tau_e} + \frac{eBCD}{\tau_h} \tag{1-27}$$

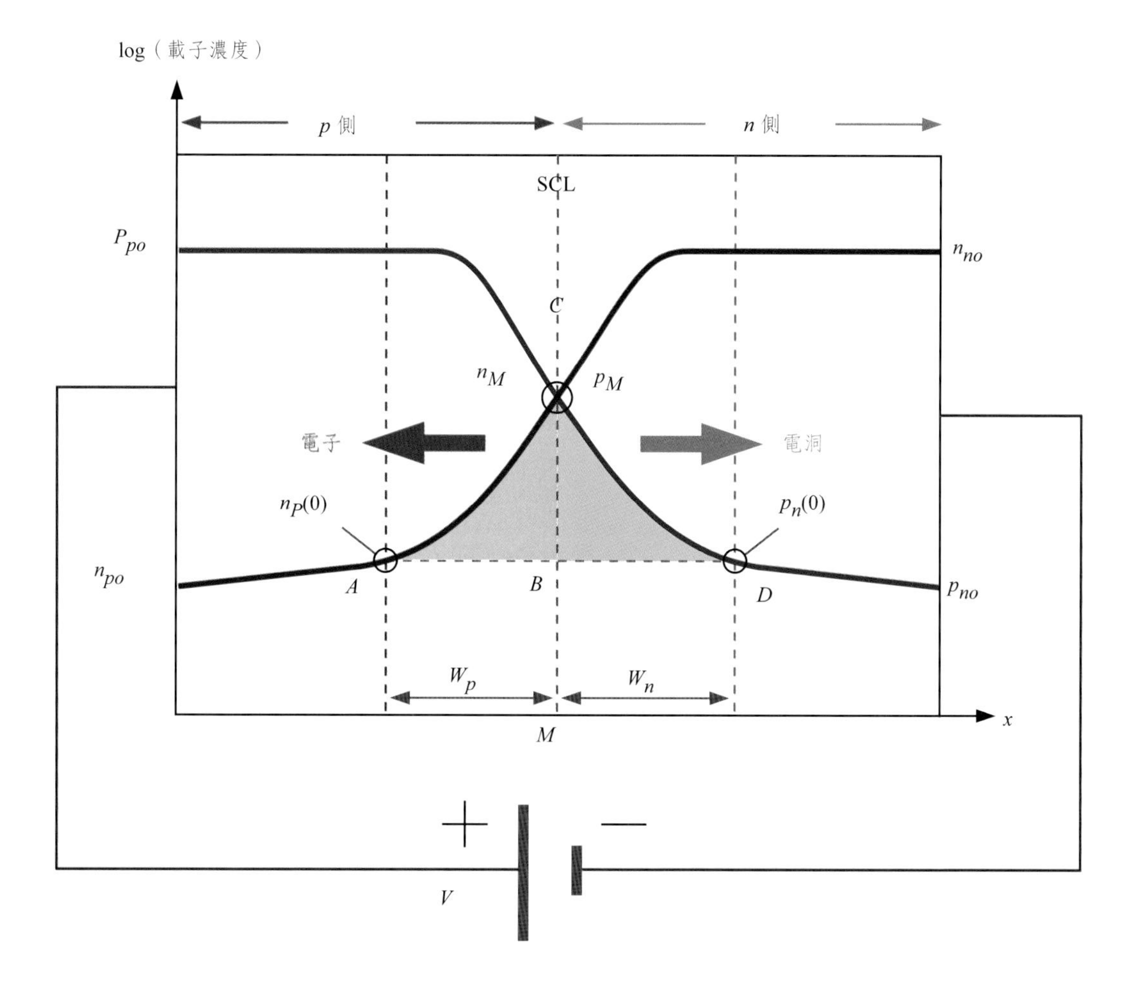

圖 1.22　外加順向偏壓下的 pn 接面和在 SCL 的注入載子及其復合情形示意圖

以三角形來近似 ABC 及 BCD 的面積，即 ABC $\approx (1/2)W_p n_M$，則（1-27）式可寫成

$$J_{\text{recom}} \approx \frac{e\frac{1}{2}W_p n_M}{\tau_e} + \frac{e\frac{1}{2}W_n p_M}{\tau_h} \tag{1-28}$$

在穩態和平衡狀態下，假設一非簡併半導體，則可用波茲曼統計得到這些濃度和位能的關係，在 A 處位能為零，而在 M 處為 $(1/2)e(V_o-V)$，所以

$$\frac{p_M}{p_{po}} = \exp\left[-\frac{e(V_o-V)}{2k_BT}\right] \tag{1-29}$$

由於 $p_{po}=N_a$，再代入（1-19）式，則上式（1-29）可簡化為

$$p_M = n_i \exp\left(\frac{eV}{2k_BT}\right) \tag{1-30}$$

此指對 $V > k_BT/e$ 的復合電流可表示為

$$J_{\text{recom}} = \frac{en_i}{2}\left[\frac{W_p}{\tau_e} + \frac{W_n}{\tau_h}\right]\exp\left(\frac{eV}{2k_BT}\right) \tag{1-31}$$

（1-31）復合電流的式子也可表為（1-32）較容易做數量分析，

$$J_{recom} = J_{ro}[\exp(eV/2k_BT)-1] \tag{1-32}$$

其中 J_{ro} 為一常數。（1-32）式的電流是用來補充在空乏區復合所損失的載子，而進入二極體的總電流為補充在中性區域擴散與在空乏區復合的少數載子，所以總電流為（1-26）式和（1-31）式相加，所以，一般二極體電流可寫成

$$I = I_o\left[\exp\left(\frac{eV}{\eta k_BT}\right) - 1\right] \tag{1-33}$$

其中 I_o 為一常數，η 稱為二極體理想因子，對於擴散控制時 η 為 1，而對於 SCL 復合控制特性時 η 為 2。圖 1.23 為一典型 pn 接面的順向及逆向 I-V 特性。

1.4.3　逆向偏壓

當 pn 接面被外接逆向偏壓時，如圖 1.23 所示，典型的逆向電流很小。圖 1.24(a) 為 pn 接面外加逆向偏壓之示意圖，外加電壓降主要會跨於具電阻的空乏區，而造成空乏區變寬。外加偏壓的負端會使 p 側的電洞遠離空乏區，並曝露出更多的負受體離子，所以空乏區會更寬。同樣地，n 側的空乏區寬度也會變寬；在 n 區域的電子向電池正極移動的過程不會持續不斷，因為沒有電子可補充到 n 側，此外 p 側也不能補充電子到 n 側，因為它幾乎沒有電子。但在下列兩種情況下，會有一小的逆向電流。

A. 如圖 1.24(b) 所示，外加電壓會增加內建電位障，空乏區中的電場會大於內建電場 E_o，因此在靠近空乏區 n 側會有少量的電洞被抽離，並被電場驅使而通過空乏區到 p 側，這個小電流可被從 n 側塊材區至空乏區邊界的電洞擴散所維持。

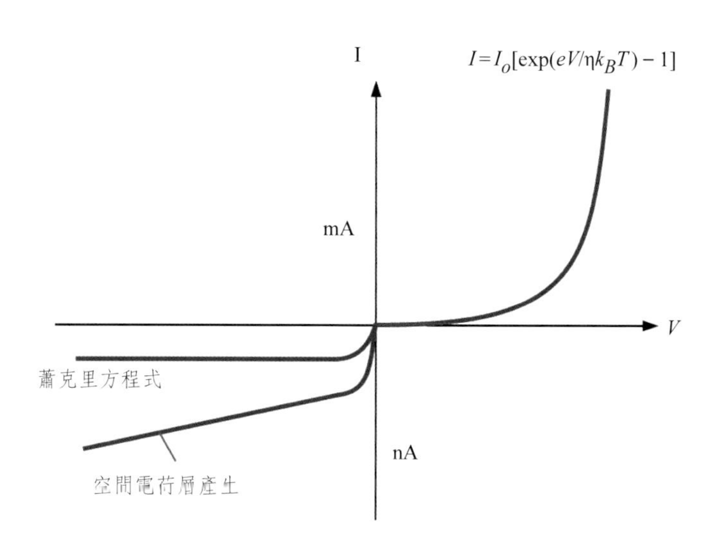

圖 1.23　pn 接面的順向和逆向 I-V 特性示意圖（正和負電流軸的刻度不同，因此在原點是不連續的。）

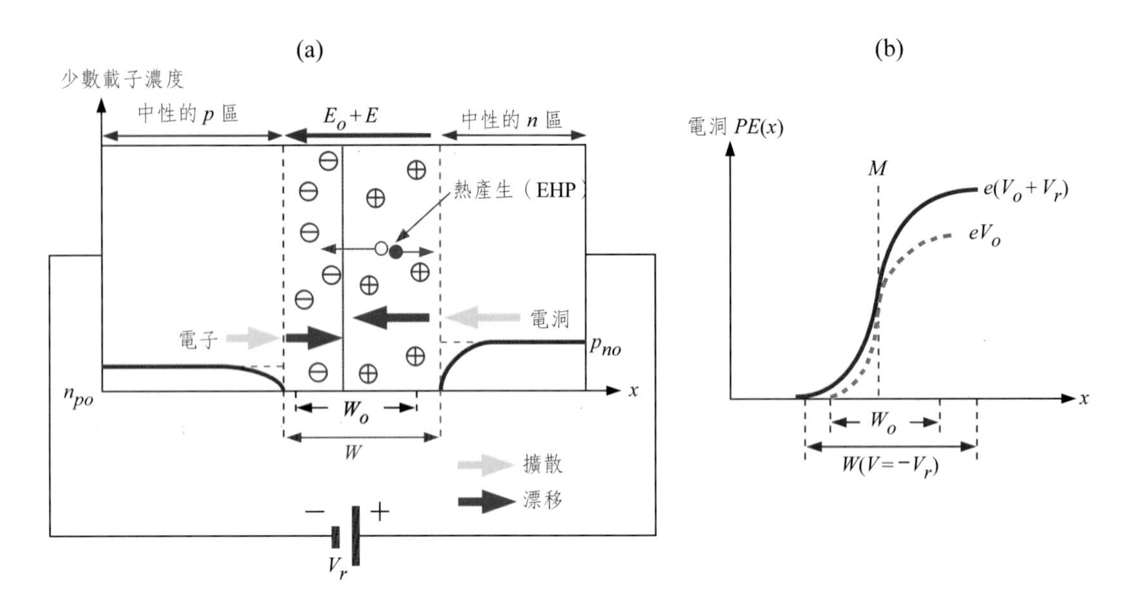

圖 1.24 外加逆向偏壓的 pn 接面示意圖，(a) 少數載子輪廓和逆向電流的來源示意圖；(b) 逆向偏壓下跨於接面的電洞電位（PE）。

若逆向偏壓 $V_r > 25$ mV $= k_BT/e$，由接面定律（1-21）式可知恰在空乏區外的電動濃度 p_n(o) 幾乎為零，而在 n 側塊材區的電洞濃度為平衡濃度 p_{no}，且其很小，因此會有一小的濃度梯度，造成塊材 n 側向空乏區有一小量的電洞擴散電流，如圖 1.24(a) 所示；同理，會有一小量電子擴散電流從塊材 p 側流向空乏區。在空乏區中，這些載子會被電場驅使漂流。這個少數載子擴散電流為蕭克里模型（Shockley model）。此逆向電流即在（1-26）式中外加一逆向偏壓而得到的 $-J_{so}$ 之二極體電流密度，其稱為逆向飽和電流密度。J_{so} 值因由 n_i、μ_h、μ_e 故只和材料與摻質濃度等有關，但和電壓無關（$V_r > k_BT/e$），而且當 J_{so} 和 n_i^2 相關時，J_{so} 和溫度為一強的相依關係。

B. 在空間電荷區因熱產生的電子電洞對（electron hole pairs, EHPs），也會貢獻逆向電流，如圖 1.24(a) 所示。因為在這空乏區的電場會使電子、電洞分開，並驅使它們向中性區移動，這個驅使會導致一額外電流加在因少數載子擴散產生的逆向電流上。假設 τ_g 是因為晶格熱震動而產生電子—電洞對的平均時間，τ_g 也稱為平均熱產生時間（mean thermal generation time），給定一 τ_g，則每單位體積熱產生速率為 n_i/τ_g，因為它是在單位體積中，平

均 τ_g 秒產生 n_i 個 EHP，而且 WA 是空乏區的體積，其中 A 是截面積，所以 EHP 或電荷載子產生的速率是 $(AWn_i)/\tau_g$。電洞和電子兩者在空乏區漂移，且兩者對電流的貢獻相同，因此被觀察到的電流必為 $e(Wn_i)/\tau_g$，所以在空乏區內，由於熱產生電子一電洞所產生的逆向電流部分，可表示成

$$J_{\text{gen}} = \frac{eWn_i}{\tau_g} \tag{1-34}$$

此逆向偏壓使乏區寬度 W 變寬，因而增加 J_{gen}。所以總逆向電流密度 J_{rev} 為擴散和產生部分的總和，即

$$J_{\text{rev}} = \left(\frac{eD_h}{L_h N_d} + \frac{eD_e}{L_e N_a}\right) n_i^2 + \frac{eWn_i}{\tau_g} \tag{1-35}$$

其在圖 1.23 中有繪出。（1-34）式的熱產生部分 J_{gen} 將會隨逆向偏壓 V_r 而增加，因為空乏區的寬度 W 會隨 V_r 增加。（1-35）式的逆向電流主要由 n_i^2 和 n_i 控制，它們相對的重要性取決於半導體性質和溫度，因為 $n_i \sim \exp(-E_g/2k_BT)$ 和溫度有關。

1.4.4　空乏層電容

一 pn 接面的空乏區之正電荷和負電荷的間距為 W 的情形，類似平行板電容，如圖 1.19(d) 所示。若 A 是截面積，則空乏區內儲存的電荷在 n 側為 $+Q = eN_dW_n\text{A}$，在 p 側為 $-Q = eN_dW_p\text{A}$。和平行板電容不同的是 Q 並沒有和跨過元件的電壓 V 線性相關。所以此處定義一增量電容，使增量儲存電荷和跨於 pn 接面的增量電壓改變有關。當跨於 pn 接面的電壓 V 改變 $\text{d}V$ 成為 $V + \text{d}V$，則 W 也跟著改變，然後空乏區的電荷量會變成 Q + dQ，因此空乏區電容定義為

$$C_{dep} = \left|\frac{dQ}{dV}\right| \tag{1-36}$$

若外加電壓為 V，則跨於空乏區 W 的電壓為 V_0-V，因此（1-15）式在此例子，變成

$$W=\left[\frac{2\varepsilon(N_a+N_d)(V_o-V)}{eN_aN_d}\right]^{1/2} \tag{1-37}$$

在空乏層的任一邊的電荷量為 $|Q|=eN_dW_nA=eN_aW_pA$，且 $W=W_n+W_p$，將（1-37）式中的 W 改成 Q 的關係式，並將它微分以得到 dQ/dV，空乏層電容可改寫為

$$C_{dep}=\frac{\varepsilon A}{W}=\frac{A}{(V_o-V)^{1/2}}\left[\frac{e\varepsilon(N_aN_d)}{2(N_a+N_d)}\right]^{1/2} \tag{1-38}$$

C_{dep} 的求法和平行板電容 $\varepsilon A/W$ 相同，但由（1-37）式可知 W 和電壓有關。將逆向偏壓 $V=-V_r$ 代入（1-38）式中，可知 C_{dep} 隨 V_r 增加而減少；典型上，在逆向偏壓下，C_{dep} 的大小為幾個微微法拉（picofarads）數量級。

1.4.5 復合生命

考慮在一直接能隙半導體（如摻雜的 GaAs）中的復合。復合牽涉到一電子和電洞的直接相遇。假設在一外加順向偏壓的 pn 接面，有超額電子和電洞被注入，且 Δn_p 與 Δp_p 分別為在中性 GaAs pn 接面之 p 側的超額電子濃度與超額電洞濃度。被注入的電子和電洞濃度會相同以維持電中性，即 $\Delta n_p=\Delta p_p$，因此在任何時刻

$$n_p=n_{po}+\Delta n_p=\text{瞬時少數載子濃度}$$

及

$$p_p=p_{po}+\Delta n_p=\text{瞬時多數載子濃度}$$

瞬時復合速率將成比例於在那時刻的電子和電洞濃度 n_pp_p；假如 EHP 的熱產生速率為 G_{thermal}，則 Δn_p 的淨改變速率為

$$\partial \Delta n_p / \partial t = -Bn_p p_p + G_{thermal} \quad (1\text{-}39)$$

其中 B 稱為直接復合捕獲係數（direct recombination capture coefficient）。在平衡下，$\partial \Delta n_p / \partial t = 0$，所以設（1-39）式為零，且 $n_p = n_{po}$ 及 $p_p = p_{po}$，其中下標 o 表示為熱平衡濃度，則 $G_{thermal} = Bn_{po}p_{po}$，因此（1-39）式中 Δn_p 的改變速率為

$$\frac{\partial \Delta n_p}{\partial t} = -B\,(n_p p_p - n_{po} p_{po}) \quad (1\text{-}40)$$

在很多情況下，改變速率 $\partial \Delta n_p / \partial t$ 和 Δn_P 成比例，而超額少數載子復合時間（生命期）τ_e 的定義為

$$\frac{\partial \Delta n_p}{\partial t} = \frac{\Delta n_p}{\tau_e} \quad (1\text{-}41)$$

考量實際應用的例子，被注入的超額少數載子濃度 Δn_p 遠大於實際平衡少數載子濃度 n_{po}。基於弱和強注入下，Δn_p 的改變量會有如下討論的兩種情形，而弱和強注入則是根據 Δn_p 和多數載子 P_{po} 的數量相比下而定的：

A. 在弱注入（weak injection）下，$\Delta n_p \ll p_{po}$，則 $n_p \approx \Delta n_p$ 且 $p_p \approx p_{po} + \Delta p_p \approx p_{po} \approx N_a$ = 受體濃度，把這些近似代入（1-40）式中，可得

$$\partial \Delta n_p / \partial t = -BN_a \Delta n_p \quad (1\text{-}42)$$

與（1-41）式相比可得，

$$\tau_e = 1/BN_a \quad (1\text{-}43)$$

且在弱注入情況下 τ_e 為一常數。

B. 在強（strong injection）注入下，$\Delta n_p \gg p_{po}$，（1-40）式變為

$$\partial \Delta n_p / \partial t = B\Delta p_p \Delta n_p = B(\Delta n_p)^2 \quad (1\text{-}44)$$

所以在強注入情況下，生命期 τ_e 反比於被注入載子濃度。當一發光二極

體（LED）被調制時，例如在高注入條件下，少數載子的生命週期因此不是一常數，結果導致被調變的輸出光失真。

1.5 p-n 接面能帶圖

1.5.1 無外加偏壓（開路）

無外加偏壓（開路）下之 pn 接面的能帶圖顯示於圖 1.25(a)，若在 p 及 n 側的費米能階分別為 E_{Fp} 及 E_{Fn}，在平衡及不照光下，穿過兩種材料的費米能階必為均一的，如圖 1.25(a) 所示。而在 n 側遠離冶金接面 M 處的塊材中，應仍為一 n 型半導體，且其 E_c-E_{Fn} 應和單獨的 n 型材料相同；同樣地，$E_{Fp}-E_v$ 在遠離 M 的 p- 型材料中，也應該和一獨立的 p- 型材料相同，如圖 1.25(a) 所示。圖中需讓通過整個系統的 E_{Fp} 和 E_{Fn} 相同，當然，能隙 E_c-E_v 也維持一樣。所以在畫能帶圖時，必須將接近 M 處的能帶 E_c 和 E_v 彎曲，因為 E_c 在 n 側時很接近 E_{Fn}，但在 p 側時則遠離 E_{Fp}，如圖 1.25(a) 所示。

將兩半導體接合在一起以形成接面的瞬間，電子會從 n 側擴散到 p 側，因而造成接面附近的 n 側被空乏，因此往 M 時靠近時，E_c 必須移離 E_{Fp}，如同圖 1.25(a) 所繪；同理在 p 側往 M 移近時，E_v 亦會移離 E_{Fp}。此外，當電子和電洞擴散而互相接近時有絕大部分會在 M 附近復合而消失，以致於形成空間電荷層（或空乏區，SCL），如圖 1.19(b) 所示。

如圖 1.19(g) 所示，從 p 區中到 n 區中的電子靜電位能（PE）是由 0 遞減至 $-eV_0$，因此從 p 到 n 區電子的總能量減少 eV_0；換句話說，在 n 側 E_c 處的電子必須克服 PE 位障而到達 p 側的 E_c，這個 PE 位障大小為 eV_0，其中 V_0 為內建位能。因此，在 M 附近的能帶彎曲，不僅只考慮此區域電子、電洞的濃度變化，也要考慮內建電位（和相關的內建電場）的效應。內建電位障 eV_o 阻檔了電子從 n- 側擴散到 p- 側，也阻檔了電洞從 p- 側擴散到 n- 側。

值得注意的是，和費米能階在塊材或中性半導體區域中的位置相比，費米能階在 SCL 區域中既不靠近 E_c 也不靠近 E_v，這表示 n 和 p 兩者在這區域

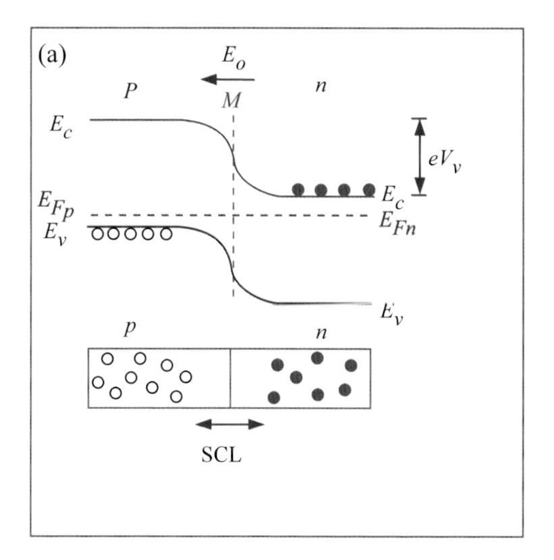

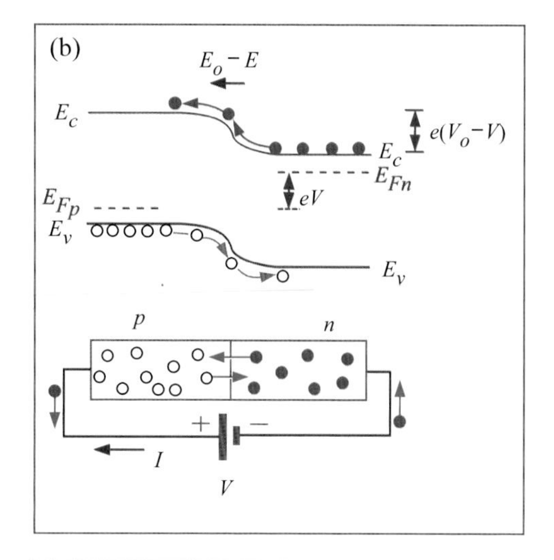

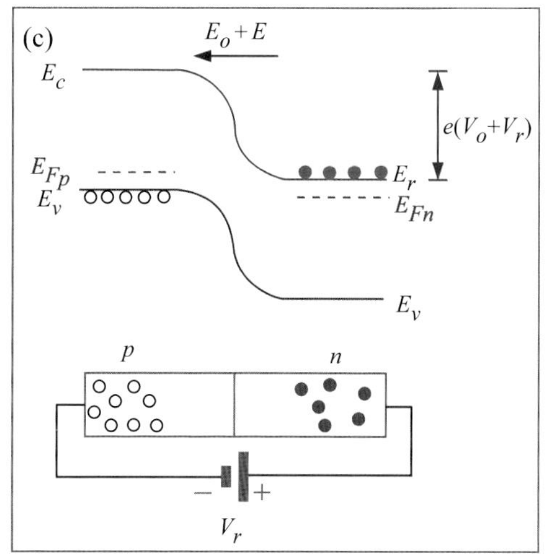

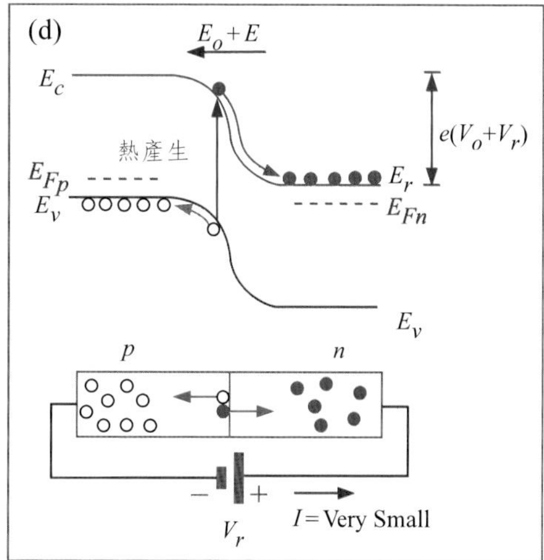

圖 1.25　pn 接面在 (a) 不加偏壓（開路）；(b)順向偏壓；(c) 逆向偏壓下的能帶示意圖；(d) 空乏區中熱產生電子—電洞對而生成一小逆向電流的示意圖。

內的大小均遠小於他們的塊材值 n_{n_o} 和 p_{p_o}，即和塊材區相比，在冶金接面區載子已被空乏掉，因此任何外加電壓降必跨於 SCL。

1.5.2　順向和逆向偏壓

當 pn 接面外加順向偏壓時，外加壓降主要跨於空乏區，所以外加電壓會反抗內建電位 V_o，圖 1.25(b) 顯示順向偏壓的影響即是將 *PE* 位障由 eV 減少至 $e(V_0-V)$，此時，在 n 側 E_c 處的電子便能容易地克服 *PE* 位障而擴散到

p 側，而連接於 n 側的電池負端便補充擴散損失的電子；同樣地，此時電洞能從 p 側擴散到 n 側，並由電池的正端補充由 p 側擴散出的電洞，因此會有一電流流過接面而形成迴路。

在 n 側 E_c 處的電子克服新 PE 位障並擴散到 p 側 E_c 的機率現在會與波茲曼因子 $\exp[-e(V_0-V)/k_BT]$ 成比例，顯示出即使在一小順向電壓下，後者也會急劇增加，因此會發生一大量的電子從 n 側擴散到 p 側；同樣地，在 p 側 E_v 處的電洞也會克服位障 $e(V_0-V)$ 並擴散到 n 側，因此克服位障的電子及電洞數目所造成的順向電流，也會與 $\exp[-e(V_0-V)/k_BT]$ 或 $\exp[eV/k_BT]$ 成比例。

當一逆向偏壓 $V=-V_r$ 加到 pn 接面時，其電壓會跨於 SCL，此時 V_r 會加到內建電位 V_0，所以 PE 位障變為 $e(V_0+V_r)$，如圖 1.25(c) 所示，而 SCL 中 M 處的電場會增加為 E_0+E，其中 E 是外加場（並非簡單的是 V/W）。因此幾乎沒有任何逆向電流產生，因為假如電子離開 n 側並移動到正端，p 側無法補充電子給它（實際上 p 側沒有電子）。但會有一小逆向電流源自於 SCL 中熱能產生的電子—電洞對（EHP）和擴散長度至 SCL 內之少數載子的熱產生。熱產生 EHP 造成的逆向電流如圖 1.25(d) 所示，此處的電場會將 SCL 中熱產生的電子—電洞對分開，然後電子由 PE 滑落至 E_c，到達 n 側最後被電池所收集；同樣地，電洞會滑落其所屬的 PE 山丘（對於電洞，能量往下為增加）到達 p 側。由 PE 山丘滑落的過程，相同於被電場 E_0+E 驅動的過程。另一產生逆向電流的情況為，在 n 側擴散長度內熱產生的電洞擴散到 SCL 並被驅使漂移過 SCL，而產生一逆向電流；同樣地，p 側擴散長度至 SCL 內的熱產生電子，也會貢獻逆向電流。當所有這些逆向電流部分與熱生成速率有關時，這些逆向電流部分和順向電流相比是非常小的。

習題

1. 請依 LED 開發的先後簡述不同波長材料之 LED 發展的過程。
2. 計算在傳導帶之中的一個狀態被一個電子所佔據的機率，並計算在 T = 300 K 時在矽之中的熱平衡電子濃度。（假設費米能量比傳導帶低 0.25 eV，在 T = 300 K 時，矽的 $N_c = 2.8\times10^{19}$ cm^{-3}。）

3. (a)一 n 型矽晶片被均勻的摻入 10^{16} cm^{-3} 個銻原子，請問其相對於本質矽費米能量EFi的費米能階位置。(b) 在 (a) 樣品中再摻入 2×10^{17} cm^{-3} 個硼原子，請問此樣品在室溫下相對於本質矽費米能量 E_{Fi} 的費米能階位置，及相對於 (a) 之 n 型費米能量的費米能階位置。
4. 一截面積 $A = 1\ mm^2$ 的對稱 GaAs 接面，其性質為：$Na = Nd = 10^{23}$ m^{-3}，$B = 7.21\times10^{-16}\ m^3\ s^{-1}$，$ni = 1.8\times10^{12}\ m^{-3}$，$\varepsilon_r = 13.2$，$\mu_h$ (n 側) $= 250\ cm^2 V^{-1}s^{-1}$，μ_e (p 側) $= 5000\ cm^2V^{-1}s^{-1}$。擴散係數可由愛因斯坦關係和漂移遷移率關連起來：$D_h = \mu_h k_B T/e$，$D_e = \mu_e K_B T/e$。在 300 K 時，加於二極體之順向偏壓為 1 V，由少數載子擴散所造成的二極體電流為何？假設是直接復合的情況下，空乏區中平均少數載子的復合生命期約為 10 ns，試估計電流中復合成份大小。
5. GaAs 有效的能態密度在傳導帶邊緣 $N_c = 4.7\times10^{17}\ cm^{-3}$，在價電帶邊緣 $N_v = 7\times10^{17}\ cm^{-3}$，其能隙 $E_g = 1.42\ eV$，試計算在 300 K 下，其本質濃度和本質電阻係數費米能階為何？若假設 N_c、N_v 隨 $T^{3/2}$ 而變化，則在 100 ℃ 下的本質濃度為何？

參考文獻

1. 中村修二教授之學生黃嘉彥博士資料提供
2. Michael R. Krames, Oleg B. Shchekin, Regina Mueller-Mach, Gerd O. Mueller, Ling Zhou, Gerard Harbers, and M. George Craford, “Status and future of high-power light-emitting diodes for solid-state lighting,” Journal of Display Technology, 3, (2), 160 (2007)
3. E. Fred Schubert, “Light-emitting diodes” (Cambridge, New York, 2006)
4. S. O. Kasap, “Optoelectronics and photonics principles and practices,” Prentice-Hall, New Jersey.
5. Donald A. Neamen, “Semiconductor physics and devices,” McGraw-Hill, 2003.

第二章 發光二極體原理

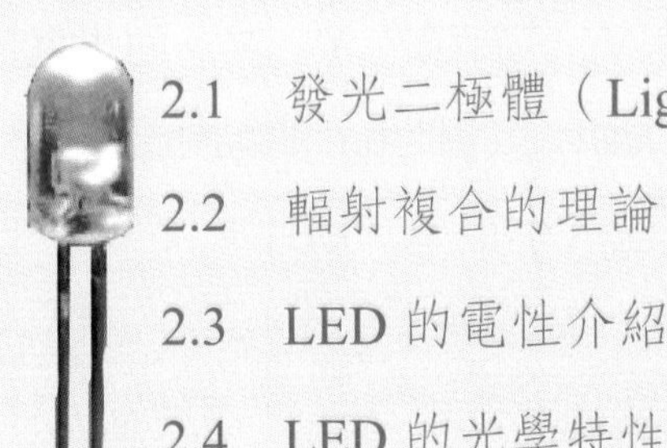

2.1 發光二極體（Light Emitting Diodes）

2.2 輻射複合的理論

2.3 LED 的電性介紹

2.4 LED 的光學特性介紹

習題

參考文獻

2.1 發光二極體（Light Emitting Diodes）

2.1.1 原理

發光二極體典型結構上是一 pn 接面二極體，由直接能隙半導體材料構成，例如 GaAs、GaN 等；其因電子、電洞對（EHP）復合，而放射出光子（此為輻射復合），因此放射出的光子能量近似於能隙能量 $h\nu \approx E_g$。圖 2.1(a) 為一未加偏壓的 pn^+ 接面元件的能帶圖，其中 n 側相較於 p 側為重摻雜，因此 pn^+ 元件的空乏區大部分落在 p 側。由於在平衡且不外加偏壓下整個元件的費米能階須維持均一，因此在繪能帶圖時，從 n 側 E_c 到 p 側 E_c，會有一位能障 eV_0，而 $\Delta E_c = eV_0$，其中 V_0 是內建電壓。在 n 側傳導（自由）電子的高濃度驅使自由電子從 n 側擴散到 p 側，但淨電子擴散卻會被位障 eV_0 阻檔。

因為元件主要的電阻部分位於空乏區，所以只要外加一順向偏壓 V，其電壓降會跨於空乏區，因此內建電位 V_0 會被減為 V_0-V，而可允許 n^+ 的電子擴散或被注入到 p 側，如圖 2.1(b) 所示。此種 pn^+ 的結構中，從 p 到 n^+ 側的電洞注入會比從 n^+ 到 p 側的電子注入小很多，因此，注入電子在空乏區和中性 p 側處復合導致光子自發放射；主要復合會發生在空乏區內並延伸至電子擴散長度 L_e 在 p 側所涵蓋的體積內；此復合區經常被稱為「主動區」（active region）。在此例中，因 EHP 復合而產生光輻射的現象，是因少數載子的注入而產生的，此被稱為電激螢光（injection electroluminescence）。另外，由於電子和電洞復合的統計本質，所發射出的光子為隨意方向，此即自發輻射（spontaneous emission）。

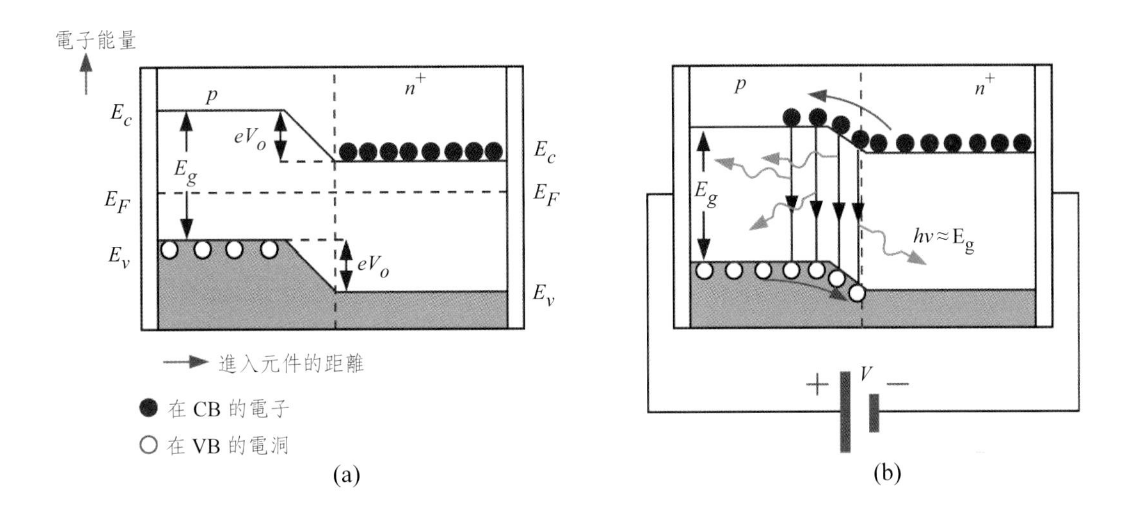

圖 2.1　(a) pn^+（n- 型重摻雜）接面在無外加偏壓下的能帶示意圖。內建電位 V_0 阻止電子從 n^+ 側擴散到 p 側；(b) 外加順向偏壓下，內建電位減少 V，因此允許電子擴散而注入至 p 側。在接面附近及 p 側電子擴散長度內的復合造成光子輻射。

2.1.2　元件結構

LED 典型的結構製造方式是用磊晶方式成長，各種常用的磊晶方式將在第三章介紹。一般是把由摻雜的半導體層以磊晶方式成長在一合適的基板上（如 GaAs 或 GaP），如圖 2.2(a)。此種平面型的 pn 接面，是以磊晶方式先成長 n 層，然後再成長 p 層所構成。通常 p 側位於光發出的表面，因此厚度不能太厚，常為幾個微米，以允許光子脫離而沒有被 p 側再吸收；為了確使主要的復合發生在 p 側，則 n 側需要為重摻雜（n^+），而往 n 側發出的光，會被 n 側吸收或從與基板界面反射回到表面，則取決於基板厚度及 LED 的確切結構。圖 2.2(a) 還繪出一種使用分段背部電極的 pn 接面 LED，此種結構的背部電極可產生半導體－空氣界面的反射。圖 2.2(b) 則是擴散接面平面型 LED，此種結構是經由擴散受體到磊晶成長的 n^+ 層以形成 p 側。

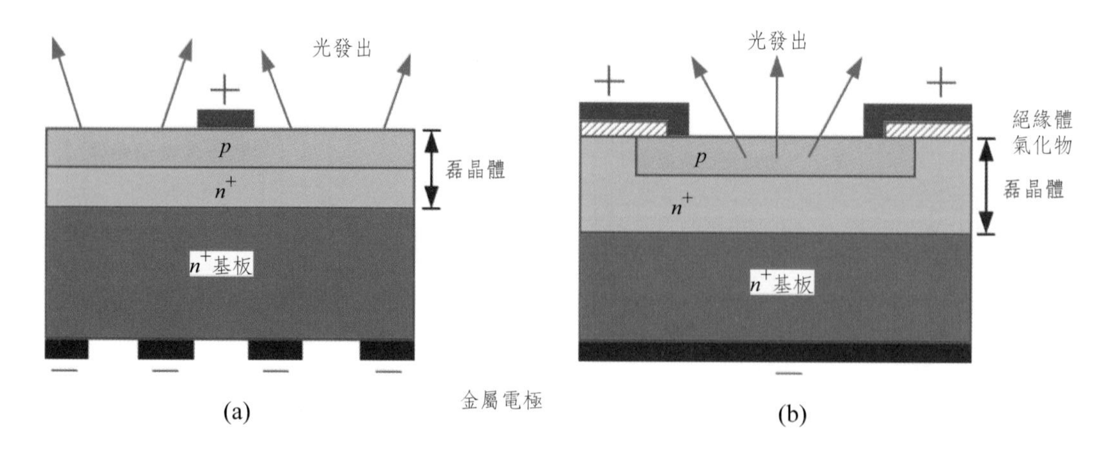

圖 2.2　典型平面表面出光型 LED 元件之結構示意圖。(a) 在 n^+ 基板上磊晶成長 p 層；(b) 先磊晶成長 n^+ 層，再經由雜質擴散進入磊晶層以形成 p 側。

假如磊晶層和基板晶體間有不同晶格常數，則這兩晶體結構間會存在晶格不匹配，這會造成在 LED 間有晶格應力存在，且因此產生晶體缺陷，此晶體缺陷可能會形成一復合中心，而會增加電子一電洞對非輻射復合的機率；將 LED 磊晶層成長在晶格匹配的基板晶體上可減少此種晶體缺陷，因此 LED 層成長在晶格匹配的基板晶體是很重要的；例如 AlGaAs 合金為能隙在紅光波段的直接能隙半導體，它可被成長在和它有良好晶格匹配的 GaAs 基板上，因而其 LED 元件的效率高。一般而言，兩種材料之間的晶格差 $\Delta a/a=0$ 或 $\Delta a/a<1\%$ 時，稱為兩材料間的晶格匹配或接近匹配，圖 2.3 為數種發光波長在紅光到紅外光的 III-V 半導體材料在室溫下之晶格常數及能隙關係圖，從此圖可看到 AlGaAs 和 GaAs 為晶格匹配的材料。圖 2.3 亦顯示出數種 III-V 半導體材料與其三元（包含三種元素）和四元（包含四種元素）合金之能隙為晶格常數的函數，參考此圖可選擇適當的半導體材料堆疊組成發光波長從紅光到紅外的 LED。

2.1.3　LED 材料

以半導體材料所製成的 LED 的發光波長由材料能隙決定，因此，以材料能隙來看，常用的 Ⅲ 族 -V 族合金大至可分成四類。分別為 (A) GaP/GaAsP 系列、(B) AlGaAs 系列、(C) AlGaInP 系列及 (D)GaN 系列。

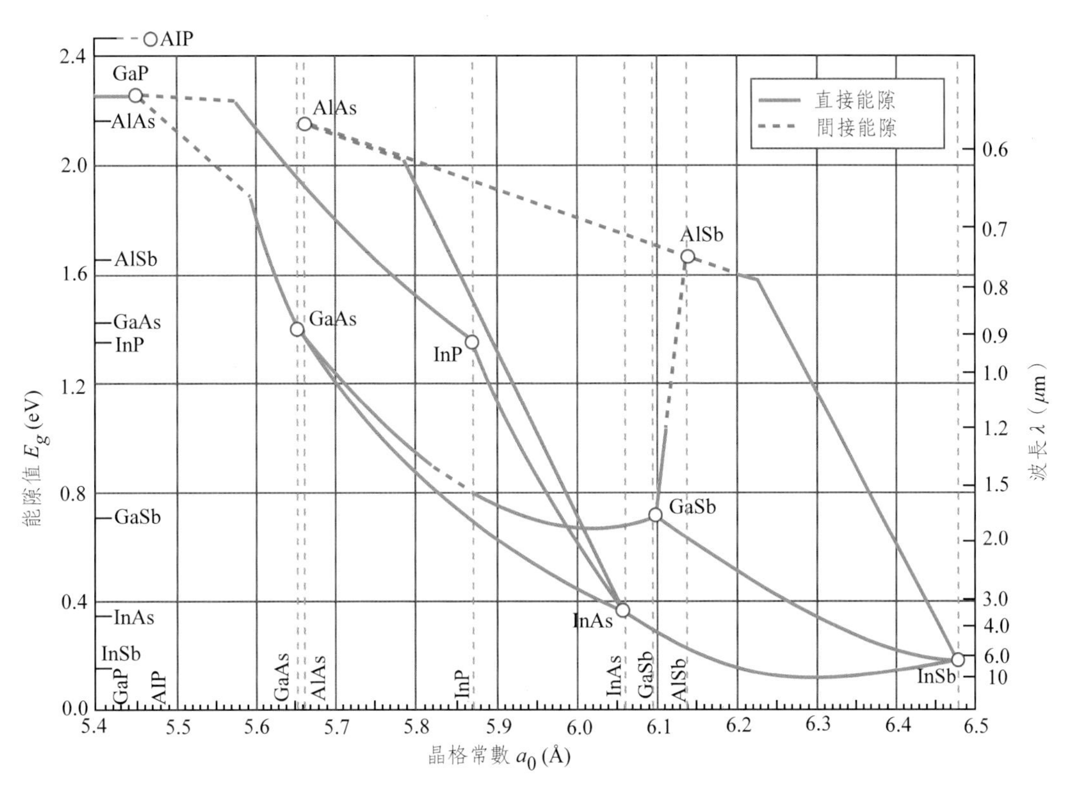

圖 2.3　數種 III-V 半導體材料在室溫下的晶格常數及能隙關係圖。

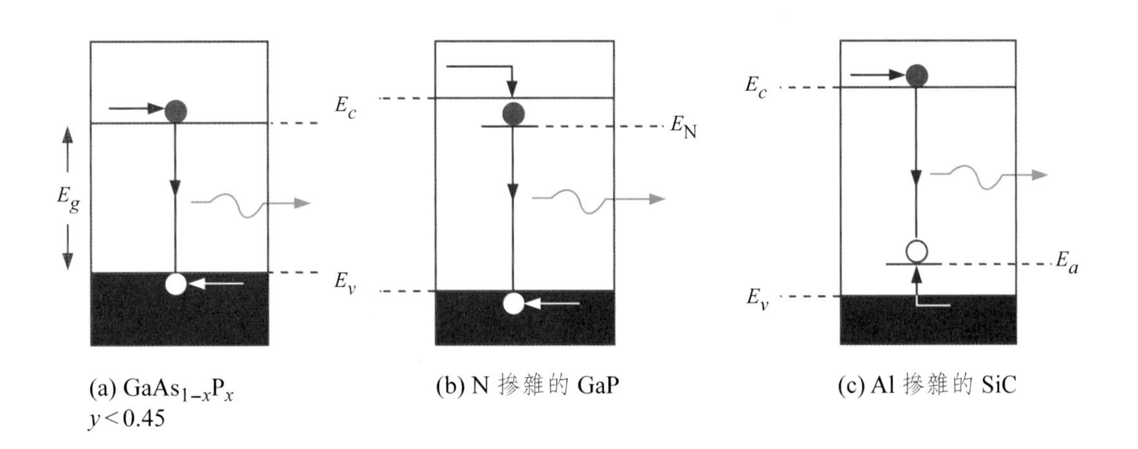

圖 2.4　(a) 直接能隙半導體的 EHP 復合產生光子示意圖；(b) 摻雜 N 的 GaP 能隙示意圖。在間接能隙半導體 GaP 中摻入氮，在靠近導電帶的 E_N 處會有一電子陷井，在 E_N 被捕捉的電子和電洞直接復合產生光子輻射；(c) 摻雜 Al 的 SiC 能隙示意圖。在摻雜 Al 的 SiC 中，EHP 的復合是經由受體能階 E_a 而產生的。

(A) GaP/GaAsP 系列

以合金 GaAs 及 GaP 為基礎的 Ⅲ-Ⅴ 三元合金（ternary alloys）被表示成 $GaAs_{1-y}P_y$，其晶格常數和能隙關係圖如圖 2.3 所示。在此化合物中的五族原子 As 和 P 是任意分佈在 GaAs 晶體結構中 As 原子原本的位置；當 $y<0.45$ 時，$GaAs_{1-y}P_y$ 為直接能隙半導體，因此 EHP 復合過程是直接的，如圖 2.4(a) 所示。其復合速率和電子與電洞濃度的乘積成比例。而發光波長範圍是從 $y=0.45$（$GaAs_{0.55}P_{0.45}$），約為 630 nm 的紅光，到 $y=0$，GaAs，870 nm 的紅外光。

$y>0.45$ 的 $GaAs_{1-y}P_y$ 合金（包含 GaP）則是間接能隙半導體（在圖 2.3 中為虛線部分），所以 EHP 復合過程的發生，是經由復合中心並伴隨晶格振動，而非光子發射。但可藉由加入等電子雜質（isoelectronic impurity）到半導體晶體，以達成光子輻射的產生，例如加入氮（和 P 同為 V 族）到 $GaAs_{1-y}P_y$ 中，則有一些 N 原子會取代 P 原子，因為 N 和 P 有相同的價數，所以，N 原子取代 P 原子形成相同共價鍵數，而並不是做為施體或受體。然而 N 和 P 的原子核不相同，和 P 原子核相比，N 的原子核外的電子遮蔽較少，這表示 N 原子鄰近的傳導電子會被 N 原子核吸引，並可能陷在這個位置，因此 N 原子會在導電帶邊緣附近導致局部能階或電子陷井，E_N，如圖 2.4(b) 所繪。當傳導電子在 E_N 被補獲時，其庫侖作用力會吸引鄰近的電洞（位於導電帶上），且最後和它直接復合而發射出光子；一般而言，E_N 很接近 E_c，因此其所輻射出的光子能量只會略小於 E_g。因為復合過程取決於 N 摻雜，所以 N 摻雜的間接能隙 $GaAs_{1-y}P_y$ LED 的效率小於直接能隙的 LED。N 摻雜的間接能隙 $GaAs_{1-y}P_y$ 合金廣泛地使用在低廉、不昂貴的綠色、黃色和橙色 LED。另外，常用的間接能隙 LED 材料還有 GaP，其是摻雜 Zn, O 而為紅光 LED。

(B) AlGaAs 系列

$Al_xGa_{1-x}As$/GaAs 材料系統是在 1970 年代和 1980 年代早期開發的，它是第一個適合做高亮度 LED 應用的材料系統。由於 Al 的原子半徑（1.82Å）和 Ga 的原子半徑（1.81Å）非常相近，因此，對所有 Al 的莫耳比

例 x 來說，$Al_xGa_{1-x}As$ 的材料系統和 GaAs 都是晶格匹配的，如圖 2.3 所示。

市面上除了 GaP/GaAsP 外，有不同且重要的直接能隙半導體材料，也能發射出紅和紅外線的波長，其一般以 Ⅲ 和 Ⅴ 族元素為基材的三元（包含三種元素）和四元（四種元素）合金，稱為 Ⅲ-Ⅴ 合金，例如 GaAs 能隙約為 1.43 eV，可輻射 870 nm 左右的光，是為紅外線；但是以 $Al_{1-x}Ga_xAs$ 為基材的三元合金（$x<0.43$ 為直接能隙半導體），其組成能加以調變以調整能隙，因此可輻射出約 640～870 nm 的波段，即從深紅光到紅外線。

(C)AlGaInP 系列

在 1980 和 1990 年代早期，In-Ga-Al-P 四元 Ⅲ-Ⅴ 合金（In、Ga 和 Al 為 Ⅲ 族，P 為 Ⅴ 族）又成了另一研究焦點，其直接能隙值會隨組成而變，並可涵蓋可見光範圍，當組成範圍從 $In_{0.49}Al_{0.17}Ga_{0.34}P$ 到 $In_{0.49}Al_{0.058}Ga_{0.452}P$ 時，它會和 GaAs 基板相匹配，如圖 2.5 所示。目前長波長高強度 LED 便是以此材料為基材。此外，目前高亮度的紅光（625 nm）、橘光（610 nm）和黃光（590 nm）LED 主要是使用此材料系統，常見的應用包含高亮度的紅，如圖 2.6 所示。

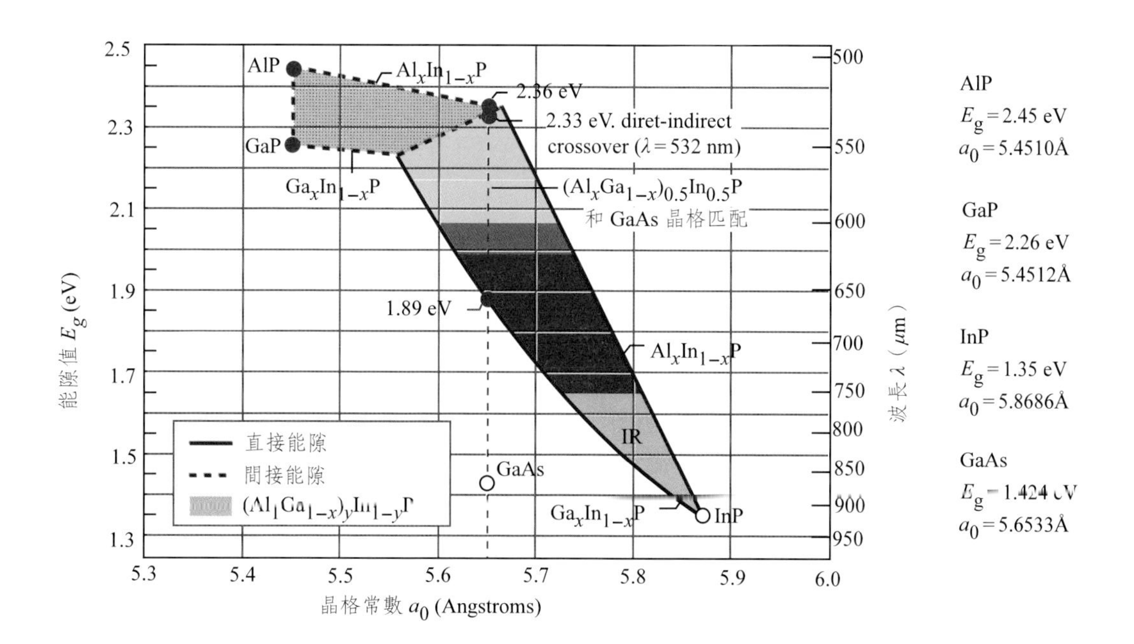

圖 2.5　$(Al_xGa_{1-x})_yIn_{1-y}P$ 在 300 K 時的能隙值與對應波長。垂直的紅色虛線表示與 GaAs 晶格常數匹配。

資料來源http://commons.wikimedia.org/wiki/File:Led_traffic_lights.jpg

資料來源http://www.coloradotime.com/studies.htm

圖 2.6　高亮度紅黃光 LED 的應用

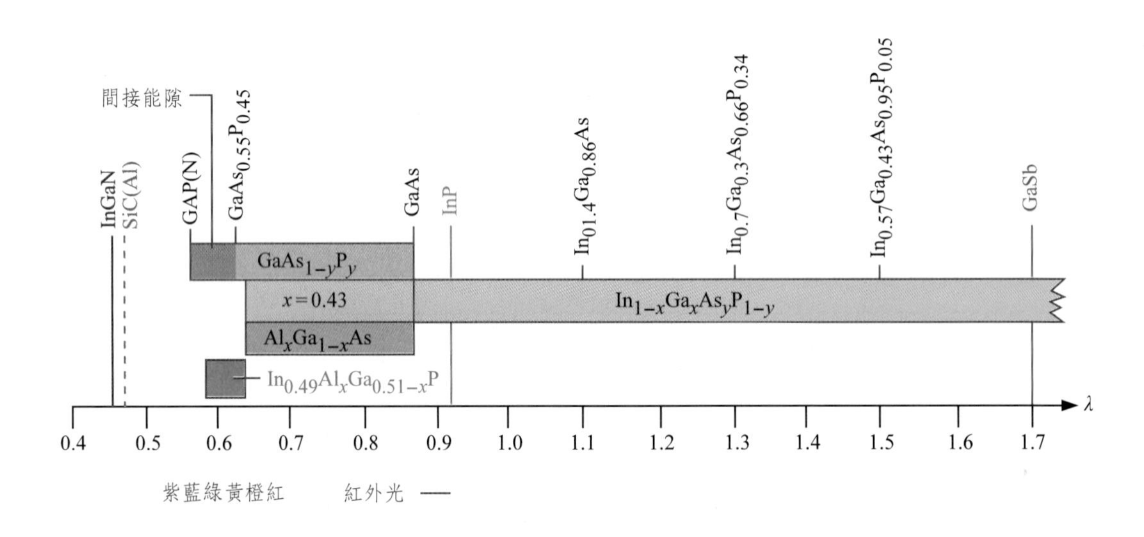

圖 2.7　不同發光波長的半導體材料，劃影線和斜線區是間接能隙材料。

另外，四元合金含 $In_{1-x}Ga_xAs_{1-y}P_y$ 的能隙，亦可隨組成（x 和 y）而變，其波長可從 870 nm（GaAs）拓展到 3.5 μm（InAs），並包含光通訊波長 1.3 和 1.55 μm，如圖 2.7 所示一些具代表性，發光波長範圍涵蓋 0.4 到 0.7 μm 的半導體材料。

(D)GaN 系列

目前有兩種較常見的藍光 LED 材料，其一是 GaN 直接能隙半導體，能隙大小約為 3.4 eV；而藍光 GaN LED，實際上是使用 GaN 摻 In 的合金，而 InGaN 能隙值約為 2.7 eV，對應於藍色發光範圍。GaN、InGaN 和 AlN 之能隙與晶格常數關係如圖 2.8 所示。另一種效率較低的型式為 Al 摻雜的碳化矽（SiC）LED，其為間接能隙半導體，受體形式的局部能階從價帶和導帶補捉電洞和電子，並互相復合以發射光子，如圖 2.4(c) 所示，此過程並非直接復合，因此效率較差；所以藍光 SiC LED 的亮度會受到限制，不過近來已有相當大的進展。因此在製造較高效率的藍光 LED 選擇上，仍以使用直接能隙的化合物半導體為主。此外，其它 Ⅱ-Ⅵ 直接能隙化合物發展的技術，則是受限於半導體摻雜這個問題上，無法製作有效的 pn 接面。

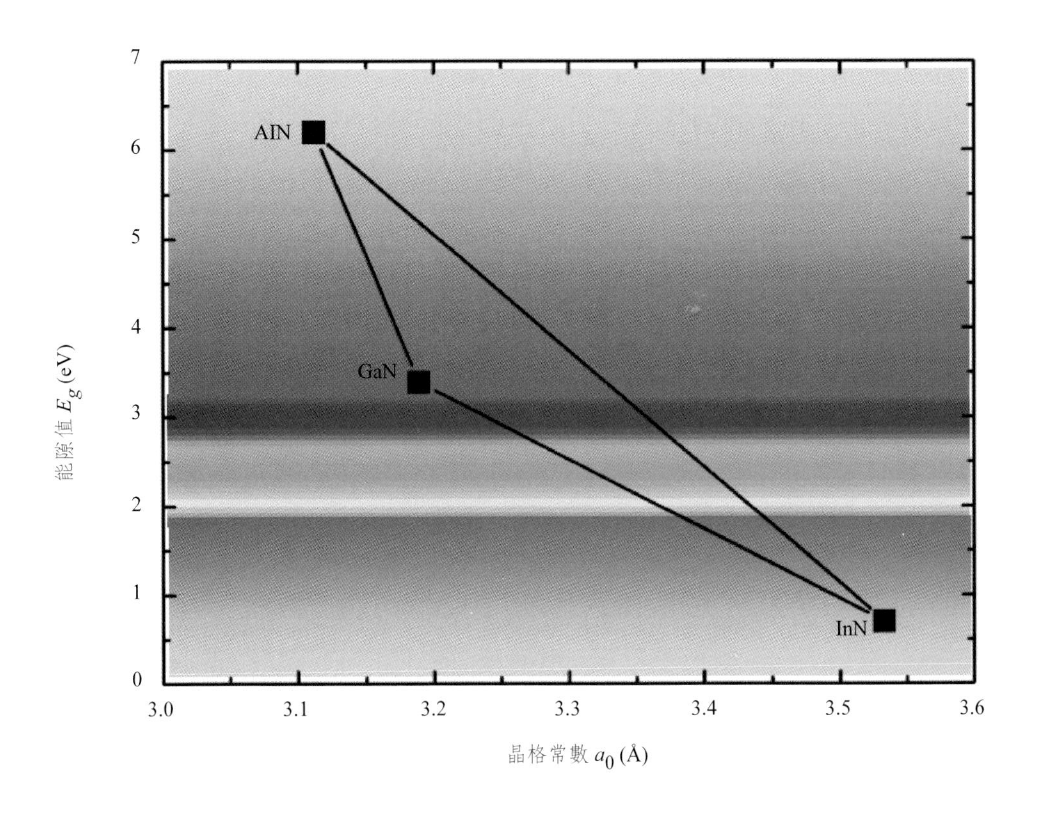

圖 2.8　三五族氮化物在室溫下的能隙與晶格常數關係圖。

2.1.4 異質接面高強度 LEDs

若一 PN 接面位於兩不同摻雜半導體間，而這兩者為相同材質時（亦有相同能隙），則此接面被稱為同質接面；反之，若一接面位於兩不同能隙半導體間，則此接面稱為異質接面。半導體元件結構若其接面在不同能隙材料間，則被稱為異質結構元件；一般而言，半導體材料的折射率取決於它的能隙大小，寬能隙半導體有較低的折射率，這意謂異質結構 LED 的設計，可在元件內製造出介質波導的環境，同時可由復合區發射出在波導行進的光子。

顯示於圖 2.9 的同質接面 LED 有兩個缺點。(a) 如圖2.9(a) 所示，p 區寬度設計必須狹窄以容許光子脫離元件內部，避免過多的光子被再吸收而減少出光效率，但是當 p 區過度狹窄時，則會有一些 p 側的注入載子會擴散至表面，並經由缺陷在表面附近復合，而此非輻射復合過程會減少光的輸出。(b) 如圖 2.9(b) 所示假如輻射復合發生於一較大的體積內（或距離），則已發射光子被再吸收的機會變高，再吸收多寡是隨材料體積而增加的。

因此為了提升光輸出的強度，LED 構造可使用雙異質結構。圖 2.10(a) 顯示一雙異質結構元件，其兩接面由具有不同能隙之半導體材料構成；在這個例子中，半導體 AlGaAs 的 $E_g \approx 2$ eV 而 GaAs 的 $E_g \approx 1.4$ eV，在圖 2.10(a) 之雙異質結構中，在 n^+-AlGaAs 和 p-GaAs 之間形成一 n^+p 異質接面，

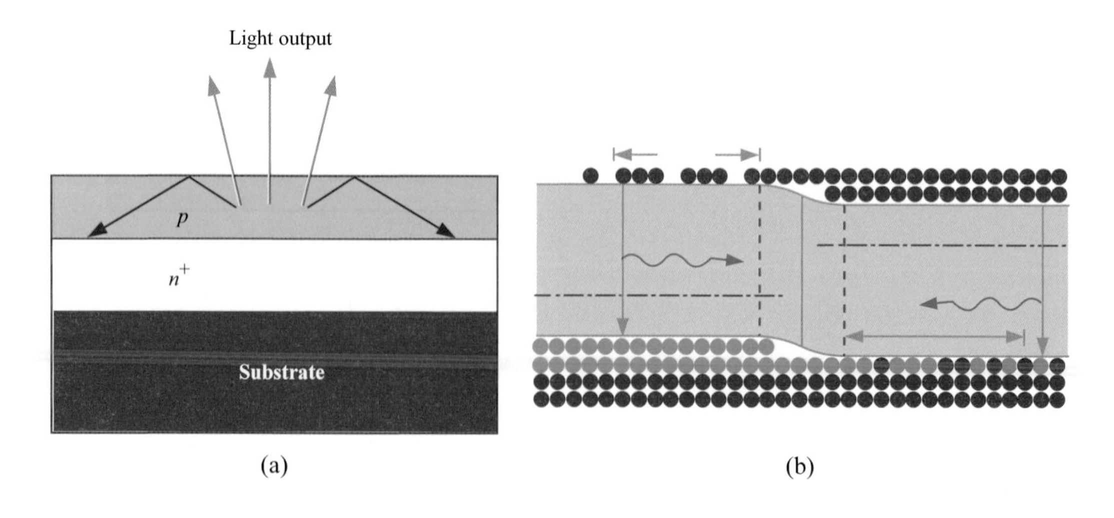

圖 2.9 同質接面 LED 之 (a) 結構示意圖；(b) 能帶示意圖。

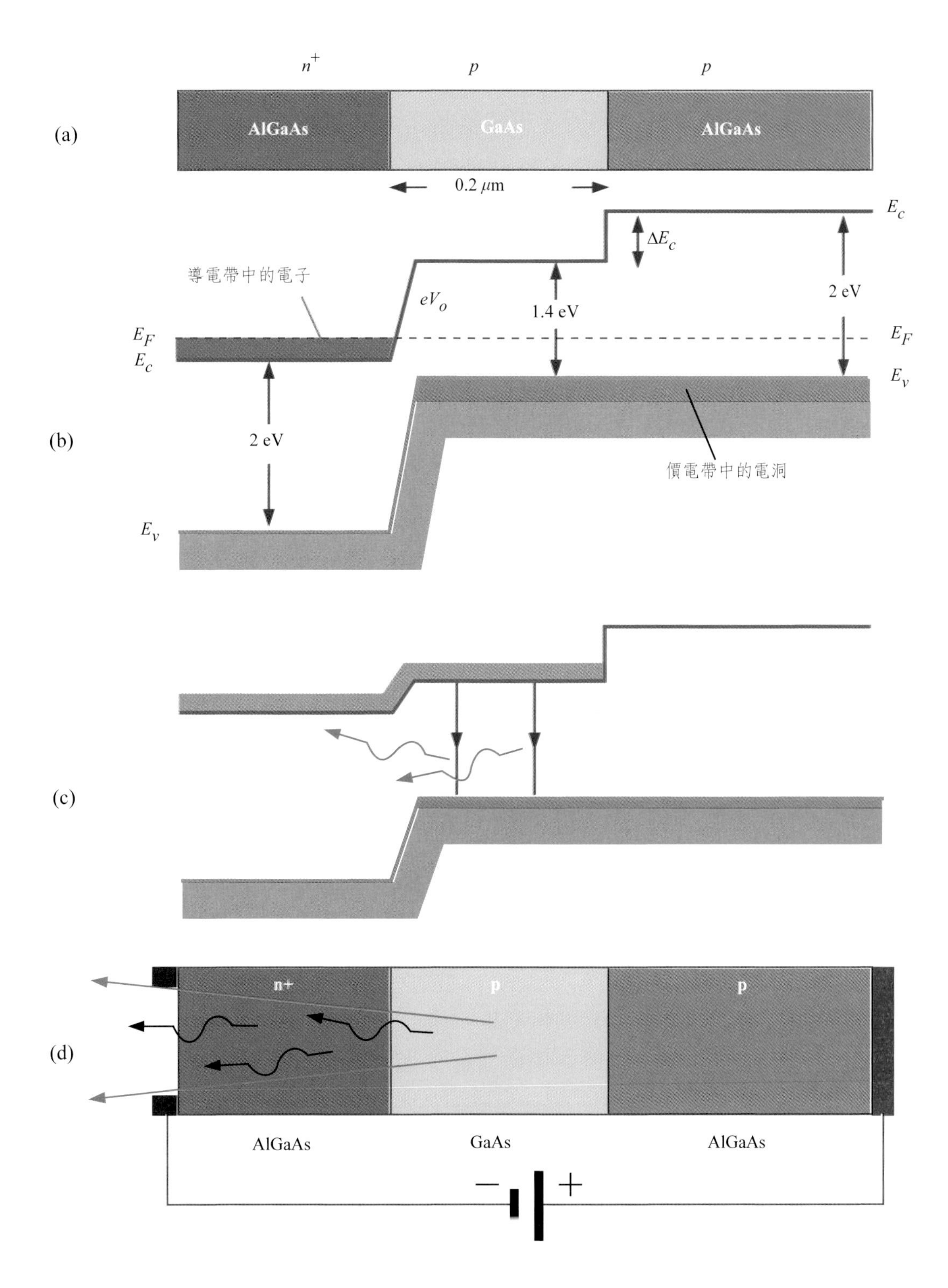

圖 2.10　雙異質接面發光二極體的結構與能帶圖

p-GaAs 區為一厚度約為幾微米的輕摻雜薄層。整個元件在沒有外加電壓下的簡化能帶圖如圖 2.10(b) 所示，貫穿整個元件的費米能階 E_F 是連續的，對於 n^+-AlGaAs 傳導帶中的電子，有一位能障 eV_0 阻止它擴散到 p-GaAs，而在 p-GaAs 和 p-AlGaAs 間的接面則會有能隙改變 ΔE_c，這個 ΔE_c 是一有效的位能障，可阻止 p-GaAs 傳導帶中任何的電子到達 p-GaAs 的傳導帶。

當外加順向偏壓時，主要的電壓降會落於 n^+-AlGaAs 和 p-GaAs 間，因此會降低位能障 eV_0，情況如同標準的 pn 接面二極體，這壓降有助於 n^+-AlGaAs 傳導帶中的電子被注入到 p-GaAs，如圖 2.10(c) 所示；然而因為有一位障 ΔE_c 落在 p-GaAs 和 p-AlGaAs 間，因此這些電子會被侷限在 p-GaAs 的傳導帶中，寬能隙的 AlGaAs 可作為侷限層，將注入的電子侷限在 p-GaAs 層，注入的電子和電洞可在 p-GaAs 層中進行復合而產生自發輻射，因為 AlGaAs 能隙 E_g 大於 GaAs，因此所發射的光子不會被再次吸收，可順利到達元件的表面，如圖 2.10(d) 所示；因為光也沒有被另一側的 p-AlGaAs 吸收，所有可被反射增加整體光輸出。另一個 AlGaAs/GaAs 異質接面的優點是僅有微小晶格不匹配存在，和傳統同質接面 LED 結構在表面的缺陷數量級相近，可忽略其影響，因此雙異質接面 LED 比同質接面 LED 有較佳的發光效率。

2.1.5 LED 特性

從 LED 所發射之光子能量並不是簡單的等於材料能隙 E_g，因為傳導帶電子有其能量分佈，如同電洞在價電帶般，如圖 2.11(a) 和 (b) 所示。圖 2.11 說明電子和電洞分別於傳導帶和價電帶能量分佈的能帶圖；電子濃度為傳導帶中能量的函數，可表示成 $g(E)f(E)$，其中 $g(E)$ 為能態密度，而 $f(E)$ 是費米狄拉克函數（在一具能量 E 的能態發現一個電子的機率），乘積 $g(E)f(E)$ 則是代表每單位能量的電子濃度，對於價電帶中的電洞，也有一相似的能量分佈如圖 2.11(b) 所示。

傳導帶中電子濃度函數分佈並非呈對稱式，峰值約高於 E_c 的 $1/2k_BT$ 處，而這些電子能量大致分佈在 E_c～$2k_BT$ 內，如圖 2.11(b) 所示：電洞濃度

也相似的從價電帶 E_v 處散開。直接復合速率是與電子和電洞的濃度乘積成正比。圖 2.11(a) 的躍遷途徑 1，牽涉到在 E_c 之電子和 E_v 之電洞的直接復合，但是能帶邊緣的載子濃度很小，因此這一型的復合機率並不高，因此這個光子能量 $h\nu_1$ 處的相對強度很小。而圖 2.11(a) 的躍遷途徑 2 則有最大的發生機率，對應於這轉移能量 $h\nu_2$，光的相對強度是最大或接近最大，如圖 2.11(c) 所示。在圖 2.11(a) 中標記為 3 所發射之較高能量光子 $h\nu_3$，牽涉到較高能量的電子和電洞，因其濃度不高，發光強度如圖 2.11(c)。LED 輸出頻譜的光子能量特性和相對光強度之關係圖如圖 2.11(c) 所示，其為 LED 一重要的特性。因為 $\lambda = c/\nu$，我們也能得到 LED 發光強度對波長的關係，至於輸出頻譜的線寬，$\Delta\nu$ 或 $\Delta\lambda$ 則是定義在半強度點間的寬度，如圖 2.11(c) 和 (d) 所示。

強度峰值處的波長和頻譜的線寬 $\Delta\lambda$，明顯的和傳導帶和價電帶中的電子和電洞之能量分佈、及這些能帶的能態密度有關（因此和個別半導體性質有關）。如圖 2.11(c) 所示，輻射峰值處的光子能量約為 $E_g + k_BT$，因為它對應於電子和電洞能量分佈中的峰對峰轉移，典型線寬 $\Delta(h\nu)$ 在 $2.5k_BT$ 到 $3k_BT$ 之間。

此外，LED 的輸出頻譜或相對強度對波長特性，不僅和半導體材料有關，更取決於 pn 接面二極體的結構，其中也包含了摻雜濃度的影響。圖 2.11(d) 之頻譜代表一理想化的頻譜，並沒有包含重摻雜對能帶之影響。對一重摻雜的 n- 型半導體而言，這些施體的電子波函數互相重疊，並生成以 E_d 為中心的一雜質能帶，因此施體雜質能帶和傳導帶相重疊，並有效地降低 E_c，所以重摻雜半導體的最小發射光子能量會小於 E_g，其值與摻雜濃度有關。

以紅光 LED（655 nm）為例，其典型的特徵如圖 2.11(a) 到 (c) 所示，圖 2.12(a) 的輸出頻譜和圖 2.11(d) 的理想化頻譜相比，其圖形對稱性較高，頻譜的寬度約 24 nm，大約是 $2.7k_BT$ 的寬度。

當 LED 電流增加，注入少數載子的濃度增加，使得復合速率和輸出光強度也隨之增加，然而，輸出光功率並非隨 LED 電流而呈線性增加，如圖 2.11(b) 所示。強大的注入少數載子導致復合時間取決於注入載子的濃度和它本身的電流大小，這導致隨在高電流時出現非線性復合速率；典型 LED 電

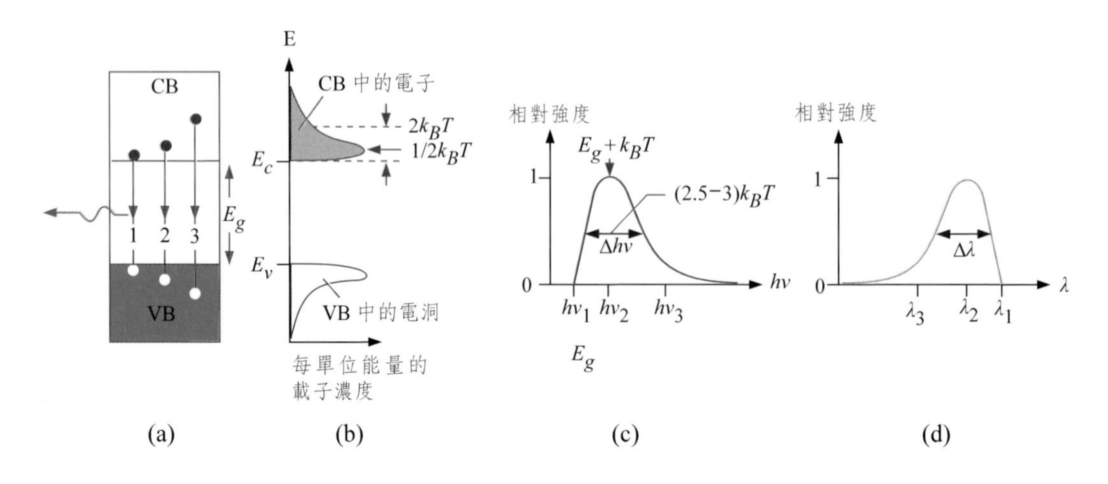

圖 2.11 (a) 可能復合路徑之能帶圖，(b) 電子在 CB 和電洞在 VB 的能量分佈，最高的電子濃度是在高於 E_C 的 $(1/2)k_BT$ 處，(c) 根據 (b) 相對光強度為光子能量函數，(d) 根據 (b) 和 (c) 相對強度為輸出波長頻譜的函數。

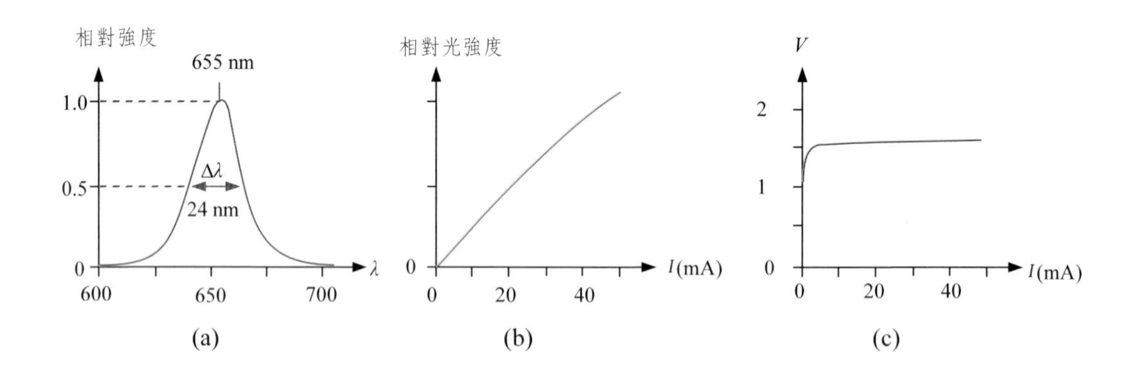

圖 2.12 (a) 紅光 GaAsP LED 的典型輸出頻譜（相對強度和波長關係圖），(b) 典型輸出光功率和順向電流之關係圖，(c) 典型的紅光 LED 電流—電壓 (I-V) 特性，導通電壓約 1.5 V。

流-電壓特性如圖 2.11(c) 所示，圖中可看出導通或切入電壓約 1.5 V，在此點後電流隨電壓迅速地增加。導通電壓的值取決於半導體種類，此值隨能隙 E_g 而增加，例如典型的藍光 LED，導通值約為 3.5~4.5 V，對黃光 LED 則約為 2 V，而對一 GaAs 紅外線 LED，導通電壓則在 1 V 左右。

2.2 輻射復合的理論

接下來在這單元裡，會先由量子力學模型來討論輻射復合，再從半古典模型討論平衡狀態下的載子產生與結合，最後則討論 Einstein 的兩階層原子自發與激發躍遷行為。

2.2.1　輻射復合的量子力學模型

量子力學計算的自發性輻射機率是建立在由 Fermi's Golden Rule 所推出的誘導輻射機率上。Fermi's Golden Rule 可表達每單位時間（稱為躍遷機率）從 j 態到 m 態的遷移機率。

$$W_{j\to m} = \frac{\mathrm{d}}{\mathrm{d}t}|a'_m(t)|^2 = \frac{2\pi}{\hbar}|H'_{mj}|^2\rho\,(E = E_j + \hbar\omega_0) \tag{2.1}$$

其中 H_{mj}' 是躍遷矩陣元素。一維的空間變數為 x，矩陣元素經由 perturbation Hamiltonian H' 運算後，可獲得由初始的 j 態到最後的 m 態躍遷矩陣

$$H'_{mj} = \langle \psi_m^0|H'|\psi_j^0 \rangle = \int_{-\infty}^{\infty} \psi_m^{0*}(x)\,A(x)\,\psi_j^0(x)\,dx \tag{2.2}$$

由於 Fermi's Golden Rule 是假設 H' 為時變的諧波，也就是 $H' = A(x)[\exp(i\omega_0 t) + \exp(-i\omega_0 t)]$，這個假設符合光子諧波的激發。（2.2）式指出，電子和電洞波函數之間的空間重疊為復合之必要條件，換言之，若電子和電洞在空間狀態中分離就不會產生復合行為。

在半導體價電帶和傳導帶的光學躍遷過程中，由於光子的動量（$p = \hbar k$）小到可忽略，所以電子動量必須符合 k-selection rule 的動量守恆條件。我們可以使用 four-band Kane 模型來推導出 $|M_b|$，$|M_b|$ 為 Bloch state 的平均矩陣元素、其中 four-band Kana 模型包含了傳導帶、重電洞帶、輕電洞帶和分裂帶。在半導體中，$|M_b|^2$ 為

$$|M_b|^2 = \frac{m_e^2 E_g(E_g + \Delta)}{12 m_e^*(E_g + 2\Delta/3)} \tag{2.3}$$

其中 m_e 為自由電子質量，E_g 為能隙，Δ 為自旋軌道分裂。砷化鎵的 $E_g = 1.424$ eV，$\Delta = 0.33$ eV，$m_e^* = 0.067\ m_e$，所以 $|M_b|^2 = 1.3\ m_e E_g$。

接著根據 k-selection rule，每單位體積的自發性輻射比率為

$$r_{sp}(E)=\frac{4\pi\bar{n}e^2E}{m_e^2\varepsilon_0h^2c^3}\,|M_b|^2\,\frac{(2\pi)^3}{V}\,2\left(\frac{V}{(2\pi)^3}\right)^2\frac{1}{V}$$
$$\times\Sigma\int\!\cdots\!\int f_c(E_c)f_v(E_v)d^3\vec{k}_c\,d^3\vec{k}_v\,\delta(\vec{k}_c-\vec{k}_v)\,\delta(E_i-E_f-E) \quad (2.4)$$

其中 f_c 和 f_v 為電子和電洞的費米係數，$\delta(\vec{k}_c-\vec{k}_v)$ 確保滿足 k-selection rule 的條件，式子中的乘數 2 代表電子的兩個自旋方向。（2.4）式中，Σ 代表三個價電帶的總和（重電洞、輕電洞、分裂帶）。首先，我們只考慮電子和重電洞，（2.4）式的積分結果可表示為

$$r_{sp}(E)=\frac{2\bar{n}e^2E|M_b|^2}{\pi m_e^2\varepsilon_0h^2c^3}\left(\frac{2m_r}{\hbar^2}\right)^{3/2}\sqrt{E-E_g}\;f_c(E_c)f_v(E_v) \quad (2.5)$$

其中，
$$E_c=(m_r/m_e^*)(E-E_g) \quad (2.6)$$

$$E_v=(m_r/m_{hh}^*)(E-E_g) \quad (2.7)$$

$$m_r=\frac{m_e^*m_{hh}^*}{m_e^*+m_{hh}^*} \quad (2.8)$$

m_{hh}^* 為重電洞的有效質量，並由（2.5）式可知在光子能量為 E 時的自發輻射機率。積分所有可能的能量則可得到總自發輻射機率。所以電子和重電洞躍遷所產生的單位體積總自發輻射機率為

$$R=\int_{E_g}^{\infty}r_{sp}(E)dE=A|M_b|^2I \quad (2.9)$$

其中

$$I=\int_{E_g}^{\infty}\sqrt{E-E_g}\,f_c(E_c)\,f_v(E_v)dE \quad (2.10)$$

A 代表為（2.5）式積分後的常數。後續若是考慮電子和輕電洞的結合，只需將 m_{hh}^* 換成輕電洞有效質量 m_{lh}^* 便可得到相似的方程式。

另外由 Agrawal 和 Dutta 所推導出的量子力學吸收係數 α(E)，也是採用

相似的分析方式

$$\alpha(E)=\frac{e^2h|M_b|^2}{4\pi^2\varepsilon_0 m_e^2 c\bar{n}E}\left(\frac{2m_r}{\hbar^2}\right)^{3/2}\sqrt{E-E_g}[1-f_c(E_c)-f_v(E_v)] \tag{2.11}$$

雖然電子電洞復合機制的量子力學模型大都是恰當且準確的，但它需耗費較長的計算時間且處理方式較困難。因此接下來的討論，將以半古典的方式去分析電子電洞復合機制，這種方法通常比較容易計算。

2.2.2　van Roosbroeck-Shockley 模型

van Roosbroeck-Shockley 模型可以計算出平衡條件下和非平衡條件下的自發輻射復合機率。用此法計算復合機率之前，必須先知道材料的一些基本參數，例如能隙值、吸收係數、折射率，而這些參數大多可使用簡單且廣為人知的實驗方法來決定。

圖 2.13 說明了半導體內之電子電洞復合所產生的光子在行進一段距離後隨即被材料本身吸收的過程。現在考慮一個半導體的吸收係數 $\alpha(\nu)$（單位為 cm^{-1}）。頻率為 ν 的光子在被吸收前所行進的平均距離為 $\alpha(\nu)^{-1}$。光子從產生後到被吸收的時間可定義為

$$\tau(\nu)=\frac{1}{\alpha(\nu)\,v_{gr}} \tag{2.12}$$

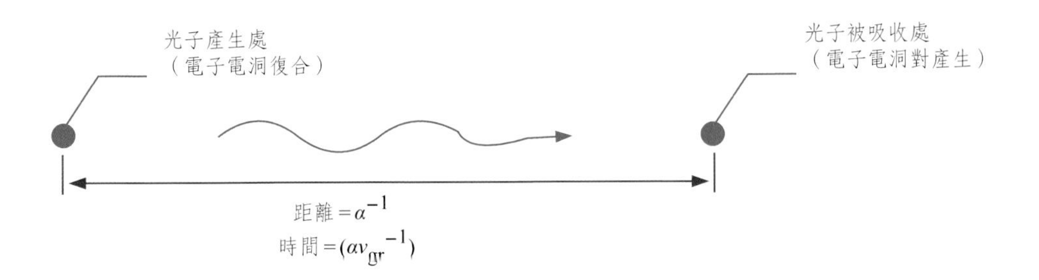

圖 2.13　光子的生命週期示意圖

v_{gr} 為光子在半導體中行進的群速度

$$v_{gr} = \frac{d\omega}{dk} = \frac{d\nu}{d(1/\lambda)} = c\frac{d\nu}{d(\bar{n}\nu)} \tag{2.13}$$

$\bar{n}$ 為折射率。將群速帶入（2.12）式可得

$$\frac{1}{\tau(\nu)} = \alpha(\nu)\nu_{gr} = \alpha(\nu)\,c\,\frac{d\nu}{d(\bar{n}\nu)} \tag{2.14}$$

（2.14）式代表每單位時間的反向光子生命週期或光子吸收機率，而每單位時間單位體積的光子吸收機率則與物體的吸收機率以及光子密度有關。在平衡狀態下，由普朗克黑體輻射公式可得出在介質折射率 $\bar{n}$ 中的每單位體積光子密度為

$$N(\lambda)\,d\lambda = \frac{8\pi}{\lambda^4}\,\frac{1}{e^{h\nu/kT} - 1}\,d\lambda \tag{2.15}$$

為了能快速的得到 $N(\nu)d\nu$（頻率在 ν 到 $\nu + d\nu$ 間的光子數目），可利用光子波長與頻率的關係 $\lambda = c/(\bar{n}\nu)$，得到

$$d\lambda = -\frac{c}{(\bar{n}\nu)^2}\frac{d(\bar{n}\nu)}{d\nu}\,d\nu \tag{2.16}$$

代入（2.15）式可得普朗克黑體光子分佈的頻率方程式

$$N(\nu)d\nu = \frac{8\pi\nu^2\bar{n}^2}{c^3}\frac{d(\bar{n}\nu)}{d\nu}\frac{1}{e^{h\nu/kT} - 1}d\nu \tag{2.17}$$

在頻率 ν 和 $\nu + d\nu$ 間之單位體積的吸收率為光子密度除以光子平均生命週期

$$R_0(\nu) = \frac{N(\nu)}{\tau(\nu)} = \frac{8\pi\nu^2\bar{n}^2}{c^3}\frac{d(\bar{n}\nu)}{d\nu}\frac{1}{e^{h\nu/kT} - 1}\alpha(\nu)\,c\,\frac{d\nu}{d(\bar{n}\nu)} \tag{2.18}$$

積分所有的光子頻率可得每單位體積的吸收率

$$R_0 = \int_0^{\infty} R_0(v)\mathrm{d}v = \int_0^{\infty} \frac{8\pi v^2 \overline{n}^2}{c^2} \frac{\alpha(v)}{e^{hv/kT} - 1} \mathrm{d}v \tag{2.19}$$

（2.19）式也就是著名的 van Roosbroeck-Shockley 方程式。將吸收係數表示為（2.20）式可進一步簡化 van Roosbroeck-Shockley 方程式。

$$\alpha = \alpha_0 \sqrt{(E - E_g)/E_g} \tag{2.20}$$

α_0 為在 $hv = 2E_g$ 時的吸收係數，表 2.1 為一些半導體的 α_0 近似值。

將折射率視為常數並改以能隙邊緣的折射率取代，也可將 van Roosbroeck-Shockley equation 簡化如下

$$R_0 = 8\pi c \overline{n}^2 \alpha_0 \sqrt{\frac{kT}{E_g}} \left(\frac{kT}{ch}\right)^3 \int_{x_g}^{\infty} \frac{x^2 \sqrt{x - x_g}}{e^x - 1} dx \tag{2.21}$$

其中 $x = hv/(kT) = E/(kT)$，$x_g = E_g/(kT)$，由於 x 為指數函數，增加很快，所以只有一小段接近能隙分佈的能量範圍對積分有所貢獻。此積分沒有簡單解析解，需要以數值法求出。

在平衡狀態下，載子產生率（光子吸收率）和載子復合率（光子發射率）相同，因此 van Roosbroeck-Shockley 模型提供了平衡態的復合比率。雙分子 rate equation 可以提供計算平衡和非平衡條件下，每單位體積單位時間的復合速率為

表 2.1　常見半導體材料室溫下的能隙值與吸收係數

Material	E_g (eV)	α_0 (cm^{-1})	$\overline{n}$ (–)	R_0 ($cm^{-3}s^{-1}$)	n_i (cm^{-3})	B (cm^3s^{-1})	τ_{spont} (s)
GaAs	1.42	2×10^4	3.3	7.9×10^2	2×10^6	2.0×10^{-10}	5.1×10^{-9}
InP	1.35	2×10^4	3.4	1.2×10^4	1×10^{-10}	1.2×10^{-10}	8.5×10^{-9}
GaN	3.4	2×10^5	2.5	8.9×10^{-30}	2×10^{-10}	2.2×10^{-10}	4.5×10^{-9}
Gap	2.26	2×10^3	3.0	1.0×10^{-12}	1.6×10^0	3.9×10^{-13}	2.6×10^{-6}
Si	1.12	1×10^3	3.4	3.3×10^6	1×10^{10}	3.2×10^{-14}	3.0×10^{-5}
Ge	0.66	1×10^3	4.0	1.1×1^{14}	2×10^{13}	2.8×10^{-13}	3.5×10^{-6}

$$R = Bnp \tag{2.22}$$

接下來利用 van Roosbroeck-Shockley 模型來計算雙分子復合係數 B。在平衡條件下，$R = R_0 = Bn_i^2$，因此雙分子復合係數與平衡態的復合速率有關

$$B = \frac{R_0}{n_i^2} \tag{2.23}$$

表 2.2 列出了由（2.21）式和（2.23）所計算出在不同半導體中的雙分子復合係數，所有計算所需要的材料參數皆在表中。由計算結果可知，直接能隙的三五族半導體 B 為 10^{-9}-10^{-11} cm^3/s，而此結果也與實驗結果相符。GaP, Si 和 Ge 這些間接能隙半導體的雙分子復合係數比其他三五族直接能隙半導體的雙分子復合係數還來的小。

還有其他一些方法可以計算出雙分子復合係數，早期 Hall（1982）是用 two-band 模型來算出雙分子復合係數

$$B = 5.8 \times 10^{-13} \frac{\text{cm}^3}{\text{s}} \left(\frac{m_h^*}{m_e} + \frac{m_e^*}{m_e}\right)^{-3/2} \left(1 + \frac{m_e}{m_h^*} + \frac{m_e}{m_e^*}\right) \left(\frac{300\text{K}}{T}\right)^{3/2} \left(\frac{E_g}{1\text{eV}}\right)^2 \bar{n} \tag{2.24}$$

其中 m_e^*, m_h^* 和 m_e 分別為有效電子質量、有效電洞質量和自由電子質量。在 1982 年，Garbuzov 用簡單的量子力學計算直接能隙半導體，得到以下的雙分子復合係數表達式

$$B = 3.0 \times 10^{-10} \frac{\text{cm}^3}{\text{s}} \left(\frac{300\text{K}}{T}\right)^{3/2} \left(\frac{E_g}{1.5\text{eV}}\right)^2 \tag{2.25}$$

上面所敘述的方法都可得到較簡單的 B。使用（2.21）式和（2.23）～（2.25）式算出在 300 K 下，GaAs 的 B 在 10^{-10} cm^3/s 範圍之內。

2.2.3 溫度和摻雜濃度對復合的影響

圖 2.14 中所描繪的高低溫拋物線 $E(k)$，可以說明溫度和復合機率的關

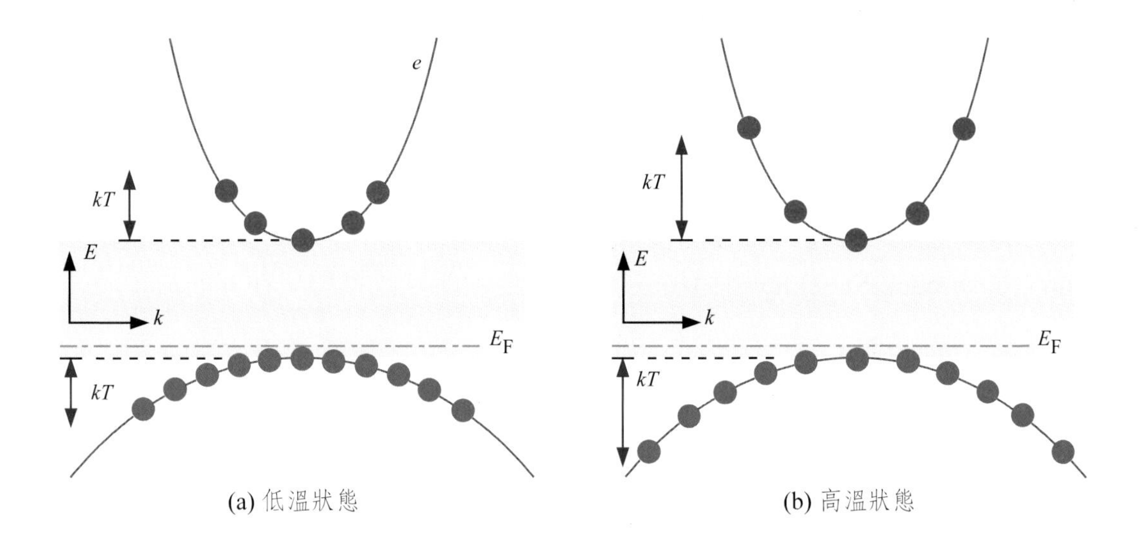

圖 2.14　(a) 低溫與 (b) 高溫狀態下的載子能量分佈圖

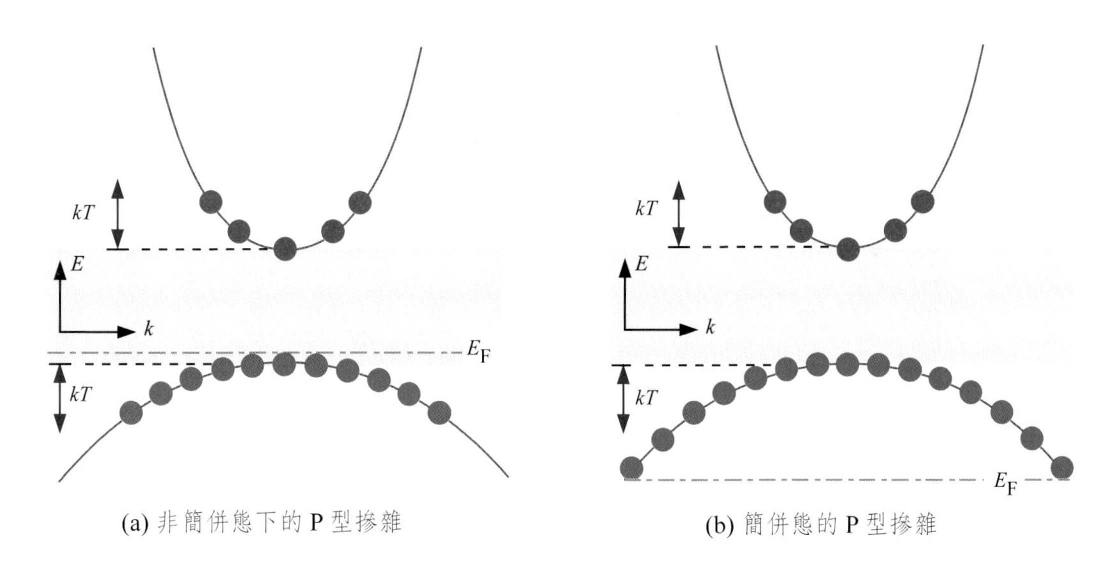

圖 2.15　(a) 非簡併與 (b) 簡併態的載子能量分佈圖情形

係。圖中顯示當溫度增加的時候，每個 dk 區間的載子數目會減少。輻射復合發生時必須符合動量守恆，而且在電子復合機率和同動量下可得到的電洞數且成正比，而由圖上可知溫度增加時，復合機率會減少。此趨勢驗證了（2.24）和（2.25）式中，雙分子復合係數與 $T^{3/2}$ 的關係。

而在圖 2.15 中，非簡併型與簡併型 p 型半導體之拋物線 $E(k)$ 則說明了摻雜濃度和復合機率間的關係。圖中顯示了在簡併型半導體中 dk 區間的電洞數目維持不變，因此在簡併型半導體中復合機率並不會上升。

圖 2.16（Waldron, 2002）顯示以量子力學計算出的雙分子復合係數和摻雜濃度的關係圖，圖中可看到在簡併型摻雜區域中雙分子復合係數呈飽和。van Roosbroeck-Shockley 模型未顯示此特性，所以此模型只在非簡併型時才正確。

在雙分子 rate equation 的討論中，關係式 $R = Bnp$ 僅適用於低載子濃度狀態下，也就是指非簡併態半導體。所以此雙分子復合係數適用於非簡併載子濃度的半導體。在上述的低載子濃度情況下，雙分子復合係數與載子濃度無關；反之，在高載子濃度狀態下，電子和電洞的動量不匹配增加，使得雙分子復合係數降低，因此雙分子復合係數在簡併態下可以表示成

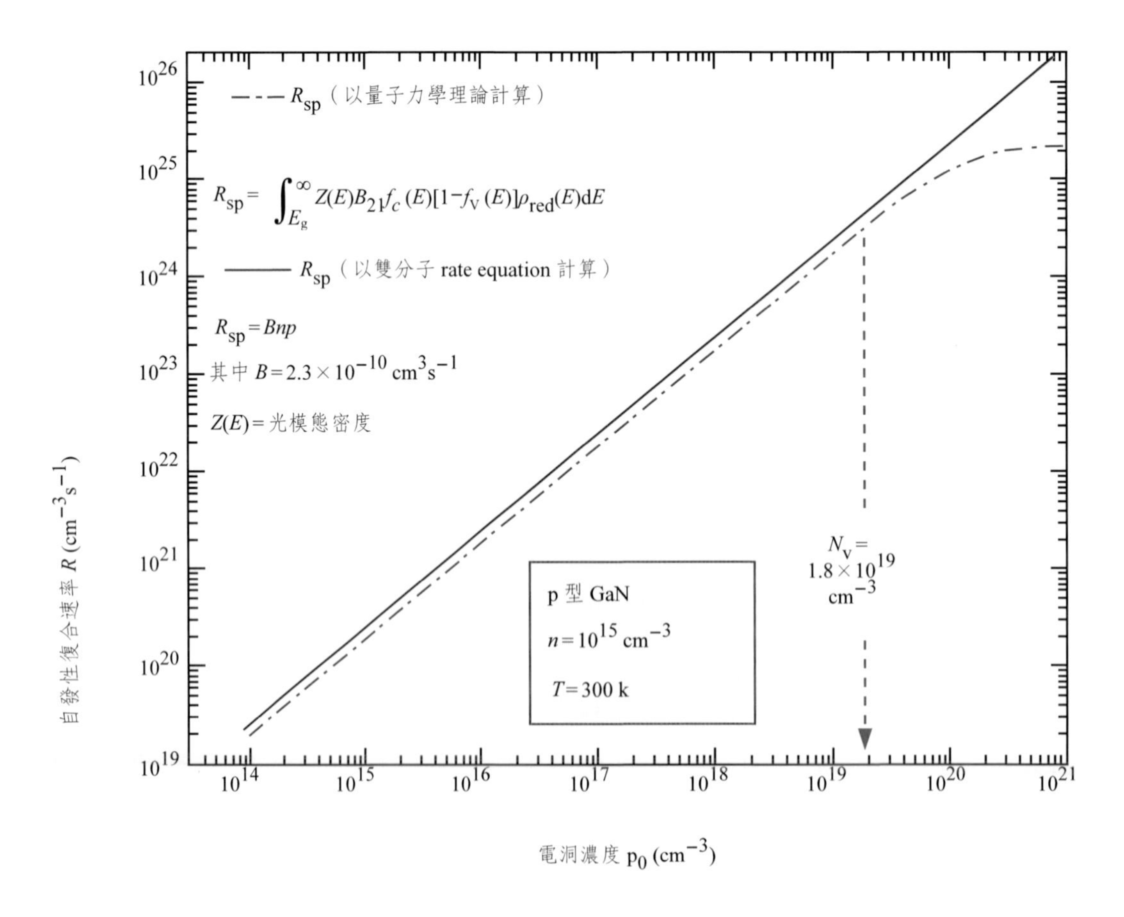

圖 2.16　300 K 溫度下的 GaN 自發性復合速率（Waldron. 2002）

$$B|_{high\ concentrations} = B - \frac{n}{N_c} B^* \qquad (2.26)$$

也就是在高濃度下，雙分子復合係數會降低，至於 B^* 可以從一些文獻上找到對應的數值。

2.2.4 Einstein 模型

最早的光的躍遷理論是由 Albert Einstein 所發展出來的，Einstein 模型中包含了自發躍遷、受激躍遷（或稱誘發性躍遷）。自發躍遷顧名思義就是自然產生的，也就是說在沒有外在的刺激下自然存在的現象。受激躍遷則是由外在刺激（光子）所引發的。因此，受激躍遷機率與光子密度或輻射密度成比例。圖 2.17 為這些躍遷之圖解。「1」和「2」代表量子化的兩個能階，Einstein 假設每單位時間由高能階至低能階（2→1，向下躍遷）與由低能階至高能階（1→2，向上躍遷）的躍遷機率為

$$W_{2\to 1} = B_{2\to 1}\rho(v) + A \qquad (2.27)$$

$$W_{1\to 2} = B_{1\to 2}\rho(v) \qquad (2.28)$$

其中係數 A 和 B 代表一個原子在兩個量子化能階中的自發和受激躍遷。

每個原子向下的躍遷機率可分為兩種形式，誘發與自發形式。誘發形式 $B_{(2\to 1)}\rho(v)$ 與輻射密度 $\rho(v)$ 成比例。自發形式的向下躍遷機率為一常數 A，自發性生命週期 $\tau_{\text{spont}} = A^{-1}$。而向上躍遷機率為 $B_{(1\to 2)}\rho(v)$。

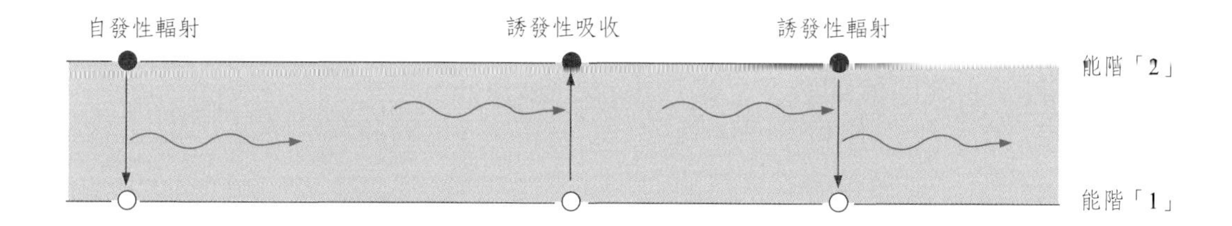

圖 2.17　雙能階原子模型中的躍遷情形

原子模型中的 Einstein A 係數相當於半導體材料中的雙分子復合係數。在原子中，當向下躍遷機制發生時，較高能階的狀態一定被電子佔據（記成 $n = 1$），且較低能階一光會有空位（記成 $p = 1$），所以在雙分子 rate equation $R = Bnp$ 中的 n 和 p 濃度項並不會影響 rate equation。

Einstein 證明了 $B = B_{(2\to1)} = B_{(1\to2)}$，因此受激吸收和受激放射為互補的過程。他也證明了在折射率為 $\bar{n}$ 的均相且齊次介質中，頻率為 v 的兩係數比值是為常數 $A/B = 8\pi \bar{n}^3 h v^3/c^3$，這便是 Einstein 關係式。

2.3 LED 的電性介紹

發光二極體（LED）是一種特殊的二極體。和普通的二極體一樣，LED 由半導體材料組成，這些半導體材料會預先透過注入或摻雜等技術以產生 p 型與 n 型結構。如同一般二極體，電流可以輕易地從 p 極（陽極）流向 n 極（負極），而相反方向則不能。本章節將從二極體基本原理出發，討論影響電性的因素與判斷方法，以及在異質 pn 接面結構中引入的設計對電性的影響。

2.3.1 二極體的電流-電壓特性

首先討論 LED 中有關 pn 接面的電特性。考慮由電子濃度 N_d 與受子濃度 N_a 所組成的陡峭 pn 接面，接著假設所有摻雜可游離成自由電子與電洞，因此自由電子濃度 $n = N_\mathrm{d}$，而自由電洞濃度 $p = N_a$。另外再假設沒有發生來自無其他不純物與缺陷造成的摻雜的補償現象。

在無外加偏壓的 p-n 接面附近，電子會從原來的 n-type 區域擴散到 p-type 區域時，遇到許多電洞而結合，同樣的載子擴散程也會發生電洞由 p-type 區擴散至 n-type 區。這樣的載子遷移復合結果造成 p-n 接面附近區域缺乏自由載子，此區域即為空乏區（depletion region）。

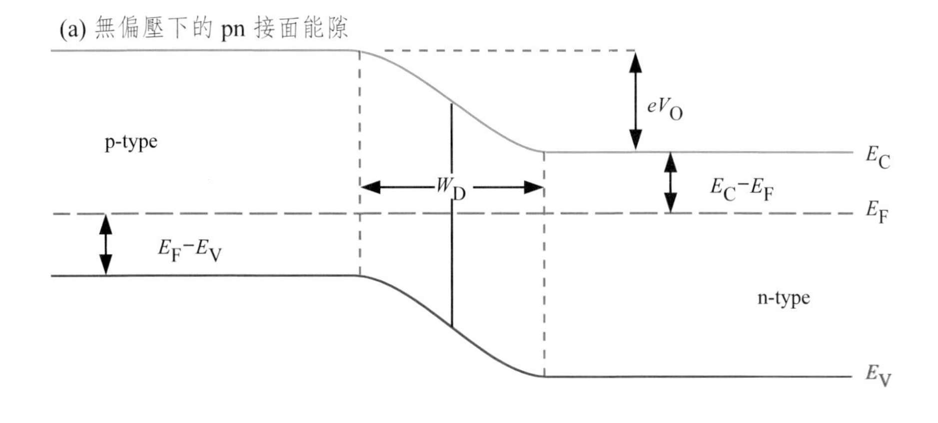

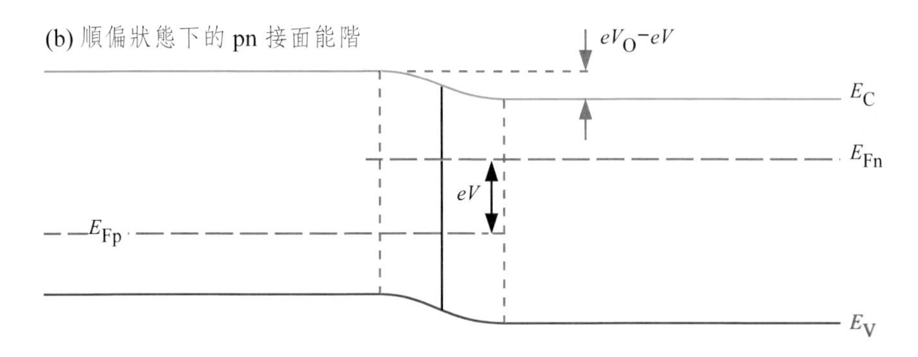

圖 2.18　無偏壓與順偏狀態下的 pn 接面能階圖

在缺乏載子的空乏區中，唯一的電荷來源由離子化的施子與受子提供。由 n-type 與 p-type 區域提供的施體與受體便形成所謂的空間電荷區域。而這些空間電荷區域會形成一電位勢，稱為擴散電壓 V_O。此 V_O 可表示為

$$V_O = \frac{k_B T}{e} \ln \frac{N_a N_d}{n_i^2} \tag{2.29}$$

式子中的 N_a 與 N_d 是施體與受體的濃度，N_i 為半導體的本質濃度。擴散電壓之圖示可參考圖 2.18 的能階圖。擴散電壓可解讀成為自由電子到達另一區所必須克服的位障。而空乏區的寬度、電荷與擴散電壓都與 Poisson 方程式有關，因此空乏層的寬度大小可由擴散電壓推導出來：

$$W_O = \sqrt{\frac{2\varepsilon}{e}(V_O - V)\left(\frac{1}{N_a} + \frac{1}{N_d}\right)} \tag{2.30}$$

而 $\varepsilon = \varepsilon_r\varepsilon_0$ 是半導體介電常數，V 是二極體順向電壓值。

空乏區因為缺乏自由載子而有高電阻特性，根據外加順向或逆向偏壓的施加則會減少或增加電位障。在順向偏壓狀況下，電子與電洞比較容易注入此區域而導至電流增加，擴散至此區域的載子結合後容易輻射出光子。

p-n 接面的電流-電壓（I-V）特性最初是由 Shockley 所發展出來的，因此討論二極體 p-n 接面的 I-V 曲線被稱為 Shockley 方程式。在一個截面積 A 的二極體中，根據 Shockley 方程式可知：

$$I = eA\left(\sqrt{\frac{D_h}{\tau_h}}\frac{n_i^2}{N_d} + \sqrt{\frac{D_e}{\tau_e}}\frac{n_i^2}{N_a}\right)(e^{eV/k_BT} - 1) \qquad (2.31)$$

$D_{e,h}$ 與 $\tau_{e,h}$ 是電子與電洞的擴散常數與少量載子生命週期。

在逆向偏壓下，如果考慮二極體的飽和電流現象，二極體的 I-V 特性便改寫成

$$I = I_{so}(e^{eV/k_BT} - 1) \quad \text{其中} \quad I_{so} = eA\left(\sqrt{\frac{D_h}{\tau_h}}\frac{n_i^2}{N_d} + \sqrt{\frac{D_e}{\tau_e}}\frac{n_i^2}{N_a}\right) \qquad (2.32)$$

而在一般的順向偏壓下，二極體電壓 V 遠大於 k_BT/e，因此將（2.29）式代入 Shockley 方程式後，在順向偏壓下的式子可改寫成

$$I = eA\left(\sqrt{\frac{D_h}{\tau_h}}N_a + \sqrt{\frac{D_n}{\tau_e}}N_d\right)e^{e(V - V_o)/k_BT} \qquad (2.33)$$

（2.33）式裡，指數函數表示當二極體電壓接近擴散電壓時，電流會極劇增加。因此這一個特徵電壓變稱為為臨界電壓，可表為 $V_{th} \approx V_D$。

在圖 2.18 中所描繪的能階圖也同時顯示出費米能階與導帶以及價帶間的分離狀況。費米能階與能帶邊緣的差異值可用 Boltzmann 統計表示成

$$E_C - E_F = -k_BT\ln\frac{n}{N_c} \quad \text{（對 n 型區）} \qquad (2.34)$$

and

$$E_F - E_v = -k_B T \ln\frac{p}{N_v} \quad \text{（對 p 型區）} \tag{2.45}$$

從圖 2.18 的能階圖可得到下列的關係式

$$eV_O - E_g + (E_F - E_v) + (E_C - E_F) = 0 \tag{2.46}$$

在高摻雜的半導體材料中，能帶邊緣與費米能階的分離差異值若與能隙值相比是很微小的（例如在 n-type，$(E_C-E_F) \ll E_g$；在 p-type，$(E_F-E_v) \ll E_g$）。另外，從（2.44）與（2.45）式中可得知，摻雜濃度對這個分離差異量的影響非常微小。於是在式子（2.46）中的第三與第四項可以被忽略，如此一來擴散電壓便可利用能隙除以電荷來趨近得到。

$$V_{th} \approx V_O \approx E_g/e \tag{2.47}$$

圖 2.19 顯示數種不同二極體材料的 *I-V* 特性，實驗的起始電壓顯示在圖上。從圖上可知上述能隙與臨界電壓的推論與實驗結果相當吻合。

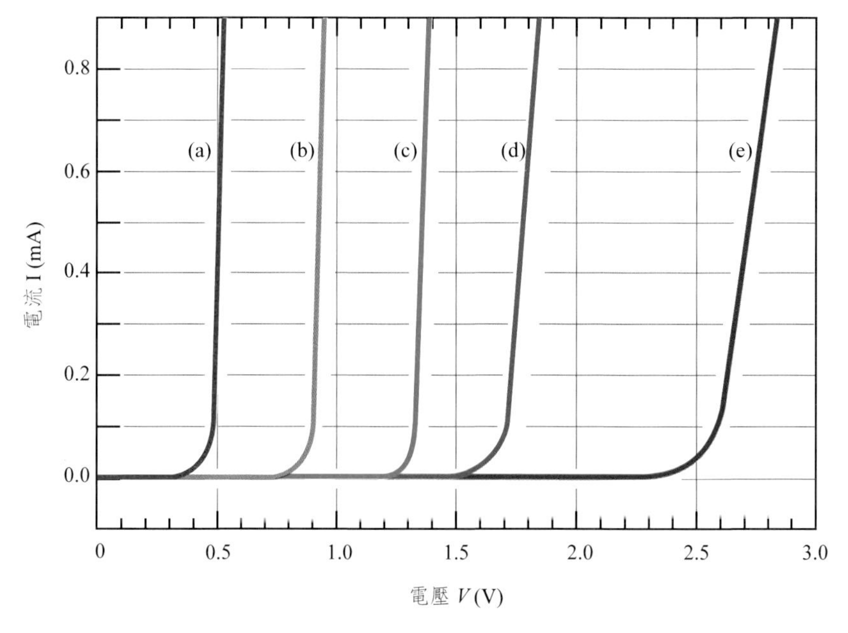

圖 2.19　不同半導體在室溫下的 pn 接面電流-電壓曲線圖

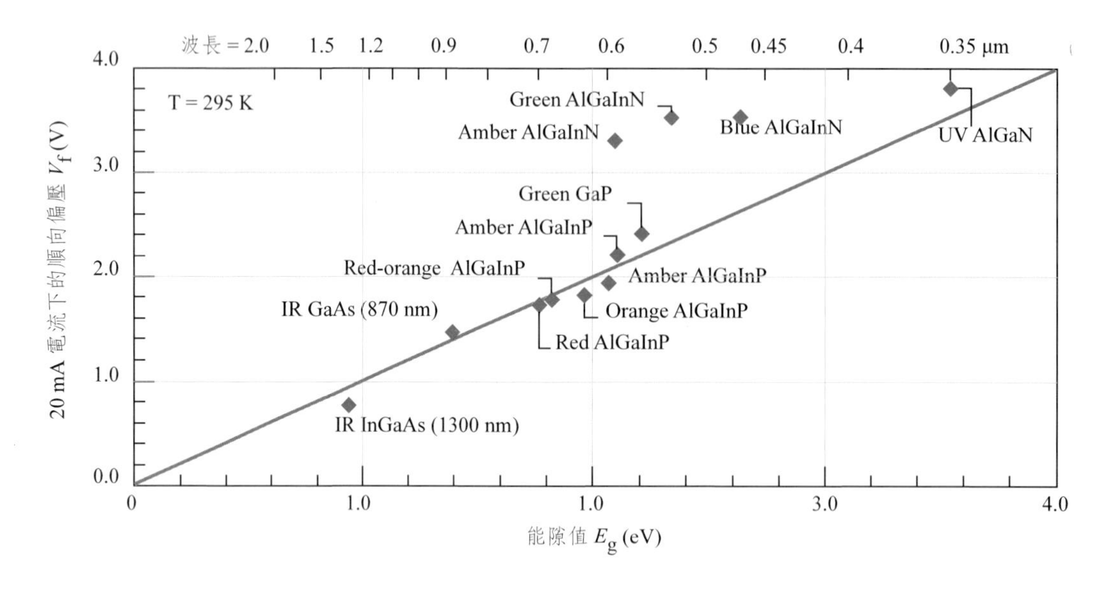

圖 2.20　不同二極體材料順向偏壓下在 20 mA 電流下所輻射出的光波長（Krames 等人 2000; Emerson 等人, 2002）

圖 2.20 為不同二極體材料在 20 mA 的順向偏壓下所輻射出的光，波長涵蓋了紫外光、可見光與紅外光。其中實線部分顯示每種材料預期的順向電壓值，這條線段是由上面討論的能隙除以電荷所得到的。由此圖可知除了 III-V 族氮化物材料外，大部分半導體材料都符合這個預測，這奇怪的現象可能是以下幾個原因造成：第一，氮化物材料系統的能隙不連續性（bandgap discontinuities）較大，因此造成額外的壓降；第二，此系統的金屬接點技術不成熟，也容易造成壓降；第三，p 型氮化鎵的導電率一般都較差。最後，在 n-type 的緩衝層（buffer layer）中所形成的寄生壓降。

根據圖 2.20，假設在 20 mA 操作電流下，有一顆面積為 250 μm×250 μm 的晶粒，我們可求出電流密度為 32 A/cm^2。一般發光二極體的電流密度範圍大概可由低功率的 30 A/cm^2 到高功率的 100 A/cm^2。

2.3.2　理想與實際二極體 I-V 特性

Shockley 方程式可得到 p-n 接面預期的理論 I-V 特性，但為了配合描述實驗的結果，可利用下列新引入的式子。

$$I = I_s e^{eV/(n_{\text{ideal}} k_B T)} \tag{2.48}$$

其中 n_{ideal} 為理想的二極體因子。對一個完美的二極體，此因子的值為 1（$n_{\text{ideal}} = 1.0$）。但對實際的二極體，這個值大概落於 1.1 與 1.5 間。然而，在 III-V 族砷化物與磷化物的二極體中此值可達 2.0，甚至在 GaN/InGaN 二極體中更可高達 7.0。

二極體的結構中常常形成不需要的寄生電阻，圖 2.21(a) 即是表示串聯及並聯電阻對電性的影響。其中串聯電阻可能產生的原因有過大的接觸電阻或是空乏區中本身的高阻值；而任何不經過 p-n 接面的導電途徑是並聯電阻的成因，p-n 接面的破壞或晶體表面的不完美都可能形成這樣的途徑。

事實上，若是將寄生電阻因素考慮進來，則 Shockley 方程式的二極體 I-V 特性則需要做一些修正。假設加入並聯電阻 R_p（平行理想二極體）與串聯電阻 R_s（理想的二極體與分流的串接），順向偏壓的 p-n 接面二極體的 I-V 特性表示為

$$I - \frac{(V - IR_\text{s})}{R_\text{p}} = I_\text{s} e^{e(V - IR_\text{s})/(n_{\text{ideal}} k_B T)} \tag{2.49}$$

若 R_p 趨近無窮大、R_s 趨近於零，則方程式簡化成 Shockley 方程式。

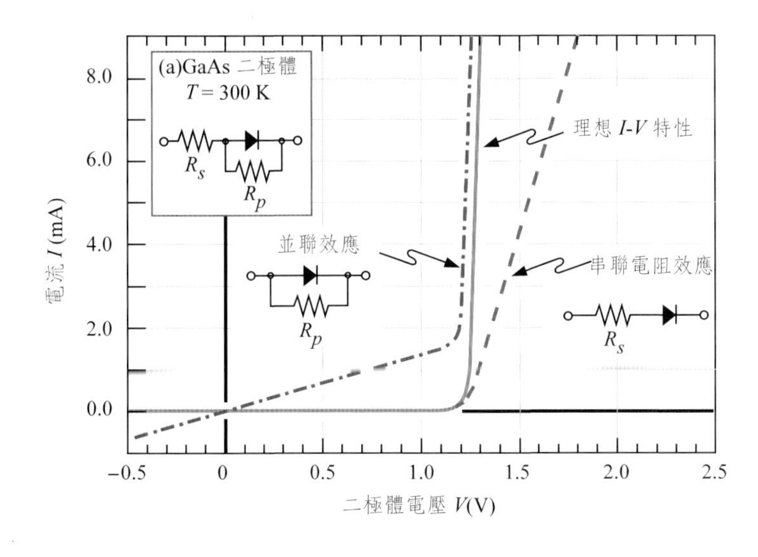

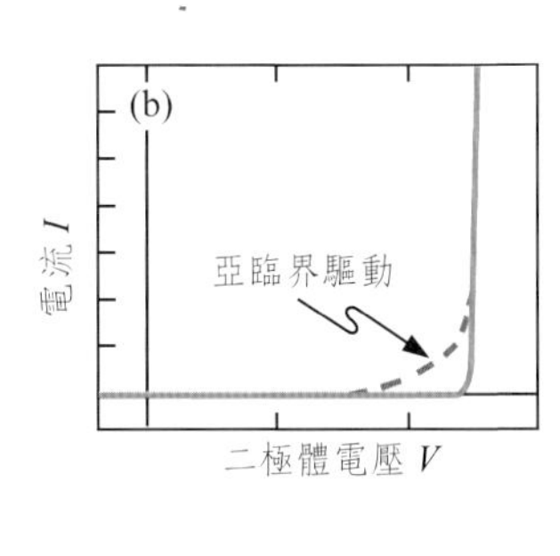

圖 2.21　串聯與並聯電阻對於 pn 接面二極體的電流-電壓特性影響

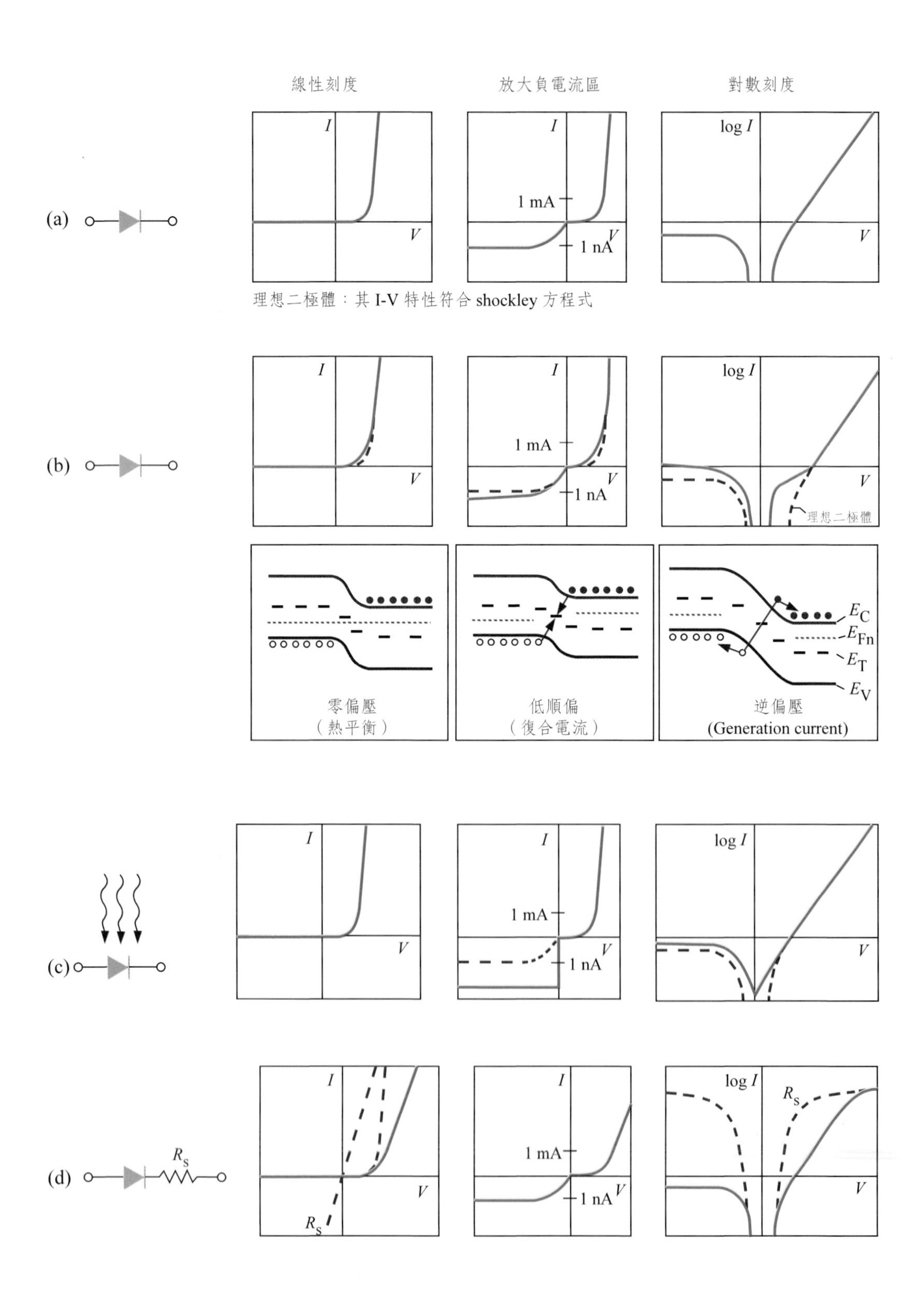

線性刻度
放大負電流區
對數刻度
(a)
I
V
1 mA
1 nA
log I
理想二極體：其 I-V 特性符合 shockley 方程式
(b)
理想二極體
零偏壓
（熱平衡）
低順偏
（復合電流）
逆偏壓
(Generation current)
E_C
E_{Fn}
E_T
E_V
(c)
(d)
R_s

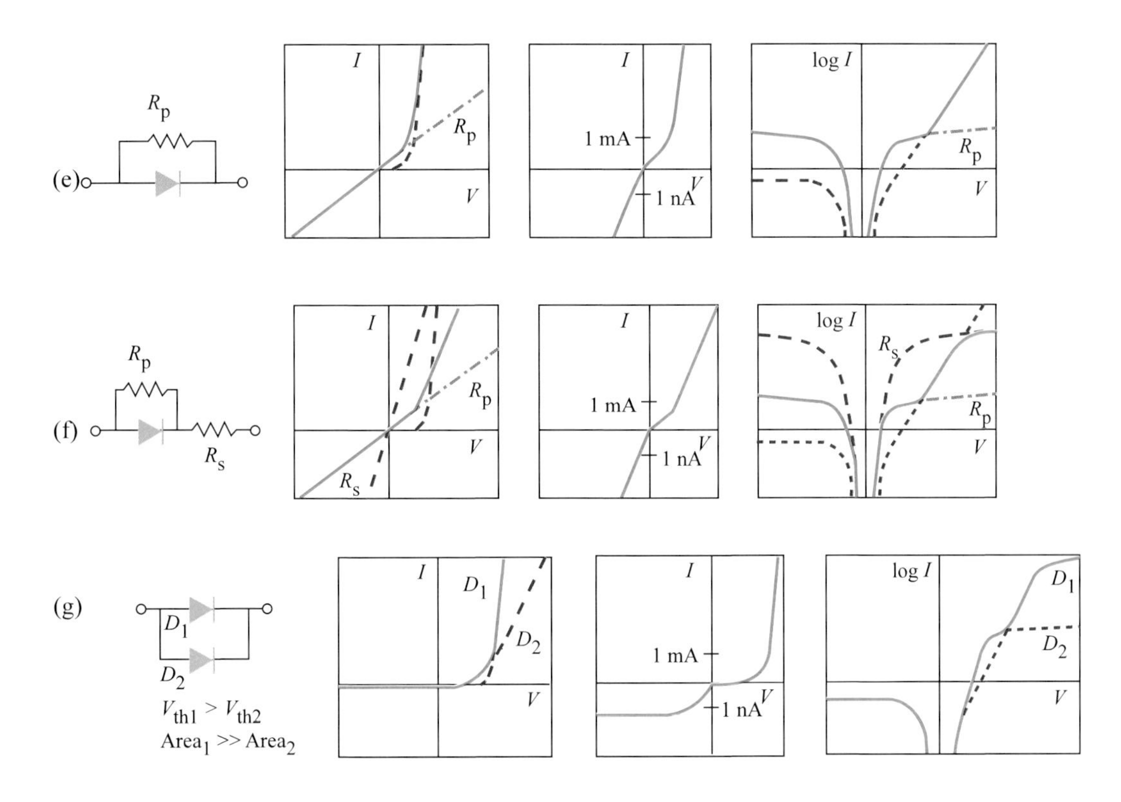

圖 2.22　二極體中常見的各種寄生效應與判斷方法。

有時，二極體的驅動（turn-on）電壓變化並非如同之前所說的臨界電壓處的陡峭改變，而是有一段較為緩和的變化，稱為發臨界驅動（sub-threshold turn-on）或是過早的驅動（premature turn-on），如圖 2.21(b) 所示。這個非陡峭的特性可能是因為載子藉由半導體表面態傳輸或是半導體塊材本身的深層缺陷等機制造成。

藉由二極體 I-V 特性的線性或對數刻度圖表可幫助我們判斷並聯、串聯電阻及寄生二極體等造成的問題。圖 2.22 顯示二極體中一些常見的寄生效應，善用這些分析方法可以診斷與確認出二極體常見的問題，例如空乏區內載子的產生與結合、光電流效應、串聯與並聯電阻與寄生二極體的影響等。

2.3.3　寄生電阻的量測與估算

二極體的並聯電阻可以從 I-V 圖形上的原點附近的區段估計出來，在這個電壓 V 遠小 E_g/e 的範圍內，p-n 接面的導通電流可以被忽略，而並聯電阻為

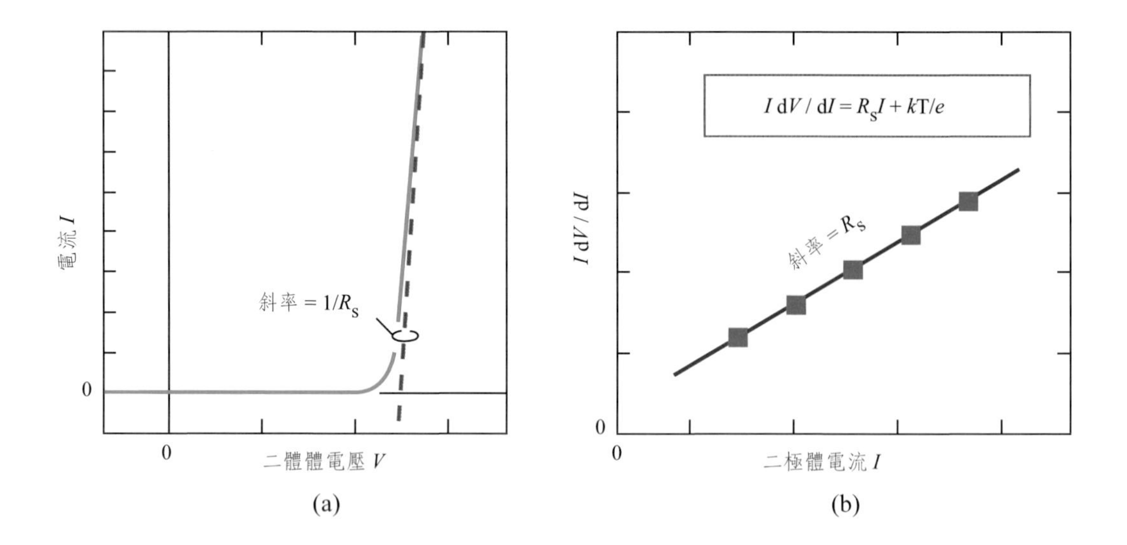

圖 2.23 (a) 一般二極體串聯電阻與 (b) 考慮熱效應的串聯電阻求法示意圖

$$R_p \approx dV/dI\,|_{\text{near origin}} \tag{2.50}$$

實際的二極體中，並聯電阻遠大於串聯電阻，所以當我們計算並聯電阻時，串聯電阻的影響可以先忽略。若是要計算串聯電阻的話，就必須選取當電壓值 V 大於 E_g/e 後直線圖形的正切值，如圖 2.23(a) 所示

$$R_s = dV/dI\,|_{\text{at voltages exceeding turn-on}} \tag{2.51}$$

另外，由於熱效應的作用，當操作電壓過高時，不能用上述的方式求取二極體的電阻值。在這樣的情形下，我們必須改用下列的方法來求取電阻值。

首先，假設二極體的並聯電阻值極大（$R_p \to \infty$），I-V 特性曲線可從（2.49）式改寫成

$$I = I_s e^{e(V - IR_s)/(n_{\text{ideal}} k_B T)} \tag{2.52}$$

將上式的 V 對 I 微分後得到

$$\frac{dV}{dI} = R_s + \frac{n_{\text{idael}} k_B T}{e} \frac{1}{I} \quad (2.53)$$

式子右半部第二項所對應的意義即為微分 p-n 接面電阻（differential pn junction resistance），如圖 2.23 中同乘以 I 後，便可從斜率圖上得到串聯電阻。

2.3.4　發光二極體的輻射光子能量

從能隙值為 E_g 的半導體材料所輻射出的光子能量為

$$h\nu \approx E_g \quad (2.54)$$

在理想的二極體假設裡，每個注入發光層的電子都會產生一個光子，因此由能量守恆，我們可以知道電子的能量等於出射光子的能量，

$$eV = h\nu \quad (2.55)$$

上面式子的意義是施加在 LED 的電壓乘上基本電荷量會等於光子的能量。下面接著討論影響理想二極體電壓值的一些因素。

2.3.5　同質 pn 接面二極體的載子分佈

所謂的同質接面就是 p 與 n 層的組成都是同一材料的半導體，而同質接面中的載子分佈情形是依據載子本身的擴散係數。擴散係數本身不易被量測到，較常被量測的係數為利用 Hall 效應量測到的載子之遷移率（mobility），然後擴散係數再利用遷移率及 Einstein 關係式推導得到。對於非簡併型半導體而言

$$D_e = \frac{k_B T}{e}\mu_e \text{，} D_h = \frac{k_B T}{e}\mu_h \quad (2.56)$$

如果在無外加電場的中性半導體中注入載子，那麼這個載子只會藉由擴散作用而移動；若此載子注入相反電性的半導體材料中，那麼這個少數載子終究會與多數載子結合而消失，例如電子注入電洞型半導體材料中。我們定

義這個少數載子在結合前擴散的平均距離為擴散長度。電子與電洞的擴散長度關係式如下

$$L_e = \sqrt{D_e \tau_e} \ , \quad L_h = \sqrt{D_h \tau_h} \tag{2.57}$$

τ_e 及 τ_h 分別為少數載子電子與電洞的生命週期。典型的半導體中，擴散長度只有幾個 μm。例如 p-type GaAs 的電子擴散距離 $L_e = (220\ cm^2/s \times 10^{-8}\ s)^{1/2} \sim 15\ \mu m$，因此少數載子僅分佈在幾個 μm 的厚度內。。

圖 2.24(a) 與 (b) 分別表示在無偏壓與順向偏壓的 p-n 同質接面載子分佈情形。從圖 (b) 上可看出少數載子分佈的距離其實相當長，而且少數載子擴散到鄰近的區域後濃度會下降。所以不同電性的少數載子可能在不同濃度與不同區域情形下都有可能發生復合，像這樣在同質接面間的載子復合效率實在不高。

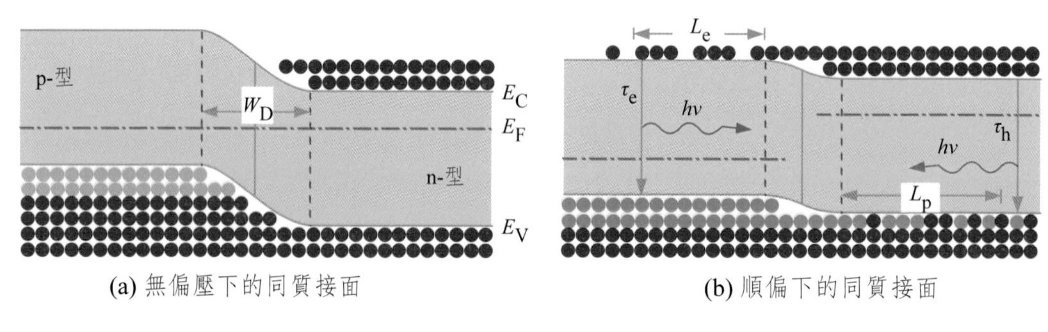

(a) 無偏壓下的同質接面　　(b) 順偏下的同質接面

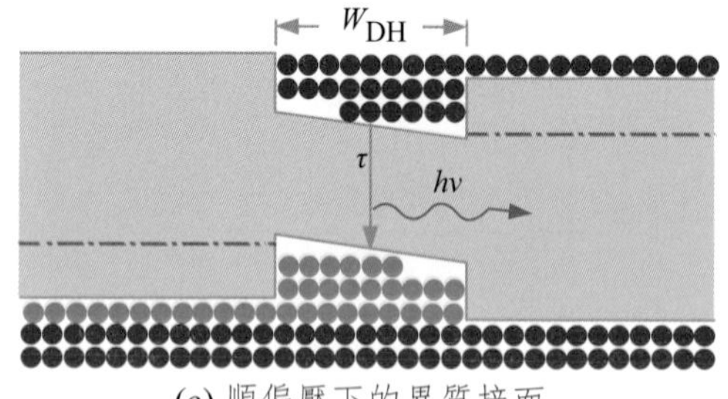

(c) 順偏壓下的異質接面

圖 2.24　(a)(b) 同質 pn 接面在無偏壓與順偏下與 (c) 異質接面在順偏時的能帶圖

2.3.6 異質 p-n 接面二極體的載子分佈

由於上一節有提到關於同質接面的缺點，因此高強度的 LED 設計就會改採異質接面。異質接面是指有不同能隙的兩種半導體材料，其中能隙較小的材料做為主動區（active region），較大能隙的材料則作為能障區（barrier region）。若是結構中包含兩個位障層，我們便稱之為雙異質結構。

異質接面對於載子分佈的影響可參考圖 2.24(c)，當載子注入雙異質結構的主動區後，因為位能障的作用而被侷限在主動區中，因此，載子再結合的厚度範圍便由主動區的厚度決定，而非擴散長度。這個結構上的改變對於載子復合的影響是很重大的。一般載子的擴散長度通常範圍為 1 到 20 μm，雙異質結構的主動區厚度僅為 0.01 到 1 μm，因此載子在雙異質結構主動區的濃度遠大於在同質接面的狀況。依據之前提過的雙分子復合方程式，可以清楚的知道主動區的高濃度載子會增加輻射復合與降低復合生命週期。

$$R = Bnp \tag{2.58}$$

因此，高效率的 LED 幾乎都採用雙異質結構或量子井設計。

2.3.7 異質結構對元件電阻的影響

雙異質結構可將少數載子侷限在主動區中，避免過長的擴散距離影響 LED 發光效率。除了電子外，異質結構的設計也可以將光子侷限在波導區域，特別是邊射型 LED。現在的半導體發光二極體及雷射二極體採用相當多異質接面的概念，例如在接觸層、主動區及波導區域。雖然異質結構可以增加 LED 的部分效能，但是也伴隨著其它問題的產生。

由於異質結構包含兩種不同能階的半導體，首要考慮的問題便是異質接面間所產生的電阻。如果假設異質結構兩側均為 n-type 的不同材料，在材料能隙較大的載子會藉由擴散至較小能隙的材料處，佔據在較低能量的傳導帶。由於牽涉到電子轉移，因此會有靜電偶極矩的產生，也就是接面處空間電荷的再分佈，其中小能隙材料處帶負電，而大能隙材料處帶正電。圖

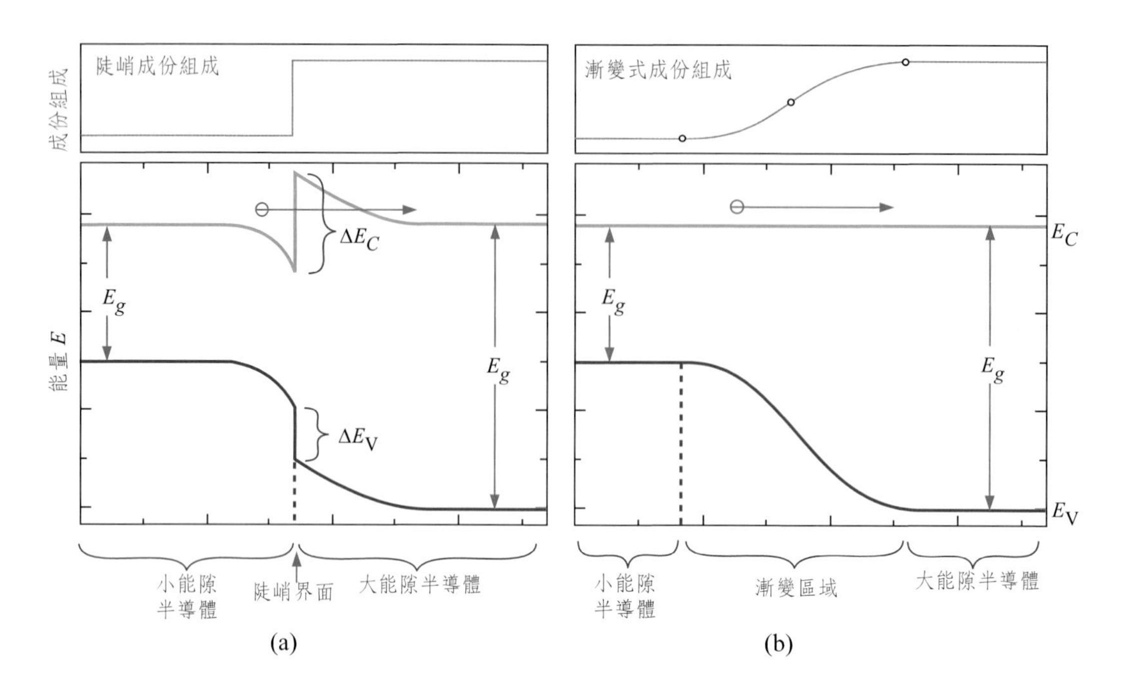

圖 2.25　(a) 陡峭式異質接面與　(b) 漸變式異質接面的能帶圖。其中陡峭式異質接面產生的位能障會有較大的電阻值。

2.25(a) 顯示電荷轉移後所導致的能帶彎曲情形。後續電子若要在兩個材料間移動，只能利用穿隧或熱輻射的方式克服此位能障。因此異質接面伴隨的電阻對元件表現非常不利，特別是高功率元件，因為主動區產生的焦耳熱往往會大幅降低 LED 的發光效率。

若能消除上述異質接面產生的能帶不連續現象，應該對於元件表現會有極大的幫助。比較實際的作法便是在異質接面處，藉由漸變式的成份組成變化減緩能帶不連續的特徵。圖 2.25(b) 顯示漸變式異質結構的能帶圖，從圖中可看出突起的位能障已消失。由於 Poisson 方程式中電位的變化是拋物線形式，理論與實驗結果已證實若能採用拋物線漸變式異質結構的設計，異質接面位能障產生的額外電阻可被完全消除。漸變式設計對所有異質結構都很有效，這當然也包括了主動區兩側不同電性的異質接面處。圖 2.26(a) 與 (b) 顯示了雙異質結構有無採用漸變式設計的能帶圖變化。跟前面的討論結果相同，若是如圖 2.26(b) 採用了漸變式設計，位能障可以很明顯的有減弱。不過由於圖中是採用線性漸變而非拋物線形式，所以仍有小釘狀位能障突起。

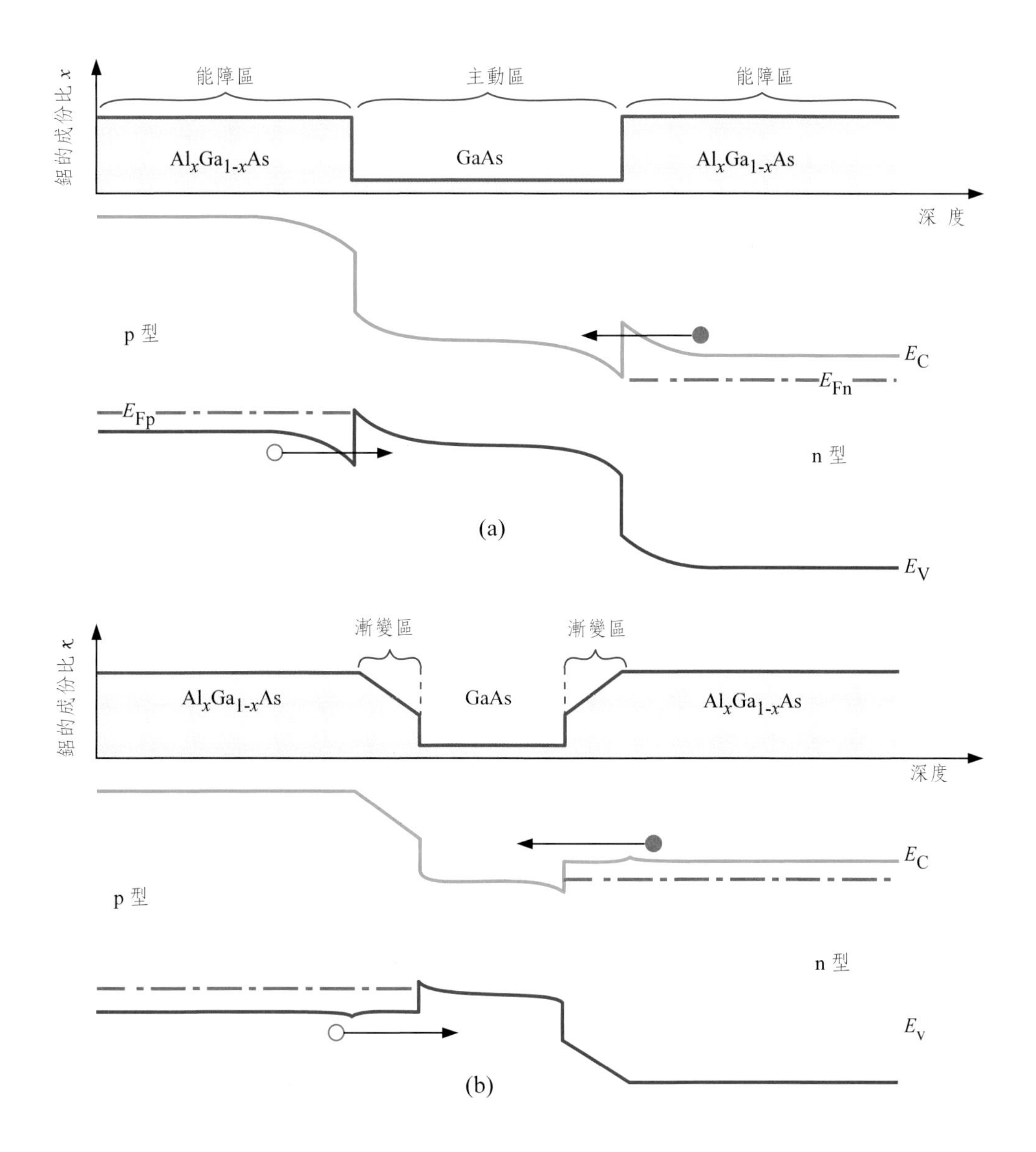

圖2.26　(a) 陡峭式雙異質接面與　(b) 漸變式雙異質接面的能帶圖。同樣的，陡峭式雙異質接面產生的位能障也比漸變式接面有較大的電阻值。

一般來說，半導體異質結構中的載子傳輸時，盡量避免產生多餘的熱。這現象在高功率元件中更要注意，因為額外的熱在元件中產生後提升操作溫度而降低特性表現。另外要說明的是，異質結構的晶格不匹配也是很重要的課題，幸運的是，採用漸變式結構設計也同時可減少錯位差排的產生，降低非輻射復合的機率。

2.3.8 雙異質結構中的載子損耗機制

在理想的 LED 結構中，注入的載子都會被位障層侷限在主動區中提高載子濃度，如此一來便可提高輻射復合的機率增加出光強度。侷限載子的位能障大小的等級通常是數百 meV，這個數量遠大於環境溫度所能提供的熱能（kT）。儘管如此，還是會有一些載子脫離主動區到達能障層，主要是由於主動區內的自由載子仍依循 Fermi-Dirac 分佈，所以在機率上仍有些高能量電子有機會掙脫束縛形成漏電流，如圖 2.27 所示。不過脫離到能障層中的載子濃度都相當低，因此在此區域的輻射效率是很低的。

漏電流的大小跟靠近能障邊緣的載子濃度有關，若是要減少漏電流的產生，便必須選擇位能障遠大於 kT 的材料才能有效的侷限載子。某些材料系統如 AlGaN/GaN 或 AlGaAs/GaAs 接面間有很高的位能障，因此漏電流很低；紅光材料 AlGaInP/AlGaInP 的接面能障因為不夠大，所以其漏電流很大。

此外，由於漏電流大小隨溫度成指數增加，因此當操作溫度增加時則輻射效率會顯著下降。所以為減少元件對操作溫度的敏感性，高位能障接面的設計是非常必須的。其他效應如 Shockley-Read 復合機制，在高溫操作下也是降低輻射效率的原因之一。

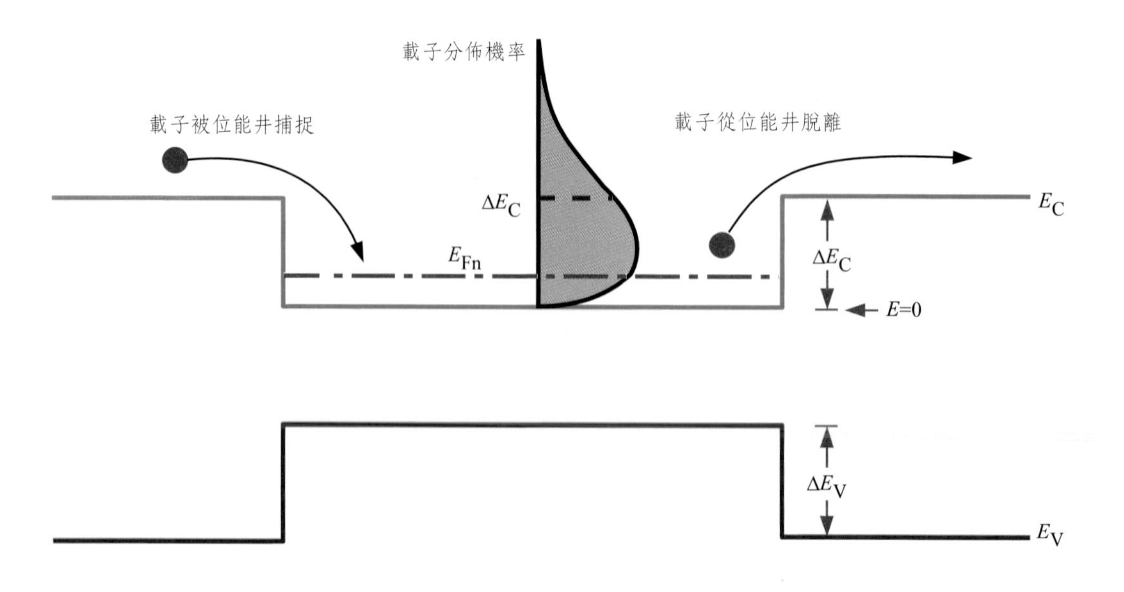

圖 2.27　雙異質結構中的載子能量分佈示意圖

2.3.9 雙異質結構的載子溢流現象

另一個常見的載子脫離主動區至能障層的機制發生在高注入電流密度的情況下，我們稱為載子溢流（overflow of carriers）。當注入電流（自由載子）增加時，主動區的載子濃度及費米能量也隨之增加，當電流密度高到足以使費米能階高過位能障後，就算再增加注入的電流密度，主動區內的載子濃度也不會增加，這樣的結果會使得光強度呈現飽和。圖 2.28 顯示雙異質結構與量子井結構中的費米能階與位能障關係圖。

通常載子溢流的問題在主動區體積較小的結構中特別嚴重，例如單量子井（single-quantum-well）或量子點（quantum dot）等。超過某電流密度後，這類元件的發光強度就會出現飽和的狀況，不過這個溢流現象可以利用多量子井（multiple-quantum-wells）結構改善，如圖 2.29 所示。在雙異質結構主動區內的載子一樣有溢流問題，為避免這個問題，在設計上可採用上述的多量子井、增加主動區的厚度或是將電極接觸面積做大，如此一來由於電流密度過大產生的載子溢流便可以獲得改善。

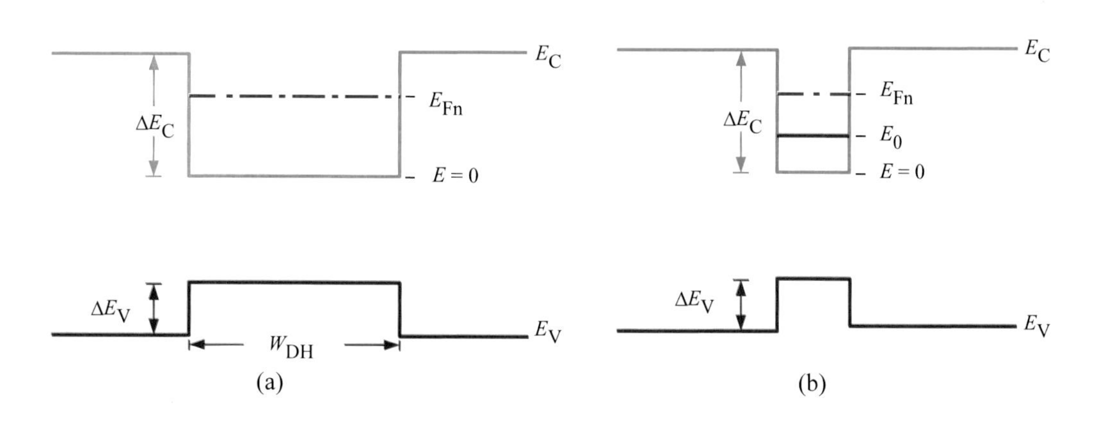

圖 2.28　(a) 雙異質結構、(b) 量子井結構中的費米能階（E_{FN}）與次能階（E_0）示意圖。

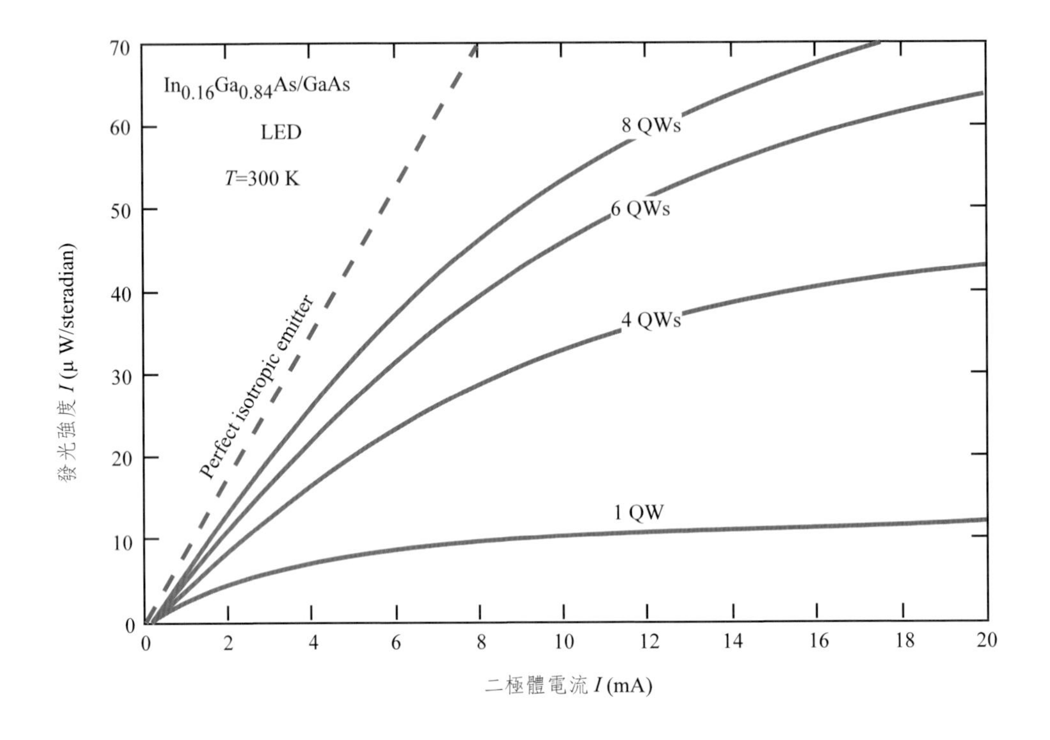

圖 2.29　不同量子井數目的 $In_{0.16}Ga_{0.84}As/GaAs$ LED 發光強度。（Hunt, 1992）

2.3.10　電子阻擋層的影響

電位障過低或是高溫環境提供的熱能，都可能促使載子脫離主動區跑到兩側的侷限層，降低 LED 的發光效率。因此在結構設計上通常會加入一載子阻擋層（carrier-blocking layer）來防止漏電流的產生，由於電子的擴散係數往往比電洞的大很多，所以實際上在很多 LED 結構中多只採用電子阻擋層（electron-blocking layer 或 electron blocker）來減少主動區的載子逃脫。

圖 2.30(a) 與 (b) 分別顯示無摻雜與有摻雜的 InGaN 發光二極體能帶圖。從這個圖上可以看見在 p-type 侷限層與主動區間插入一個 AlGaN 電子阻擋層，其中電子阻擋層的 Al 含量比侷限層還高。在有摻雜的情況下，比較特別的是在圖上的電子阻擋層兩側價電帶邊緣出現了小突起，如此一來電洞只能靠著穿隧效應才能進入主動區。不過這個問題只要在侷限層與阻擋層介面採用漸變式成份設計即可改善。

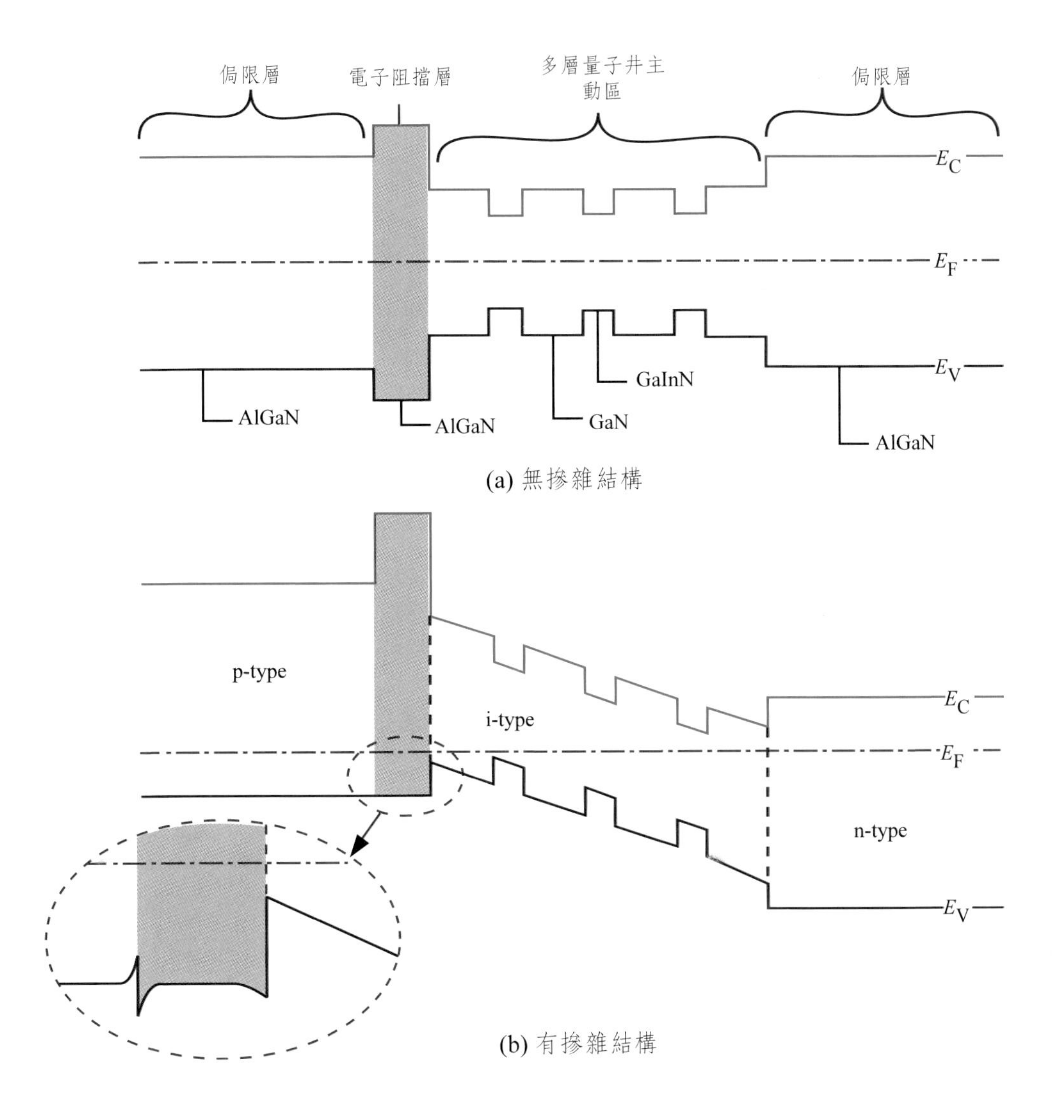

圖 2.30　(a) 無摻雜與 (b) 有摻雜的 GaInN 發光二極體能帶圖，其中電子阻擋層中的 Al 含量比侷限層還高。

2.3.11　發光二極體驅動電壓

LED 結構中注入電子的能量藉由電子電洞的復合可轉換為光能，因此從能量守恆與半導體材料的特性中，可以得到二極體驅動電壓有下列的關係

$$V = h\nu/e \approx E_g/e \tag{2.59}$$

其中 E_g 就是主動區材料的能隙值。不過，實際的驅動電壓有可能會因為某些因素的影響而與上式的估算有些出入。

例如，發光二極體元件中的接觸電阻、異質結構的接面影響以及低載子濃度或低遷移率的半導體材料都有可能是額外壓降的來源；這些串聯電阻造成的壓降會增加驅動電壓。另外，由於能帶的不連續，載子的能量在注入量子井或異質結構時可能會有一些損耗，這些損耗的能量可能轉成聲子的產生。圖 2.31 表示在順向偏壓下載子注入量子井的情形。這種現象特別容易發生在能帶不連續性較高的三五族半導體中，例如 GaN 或其他氮化物材料。

在順向偏壓操作下的發光二極體驅動電壓可表示為：

$$V=\frac{E_g}{e}+IR_s+\frac{\Delta E_C-E_0}{e}+\frac{\Delta E_V-E_0}{e} \tag{2.60}$$

等號右邊第一項是理論電壓最小值，第二項是裝置的串聯電阻，而第三及第四項則是能帶不連續所造成的。

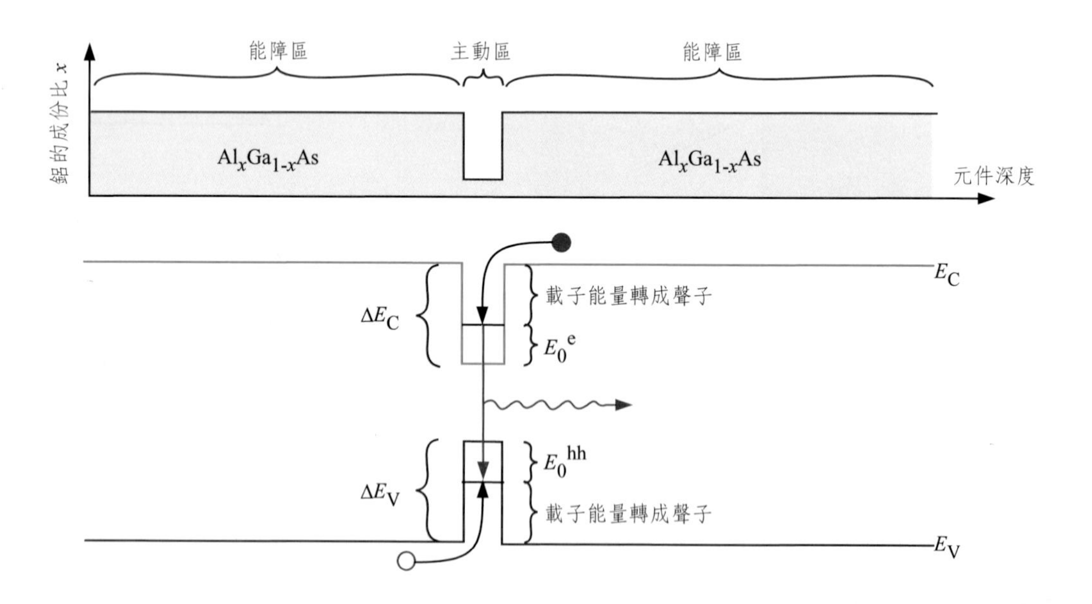

圖 2.31　量子井結構能帶圖與載子被捕捉至主動區的示意圖。

2.4 LED 的光學特性介紹

LED 是一種由半導體技術所製成的光源。大多數的 LED 被稱為 III-V 族或化合物半導體，它是由 III 族化學元素為：鋁（Al）、鎵（Ga）、銦（In），V族化學元素：為氮（N）、磷（P）、砷（A_S）結合而成的。LED 的發光原理是用半導體 III-V 族兩種化學元素結合所製成的發光元件，分別在兩極端子間施加電壓（P 極接正電壓、N 極接負電壓），通入極小的電流，利用 III 族化學元素所產生的電洞與 V 族所產生的電子相互結合時所放出的能量以光的形式激發釋出而達成發光效果。由於不同材料其兩極體內電子、電洞所佔的能階不同，影響結合後光子的能量而發出不同波長的光。本節主要討論的發光二極體在光學特性表現上的基本特性，除了扼要的半導體物理複習外，更可為後續的結構設計做好準備工作。

2.4.1 LED 內部、外部量子效率與功率轉換

在 LED 的討論中，所謂的內部量子效率（internal quantum efficiency）定義如下

$$\eta_{int}=\frac{\text{每秒從主動區放射出的光子數}}{\text{每秒注入 LED 的電子數}}=\frac{P_{int}/(h\nu)}{I/e} \qquad (2.61)$$

其中 P_{int} 為主動區的輻射光功率，I 為注入電流。理想的 LED 主動區中，每個注入的電子復合後會放射出一個光子，因此理想 LED 主動區的量子效率應該是 1。

理想的 LED 中，當主動區內載子復合成光子後，這些光子若能全部輻射至外界，這個 LED 的光萃取效率（extraction efficiency）也是百分百。然而實際上，主動區產生的光子可能會因為各種損耗機制，無法傳播到外界。舉例來說，如果基板本身會吸收某特定波長的光，那麼主動區產生的光就有可能被 LED 基板再吸收；另外金屬接點上的自由電子也可能吸收部分光子；其它像是內部全反射的現象也會限制光子離開半導體晶粒。所以光萃取

效率可定義為輻射至外界與主動區產生的光子數目比值：

$$\eta_{\text{extraction}} = \frac{\text{每秒放射至自由空間（外界）的光子數}}{\text{每秒從主動區放射出（產生）的光子數}} = \frac{P/(hv)}{P_{\text{int}}/(hv)} \tag{2.62}$$

P 為輻射至外界的光功率。光萃取效率的良窳可視為為高性能 LED 的門檻限制。一般而言，若不依靠精巧且昂貴的元件製程，很難將 LED 的光萃取效率提高到 50% 以上。

至於常見的外部量子效率（external quantum efficiency）則是定義為內部與取出效率的乘積，也就是輸入的電子數目轉換成有效光子數目的比值。

$$\eta_{\text{ext}} = \frac{\text{每秒放射至自由空間（外界）的光子數}}{\text{每秒注入 LED 的電子數}} = \frac{P/(hv)}{I/e} = \eta_{\text{int}}\eta_{\text{extraction}} \tag{2.63}$$

另外還要一個功率轉換效率（power efficiency）是評估電功率轉換成光功率的效能，定義如下

$$\eta_{\text{power}} = \frac{P}{IV} \tag{2.64}$$

IV 是提供給 LED 的電功率。一般來說，功率轉換效率又被稱為插座效率（plug efficiency）。

2.4.2 LED 輻射光譜

半導體 LED 放光的物理機制可能是電子電洞對的自發性復合輻射或是光子的受激輻射。自發性輻射過程跟半導體雷射與超輻射 LED 中的受激輻射機制本質上完全不同，而且 LED 的光學特性都是由自發性輻射決定，因此接下來我們將重點放在 LED 的自發性輻射上。

下面的能帶圖 2.32 說明了電子電洞對的復合過程。假設傳導帶與價電帶都具有拋物線分佈關係：

$$E = E_C + \frac{\hbar^2 k^2}{2m_e^*} \quad（電子） \tag{2.65}$$

$$E = E_v - \frac{\hbar^2 k^2}{2m_h^*} \quad（電洞） \tag{2.66}$$

m_e^* 和 m_h^* 分別為電子和電洞的有效質量，$\hbar$ 為普朗克常數除以 2π，k 為載子的波數，E_v 和 E_c 分別為傳導帶和價電帶的下緣與上緣。

如果熱能 k_BT 遠小於材料能隙 E_g 的話，根據能量守恆，載子復合產生的光子能量應為電子能量 E_e 與電洞能量 E_h 之差值，且光子能量幾乎等於能隙 E_g，

$$h\nu = E_e - E_h \approx E_g \tag{2.67}$$

因此藉由挑選適當能隙的半導體材料可以獲得特定的 LED 輻射波長。例如砷化鎵在室溫下的能隙約為 1.42 eV，所以砷化鎵的 LED 輻射波長即為 870 nm。

現下考慮一個具有動能 k_BT、有效質量為 m^* 的載子，則載子動量如下

$$p = m^* v = \sqrt{2m^* \frac{1}{2} m^* v^2} = \sqrt{2m^* k_B T} \tag{2.68}$$

另外，能量為 E_g 的光子動量可由德布洛依關係式得知

$$p = \hbar k = \frac{h\nu}{c} = \frac{E_g}{c} \tag{2.69}$$

從上式的計算可知載子動量比光子動量大了數個數量級。由於動量守恆的限制，當載子復合產生光子後，從導帶躍遷至價帶的電子動能幾乎沒有任何改變，也就是僅能進行如同圖 2.32 所顯示的垂直躍遷；換句話說，電子僅會與有相同動量的電洞進行復合。

利用上述電子和電洞動量須相同之條件限制，光子能量可寫成

$$h\nu = E_C = \frac{\hbar^2 k^2}{2m_e^*} - E_V + \frac{\hbar^2 k^2}{2m_h^*} = E_g + \frac{\hbar^2 k^2}{2m_r^*} \tag{2.70}$$

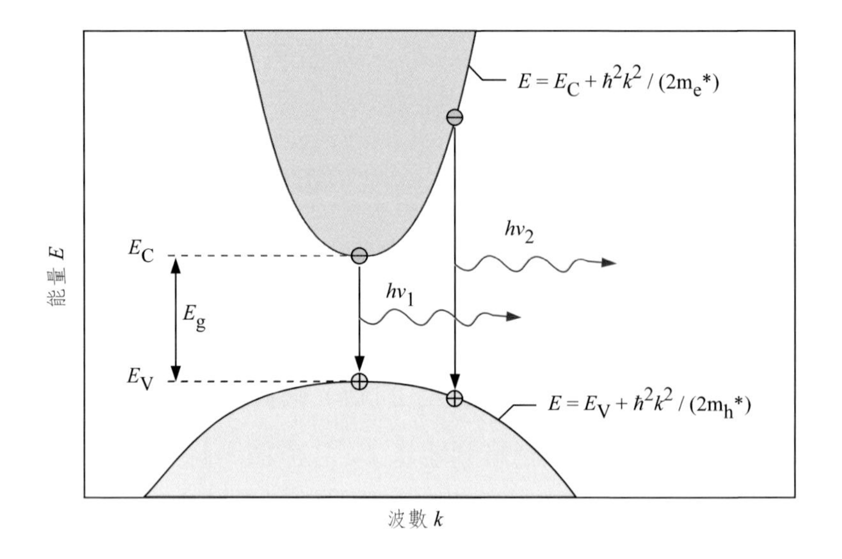

圖 2.32　拋物線形式的電子與電洞能帶與復合示意圖。

其中 m_r^* 為縮減質量（reduced mass），可以表示成下式

$$\frac{1}{m_r^*} = \frac{1}{m_e^*} + \frac{1}{m_h^*} \tag{2.71}$$

由上面式子也可推導出能態密度

$$\rho(E) = \frac{1}{2\pi^2}\left(\frac{2m_r^*}{\hbar^2}\right)^{3/2}\sqrt{E - E_g} \tag{2.72}$$

如果載子在能帶上的分佈遵循波茲曼分佈，分佈機率是載子能量的函數：

$$f_B(E) = e^{-E/(k_B T)} \tag{2.73}$$

由上面的式子可推導出不同能量光子輻射強度與（2.72）和（2.73）式乘積成正比關係

$$I(E) \propto \sqrt{E - E_g}\, e^{-E/(k_B T)} \tag{2.74}$$

圖 2.33 表示（5.14）式的 LED 自發性輻射光譜圖形，最大的輻射光強度在

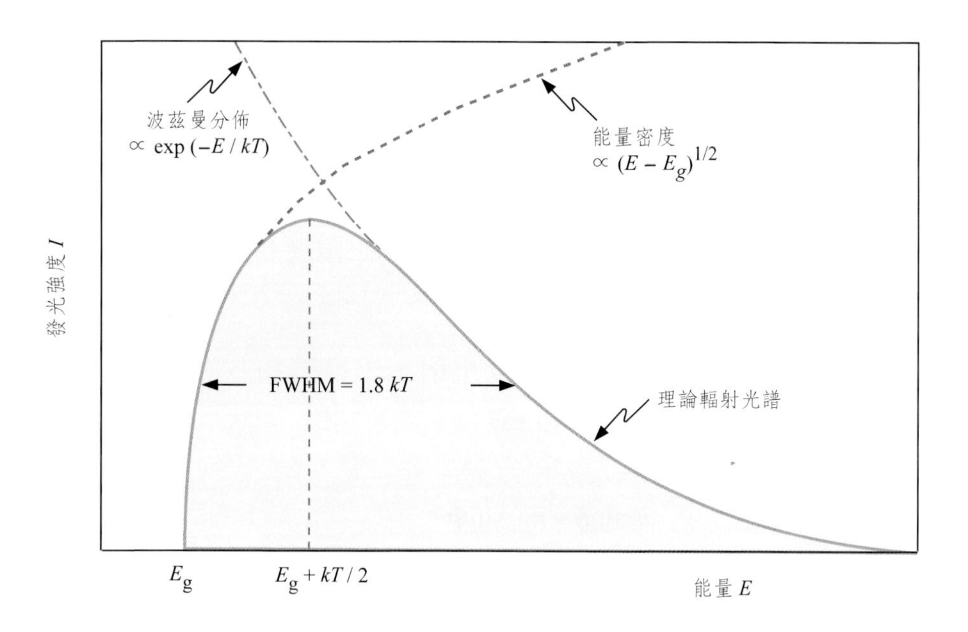

圖 2.33　LED 的理論輻射光譜，其中輻射半高寬為 1.8 kT。

$$E = E_g + \frac{1}{2} k_B T \tag{2.75}$$

由上圖中的輻射譜線可得知半高寬為

$$\Delta E = 1.8\ k_B T \quad \text{or} \quad \Delta\lambda = \frac{1.8 k_B T \lambda^2}{hc} \tag{2.76}$$

同樣的以砷化鎵 LED 為例，室溫下輻射波長 870 nm 的線寬約為 $\Delta E = 46$ meV 或 $\Delta\lambda = 28$ nm。

從 LED 的輻射譜線可以看出 LED 在實際使用時的特點。首先，單一材料 LED 的輻射線寬遠比可見光光譜範圍狹窄，甚至比人眼所能解析出的線寬還窄。因此對人眼而言，LED 可視為單色光源。其次，輻射線寬也可決定 LED 作為光纖通訊光源的可行性與限制。因為光纖通訊需考慮色散的問題，所以頻寬越窄的光源可調變的頻率越高。一般直接能隙半導體 LED 中的載子自發輻射生命週期大概是 1-100 ns，因此 LED 的調變速度可達1 Gbit/s 以上。

2.4.3 光逃逸錐角

當 LED 內部的半導體材料輻射出光子後，如果在半導體和空氣之界面全反射的話，那麼內部產生的光就無法從半導體逃脫，如此一來便會降低外部量子效率。由於 LED 大多使用高折射率的半導體材料，所以這個問題變得相對重要。

假設光由半導體內部往空氣方向出射，半導體和空氣接面的入射角為 ϕ，反射角為 Φ，由 Snell's law 可知

$$\bar{n}_s \sin\phi = \bar{n}_{air} \sin\Phi \qquad (2.78)$$

其中 $\bar{n}_s$ 和 $\bar{n}_{air}$ 為半導體和空氣之折射率，Φ=90° 代入可得全反射臨界角

$$\sin\phi_c = \frac{\bar{n}_{air}}{\bar{n}_s}\sin 90° = \frac{\bar{n}_{air}}{\bar{n}_s} \qquad (2.79a)$$

$$\phi_c = \arcsin\frac{\bar{n}_{air}}{\bar{n}_s} \qquad (2.79b)$$

一旦入射角超過此角度，則出射光線就會全反射。半導體的折射率通常都很高，舉例來說，砷化鎵的折射率為 3.4，根據上式得到的全反射臨界角就很小。利用小角度近似可以得到 $\sin\phi_c \approx \phi$，所以全反射的臨界角可表示成

$$\phi_c \approx \frac{\bar{n}_{air}}{\bar{n}_s} \qquad (2.80)$$

光逃逸錐角就是由全反射角定義出來的圓錐體，行進方向在這個圓錐體內的光可以逃脫半導體，至於錐體外的光線則會被內部全反射侷限住。

接下來計算半徑為 r 的圓錐體表面積來求出從光逃逸錐角輻射至外界的光分量。圖 2.34(b) 和 (c) 中小圓錐頂部的表面積，可利用積分求得

$$A = \int dA = \int_{\phi=0}^{\phi_c} 2\pi r \sin\phi \, r \, d\phi = 2\pi r^2(1-\cos\phi_c) \qquad (2.81)$$

假設半導體內部有一總功率為 P_{source} 的點光源，由於臨界角的限制，根據上式可算出逃逸出半導體的光功率為

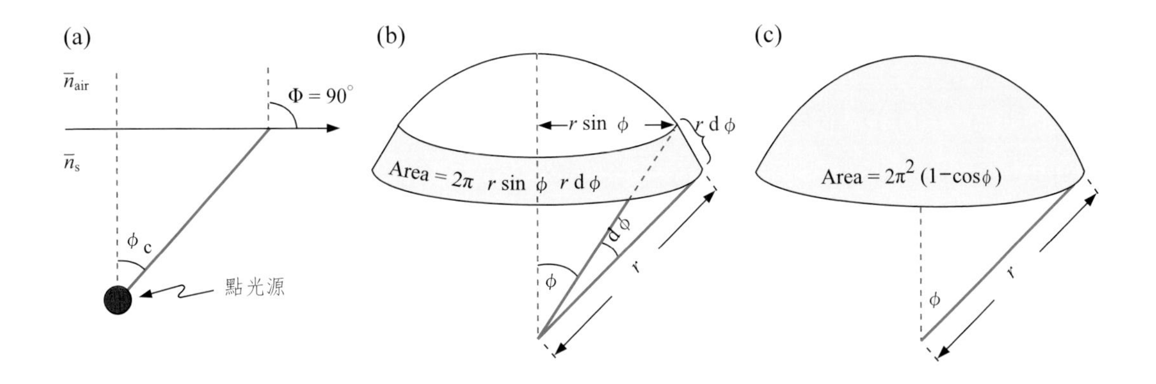

圖 2.34　假設點光源由半導體內部往空氣方向出射：(a) 光逃逸錐角的定義，(b) 積分時單位面積選取與 (c) 圓頂的光逃逸總面積。

$$P_{escape} = P_{source}\frac{2\pi r^2(1-\cos\phi_c)}{4\pi r^2} \tag{2.82}$$

$4\pi r^2$ 是半徑為 r 的球型全部表面積。

從半導體內部點光源逃逸至外界的輻射分量可表示如下

$$\frac{P_{escape}}{P_{source}} = \frac{1}{2}(1-\cos\phi_c) \tag{2.83}$$

由於高折射率材料的全反射臨界角很小，餘弦函數可以冪級數展開後忽略高階項，上式可再改寫成

$$\frac{P_{escape}}{P_{source}} \approx \frac{1}{2}\left[1-\left(1-\frac{\phi_c^2}{2}\right)\right] = \frac{1}{4}\phi_c^2 \tag{2.84}$$

將（2.79）式代入後可得

$$\frac{P_{escape}}{P_{source}} \approx \frac{1}{4}\frac{\overline{n}_{air}^2}{n_s^2} \tag{2.85}$$

在大多數半導體的折射率都高於 2.5，所以高效率 LED 的光逃逸問題一直是研究的重點；至於在折射率較小的半導體與聚合物（折射率約 1.5）材料中，這個問題就比較不顯著。

2.4.4 射場型

所有的 LED 都有其特定的輻射場型或遠場圖案，而我們所測量到的光強度（單位為 W/cm^2）與 LED 之縱向角、方位角和距離等有關。積分整個球型面積後可得 LED 的總輻射功率：

$$P = \int_A \int_\lambda I(\lambda)\, d\lambda dA \tag{2.86}$$

其中 I(λ) 為單位光譜強度（單位為每 $W/nm \cdot cm^2$），A 為球型之表面積。

2.4.5 Lambertian 放射圖案

由於發光體和周圍環境間的折射率差異影響，輻射場型會呈現非等向的分佈圖案。以下以平坦出光面的高折射率發光材料為例，進行輻射場型的推導。圖 2.35 顯示了某點光源位於半導體和空氣界面之下。在點光源距離界面處很近的條件下，考慮光源出射至界面處的入射角為 ϕ（與界面法線夾角），經界面處折射後的折射角為 Φ，若將兩角度代入 Snell's law 與 ϕ 的小角度近似（$\sin\phi \sim \phi$）可得

$$\bar{n}_s \phi = \bar{n}_{air} \sin\Phi \tag{2.87}$$

圖 2.35(a) 則是表示入射角範圍為 dϕ 的光線進入空氣後的折射角範圍為 dΦ，上式經微分後可得

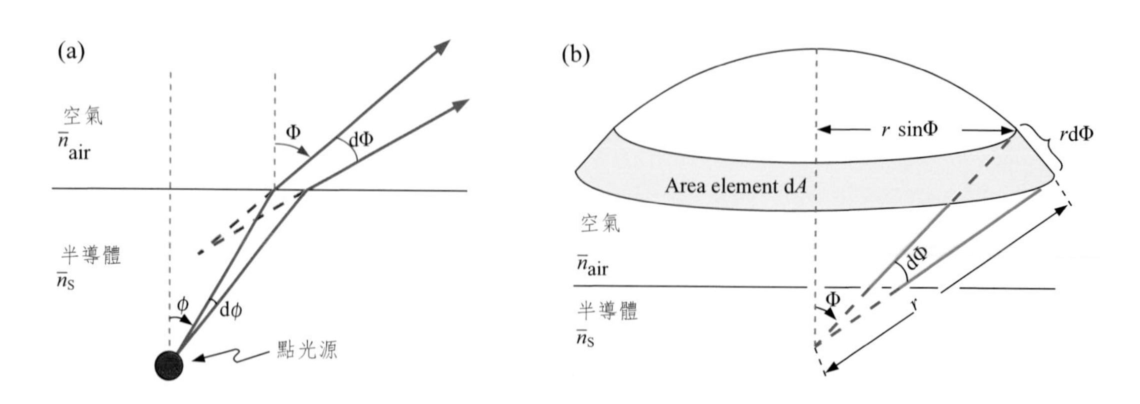

圖 2.35 推導朗柏輻射場型的示意圖。

$$d\Phi = \frac{\bar{n}_S}{\bar{n}_{air}} \frac{1}{\cos\Phi} d\phi \quad (2.88)$$

由於功率（能量）守恆的基本要求，界面兩側入射角度 $d\phi$ 與出射角度 $d\Phi$ 範圍內的之輻射功率應相等，換言之

$$I_s d A_s = I_{air} d A_{air} \quad (2.89)$$

I_s 和 I_{air} 分別為半導體內部和空氣中的光強度（單位為 W/m^2）。由於此光源的輻射場型呈軸對稱，在空氣中的單位面積可表示成

$$dA_{air} = 2\pi \text{ r} \sin\Phi \, r \, d\Phi \quad (2.90)$$

經化簡後可得

$$dA_{air} = 2\pi r^2 \frac{\bar{n}_s^2}{\bar{n}_{air}^2} \frac{1}{\cos\Phi} \phi \, d\phi \quad (2.91)$$

同樣地，在半導體的單位面積則可表示成

$$dA_S = 2\pi \text{r} \sin\phi \, \text{r} \, d\phi \approx 2\pi \text{r}^2 \phi \, d\phi \quad (2.92)$$

在半導體中距點光源 r 處的光強度可由總光源功率除以半徑為 r 之球型表面積求得

$$I_s = \frac{P_{source}}{4\pi r^2} \quad (2.93)$$

利用上面式子可推導出出空氣中的光強度如下：

$$I_{air} = \frac{P_{source}}{4\pi r^2} \frac{\bar{n}_{air}^2}{\bar{n}_s^2} \cos\Phi \quad (2.94)$$

上式就是朗柏放射圖形（lambertian emission pattern），這個光強度的分佈情形與 $\cos\Phi$ 有關，最大強度在垂直半導體表面的方向上，也就是說 $\Phi = 0^\circ$。當 $\Phi = 60^\circ$ 其強度減少為最大值之一半。

圖 2.36 中也顯示了其它不同形狀出光面的輻射圖樣。在同樣為點光源

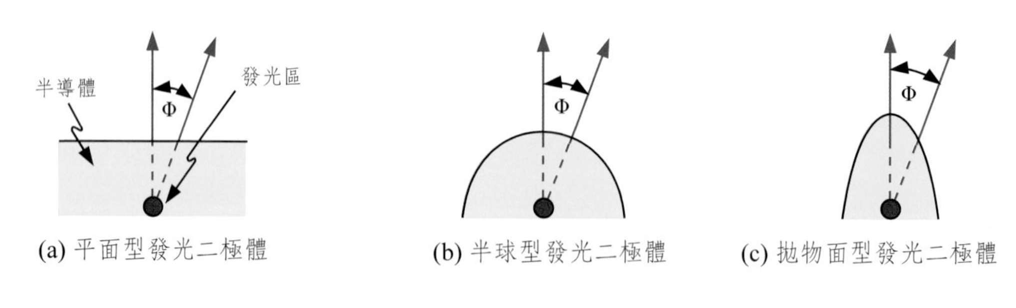

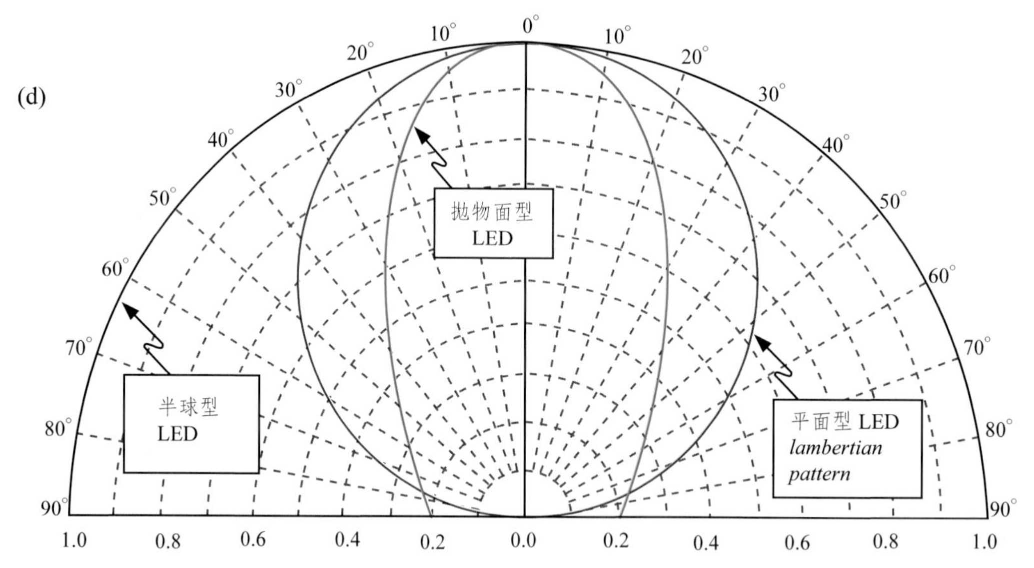

圖 2.35 (a) 平面型，(b) 半球型與 (c) 拋物面型 (d) 發光二極體的輻射場型。

的情形下，不同出光面的設計產生的輻設場型也不一樣。例如，當光源位於球體中心時，半球型 LED 會產生一個等向性的的輻射場型；出光面為拋物線型式的 LED 則產生一個高指向性的輻射場型。當然上述非平面式的出光面製作難度較高。

不論是哪種出光面的設計，輻射至空氣中的總功率求法就是上半部空間整個積分起來，如下所示

$$P_{air} = \int_{\Phi=0^\circ}^{90^\circ} I_{air} 2\pi r \sin\Phi \, r \, d\Phi \tag{2.95}$$

上式中的 I_{air} 若以平面式出光面的朗柏放射圖形代入，積分後可得

$$P_{\text{air}}=\frac{P_{\text{source}}}{4}\frac{\bar{n}_{\text{air}}^2}{\bar{n}_{\text{s}}^2} \tag{2.96}$$

這個計算結果與（2.85）式完全相同，其實就是功率（能量）守恆的自然結果。

上面的計算推導過程中，只考慮折射現象而忽略了半導體與空氣界面的 Fresnel 反射機制。事實上，光線在不同介質中行進的時候，穿透率是會隨著入射角不同而改變，在不考慮材料吸收與垂直入射的條件下，Fresnel 功率穿透率為：

$$T=1-R=1-\left(\frac{\bar{n}_{\text{s}}-\bar{n}_{\text{air}}}{\bar{n}_{\text{s}}+\bar{n}_{\text{air}}}\right)^2=\frac{4\bar{n}_{\text{s}}\,\bar{n}_{\text{air}}}{(\bar{n}_{\text{s}}+\bar{n}_{\text{air}})^2} \tag{2.97}$$

其中 R 為反射率。在較嚴謹的計算中，Fresnel 穿射損耗也必須考慮進去。

2.4.6 環氧樹脂封裝材料的影響

若要改善發生在半導體材料與空氣間過大折射率差異導致的全反射現象，可以在兩個界面間插入具有高折射率的圓頂型封裝材料增大臨界角以提高光萃取效率。圓頂型的設計除了可以將環氧樹脂與空氣間的全反射損耗消除外，更可以利用封裝外型的變化來符合需要特殊輻射場型的應用。依照（2.83）式，有插入圓頂型環氧樹脂材料與無圓頂型環氧樹脂結構的光萃取效率比值為

$$\frac{\eta_{\text{epoxy}}}{\eta_{\text{air}}}=\frac{1-\cos\phi_{\text{c, epoxy}}}{1-\cos\phi_{\text{c, air}}} \tag{2.98}$$

其中 $\phi_{\text{c, epoxy}}$ 和 $\phi_{\text{c,air}}$ 分別為半導體—環氧樹脂界面及半導體—空氣界面之全反射臨界角。圖 2.37 很清楚的顯示出環氧樹脂對於 LED 光萃取效率的影響程度，當這個封裝材料的折射率為 1.5 時，傳統半導體 LED 的效率可提升增加了 2～3 倍。不過對於本身是低折射率的聚合物 LED 而言，這樣的方法對於效率改善就沒有那麼顯著。

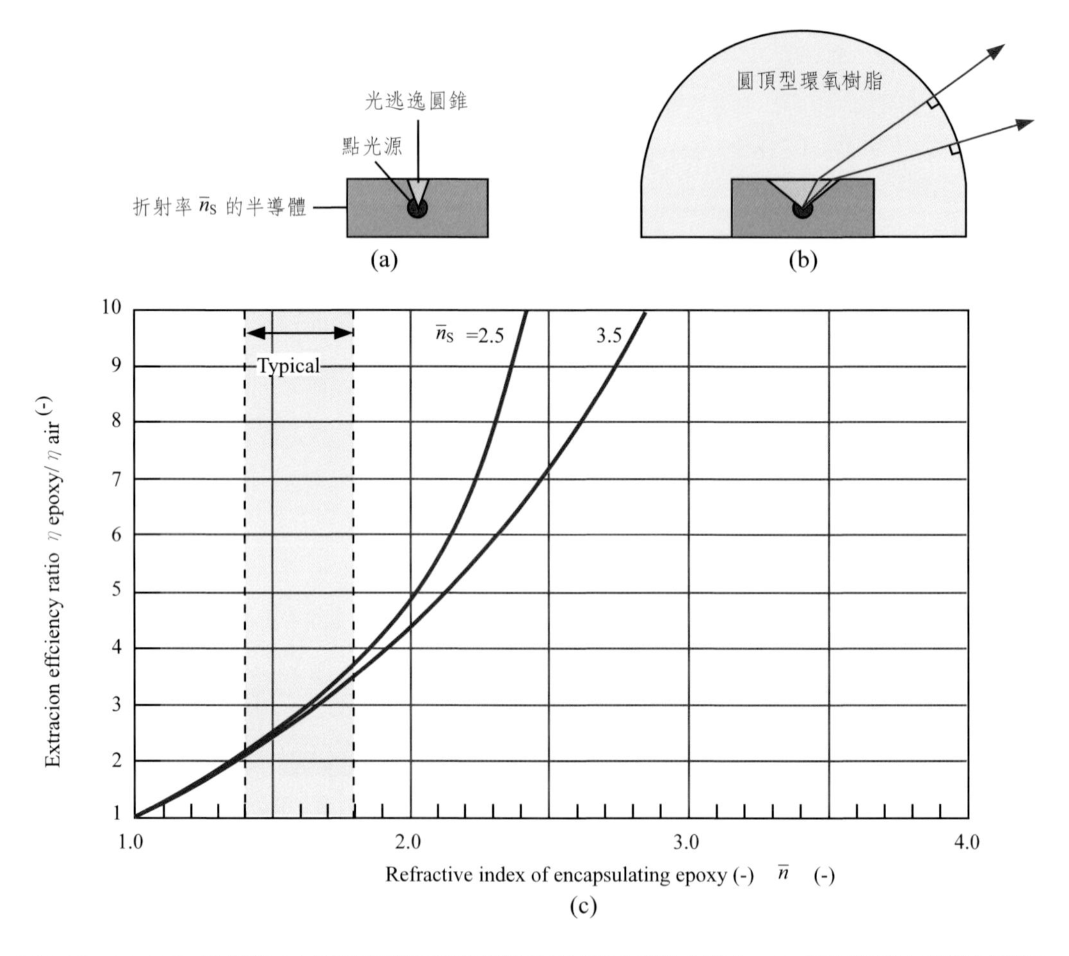

圖 2.37 (a) LED 裸晶與 (b) 圓頂型環氧樹脂封裝的發光二極體示意圖，(c) 圖則為加上封裝材料的光萃取效率計算結果。（Nuese, 1969）

2.4.7 發光強度與溫度的關係

當溫度增加時，由於一些與溫度相關之因素例如：深層能階的非輻射復合、表面復合與載子溢出異質結構位障的發生機率提高，LED 的發光強度亦隨之減弱。

在室溫附近的 LED 發光強度經驗公式可寫成：

$$I = I|_{300\mathrm{K}} \exp - \frac{T - 300\mathrm{K}}{T_1} \qquad (2.99)$$

其中 T_1 稱為特性溫度，而較高的特性溫度則表示 LED 對溫度變化較不敏感。

比較值得注意是 LED 和半導體雷射的發光強度都跟溫度有很明顯的相

依性。在 LED 中，發光強度隨溫度減弱的關係如上式，可稱為 T_1 方程式；而在半導體雷射中，雷射臨界電流亦會隨溫度上升而增加。半導體雷射的臨界電流與溫度的關係可表示成：

$$I_{\text{th}} = I_{\text{th}}|_{300\text{K}} \exp\frac{T-300\text{K}}{T_0} \qquad (2.100)$$

上式為半導體雷射的 T_0 方程式，I_{th} 為臨界電流值。這兩個方程式並非由基本原理所推導出來，僅為符合實驗結果之現象方程式。

圖 2.38 表示了操作溫度與 LED 發光強度之典型實驗結果。從圖上可以清楚的看出在固定電流操作條件下，藍光 LED（波長 470 nm）的特性溫度最高，而紅光 LED（波長 625 nm）則是最低。這個結果直接反應出三五族氮化物 LED 結構由於有較深的位能障，所以對於載子的侷限能力相對的比三五族磷化物 LED 結構來的好。

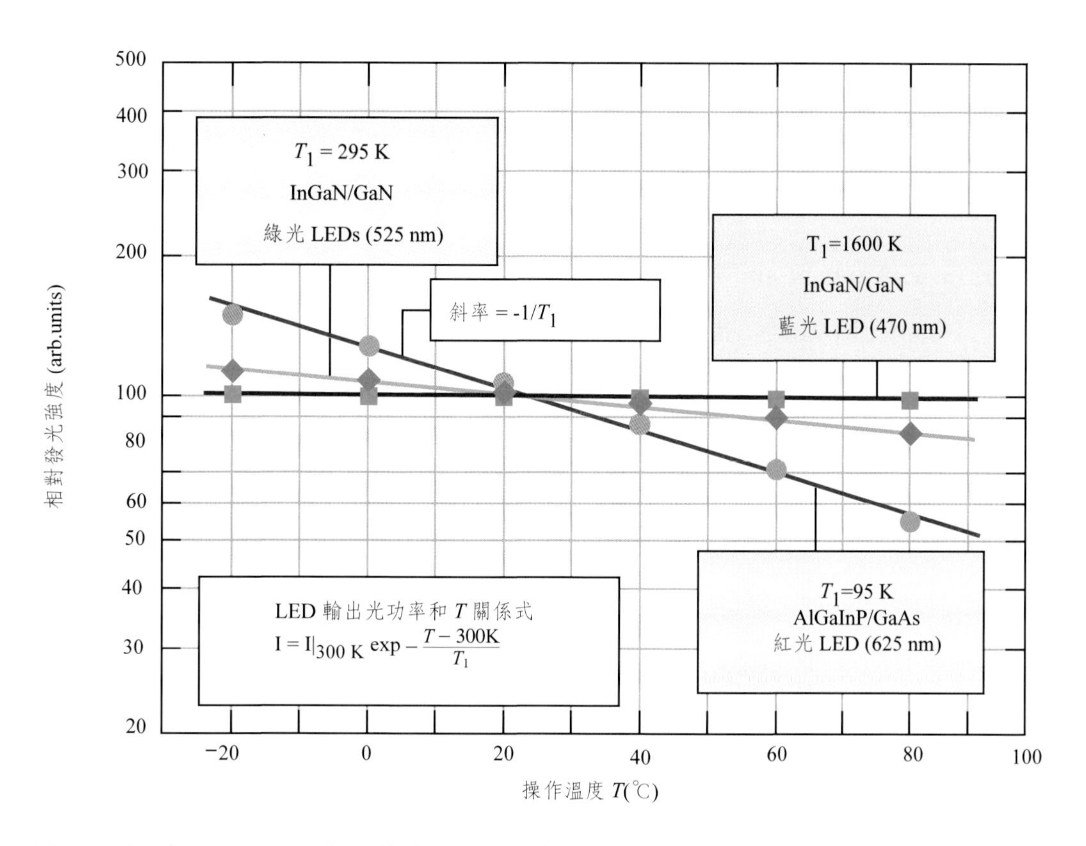

圖 2.38　紅（AlGaInP/GaAs）、藍（InGaN/GaN）、綠（InGaN/GaN）光 LED 操作溫度與發光強度關係圖。（Toyoda Gosei 公司，2004）

習題

1. GaAs 材料在室溫下波長 0.85 μm，某材料對此波長的光吸收係數為 $\alpha = 10^4\ cm^{-1}$，請問當 1 mW 的光功率透過厚度 d = 1 μm 的樣品後，透射光功率為多少？
2. 試述雙異質結構在發光二極體的設計上有何優點？
3. 考慮一 GaAs LED，GaAs 能隙在 300 K 時是 1.42 eV，其隨溫度改變的關係式為 $dE_g/dT = -4.5\times10^{-4}\ eVK^{-1}$，如果溫度改變 10℃，則此 LED 的發光波長改變為何？
4. 一 AlGaAs LED 操作在 50 mA 及 1.6 V 的外加偏壓下，所產生的總光輸出功率為 2.5 mW，試計算此 LED 之功率轉換效率為何？
5. GaAs、GaN 和 LED 封裝用聚合物的折射率分別為 3.4, 2.5, 1.5。(a) 試計算 GaAs、GaN 和 LED 封裝用聚合物的內全反射之臨界角。(b) 試計算光從平面 GaAs、GaN 和封裝成聚合物 LED 中逃逸出的比率。

參考文獻

1. G. P. Agrawal and N. K. Dutta, Long-Wavelength Semiconductor Lasers Chapter3 (Van Nostrand Reinhold, New York, 1986).
2. R. Aleksiejunas, M. Sudzius, T. Malinauskas, J. Vaitkus, K. Jarasiunas and S. Sakai, Applied Physics Letters 83, 1157 (2003).
3. L. W. Tu, W. C. Kuo, K. H. Lee, P. H. Tsao, C. M. Lai, A. K. Chu and J. K. Sheu, Applied Physics Letters 77, 3788 (2000).
4. R. Olshansky, C. B. Su, J. Manning and W. Powazinik, IEEE J. Quantum Electron. QE-20, 838 (1984).
5. M. R. Krames et al., Proceedings of SPIE 3938, 2 (2000).
6. E. F. Schubert, L.-W. Tu, G. J. Zydzik, R. F. Kopf, A. Benvenuti and M. R. Pinto, Applied Physics Letters 60, 466 (1992).

7. J. M. Shah, Y. -L. Li, Th. Gessmann and E. F. Schubert, Journal of Applied Physics 94, 2627 (2003).
8. Toyoda Gosei Corporation, Japan, General LED catalogue (2004).
9. E. L.Waldron "Optoelectronic proporties of AlGaN/GaN Superlatices" Ph. D. Dissertation, Boston University (2002).
10. M. R. Krames 等人 "High-brightness AlGaInP light diodes" proceeding of SPIE 3938, 2 (2000).
11. D. Emerson, A. Abare, M. Bergmann, D. Slater, and J. Edmond "Development of deep UV Ⅲ-N optical soure" 7th Intartional Workshop on Wide-Bamdgap Nitrde, Richmond VA, March (2002).
12. N. E. J., Hunt E. F. Schubert, D. L., Sivco; a. y., Cho and G. J. Zydik "Pawer and efficiency limit in single-mirror light-enitting dikdes coieh enhanced intensity" Electron. Lett, 28, 2169 (1992).
13. C. J. Nuese, J. J. Tietjen J. J. Gannon, and H. F. Gossenberger "Optinzation of electroluminine-scent efficiencies for vapor-grown GaAsP diodes" J. Electrochem Sci. 116, 248 (1969).

第三章

發光二極體磊晶技術介紹

3.1 液相磊晶法（Liquid Phase Epitaxy, LPE）

3.2 分子束磊晶（Molecular Beam Epitoxy, MBE）

3.3 氣相磊晶法（Vapor Phase Epitoxy, VPE）

台灣為全球資訊電子產品的生產重鎮，早期國內發光二極體產業主要以封裝為主，至 1998 年以後國內成立了十數家上游磊晶廠，生產高亮度發光二極體磊晶片，目前上中下游產業鏈發展極為完整。LED 因不同的發光層材料配合不同的磊晶生產技術，其種類如表 3.1 所示；以 GaP 與 GaAsP 材料生產的 LED 亮度較低，即為一般所稱之傳統 LED，是截至目前為止最普遍使用的發光材料。AlGaAs 與 AlInGaP 由於是直接能隙的高效能光轉換材料，所生產的 LED 在亮度上較傳統 LED 的亮度高出許多，屬於高亮度 LED，近年來隨著應用範圍的普及化而開始被廣泛大量使用，其中 AlGaAs 採用 LPE 技術，而 AlInGaP 則採 MOCVD 技術。自 1993 年日本（Nichia）成功的推出 GaN 藍光 LED，實現了全彩化的夢想，AlInGaN 則是當今最熱門的材料，透過 MOCVD 的磊晶技術，可製作高亮度純綠光及藍光 LED，在藍、綠光發展成功後，LED 業者便開始往白光照明目標邁進。如圖 3.1 所示，目前白光 LED 生產方式有下列四種方式：

目前白光 LED 發光技術，係以日本 Nichia 提出的利用 AlInGaN 藍光晶粒塗佈一層 YAG 螢光物質，激發出黃光後與藍光互補而產生白光最為普遍，LED 業者目前正積極發展以紫外光激發 RGB 三色螢光粉來產生白光之製造技術。因此隨著白光 LED 技術開發成熟及未來能源短缺，白光 LED 壽命長，無污染環保光源，將可取代白熾燈泡及日光燈成為次世代新光源。

表 3.1　白光 LED 種類

	激發光源	發光元素與材料	發光原理
單晶型	藍光 LED	InGaN 晶片 + YAG 螢光粉	藍光激發黃光之螢光體
	UV LED	InGaN 晶片 + GGB3 波長螢光粉	發 UV 激發三原色之螢光體
	白光 LED	CdZnSe（ZnSe 基板）	直接發白光
多晶型	R/G/B（紅綠藍）3 晶片 LED	CdZnGaP、InGaN、AlGaAs	三原色互補
	藍綠／琥珀色 2 晶片 LED	InGaN、AlInGaP、GaP	互補 2 原色

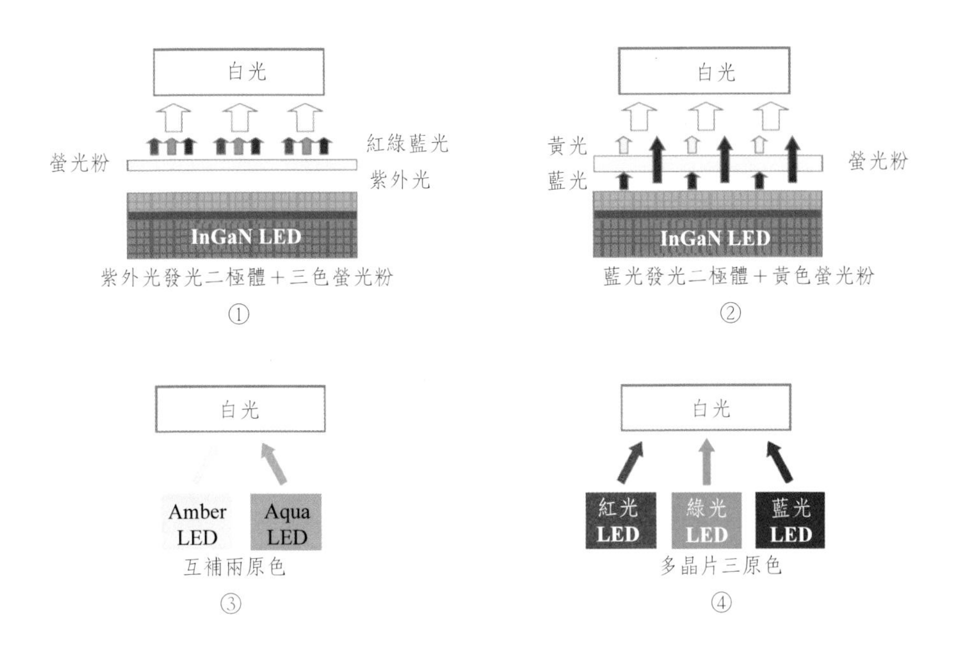

圖 3.1　白光 LED 技術分類

LED 產業的長期發展係以取代目前的照明燈具為主。根據日本富士總研的調查，2004 年全球白光 LED 總生產量為 42.9 億顆，銷售額為 1,935 億日幣，主要生產地仍為日本，在經過 2003 年到 2004 年，台、日、韓、德等地區廠商陸續從德國 OSRAM Opto 取得白光 LED 授權之後，加速了白光 LED 應用市場。未來龐大的 LED 照明市場將視「亮度／單價（lum/$）」比值的合理化程度攀升，根據工研院 IEK 的數據指出，到 2015 年為止，全球照明市場產值，可達 1372 億美元，而 LED 照明約為 212 億美元，佔整體市場約有 15% 的份額（圖 3.2）。

一般發光二極體是由不同化合物材料間的有序排列成長起來的，也就是我們常稱的磊晶（epitaxy），如圖 3.3 所示；這個字本身就是由希臘字 epi（意思為在……之上）與 taxis（意思為排列）得來的。與 IC 半導體所使用之矽等Ⅳ族元素不同，多數 LED 被稱為Ⅲ-Ⅴ族化合物半導體，是由Ⅴ族元素（氮 N、磷 P、砷 As 等）與Ⅲ族元素（鋁 Al、鎵 Ga、銦 In 等）結合而成的，多是一層一層薄膜磊晶成長。薄膜沈積的機制可大致上區分為動力學傾向（kinetically favored）和熱力學傾向（thermo-dynamically favored）兩

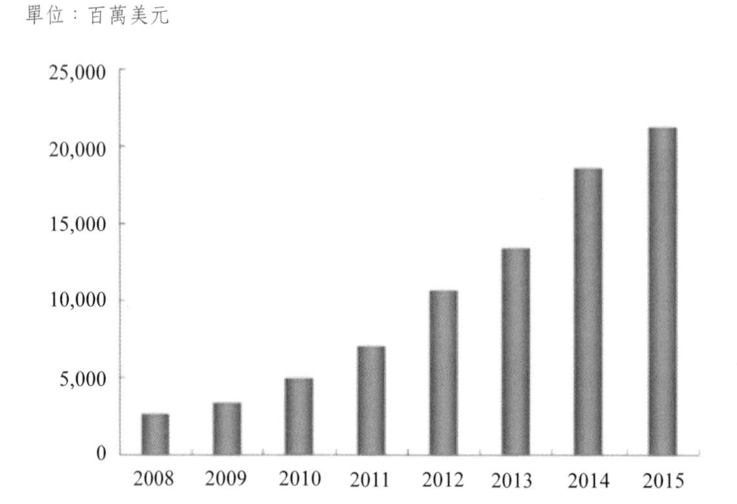

圖 3.2　未來 LED 照明市場發展

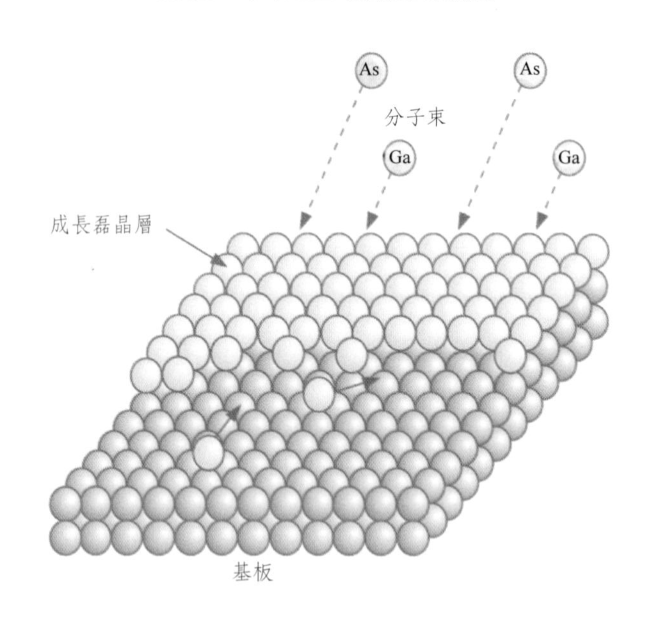

圖 3.3　磊晶成長示意圖

種。如果是依循動力學驅動所成長的薄膜，會因為原子黏滯係數（sticking coefficient）的不同，影響薄膜的沉積速率。而若是以熱力學驅動為成長薄膜的方式，原子在沉積時會在基板表面尋找能量最低點沉積下來，因此不同的驅動方式會造成不同的沉積結果。

化合物半導體的磊晶技術可略分為四大類：液相磊晶法（liquid-phaseepitaxy, LPE）、氣相磊晶法（vapor-phase epitaxy, VPE）、分子束磊晶法（molecular-beam epitaxy, MBE）及有機金屬氣相磊晶法（metal-organic chemical vapor deposition, MOVPE）。能生產高亮度 LED 的 MOVPE（有機金屬氣相磊晶法 MOCVD）技術，較適用於 AlInGaP 和 AlInGaN 材料系統的磊晶成長，發光顏色幾乎包括全部可見光範圍由藍紫光至紅光。由於氣相及液相磊晶法適用於結構簡單的製程，因此這兩種方法都較適合應用在厚磊晶層、低精密度的元件，較不適用於磊晶結構複雜的元件。而在磷化鋁鎵銦材料的面射型半導體雷射中，目前常見的長晶方法主要以 MBE 和 MOCVD 兩種。

傳統液相磊晶法（Liquid Phase Epitaxy, LPE）與氣相磊晶法（Vapor Phase Epitaxy, VPE），以磷化鎵（GaP）或砷化鎵（GaAs）為基板，用於生產中低亮度 LED 及紅外光 IrDa 晶粒，其亮度在 1 燭光（1000 mcd）以下。有機金屬氣相磊晶法（Metal Organic Vapor Epitaxy, MOCVD）用於生產高亮度 LED，其亮度約在 6000-8000 mcd。以 AlGaInP 四種元素為發光層材料在砷化鎵基板上磊晶者，發出紅、橙、黃光之琥珀色系，通稱為四元 LED；以 GaN 為材料所生產的藍、綠光 LED，則稱為氮化物 LED，一般以藍寶石（Sapphire）為基板，美國大廠 CREE 則發展出以碳化矽（SiC）為基板的製程。

3.1　液相磊晶法（Liquid Phase Epitaxy, LPE）

液相磊晶技術早在 1963 年就被開發並應用在 III-V 族半導體光電元件開發上（如圖 3.4 所示）。此法是從液相中直接利用沉積法，將磊晶層藉由過飽和的磊晶溶液成長在單晶的基板上，這種方法對於砷化鎵（GaAs）的成長和其相關的 III-V 族化合物特別有用。液相磊晶技術的優點有：可成長高品質的磊晶層、系統成本低、以及材料性質的再現性相當高。缺點則是表面形態比其它磊晶技術的磊晶表面形態要差，晶格常數的限制，以及異質磊晶成長時有接面漸變現象存在。液相磊晶成長適合成長薄的磊晶層（≥ 0.2μm），因為它具有較低的成長速率。

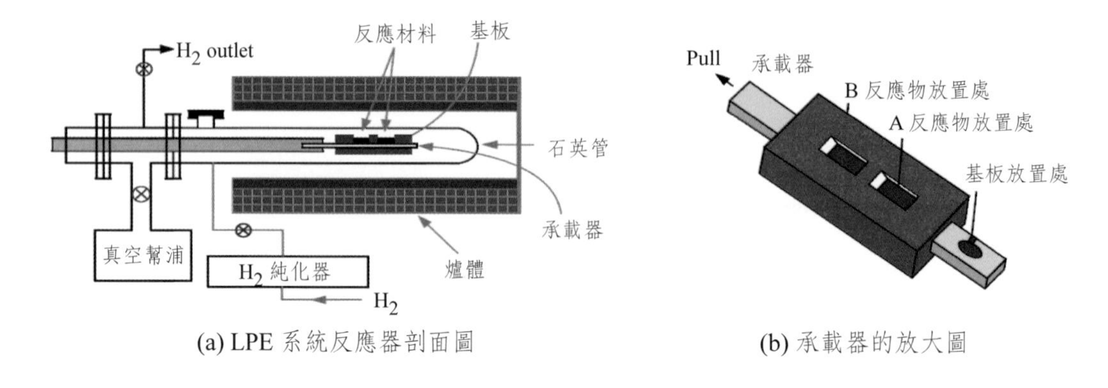

(a) LPE 系統反應器剖面圖　　(b) 承載器的放大圖

圖 3.4　典型 LPE 系統結構

LPE 的成長裝置可以初分為三種形態，如圖 3.5 所示：

(1) Tipping furnace：利用傾斜爐管的方式將基板與磊晶溶液接觸。

(2) Vertical furnace：基板用垂直升降的方式浸泡於溶液中。

(3) Multibin furnace：基板可在存放不同溶液的容器間成長較複雜結構。

若是以成長方法來分類的話，就有步階冷卻法（step-cooling）、平衡冷卻法（equilibrium cooling）、過冷卻法（supercooling）以及雙相法（twophase method）等，而且各種 LPE 成長方法的動力學更是被廣泛的研究。

在步階冷卻法中，基板與磊晶溶液都將溫度冷卻至溶液飽和溫度以下 ΔT 度，這時的溶液是呈現過飽和狀態。基板在成長的時候推入磊晶溶液內，且維持固定溫度。剛開始時，它會因過飽和而成長，然而在繼續成長時若溶液漸漸遠離過飽和狀態，則成長率將隨著時間增加而開始下降。第二種方法為平衡冷卻法，此法是將基板與磊晶溶液都設定在溶液飽和溫度下。然後系統溫度再慢慢的下降，如此一來溶液又會呈現飽和狀態，因此藉由磊晶層的產生可以達到相平衡。這個成長將會一直持續進行，直到將基板移出溶液。至於過冷卻法則可視為上面兩種方法的綜合版。首先將基板放入過飽和溶液中，此時的基板與磊晶溶液溫度都比飽和溶液溫度低了 ΔT 度。接著兩者再慢慢的同步降溫成長磊晶層。接著我們以 InP 磊晶層為例來介紹雙相法，此法的冷卻步驟與平衡冷卻法大同小異，最大的不同處在磊晶溶液上方擺了一片固態 InP。這固態 InP 的用途主要是在成長時與溶液形成平衡狀態，如此一來便可以降低成長速率來達成非常薄的磊晶層成長工作。

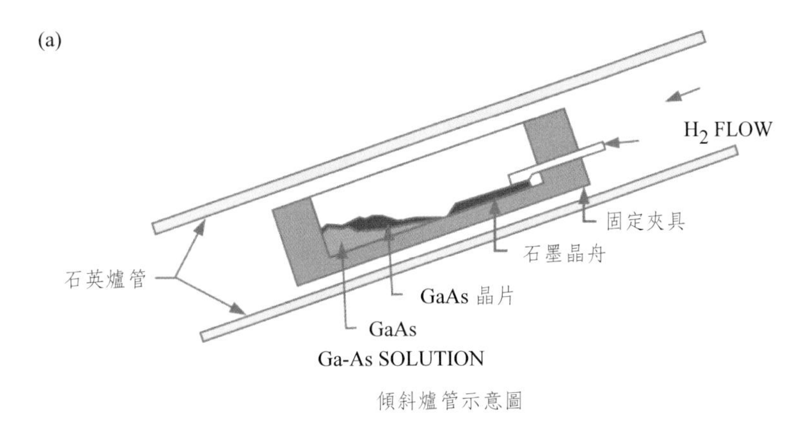

傾斜爐管示意圖

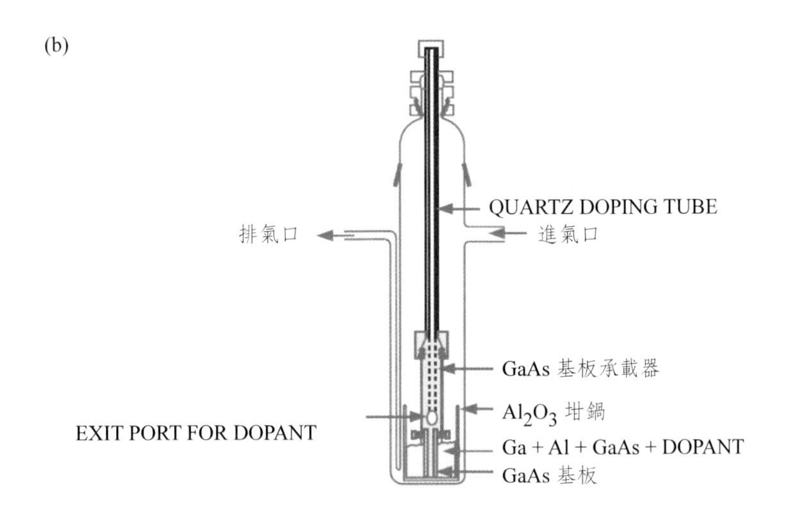

垂直爐管示意圖

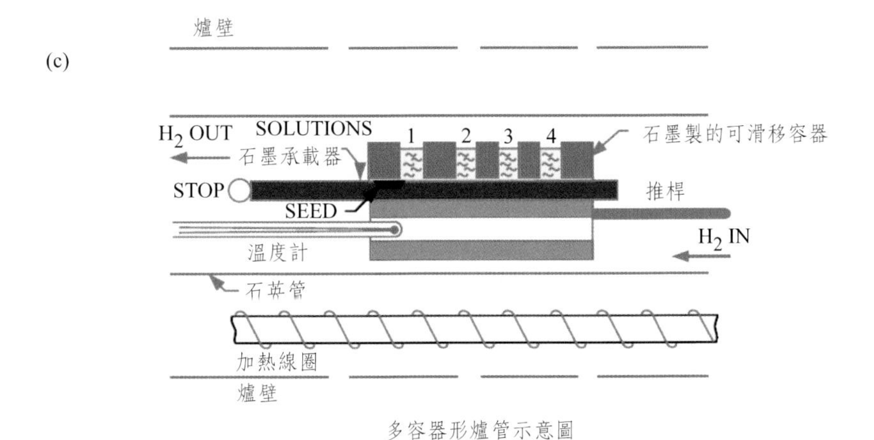

多容器形爐管示意圖

圖 3.5　三種 LPE 的成長裝置：(a) 傾斜爐管、(b) 垂直爐管與 (c) 多容器形

3.2 分子束磊晶（Molecular Beam Epitoxy, MBE）

分子束磊晶術（molecular-beam epitaxy, MBE），是在 1970 年代由 Arthur 與中研院卓以和院士等人研發之磊晶成長法。MBE 技術能夠讓有序材料以單原子層為單位進行生長，目前它可用於生產與當今電子時代緊密相關的高級設備，例如發光二極體與雷射、手機射頻開關、前端放大器及功率放大器等。卓院士（圖3.6）分別在 1993 年與 2007 年獲頒美國科學界及技術界最高榮譽的「National Medal of Science，國家科學獎」和「National Medal of Technology，國家技術獎」，能同時得到這兩個獎項的科學家少之又少。此法因有超高真空度、高精準控制蒸發源與厚度監控系統，MBE 法能夠精確的控制化學組成和摻雜剖面，因此具備較傳統真空蒸鍍法所無法獲得之高品質薄膜結晶成長。目前許多研究機關利用 MBE 執行磊晶成長之研究，業界則用以生產磊晶晶圓或元件為主。

圖3.6　中研院卓以和院士

圖片來源：http://www.epochtimes.com/65/7/6/30/n/759732.htm

此法係利用超高真空（氣壓值 $< 10^{-10}$torr）環境下，精準地加熱材料源並蒸鍍其分子，在這個真空條件下，氣體分子在成長腔體內的平均自由路徑遠大於蒸鍍源至基板之間的距離，如此一來蒸鍍物質將以分子束形式依直線行走直接到達基板進行磊晶成長。由於 MBE 系統要求成長腔需達到超高真空，對於材料源的純度要求達到至少 6N（99.9999%），故具有防止雜質污染的最大優點，這對需要高品質的磊晶薄膜而言是一大利多。

若依照使用材料的形態來分類，大致上又可以區分為有機金屬源分子束磊晶系統（MOMBE），氣體源分子束磊晶系統（GSMBE）等名稱類別。電漿輔助分子束磊晶系統（PAMBE）屬於氣體源分子束磊晶系統中的一種。而依照電漿產生的方式又可區分為電子迴旋共振（electron cyclotron resonance,ECR）、射頻（radio frequency, RF）及磁性輔助射頻（magnetron enhancedradio frequency）等分子束磊晶系統。

如圖 3.7 所示，MBE 系統主要構造包括：成長腔體（growth chamber）、緩衝腔體（buffer or load-lock chamber）、高低真空各式幫浦（cryopump、turbo pump、mechanic pump）、分子束源、反射式高能電子繞射裝置（Reflective High Energy Electron Diffraction, RHEED（圖 3.8））與磁性推桿。在腔體方面，緩衝腔體除了作為與成長腔間傳送樣品時的真空緩衝區之外，還負責置入基板與取出樣品的功能。因此，此區域經常必須通入高純氮氣以破除真空狀態，使壓力回升至一大氣壓有利樣品與基板進出。而緩衝腔與成長腔之間有一個閥門隔開，基板在此藉由磁性推桿送入成長腔，或樣品由成長腔拉出至緩衝腔。

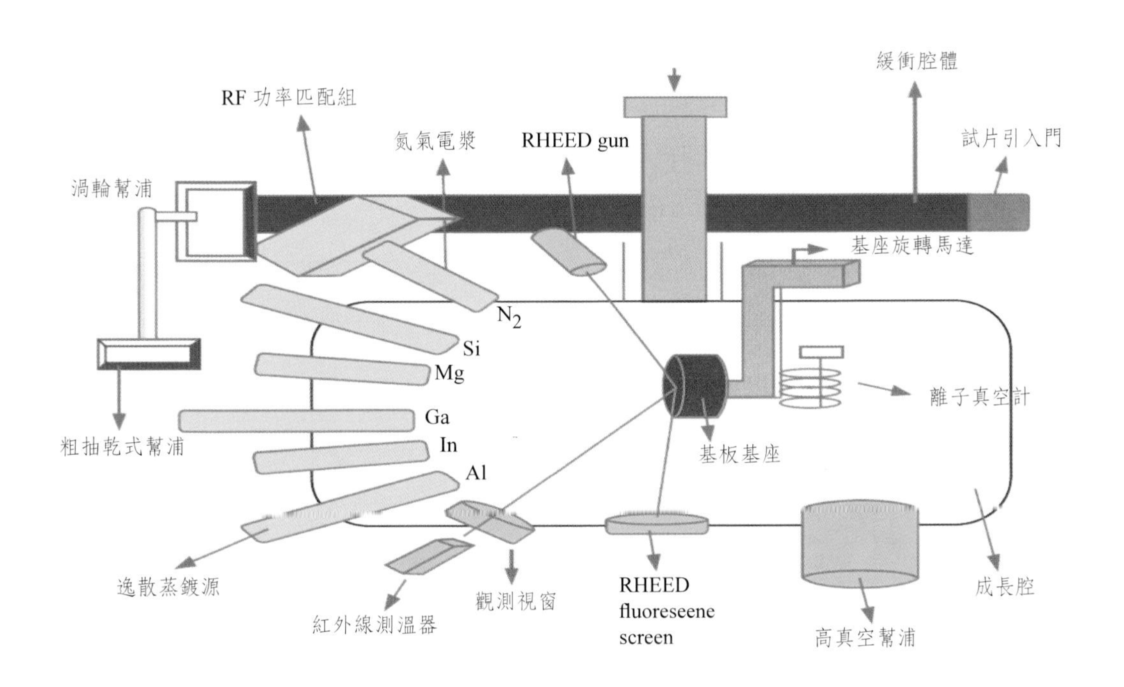

圖 3.7　MBE 系統結構示意圖

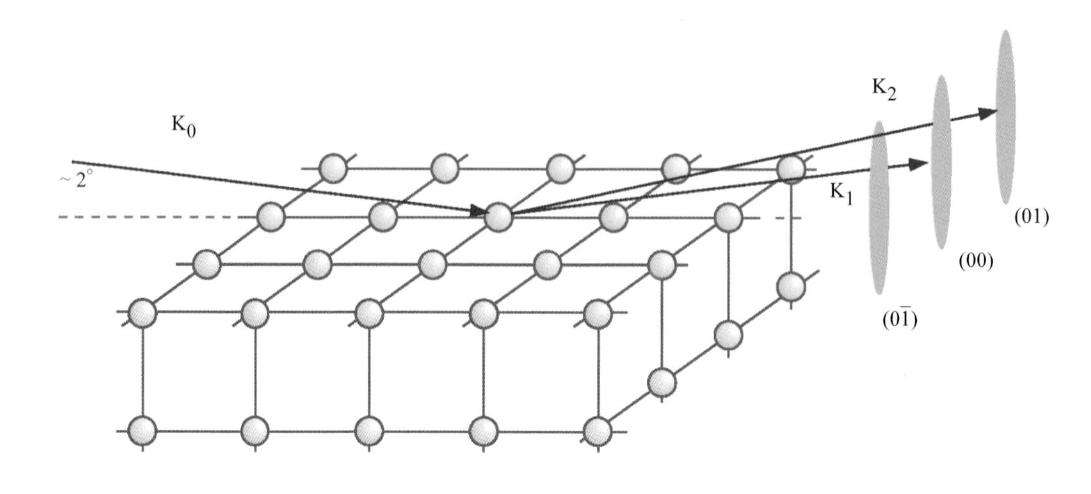

圖 3.8　反射式高能電子繞射原理

成長腔則是分子束磊晶系統的心臟部分，位於成長腔下方或側邊則有數種材料源；以氮化物成長為例，除了氮是超高純度（6N）的氮氣，通過純化器後再經由各種電漿產生方式，將氮氣裂解為活性較高的氮電漿。其餘材料則以超高純度的固態元素型態置放在耐高溫的坩鍋內，每一個坩鍋都有獨立的溫控器與氣動式檔板（shutter），以確保每一個分子束源能獨立操作並與成長腔隔絕（如圖 3.9），而氣動式檔板可以在幾個毫秒（ms）內開啟或關閉分子束源，因此可以非常精確的控制每一層薄膜的厚度。當元素材料經坩鍋加熱融化以蒸氣的形態噴出分子束，並與氮的電漿形成氮化物成長於加熱的基板上，基板最高溫可達 1000℃。同時為了精確的知道成長時各種元素之間的比例，在開始成長前，還可以利用流量偵測器（beam flux gauge）來

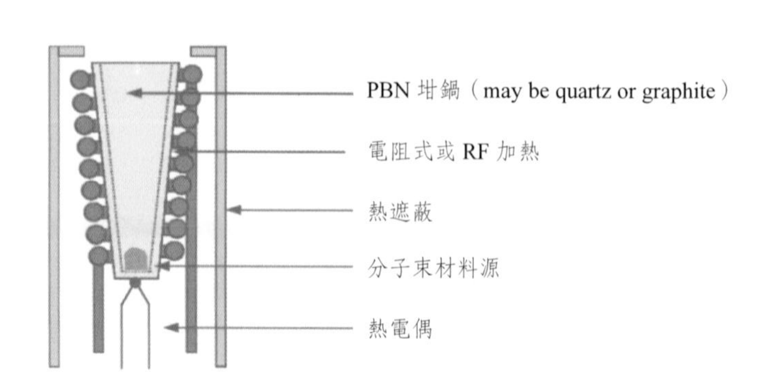

圖 3.9　MBE 系統分子束源結構與外觀圖

偵測各元素到基板位置的蒸氣壓，以增加實驗的可靠度與可重複性。同時，在磊晶成長的過程中則會利用基板自旋以提高成長的均勻性。

另外，為了讓磊晶時所有腔體能維持在超高真空的環境下，需要使用數個幫浦來達成。首先在緩衝腔所使用的真空系統為機械式薄膜幫浦（oilfreemechanical diaphragm pump）與渦輪幫浦（turbo pump），這樣的配置可使真空度降到大約 10^{-8}torr。而成長腔的真空系統可藉由冷凝幫浦（cryopump）的低溫葉片吸附殘餘的空氣分子，成長腔的真空度可維持在 10^{-11}torr 的超高真空環境。腔體內的真空度則是利用離子偵測器（ion gauge）量測。此外，成長腔與材料源的腔壁具有雙層的結構，可經由填充液態氮降低腔壁的溫度進行殘餘氣體分子的捕捉；除了確保成長腔的超高真空外，更可隔絕分子束源避免溫度互相影響。如圖 3.10 所示，為了對樣品成長過程進行即時監控，更可透過反射式高能電子繞射（RHEED）裝置，使入射的高能電子束與表面原子產生繞射，再藉由繞射電子撞擊螢光幕產生的繞射圖案來瞭解樣品表面的平坦度與結晶狀態；甚至可藉由加裝光偵測器來了解其強度週期變化，以精確掌握成長厚度，對於長晶監控是相當重要的工具。

分子束磊晶系統的晶體成長方式大致上可區分為三種模式，而這三種模式是以基板與成長材料的晶格不匹配度（lattice mismatch）來作為區別的重要依據：

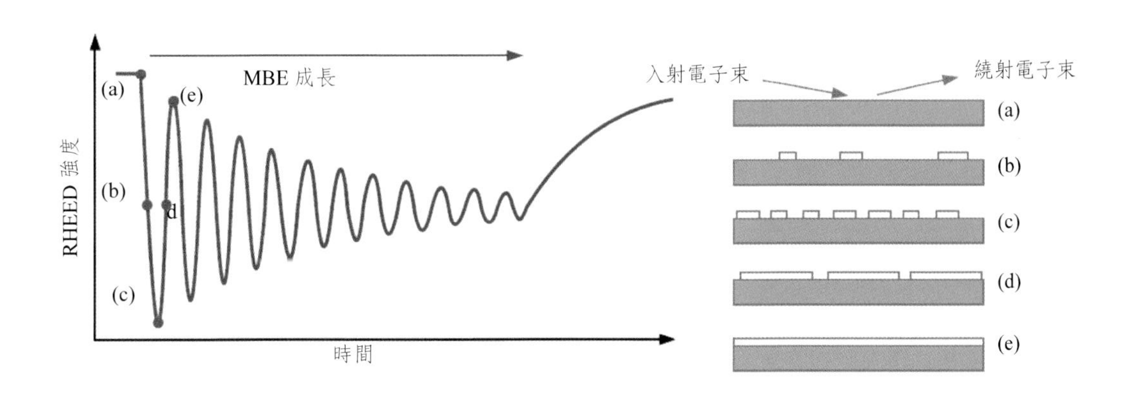

圖 3.10　MBE 系統 RHEED 厚度監控

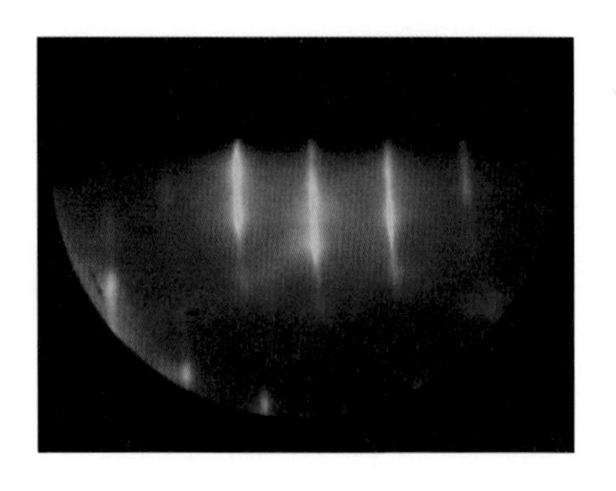

RHEED 圖

(1) Frank-van der Merwe（F-vdM）模式：此異質結構的晶格不匹配度較小，即基板與成長材料的晶格常數非常接近，因此分子受到來自基板的束縛力較其他同分子間的鍵結力強，故晶體會以二維平面的結構模式來成長，如圖 3.11 所示。

(2) Stranski-Krastanov（S-K）模式：此異質結構的晶格不匹配度較 F-vdM 模式略大一些，因此在晶體成長初期仍會以二維平面的結構模式鍵結，在此稱此二維平面為潤濕層（wetting layer），當此平面結構超過一臨界厚度（critical thickness）時，為了釋放來自基板累積過大的應力，因此就會自動聚合成島狀的結構，如圖 3.12 所示。

(3) Volmer-Weber（V-W）模式：此異質結構的晶格不匹配度遠比前兩種成長模式都來的大，所以成長上去的分子受到其他同分子間的鍵結力，遠大於來自基板的束縛力，因此晶體的成長會直接以三維的島狀結構模式來成長以釋放過大的應力，如圖 3.13 所示。

圖 3.11　F-vdM 成長模式

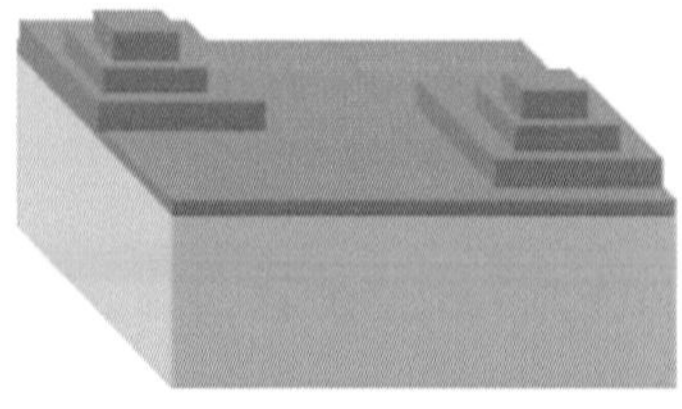

圖 3.12　S-K 成長模式

圖 3.13　V-W 成長模式

目前在 III-V 族化合物半導體磊晶製程設備的主流技術仍為 MOCVD 與 MBE。然而 MBE 技術在成長控制上有其優勢，但受限於成長速度的問題，在產業界的量產競爭力相形之下稍弱。而 MOCVD 則有即時監控不易與高背景雜質濃度的問題存在。因此，可精密掌控成長磊晶與具備高成長速率之化學束磊晶系統（Chemical Beam Epitaxy, CBE）便成為另一具有潛力之製造技術。CBE 系統係 1984 年由 AT&T 貝爾實驗室的華裔科學家曾煥添博士（Dr. W. T. Tsang）所發展的技術，它係結合 MBE 法及 MOCVD 法之優點衍生出之技術，三者在磊晶原理與過程大不相同，其中 CBE 的特色是 III 族與 V 族的來源皆為氣態（如圖 3.14），而 MBE 所有反應物皆為純元素。若以氮化鎵材料的磊晶成長為例（如圖 3.15），CBE 法之原料氣體供應系統與 MOCVD 法相似，藉由質流控制（MFC）系統之操作，可提供穩定且精密

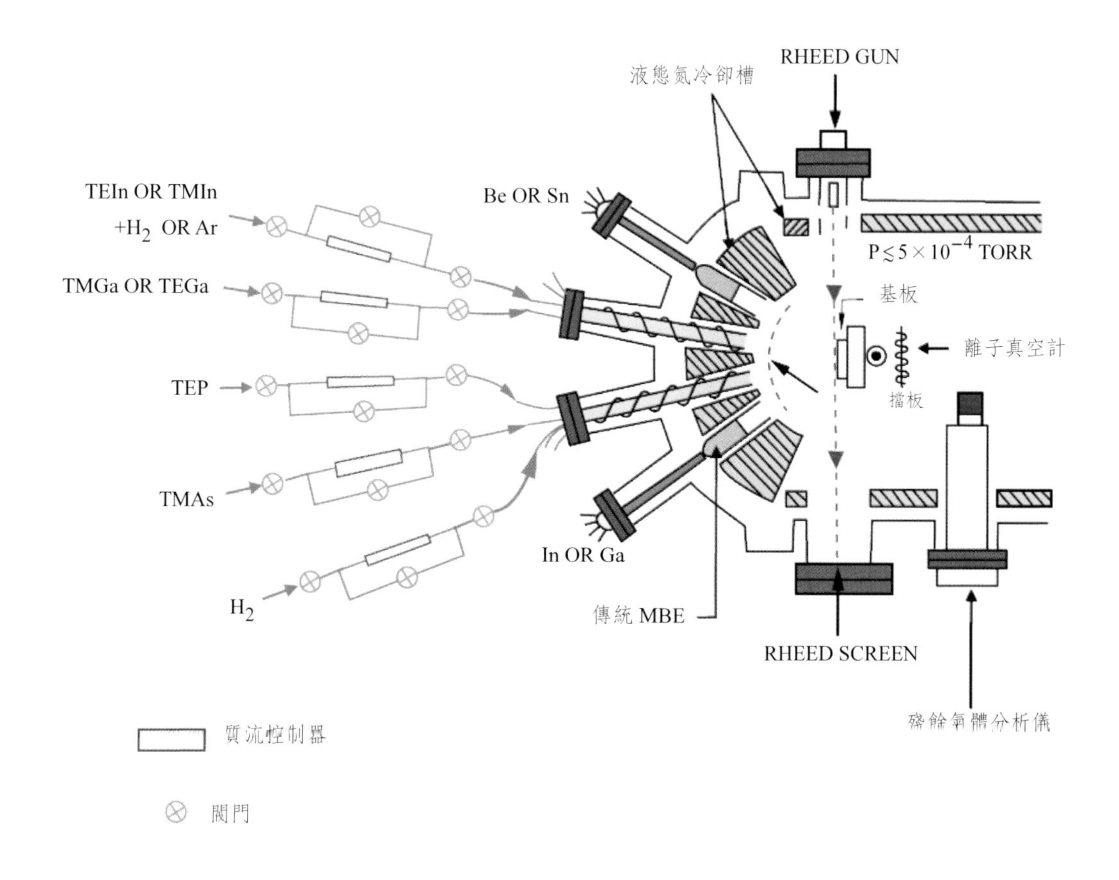

圖 3.14　III-V 族化學束磊晶系統示意圖

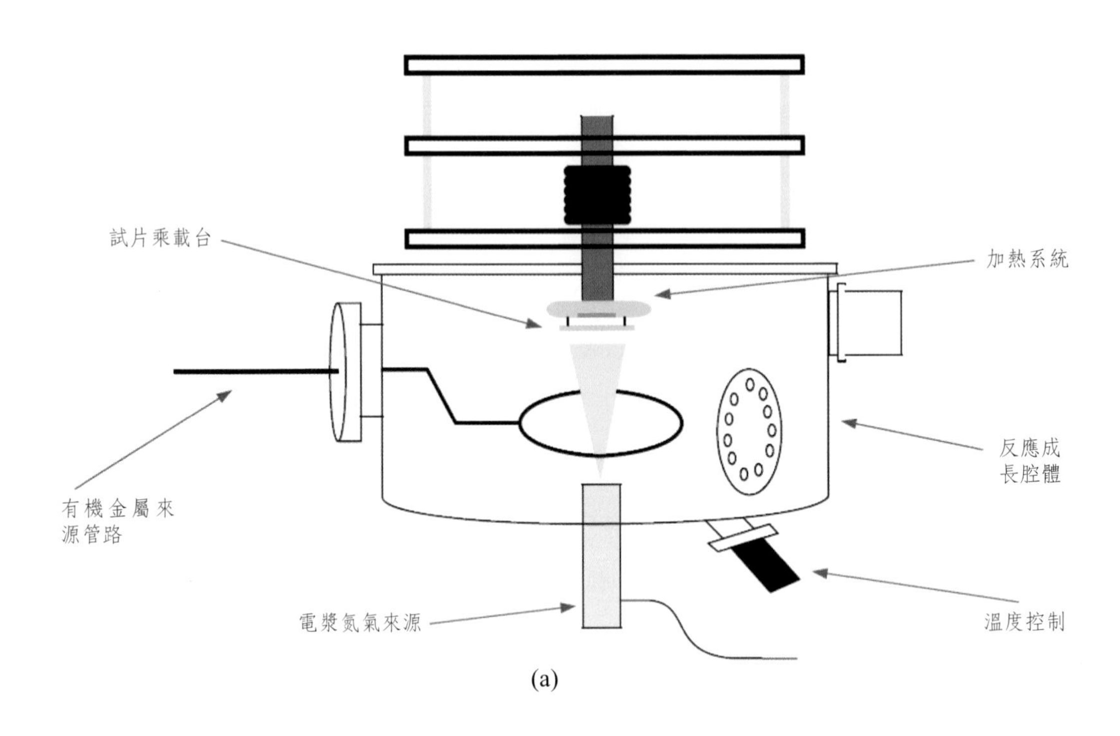

(a)

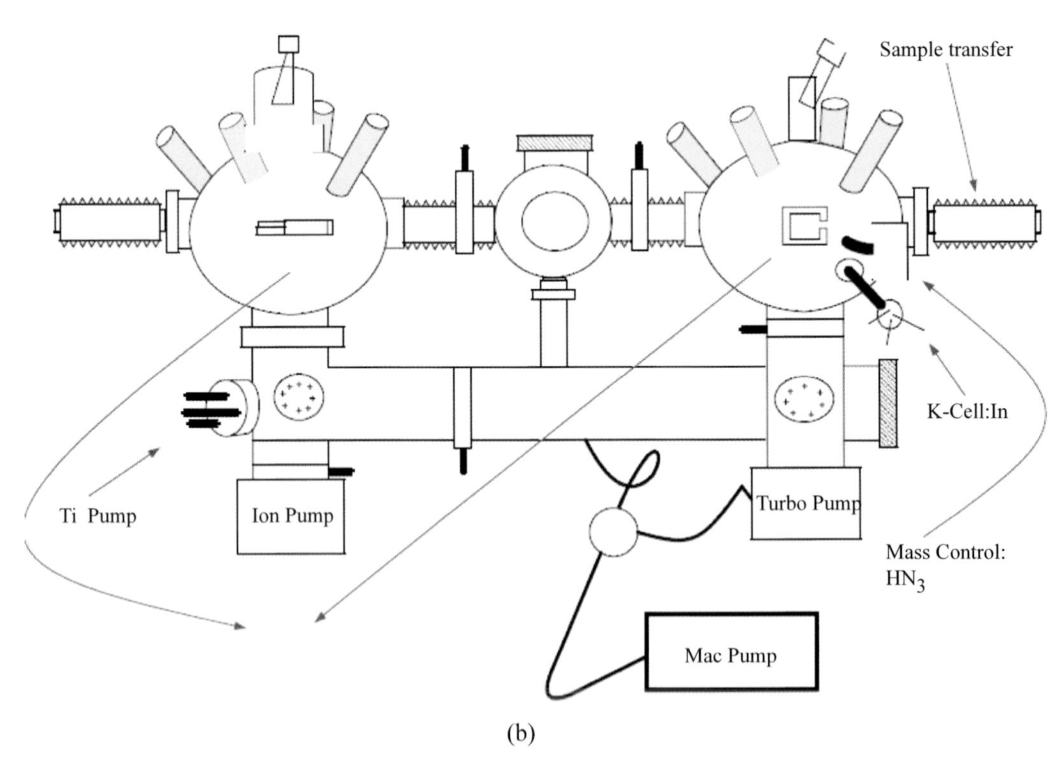

(b)

圖 3.15　化學束磊晶系統成長氮化鎵磊晶：(a) 以氮氣電漿與 (b) 以 HN_3 取代傳統 MOCVD 使用的 NH_3 氣體

控制之原料氣體來源，其成長腔體則為超高真空之腔體環境（約 10^{-8} torr 以下），前述原料氣體於反應區之平均自由路徑增加，以類似 MBE 法之方式成長於基材上。在系統操作與控制上維持綜合前述兩種方法之特點與可變動性（flexibility），此系統以 RF 電漿源活化五族氣體源，取代傳統之 NH_3；同時將來可利用線上磊晶即時監控系統（如 RHEED），增進成長速率與薄膜品質控制。另外，亦有利用 MBE 的標準反應源 K-cell 搭配特殊氣體源 HN_3 所組成之系統。此技術目前最大的缺點為須高真空抽氣設備、各種氣體反應物裂解溫度不同與可能產生的碳元素污染。

3.3　氣相磊晶法（Vapor Phase Epitoxy, VPE）

在各種磊晶成長方法中，氣相磊晶成長是目前成長半導體元件中最主要的方法。而在氣相磊晶中又可分成物理氣相沉積（Physical Vapor Deposition, PVD）和化學氣相沉積（Chemical Vapor Deposition, CVD）兩種技術。前者主要是藉物理現象而後者則主要是以化學反應的方式，來進行薄膜的沉積。如圖 3.16 所示，PVD 法是在真空環境中，藉由熱蒸發或離子撞擊的方式，使蒸發源產生的原子或分子氣體於基板上沉積而形成薄膜的方法。因此 PVD 鍍膜可分類為三種基本型式，即蒸鍍（vacuum evaporation）、濺鍍（sputtering deposition）及離子鍍（ion plating），三種的沉積過程的原則大致相同。相反的，CVD 法則是在基板上，利用反應分子氣體的分解或分子間的化學反應，促使分子氣體形成薄膜。PVD 的應用大都侷限在金屬薄膜的沉積上；相反的，凡是所有半導體元件所需要的薄膜，不論半導體、導體或介電材料（dielectrics），都可藉由 CVD 法來進行配製。因為 CVD 是藉反應氣體間的化學反應來產生所需要的薄膜，因此 CVD 法所製作的薄膜材料，其結晶（crystallinity）和理想配比（stoichiometry）等與材質相關的一些性質，都比 PVD 法好很多。一般發光二極體主動區材料的製作上大多以 CVD 的方法進行，僅有少數學術研究發表是採用 PVD 法，因此接下來的磊晶法討論將以 CVD 為主進行說明。

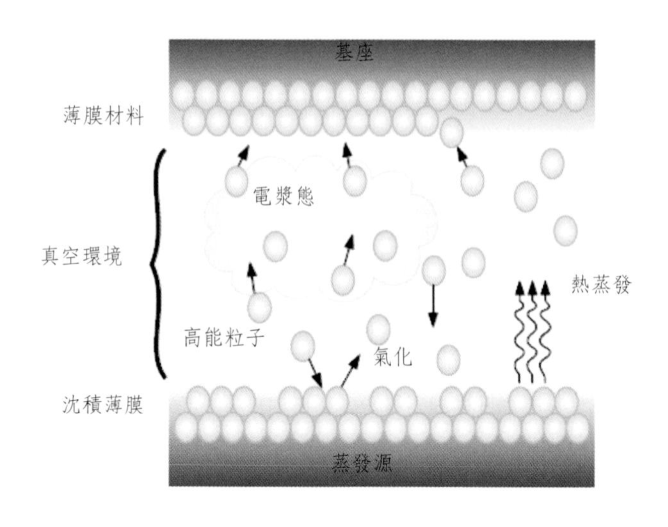

圖 3.16　物理氣相沉積示意圖

化學氣相沉積法是將化學氣體注入反應室內，在維持一定高溫的基板表面上，藉由熱分解與化學反應進行磊晶薄膜成長。如圖 3.17 所示，這個過程大致上可分為質量傳輸製程、中間氣相形成、表面反應、吸附和脫附等機制。上述的步驟是按順序發生的，每一步速率都不相同，整體生長速率則由其中最慢的某個速率決定。由流體力學可知當粘性流體流經固態表面時，在磨擦力作用下，緊貼基板表面的流體速度為零；而遠離固體表面的地方影響將逐漸減弱。基板表面上的流速分佈將如圖3.18所示，這樣在接近固體表面

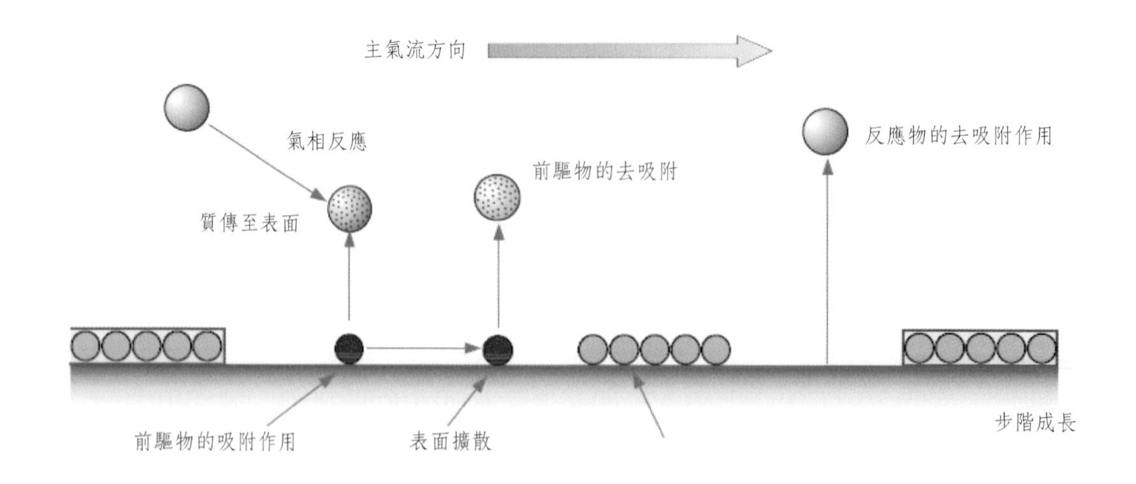

圖 3.17　化學汽相沉積機制示意圖

的流體中，出現了一個流體速度產生變化的速度邊界（velocity boundary-layer）。這個速度邊界層之上的氣流可以視為層流（Laminar flow），而邊界層內則可視為滯流（viscous flow）。

所謂邊界層就是流體及物體表面因流速、濃度或溫度等差距所形成的中間過度範圍。邊界層此概念，在流體力學（Fluid Dynamics）及質能轉換（Mass-Energy Transfer）上的應用很廣泛。我們從流體的流動行為開始，介紹 CVD 反應的動量傳遞。

兩種常見的流體流動方式為層流及擾流。其中流速與流向均平順者稱為「層流（Laminar Flow）」；而另一種於流動過程中產生擾動等不均勻現象的流動形式，則稱為「擾流（Turbulent Flow）」。基本上，流體所流經的管徑越窄，或流體的流速越快，都會造成流體以擾流的方式進行流動。在流體力學上，我們習慣以所謂的「雷諾係數（Reynolds Number）」，Re，來做為流體以何種形式來進行流動的評估依據。他估算的方式如（1-1）式所列

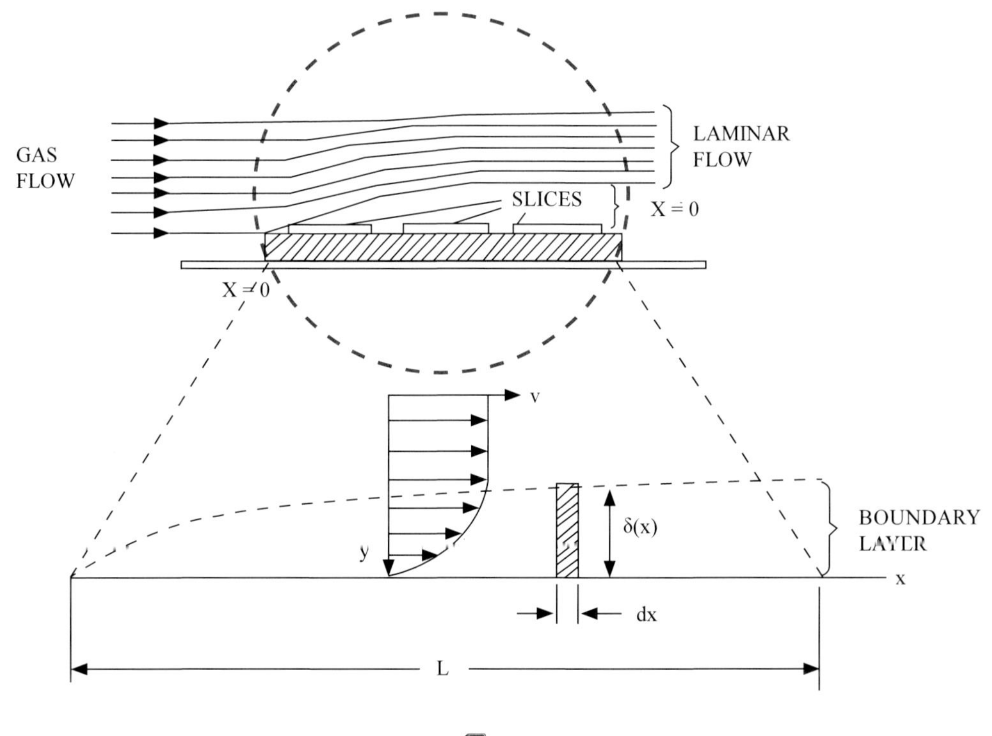

圖 3.18

$$\text{Re (Reynolds Number)} = d\,\rho v / \mu \qquad (1.1)$$

‧d：流體流經管徑

‧ρ：流體密度

‧v：流體流速

‧μ：流體黏度（Viscosity）

經（1-1）式計算所得到的結果，是個沒有單位的數值。通常流體若以層流的方式進行流動，其 Re 將小於 2100，若大於 2100，則傾向於以擾流的形式進行。不過，當流體所存在的環境壓力很低，並使得氣體分子的平均自由路徑接近或大於反應室的半徑時，這時的流體行為，我們便以「分子流（Molecular Flow）」來稱呼。因為處於分子流的氣體分子，其彼此的碰撞頻率很低，這將使得需要利用分子間的碰撞以便進行化學反應的 CVD 製程，難以進行。因此大多數的 CVD 設計，都盡可能的避免製程氣體處於分子流的狀態。

基本上，CVD 製程並不希望反應氣體以擾流的形式流動，因為擾流會揚起反應室內的微粒或微塵，使沉積薄膜的品質受影響。因此大多數的 CVD 設計，都傾向於使氣體在反應室裡的流動，以層流來進行，使反應的穩定性提高。圖 1.1 顯示一個簡易的水平式 CVD 反應的裝置概念圖。邊界層的厚度 δ，與反應器的設計及流體的流速有關，而可以寫為

$$\delta \propto \left(\frac{x^2\mu}{D \cdot \rho \cdot v_o}\right)^{1/2} \qquad (1.2)$$

或將（1.1）式代入（1.2）式，而改寫為

$$\delta \propto \left(\frac{x^2}{Re}\right)^{1/2} \qquad (1.3)$$

其中 x 為流體在固體表面，順著流動方向所移動的距離。也就是說，當流體流經一固體表面時，將有一個流速從零遞增至 V_0 的過渡區域存在此邊界層。

從成長動力學的討論中，可知速度邊界層的存在造成反應氣體濃度上的差異，因此可以得到一個由反應氣體擴散至基板表面的氣相質量轉移係數 h_g（vapor phase mass transfer coefficient）；另外吸附於基板表面的分子（原子）形成薄膜的反應率 k_s，也稱為表面反應常數（surface reaction constant）。藉著這兩個常數的比較，我們可以將化學氣相磊晶大致區分為兩個區域（如圖 3.19）：質量傳輸控制區（$h_g \ll k_s$）與表面反應控制區（$h_g \gg k_s$）。

在化合物半導體的元件製作開發上，化學氣相沉積法已被大量的使用。早期依照其使用前驅材料的不同可簡略分成氯化法（chloride method）、氫化法（hydride method）與有機金屬法（metal-organic method）。顧名思義，氯化法使用 AsCl3 或是 PCl3 與 Ga 或 In 元素反應生成金屬氯化物，這個方法也被稱為鹵化物氣相磊晶法（Halide-VPE）。不過這個方法的缺點就是無法任意控制送入基板表面的 III-V 族原子比例，因為 As 與 Cl 的比例始終維持 1:3(AsCl3)。為了成長不同比例的 III-V 族化合物合金例如 GaAs1-xPx，氫化物氣相磊晶（Hydride VPE, HVPE）是能實現比例可控的一種磊晶法，如圖 3.20 所示。此法改以 HCl 氣體與 Ga、In 元素反應生成金屬氧化物。不過 HVPE 的缺點之一是氣體源的純度有限，磊晶層的純度沒有鹵化法高；二是 PH3、AsH3 皆有劇毒，使用時要注意安全。

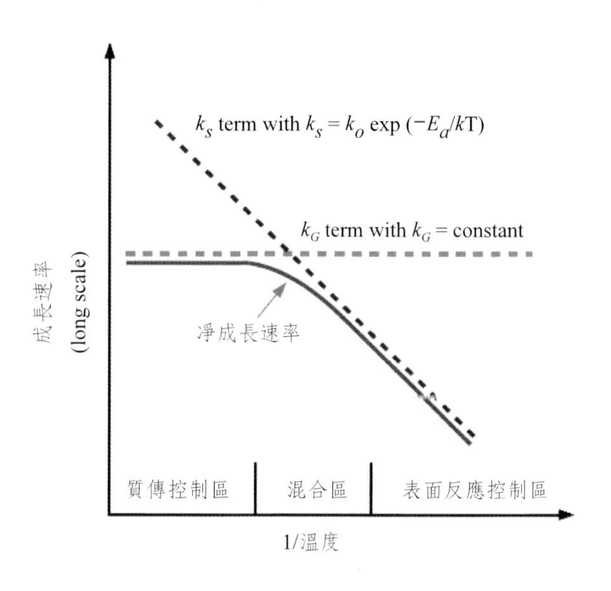

圖 3.19　化學汽相沉積法成長動力學

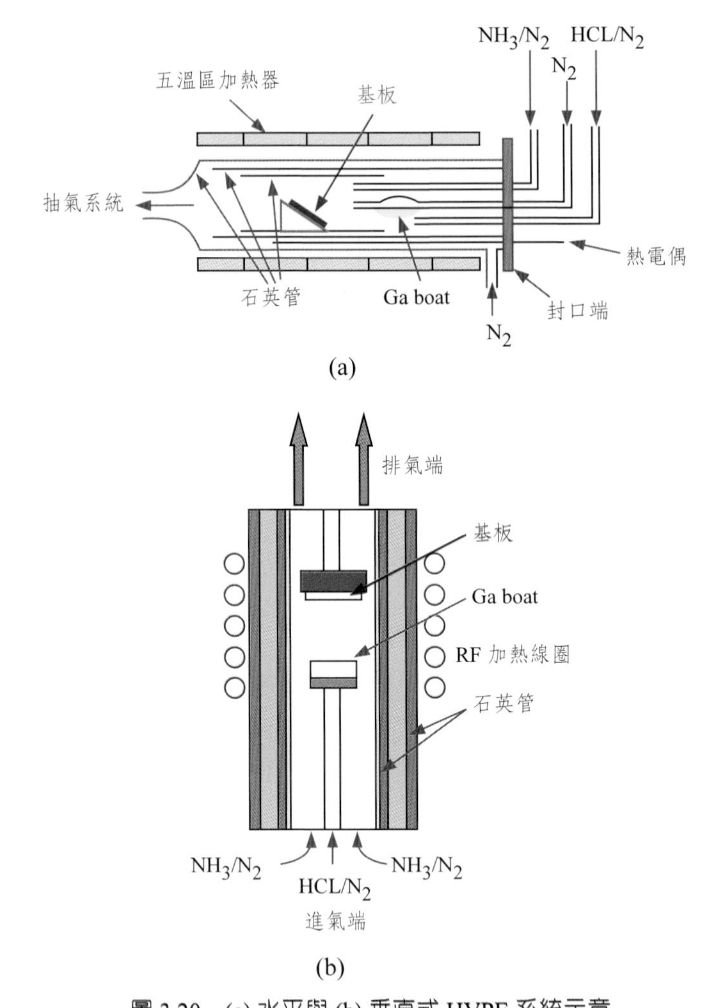

圖 3.20 (a) 水平與 (b) 垂直式 HVPE 系統示意

下面我們將以近年來較熱門的 GaN 磊晶成長，扼要地介紹氫化物氣相磊晶法與金屬有機物化學氣相沉積這兩種氣相磊晶技術的應用。

3.3.1 氫化物氣相磊晶法（Hydride Vapor Phase Epitaxy, HVPE）

在 1968 年，原 RCA 實驗室的 Maruska 首次使用 HVPE 法來成長 GaN 單晶薄膜。由於 HVPE 法生長速率快，無法用來成長量子井（quantumwells）和超晶格（superlattices）等量子結構，因而逐漸被 MOCVD 和 MBE 等技術替代。但近年來由於 GaN 異質磊晶成長的技術始終難以突破，HVPE 法生長速度快的特點，最近幾年又被人們用來成長大尺寸的 GaN 單晶基板。

如圖 3.21 所示，HVPE 是在一個多溫區的熱壁反應系統內進行，金屬 Ga 放在 850℃的溫區，HCl 氣體從上方通過，與 Ga 發生反應產生 GaCl；生成的 GaCl 傳送到基底（1000～1100℃），與 NH3 反應，因而在基板上生長出 GaN 單晶。反應式如下：

$$2HCl + 2Ga \rightarrow 2GaCl + H_2$$

$$GaCl + NH_3 \rightarrow GaN + HCl + H_2$$

與接下來要介紹的 MOVCD 法相較，HVPE 輸送到基底的 GaCl 的流量比 MOCVD 始用的 TMGa（三甲基鎵）大的多，並且不會出現氣相成核的現象；同時由於 Cl 對 N-H 鍵的作用，NH_3 的解離利用率也可大大提高，因此 HVPE 法的生長速率比 MOCVD 要高得多，一般可以達到 100 μm/h，目前最高可以達到 1000 μm/h。由於 HVPE 是準平衡反應，相對於 MOCVD 法而言，HVPE 生成的厚層 GaN 缺陷密度要小很多。HVPE 一般用來製備成長 GaN 單晶所需的同質基板，方法之一是先用 HVPE 法在異質基板上生長

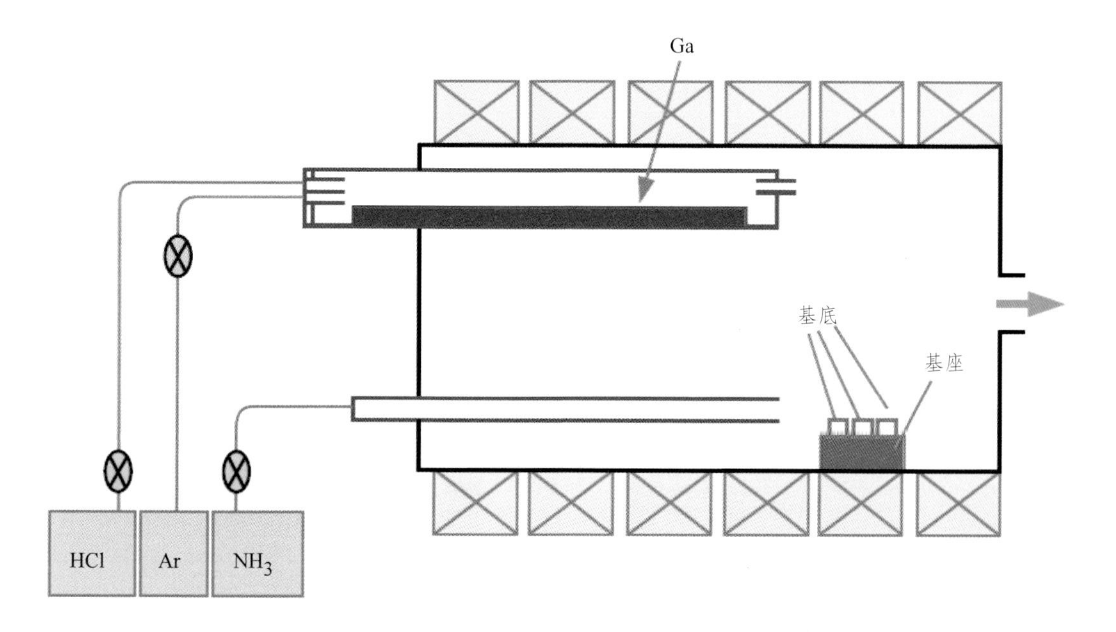

圖 3.21　HVPE 系統成長 GaN 示意圖

厚度在 200 μm 以上的 GaN 單晶磊晶層，然後從基板上剝離下來，作為 GaN 單晶基板使用。剝離的方法會根據所採用的基板材料，選擇機械方法、化學腐蝕和雷射剝離等方法去除基板。目前最主要的基板還是藍寶石（Al_2O_3 或 sapphire），雷射剝離（laser lift-off）便成為主流的方法。雷射剝離目前主要採用 Nd:YAG 雷射的三次諧波或準分子雷射來進行。藍寶石對這些雷射波長而言是透明的，而 GaN 則對此雷射波長有強烈的吸收，如圖 3.22 所示，將雷射從藍寶石基板射入，雷射能量將被 GaN/Al_2O_3 介面吸收，局部溫度瞬間升高使 GaN 分解為 N_2 和液體 Ga；若通過雷射束的二維掃描，就可以將藍寶石和 GaN 分開。

通常使用有機金屬化學氣相磊晶法（Metal Organic Chemical Vapor Deposition, MOCVD）及分子束磊晶法（Molecular Beam Epitaxy, MBE）成長磊晶層，其基本的磊晶層成長率都小於 1-2μm/hr。因此使用這兩個方法沉積 10 μm 或更厚的 GaN、AlN 磊晶層所花費的成本太高，且非常曠日費時。然而，使用氫化物氣相磊晶技術（HVPE）能製造出低缺陷的 GaN 及 AlN 層，並能大幅降低成本及得到每分鐘成長超過 1 μm 的沉積率。不幸的，標準的氫化物氣相磊晶技術依然還是有其缺點，而主要缺點與妨礙 MBE 及 MOCVD 發展所面臨的缺點相同，也就是當磊晶厚度超過微米以上時，都會成長出嚴重的 GaN、AlN 層裂痕（crack）。這個裂痕起因

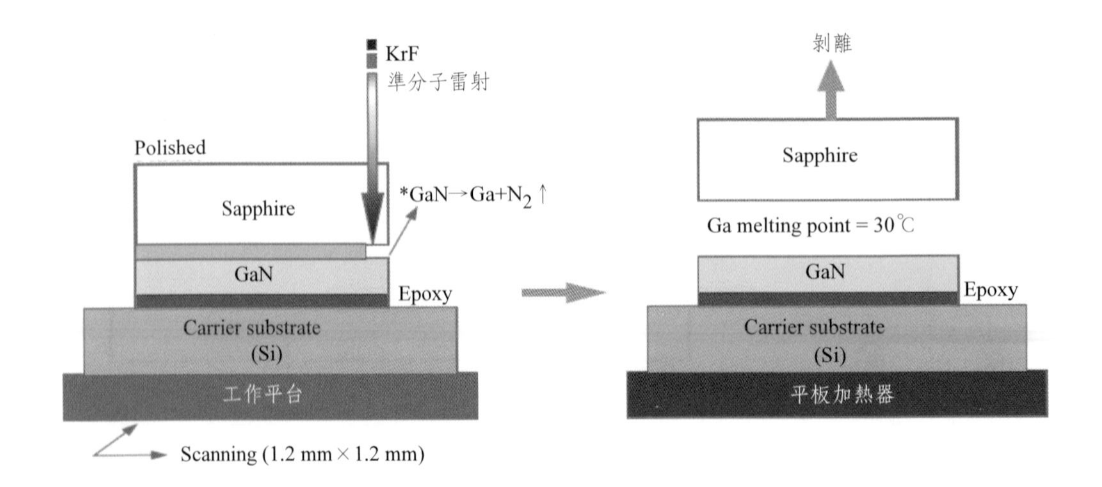

圖 3.22　雷射剝離示意圖

於異質材料間熱膨脹係數差異及晶格不匹配，且所產生的裂痕密度（crack densities）以每公釐達數百等級分佈。為了解決裂痕衍生出的相關問題，目前已有一種叫做應力控制型氫化物氣相磊晶（stress-control HVPE）的沉積技術。這個製程能製造出厚度達 75 μm 的無裂痕 GaN、AlN 層，此技術也已經被使用在 2 吋碳化矽基板上成長缺陷密度在 10^7 cm^{-2} 範圍內的 10^{-30} μm 無裂痕氮化物膜，這個技術已經可改善至少一個等級大小的缺陷密度。

由於 HVPE 技術工藝簡單且生長速度快，亦是實用化程度極高的方法，因此亦可直接作為生長 GaN 單晶塊材的方法。目前國際上已經有多家企業開始利用 HVPE 小批量生產 GaN 單晶塊材並進行切割研磨獲得基板。未來進行高品質 GaN 元件開發的同時，HVPE 法生長的 GaN 晶錠必定是其中一個重要的研究課題。

3.3.2 金屬有機物化學氣相沉積（Metal-organic Chemical Vapor Deposition, MOCVD）

MOCVD 乃 1968 年新創之製程技術，最早是使用來沈積 GaAs 於紅寶石及其它基板上。與上述的磊晶法不同，MOCVD 是採用 III 族金屬的有機化合物來作為 III 族成長源的，因而稱為金屬有機物氣相磊晶。一般都是採用 III 族元素的甲基或乙基化合物，例如三甲基銦（Trimethylindium,TMIn）、三甲基鎵（TMGa）、三甲基鋁（TMAl）或三乙基銦（Triethylindium, TEIn）、三乙基鎵（TEGa）、三乙基鋁（TEAl）等。金屬有機化學氣相沉積其原理是利用承載氣體（carrier gas）攜帶包含上述化合物原料進入裝有晶圓的腔體中，晶圓下方的石墨承座（susceptor）以某種方式加熱（高週波感應或是電阻）後以熱傳導方式使晶圓及接近晶圓的氣體溫度升高，因高溫觸發單一或是數種氣體間的化學反應式，將反應物（通常為氣體）轉換為固態生成物沉積在晶圓表面的一種磊晶薄膜沉積技術，如圖 3.23 所示。若從化學反應式來做區分的話，與鹵化法最大的不同處便在於反應的可逆性。由於 MOCVD 的化學反應是不可逆的，所以磊晶時的生長溫度可以在較大的範圍內進行，這對於反應腔體結構簡化、反應過程

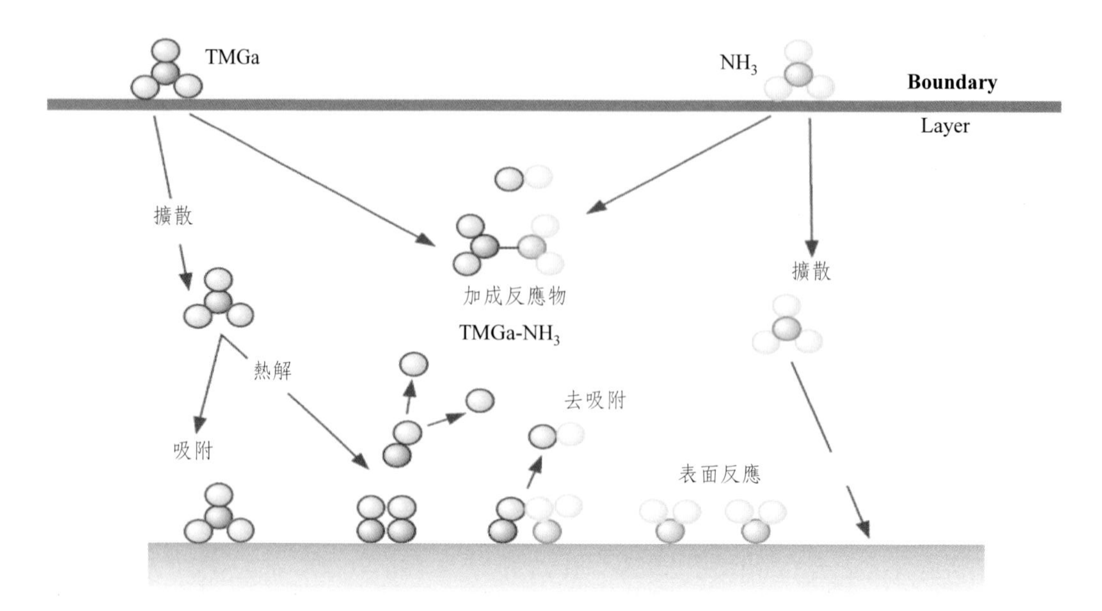

圖 3.23　MOCVD 法成長 GaN 示意圖

的控制都有極大的好處。當然成長溫度過高時容易出現雜質污染的情況，溫度過低時又易出現熱分解率太差以及結晶性不佳。

MOCVD 方法是製備薄膜材料的重要方法之一，現已廣泛應用於半導體薄膜、鐵電薄膜和超導薄膜等的製備。更是目前商業用最受歡迎的氮化鎵磊晶方法之一，基本理由是(1) 有機金屬原料具多重選擇，且原料之純度、來源、價格、穩定度及處理方便性都受到肯定（相對於 HVPE）。(2) 操作上不需要高真空相對於 MBE（Moleculor Beam Epitaxy），可在一大氣壓下操作，故系統價格低，維修簡易。(3) 不需溶劑及事後除去溶劑的麻煩相對於 LPE。(4) 磊晶膜表面平滑，多重結構生長控制容易，摻雜深度及濃度可精確控制。(5) 量產化是其最重要之潛力。

GaN（氮化鎵）是第三代半導體材料，具有寬能隙、高發光效率、高導率、耐高溫、抗輻射和耐腐蝕等特性，用氮化鎵製備的雷射器和發光二極體未來還可廣泛用於高密度資訊存儲和半導體照明。氮化鎵材料磊晶生長的方法主要有氫化物氣相磊晶法（Hydride Vapor Phase Epitaxy, HVPE）、氣態源分子束法（Gas Source Molecular Beam Epitaxy, GSMBE）、金屬有機物化學氣相沉積（MOCVD）三種，其中，MOCVD 是當今最先進、最重要的材料與元件量產技術，隨著它的出現，藍色發光材料的製作成本逐漸降低（如圖 3.24）。

以 MOCVD 法成長（In, Ga, Al）N 磊晶主要的反應物有三種有機化合物為三甲基鎵提供鎵原子的來源，三甲基銦提供銦原子的來源，三甲基鋁提供鋁原子的來源；另外氨氣（NH_3）則提供氮原子的來源。反應物在腔體內部進行氣體化學反應及表面反應，以高溫氣體解離反應生成三族 Ga 及五族 N 原子，進而在藍寶石基板上生成固態氮化鎵。其化學反應式可分為腔體內部氣體反應、表面化學反應及基板表面之固態生成反應。n-type 的則是利用摻雜 Si 來製作，而用來做反應物的是 Silane（SiH_4），而 p-type 的摻雜則是採用 Bis-cyclopentadienylmagnesium（Cp_2Mg）做為提供 Mg 的來源，如圖 3.25。

目前市面上有三家 MOCVD 機台廠商為主流：美國威科（Veeco）、德國愛思強（AIXTRON）、日本大陽日酸（Nippon Sanso）如圖 3.26 所示。

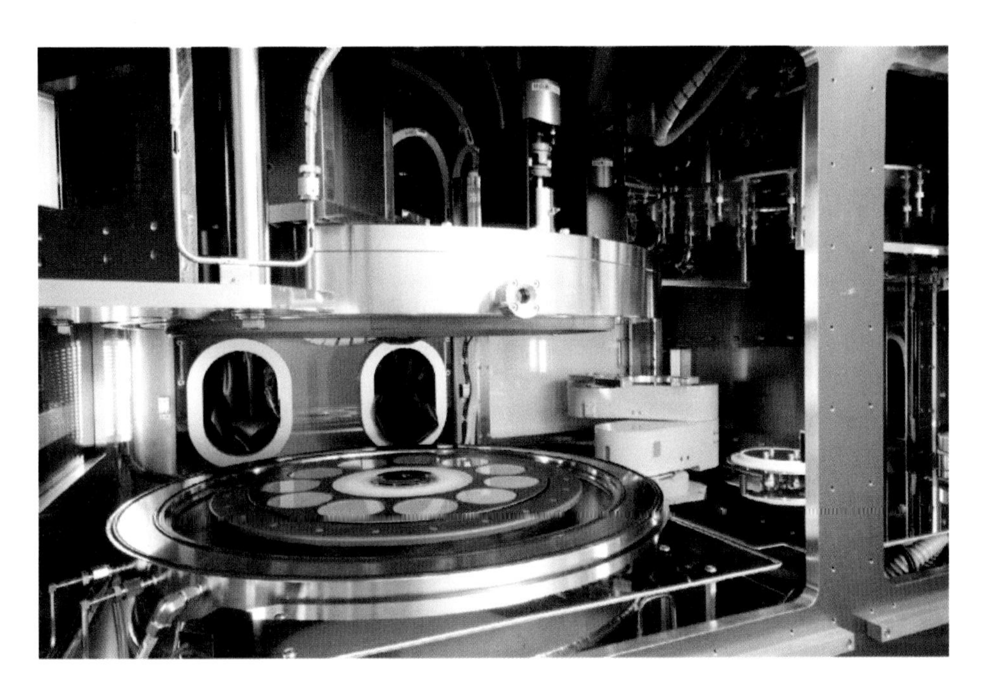

圖 3.24　金屬有機物化學氣相沉積機台（MOCVD）

III
- Al : TMAl / TrimethylAluminium (三甲基鋁) $Al(CH_3)_3$
- Ga : TMGa / Trimethylgallium (三甲基鎵) $Ga(CH_3)_3$
  TEGa / Triethylgallium (三乙基鎵) $Ga(C_2H_5)_3$
- In : TMIn / Trimethylindium (三甲基銦) $In(CH_3)_3$

V
- N : NH_3 / Ammonia (氨氣)

Dopant
- n : SiH_4/H_2 / Silane(矽甲烷) ; Si_2H_6/H_2 / Disilane (乙矽烷)
- p : CP_2Mg / Bis- cyclopentadienylmagnesium
  (双環茂二烯合鎂) $(C_5H_5)_2Mg$

	III		V
Be 4	B 5	C 6	N 7
Mg 12	Al 13	Si 14	P 15
Ca 20	Ga 31	Ge 32	As 33
Sr 38	In 49	Sn 50	Sb 51
Ba 56	Tl 81	Pb 82	Bi 83
Ra 88		Uuq 114	

圖 3.25 MOCVD 法成長（In, Ga, Al）N 磊晶主要的氣體反應物

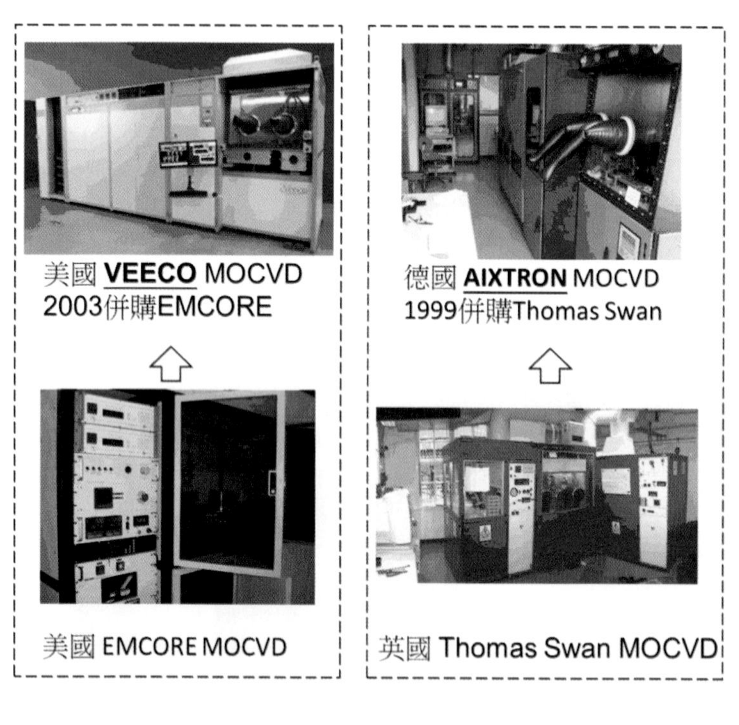

圖 3.26 MOCVD 機台廠商

MOCVD 反應爐的設計如圖 3.27 所示，大致可分為水平式和垂直式兩種如圖 3.27 所示。

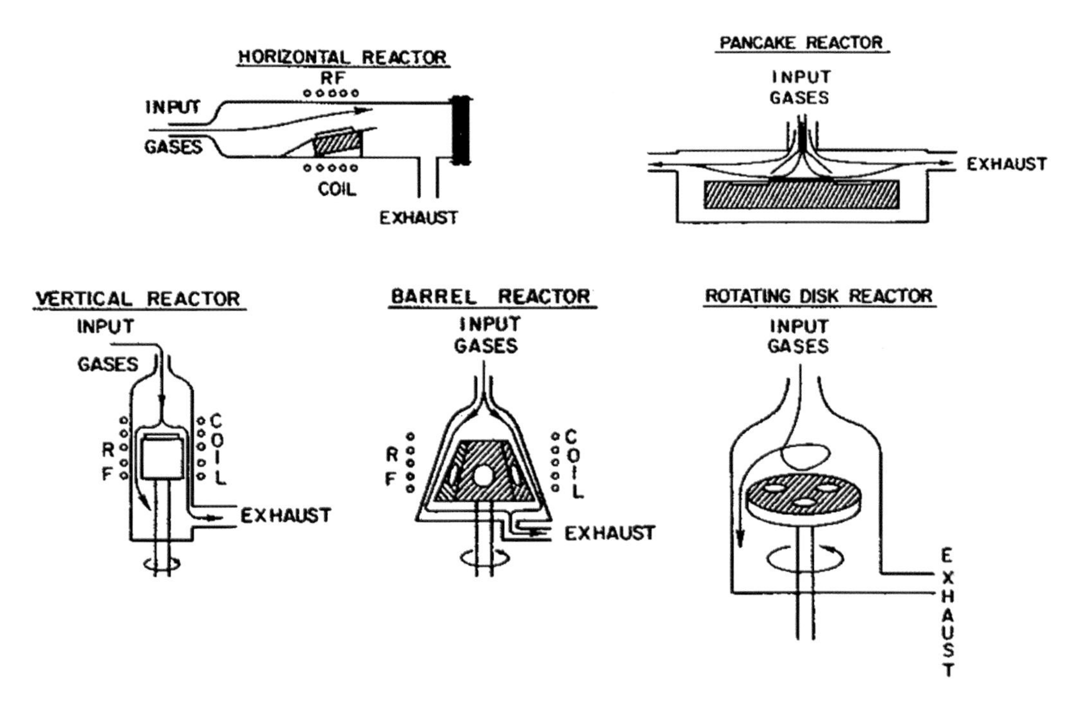

圖 3.27　MOCVD 各式反應腔設計圖

特別值得一提的是 1991 年 9 月 Nakamura 所提出的雙流 MOCVD 系統（圖 3.28），這個創新設計將改變原本不被看好的 GaN 材料系列，其設計的概念是利用兩個不同方向的氣流夾帶反應物到基板上作用，其中主要氣流攜帶反應物 TMIn、TMAl、TMGa、NH_3 和 H_2 從平行於基板的方向進入，另一氣流是從基板正上方垂直進入，使用的氣體為 N_2 和 H_2，目的在於將反應物壓制在基板上，不會因為在高溫（1050℃）成長時所引起的熱對流現象，使得反應不均勻，因此能抑止三維島狀結晶的形成，進而減小晶格錯位的產生、增加載子的遷移率（mobility），使得晶體的品質變好。

在磊晶時的膜厚監控，可以利用光的干涉現象來即時推算出磊晶的厚度，通常在 MOCVD 中所使用的是屬於紅外光波段的光源，藉以測量磊晶薄膜的厚度如圖 3.29 所示。因為 MOCVD 的長晶速度較分子束磊晶法快，而且可以得到品質頗佳的元件，所以商業上的產品製造，主要採用 MOCVD 磊晶設備來成長 GaN-based 的發光元件。

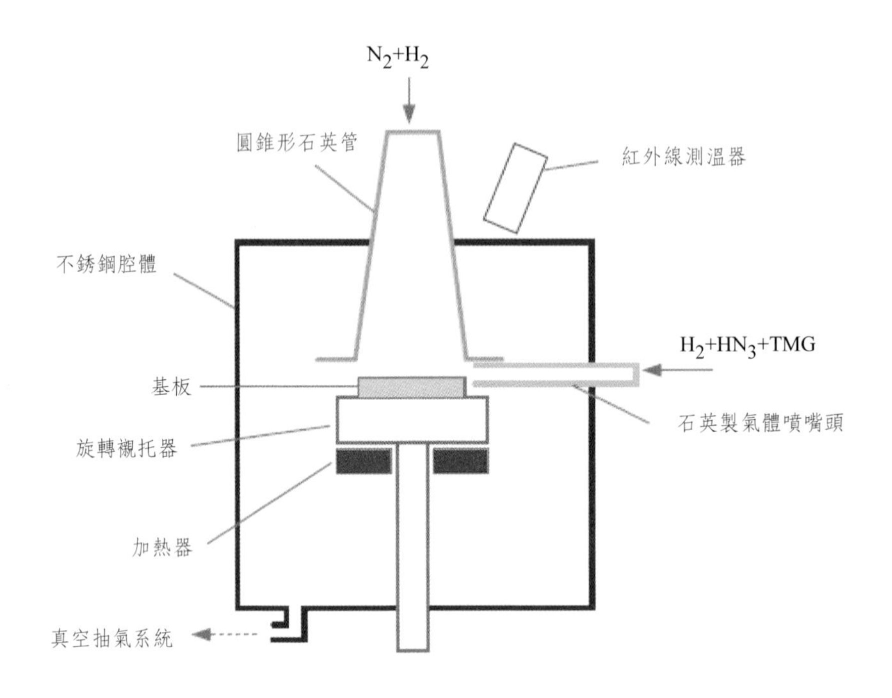

圖 3.28　雙流 MOCVD 系統的示意圖

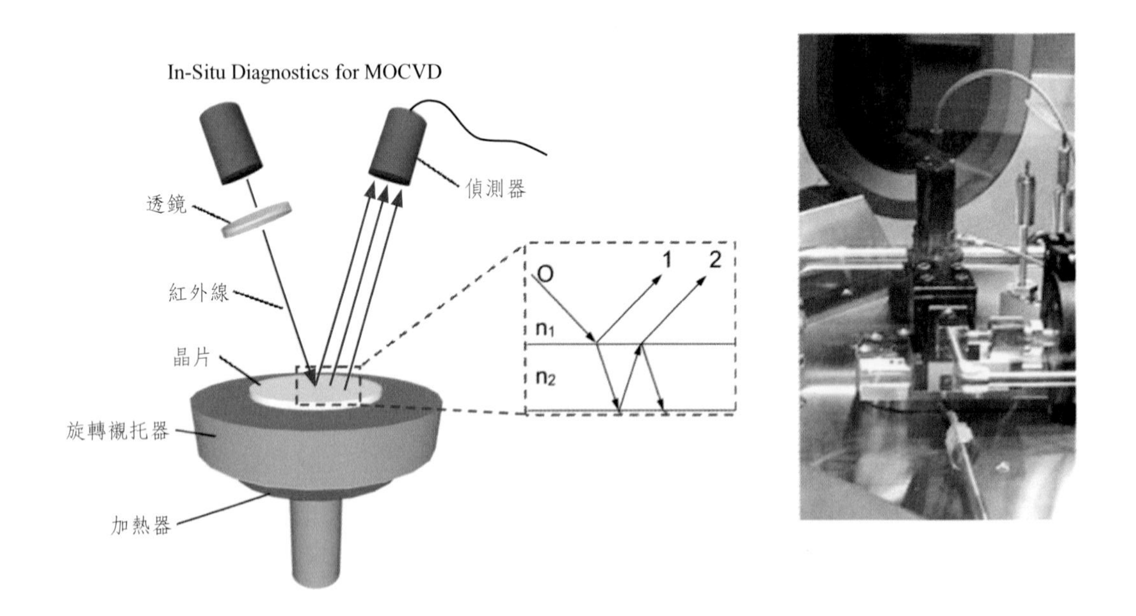

圖 3.29　MOCVD 薄膜測量系統示意圖及實際圖

上述成長（In, Ga, Al）N 磊晶一般都是採用 III 族元素的有機化合物，例如三甲基銦（Trimethylindium,TMIn）、三甲基鎵（TMGa）、三甲基鋁（TMAl）或三乙基銦（Triethylindium, TEIn）、三乙基鎵（TEGa）、三乙基鋁（TEAl）等。這些 III 族元素必須使用承載氣體（carrier gas），一般是使用氫氣或氮氣做為承載氣體，將 III 族元素的有機化合物從儲存瓶帶出（如圖 3.30 所示），一般 III 族元素的有機化合物儲存瓶會放在恆溫槽中，這是因不同 III 族元素材料有不同的蒸氣壓，因此可藉由控制恆溫槽溫度來改變 III 族元素進入反應腔的莫爾濃度，另外可藉由質流控制（MFC）系統之操作，設定進入反應腔內穩定且精密的氣體流量。

幾種適合氮化物使用的磊晶基板及其特性如圖 3.31 所示；一個良好的基板必須要和磊晶成長的薄膜晶格及熱膨脹匹配且能大尺寸成長，但要製作

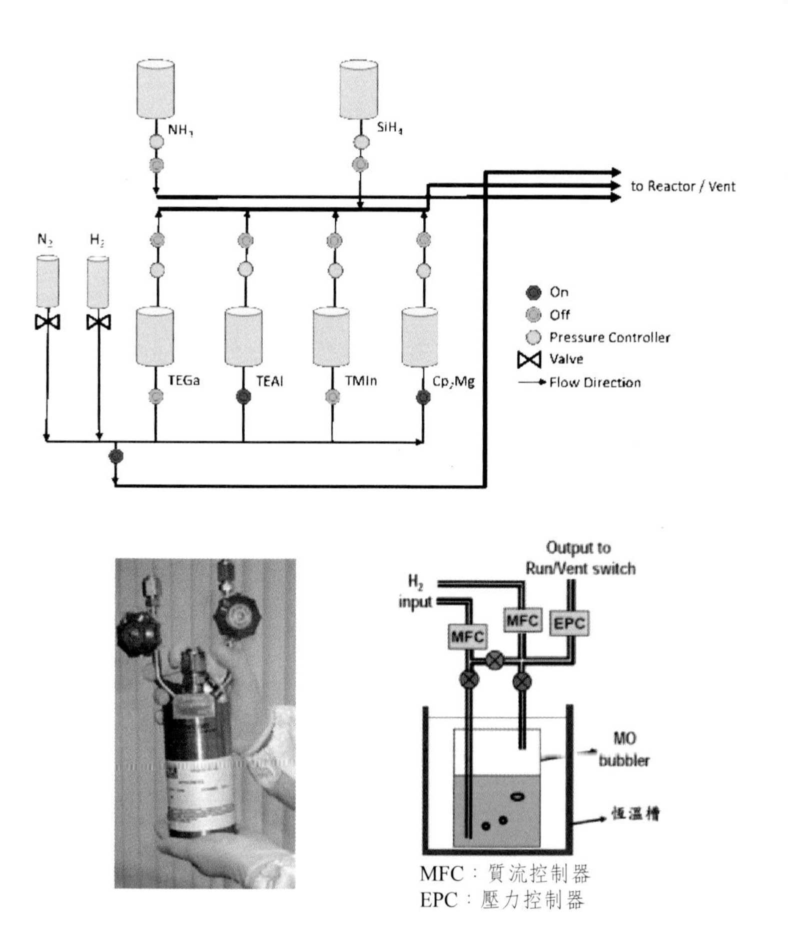

圖 3.30　III -V MOCVD 磊晶系統示意圖及有機化合物儲存瓶與示意圖

Material	Structure	Lattice Constants (Å)			Lattice Mismatch to GaN
		a	b	c	
GaN	Hex.	3.189		5.185	
AlN	Hex.	3.112		4.982	-2.4%
InN	Hex.	3.548		5.76	11 %
Al_2O_3	Hex.	4.758		12.99	-14%
6H SiC	Hex.	3.08		15.12	-3.4%
$LiAlO_2$	Tetrah.	5.169		6.268	-1.4%
$LiGaO_2$	Orthor.	5.402	6.372	5.007	0.2%
ZnO	Hex.	3.252		5.213	2.2%
GaAs	Cubic	5.653			45%
Si	Cubic	5.43			43%

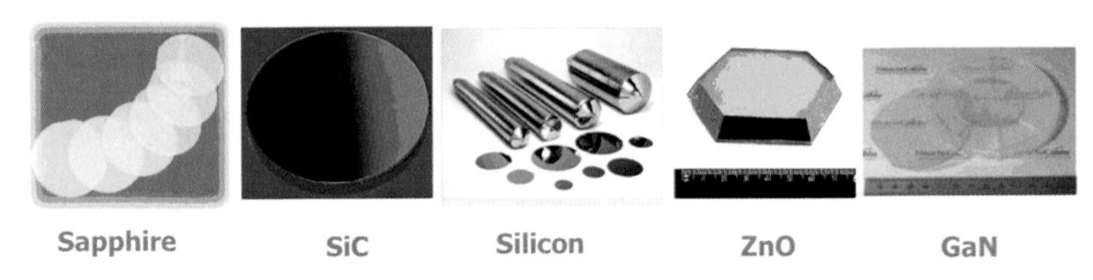

圖3.31　各種常見的磊晶基板及其特性

大尺寸及品質夠好的氮化鎵基板（同質基板）是相當困難的而且成本昂貴，因此市面上成長氮化鎵薄膜仍較常選擇藍寶石及碳化矽基板；然而最近市面上也開始有人選擇使用矽基板成長氮化鎵薄膜，其原因為矽基板已經是半導體產業中相當成熟的技術，因此尺寸以及價格上具有相當的優勢，但比起藍寶石及碳化矽基板，矽基板和氮化鎵的晶格常數及材料的熱膨脹係數差異大，因此不容易長出高品質的氮化鎵，這也是許多研究人員正需要解決的課題之一。

n-型氮化鎵物系列中最常用矽來摻雜，由圖 3.32 發現，n-型氮化鎵的載子濃度約介於 $10^{17}cm^{-3}$ 到 $10^{20}cm^{-3}$ 之間，當載子濃度增加時載子移動率將會降低，主要原因是來自於雜質散射(impurity scattering)；此外研究發現利用變溫霍爾量測分析可推測矽摻雜在氮化鎵的活化能大十幾 meV，因此矽摻雜在氮化鎵活化能很小，幾乎百分之百游離。一般應用在發光二極體的 n-型氮化鎵物濃度大約控制在 $5\times10^{18}cm^{-3}$ 到 $1\times10^{19}cm^{-3}$ 之間，矽摻雜在 n-型

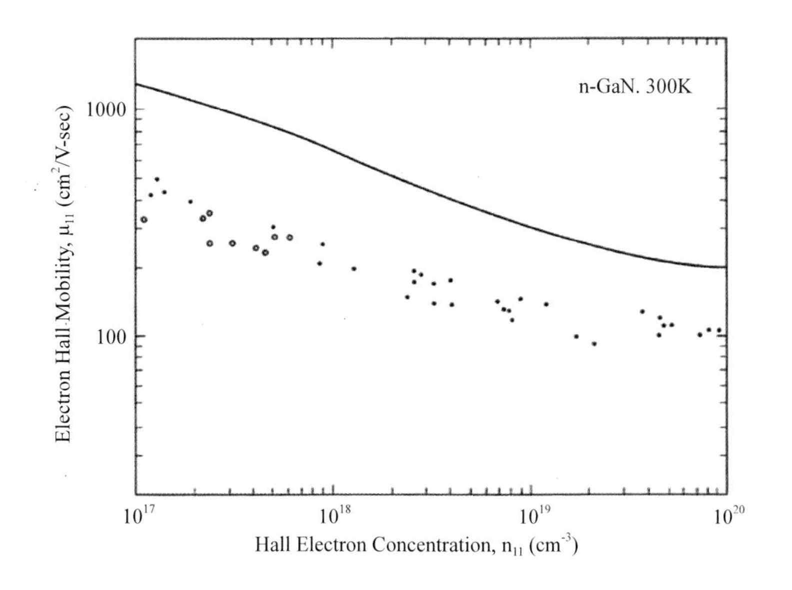

圖 3.32　電子濃度與移動率之關係圖

氮化鎵薄膜濃度太高時（超過 $2\times10^{19}cm^{-3}$）時，在厚度約 2μm 的氮化鎵薄膜表面上會產生裂痕及六角凹洞的現象，若太低的載子濃度將會導致製造出的發光二極體電壓偏高。

另一方面，早期令人困擾的問題是無法將氮化物摻雜成為 p-型材料，這是因氮化物為寬能隙半導體，大量受體的摻雜往往只會導致高阻值的效應，而不會形成 p-型材料。直到 1985 年，Akasaki 教授利用有機金屬化學氣相沈積法（MOCVD），以 NH_3 及 TMGa 作為反應原料，先在藍寶石（sapphire, Al_2O_3）基板上低溫成長一層氮化鋁（AlN）作為緩衝層，然後在高溫（約 1000℃）成長氮化鎵，這樣一來薄膜的品質始獲得突破。1989 年，Akasaki 教授更進一步利用低能量的電子束來撞擊含鎂（Mg）摻雜的氮化鎵而獲得品質不錯的 p-型材料，隨之成功地製造出第一顆氮化鎵 p-n 接面發光二極體。

但有關氮化物系列材料的研究能受到極大的重視，卻是導因於日本 Nichia 公司的中村修二先生在磊晶技術上的進一步改量突破。首先在專利保護的考量上，中村修二先生捨棄了 AlN 緩衝層，改用更低溫（～550℃）成長的 GaN 為緩衝層，如圖 3.33 所示。其次，他用熱退火的處理取代了低能量電子束撞擊法來活化 Mg 摻雜，他發現只要熱退火的溫度在 700℃以上就可以獲得低阻值的 p-型材料。目前這兩項技術為以被廣泛採用在高亮度藍光發光二極體和雷射二極體的製作上。

圖 3.34 為 p-型氮化鎵薄膜在不同的熱退火溫度與電阻率關係圖，主要是為了獲得高濃度的 p-型氮化鎵薄膜，導入環境的氣體為氮氣(1L/min)且熱退火時間為 20 分鐘，並利用霍爾量測不同的熱退火溫度條件與電阻率之關係。我們可從圖中得知，在熱退火前樣品的電阻率為 $1\times10^{6}\Omega$cm，當熱退火溫度小於 400℃時幾乎沒有變化，而熱退火溫度到 500℃到 700℃時電阻率極速下降(5Ωcm)，在 800℃以上時電阻率、電洞載子濃度、電洞遷移率分別為 2Ωcm、3×10^{17}cm^{-3}、以及 10cm^{2}/(V-s)。而我們由光激螢光量測 p-型氮化鎵薄膜中得知當熱退火溫度在 700℃，有最強的光激螢光強度以及低電阻率，由此可知低電阻率的 p-型氮化鎵薄膜可由熱退火製程獲得。此外由霍爾量測發現，一般電洞濃度大約在 10^{18}cm^{-3} 以下且電洞的移動率在 10cm^{2}/(V-s)以下，所以要有效提高電洞載子濃度和移動率一直是研究氮化鎵人員想解決的問題。

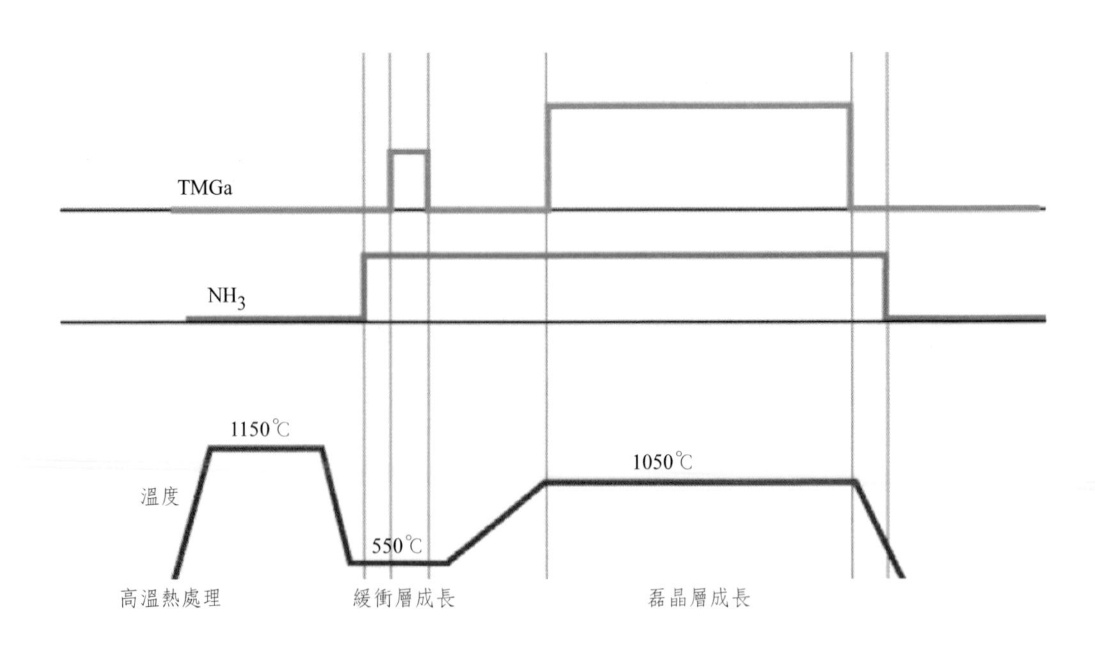

圖 3.33　兩階段磊晶成長法

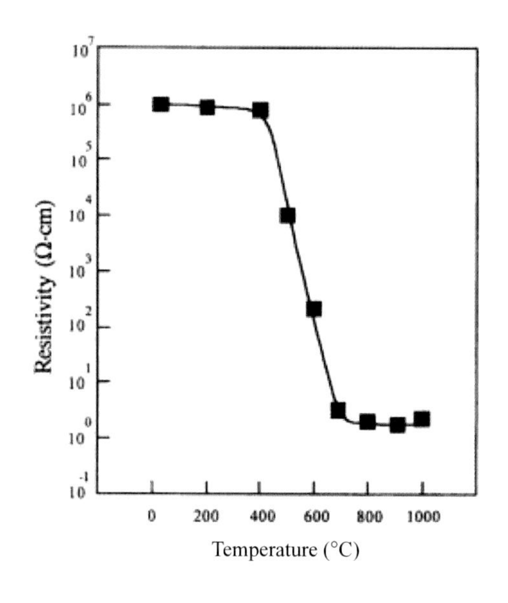

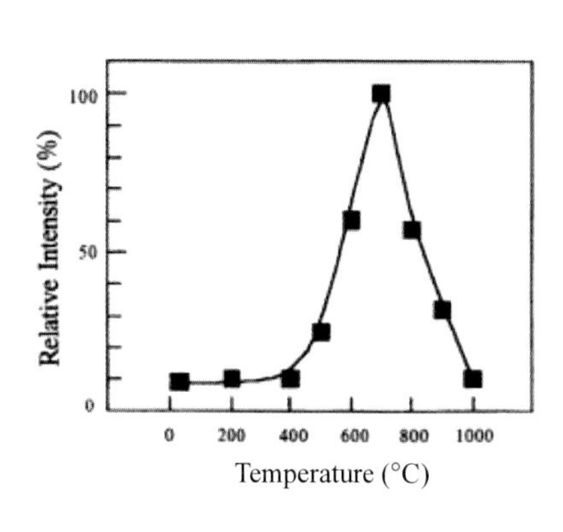

圖 3.34　p-型氮化鎵電阻率及光激螢光強度隨著熱退火之關係圖

因氮化鎵和藍寶石基板之間仍有晶格不匹配的問題，因此之前研究人員利用一層低溫氮化鎵薄膜當緩衝層將可得到鏡面的氮化鎵，也就是一般兩階段式成長。

圖 3.35 是一般成長氮化鎵薄膜於藍寶石基板上隨時間變化的反射強度與溫度曲線，在此可區分幾個階段：

a.利用 H_2 在高溫處理藍寶石基板表面，主要目的是去除表面汙染物

b.隨之降溫到 500℃，準備成長低溫氮化鎵緩衝層

c.在 500℃成長低溫氮化鎵緩衝層

d.再次升到高溫（約 1020℃），在升溫過程中低溫氮化鎵緩衝層將聚集成三維結構，如放大圖所示，而此階段是不通入三族氣體的

e.在此階段將通入三族氣體並在高溫下成長氮化鎵薄膜，此時開始成長氮化鎵三維島狀結構，氮化鎵薄膜表面開始粗糙而造成干涉強度下降

f.三維氮化鎵島狀結構開始側向成長，慢慢聚集成二維氮化鎵薄膜，此時干涉強度慢慢往上提升

g.最後可得到二維平整的氮化鎵薄膜

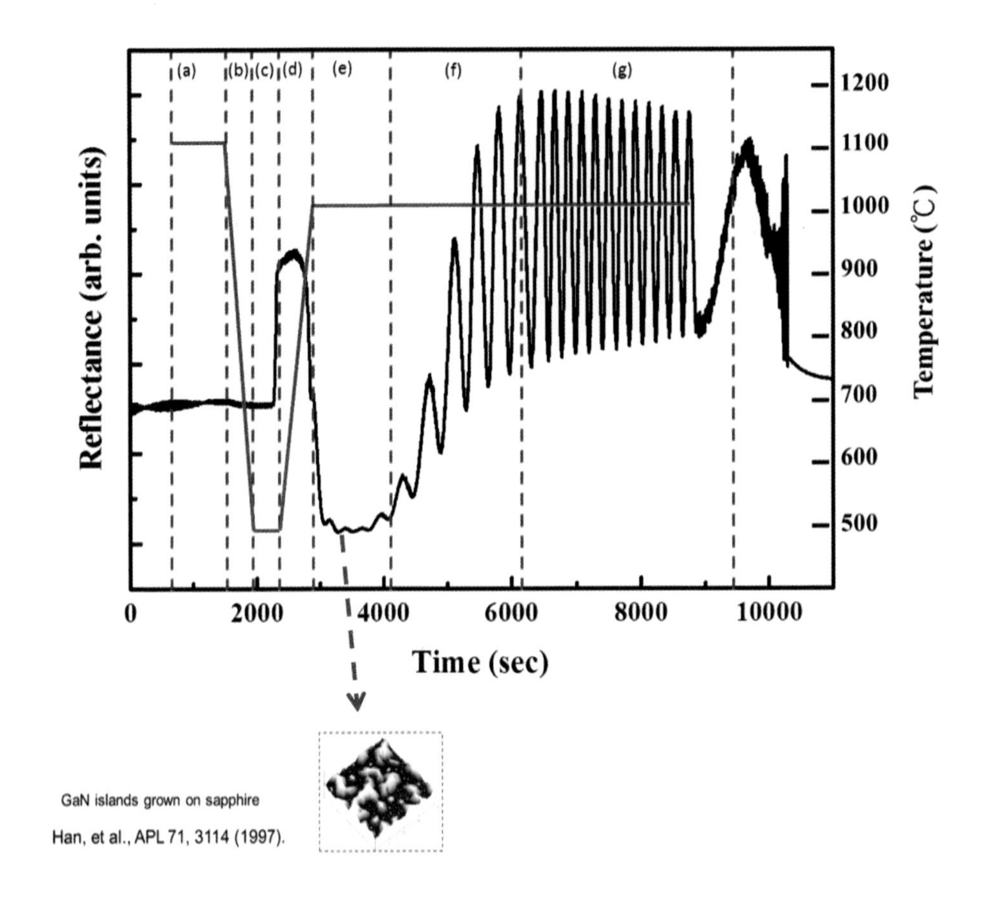

圖 3.35　成長氮化鋰薄膜之反射率圖

由上述可知要得到一個高品質氮化鎵薄膜必須要以一層低溫氮化鎵薄膜當緩衝層，但其厚度必須要適中，因此中村修二先生於 1991 年做了一系列不同厚度的低溫氮化鎵薄膜實驗，圖 3.36 為不同緩衝層厚度下成長的氮化鎵薄膜之載子濃度、遷移率以及 XRD(0002)的半高寬，研究報告顯示低溫氮化鎵厚度緩衝層在 200 到 300 Å 之間將會有最好的品質。

另一方面，Fini 和 Uchida 發現到利用常壓磊晶成長氮化鎵薄膜，將會得到低缺陷密度的薄膜，由圖 3.37 可知於常壓磊晶成長時，形成的三維氮化鎵島狀結構比起在低壓環境下成長的尺度較大並且產生較少的缺陷密度，而造成後續成長出高品質的氮化鎵薄膜。

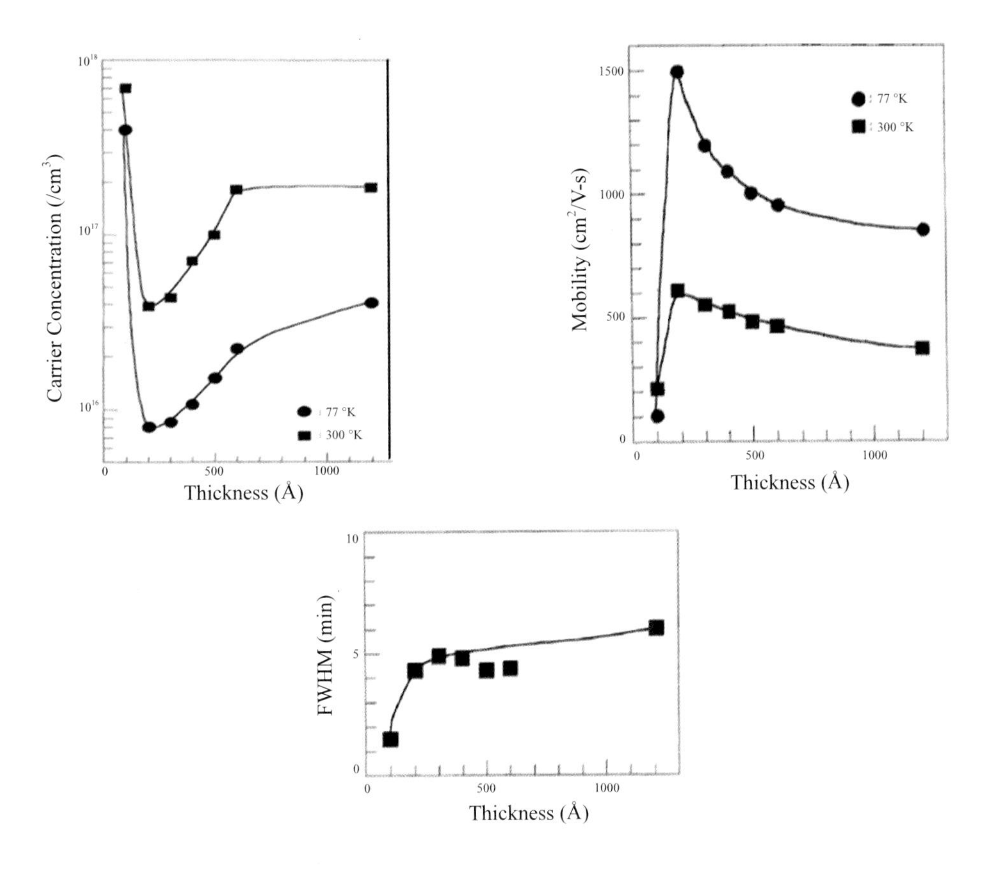

圖 3.36　不同緩衝層厚度成長氮化鎵薄膜之特性

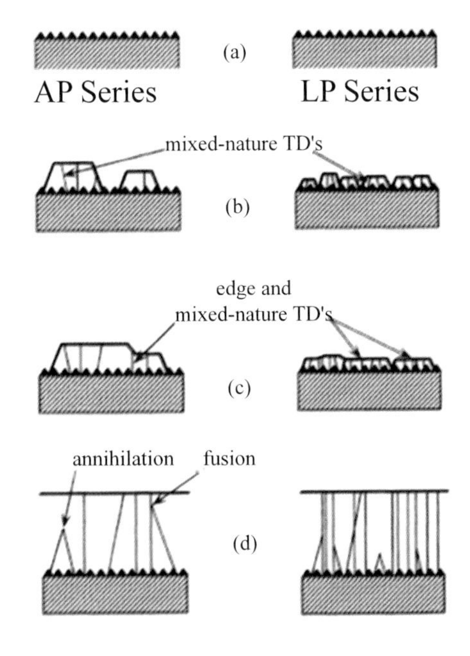

圖 3.37　常壓與低壓磊晶成長機制示意圖

最後我們整理出常用磊晶方法的優缺點。表 3.2 是分子束磊晶（Molecular Beam Epitaxy, MBE）、氫化物氣相磊晶法（Hydride Vapor Phase Epitaxy, HVPE）以及金屬有機物化學氣相沉積（Metal-organic Chemical Vapor Deposition, MOCVD）優缺點比較表，我們可清楚得知每一種設備方法都有它的優缺點，不同種類的半導體需要不同的成長機制，因此如何選擇最適合的機制來製作不同的元件或材料，將是一個非重要的課題。

表 3.2　MBE、HVPE 以及 MOCVD 優缺點比較表

Growth technology	Advantage	Disadvantage
MBE	· Atomically sharp interfaces · In-situ characterization · High purity growth · Hydrogen free environment · Possibility to use plasma or Laser assisted growth	· Need ultra-high vacuum · Low growth rate (1-1.5um/hr) · Low temperature growth · Low throughput · Very expensive
HVPE	· Simple growth technique · Very high growth rate · Reaonably good quality film · Quasi bulk GaN	· No sharp interfaces · Work in Hydrogen environment · Extreme temperature condition
MOCVD	· Atomically sharp interfaces · In-situ thickness monitoring · High growth rate · Very high quality film · High throughput · Intermediate cost	· Lake of in-situ characterization · Large quantities of NH_3 are needed · P-type Mg doping associated with Mg-Hcomplex that need post growth process to activate doping process

習題

1. 液相磊晶技術很早就被開發並應用在 III-V 族半導體光電元件開發上。試簡述此法的製程原理？若以成長方法分類的話，大致上可分為哪幾種？
2. 氣相磊晶法可區分成物理氣相變化與氣相沉積兩種技術型態，試說明兩者的成長原理與機制。
3. 有機金屬氣相沉積法與鹵化物氣相沉積法相比有何優點？為甚麼有機金屬沉積法能適用於量子井與超晶格結夠生長？

4. 目前在化合物半導體磊晶製程中，廣為採用的是 MBE 與 MOCVD 技術。試簡述兩者的優缺點。
5. 在氣相磊晶成長技術中，若以成長動力學角度出發，可將溫度對成長速率的關係表區分為兩區域：表面反應控制與質量傳輸控制。請由表面反應常數與氣相質量傳輸係數的大小關係解釋此現象。

參考文獻

1. A. W. Vere, Crystal Growth-Principle and Progress, Plenum Press, 1988.
2. K. A. Jackson, Processing of Semiconductors, Materials Science and Technology vol.16. Weinheim, 1996.
3. B. Monemar, III-V nitrides-important future electronic materials vol. 10, p.227-254, Tournal of materials science: Materials in electronics, 1999.
4. T. Paskova and B. Monermar: III-Nitride Semiconductors: Growth, ed. O. Manasreh (Taylor & Francis Group, NY, 2003) 175.
5. D. Gogova et al. Journal of Applied Physics 96 799 (2004).
6. D. Martin, J. Napierala, M. Ilegems, R. Butte, and N. Grandjean, Appl. Phys. Lett. 88, 241914 (2006).
7. H. Hartono, C. B. Soh, S. Y. Chow, S. J. Chua, and E. A. Fitzgerald, Appl. Phys. Lett. 90, 171917 (2007).
8. A. Chen, A. Yulius, J. M. Woodall, and C. C. Broadbridge, Appl. Phys. Lett. 85, 3447 (2004).
9. http://www.epochtimes.com/65/7/6/30/n/759732.htm
10. S. Nakamura, S. Pearton, and G. Fasol, “The blue laser diode,” in A Complete Story, 2nd ed. Berlin, Germany: Springer Verlag, 2000.
11. 劉如熹，白光發光二極體製作技術：由晶粒金屬化至封裝，全華科技，（2008）。

第四章

發光二極體的結構與設計

4.1　高內部效率（internal efficiency）的設計

4.2　高光萃取效率結構設計

4.3　電流分佈的設計

4.4　效率下降（Efficiency droop）

習題

參考文獻

4.1 高內部效率（internal efficiency）的設計

一般而言，要得到高內部量子效率（internal quantum efficiency）的 LED 有兩種可能，第一種是增加輻射復合的機率；第二種是減少非輻射復合的機率。本節將介紹幾種可能達成的方法。

4.1.1 雙層異質結構

在發光元件結構中使用雙層異質結構（double heterostructure, DH）是達到高載子濃度的好方式。一個雙層異質結構包含發生復合的主動區，以及兩層包夾著主動區的侷限層，圖 4.1 為一個雙層異質結構的 LED 結構簡圖，其中的兩層包覆層（cladding layer）或是侷限層（confinement layer）的能隙比主動區能隙大。若在主動區跟侷限層之間的能隙差為 ΔE_g，則在傳導帶與價帶發生的能階不連續之關係如下式：

$$E_g|_{\text{cladding}} - E_g|_{\text{active}} = \Delta E_g = \Delta E_c + \Delta E_v \tag{4.1}$$

為了避免載子從主動區逃脫至侷限區，傳導帶與價帶的能階不連續大小 ΔE_C 及 ΔE_v 必須遠大於 kT。

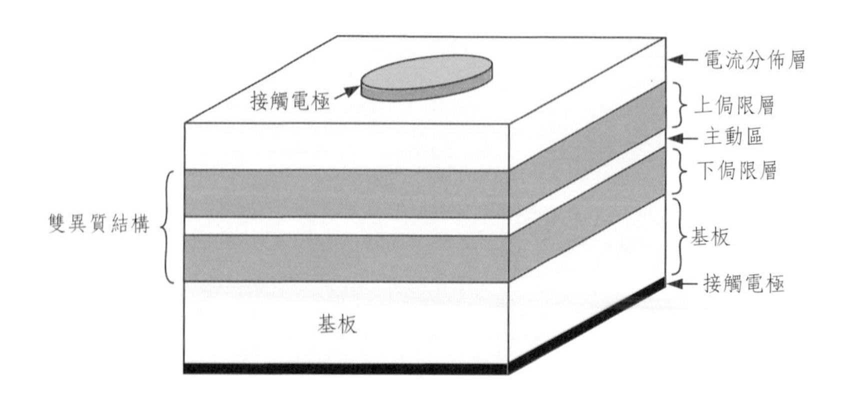

圖 4.1　雙異質結構示意圖。雙異質結構一般包含一塊材或量子井的主動區及兩侷限層。

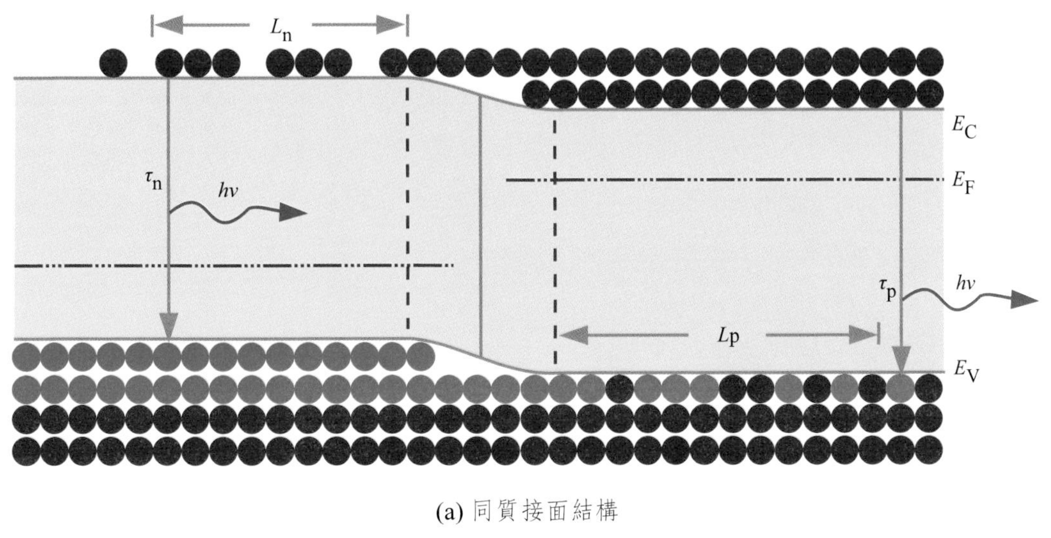

(a) 同質接面結構

(b) 異質接面結構

圖 4.2　自由載子在外加偏壓下的 (a) 同質結構，和 (b) 異質結構中之分佈。在同質結構中，載子的分佈涵蓋擴散長度；在異質結構中，載子被侷限在井區。

圖 4.2 是雙層異質結構對載子濃度的影響之示意圖。在同質接面外加正偏壓的情況下，載子會擴散至鄰接的接面，如圖 4.2(a) 所示，少數載子的分佈會超過電子、電洞的擴散長度。在 III-V 族半導體中，擴散長度約為 10 μm 或更長。而使用雙異質結構可避免前述寬載子分佈及其所造成的低載子濃度現象，如圖 4.2(b) 所示，只要能障（barrier）的高度遠高於熱能 kT，載子會

在主動區被侷限住。現今幾乎所有的高效率 LED 都是使用雙異結構的設計。

雙層異質結構不僅可使用在塊材也使用在量子井主動區的設計。量子井主動區提供狹窄井區額外的載子濃度，這樣可以進一步改善內部量子效率；另一方面，如果使用量子井主動區，量子井中的能障會阻止相鄰井間的載子流動，因此能障必須夠「透明」（即能障低或薄），才能允許井與井之間高效率的載子傳輸，並可避免載子在主動區中不均勻的分佈。

雙層異質結構中主動區的厚度對 LED 的內部量子效率有很大的影響，對塊材主動區來說，典型的主動區厚度約數十分之一微米，而對於量子井主動區甚至更薄。AlGaInP 主動區的最佳厚度約在 0.15～0.75 μm 之間。如果雙異質結構的主動區太厚，例如大過載子擴散的長度，此時雙層異質結構的優點就會消失，而載子的分佈會如同在同質接面中的分佈；相反地，如果雙異質結構中的主動區太薄，則在高注入電流下主動區會有溢流現象。

4.1.2 主動區的摻雜

在主動區和侷限層的摻雜，對於雙異質結構 LED 效率有重大的影響。摻雜對內部效率的影響是多方面的，我們首先考慮在主動區的摻雜。

III-V 族的砷化物或磷化物的雙異質結構 LED 之主動區一定不可重摻雜。使用 P 型或是 N 型的摻雜物去重摻雜，會使 p-n 接面在雙異質井區的邊界形成，亦即在主動區和侷限層的介面處形成，會因此促使載子溢出到某一侷限區，如果載子擴散進入侷限區就會減少輻射復合，因此，一般很少在 III-V 族的砷化物及磷化物的雙異質結構 LED 之主動區重摻雜。所以，在主動區中的摻雜濃度必須低於侷限區或是不摻雜。若特意在主動區中使用 p 型或是 n 型摻雜，其典型摻雜濃度會介於 10^{16} 到 10^{17} cm^{-3} 之間；而通常主動層是不摻雜的。在 p 型摻雜的主動區比 n 型摻雜的常見，因為電子的少數載子擴散長度比電洞的少數載子擴散長度來的長，因此 p 型摻雜的主動層會使整個主動區有比較均勻的載子分佈。因此大部分 LED 和雷射的主動層會輕微的摻雜受體。

在主動區的特意摻雜有優點也有缺點。由於載子的生命週期和主要載子的濃度有關，在低激發範圍內，輻射載子的生命週期會隨著自由載子濃度（即摻雜濃度）的上升而下降，因此輻射效能會增加；在適當摻雜 Be 的 GaAs 材料中，其螢光效率會摻雜濃度增加而增加即為此例。相反地，在高摻雜濃度下，摻質會引入缺陷，而缺陷可做為復合中心。

磊晶過程也可能與摻雜有關。摻雜原子可以做為界面活性劑（surfactant），而界面活性劑可以增加表面擴散係數，因而改善晶體的品質。界面活性劑還有許多其他影響長晶過程的方法，例如，在磊晶成長 InGaN 時摻雜 Si 會顯著的改善晶格特性。在 III-V 族氮化物多層量子井結構中的能障常摻雜高濃度 Si（例如 2×10^{18} cm^{-3}）會增加元件的特性，此可能是由於高摻雜濃度會屏蔽內部極化場，因而增加元件效率。

4.1.3　p-n 接面的位移

p-n 接面從原本預期的位置位移進入侷限層，會成為雙異質結構 LED 結構上一個重要的問題。結構上通常在下方的侷限層是 n 型，而上方的侷限層是 p 型，主動層則是未摻雜或是被輕微摻雜 n 型或 p 型摻質（dopant），但如果摻質發生重新分佈，則 p-n 接面會被移入到其中一個侷限層。在長晶時可能因為長晶溫度高、長晶時間長或者強的擴散摻質而發生摻質的擴散，由於擴散、隔離和漂移而使摻質重新分佈。

通常受體會從上方的侷限層擴散到主動區且進入下方的侷限層，例如常做為摻質的 Zn 和 Be 雜質都是小原子，容易在晶格中擴散。此外，Zn 和 Be 都具有和濃度相關關係強烈的擴散係數，一旦 Zn 和 Be 受體超出臨界濃度其會很快擴散，而導致元件將不能正常的動作，而且將不會發出先前所設計的波長。圖 4.3 為用二次離子質譜儀（SIMS）測量 Zn 受體在 GaInAsP/InP 的雙異質結構中的濃度曲線分佈圖。由圖 4.3(a) 可看出 Zn 在上層侷限層的特意摻雜濃度分佈平穩，約為 2×10^{17} cm^{-3}，且 Zn 即使有一些明顯地擴散到主動層，但大多仍被侷限在上層侷限層。然而在圖 4.3(b) 中，Zn 在上層侷限層中有較高的特意摻雜濃度，約為 2×10^{19} cm^{-3}，但從曲線可看出 Zn 強烈的擴散進入主動層，而 p-n 接面位移到主動層的邊緣，研究結果顯示，圖 4.3(b) 的元件的量子效能比圖 4.3(a) 的元件低。

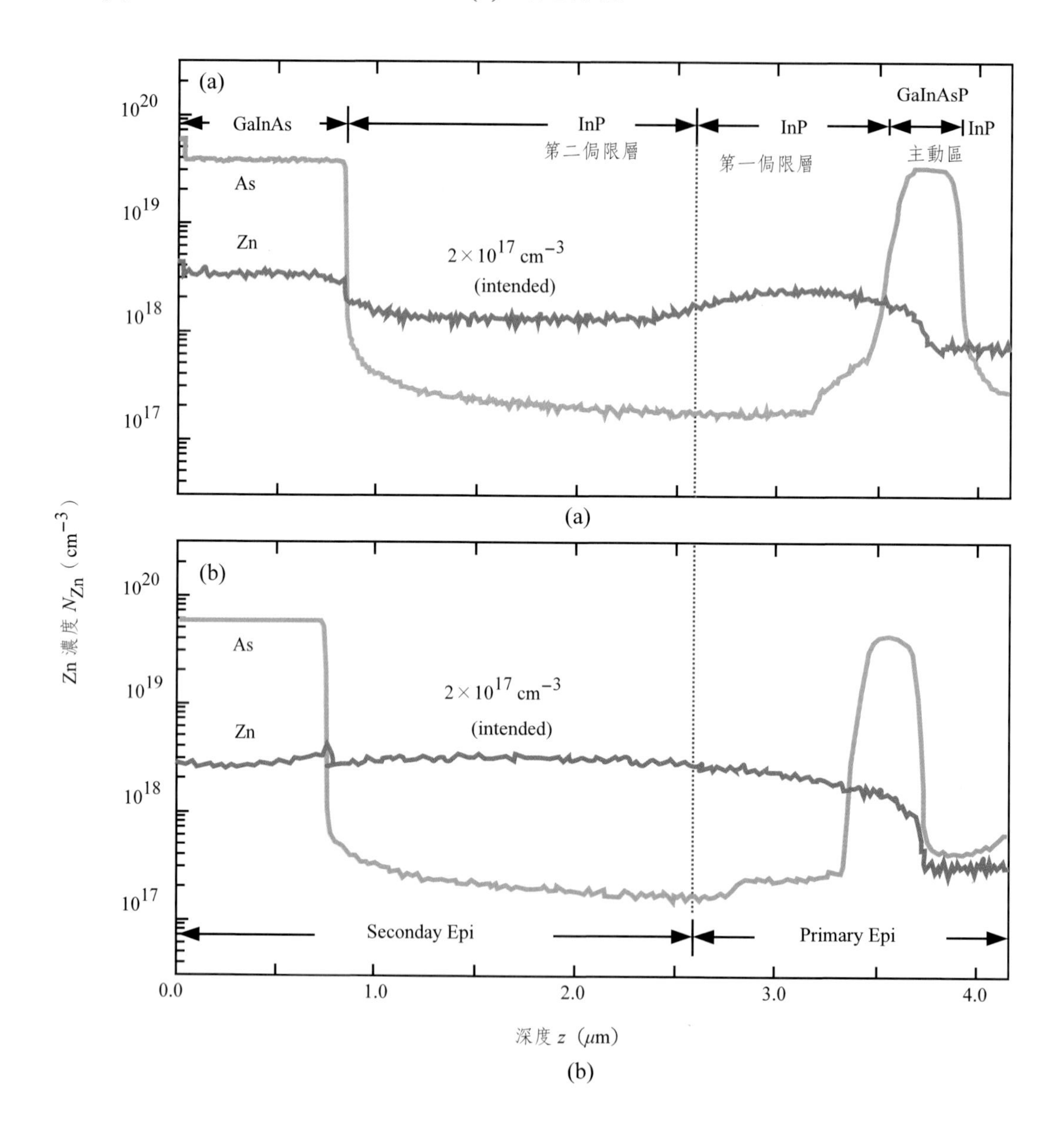

圖 4.3 以二次離子質譜儀（SIMS）測量 Zn 受體在 GaInAsP/InP 的雙異質結構中的濃度曲線分佈圖。(a) p-n 接面沒有位移；(b) 由於上層侷限層的高 Zn 摻雜而造成 p-n 接面的位移。（Schubert 等人，1995）

圖 4.4 為 Schubert 等人在 1995 年發表解釋 GaInAsP/InP 雙異質結構中 p-n 接面位移的模型，此模型中假設當 Zn 超過臨界濃度 $N_{critical}$ 時擴散係數會快速地增加。如果這個濃度在長晶時超過，Zn 將會重新分佈直到濃度降到臨界濃度之下，最後 Zn 會擴散進入並通過雙異質結構的主動層，此表示 p-n 接面會發生位移，進而影響元件特性。

4.1.4　侷限層的摻雜

在雙異質結構的 LED 中，侷限層的摻雜對於效能有很強的影響力。在侷限層中的電阻率，是決定侷限層中摻雜濃度的因素之一，電阻率應該要很低，以避免侷限層中的電阻熱現象。

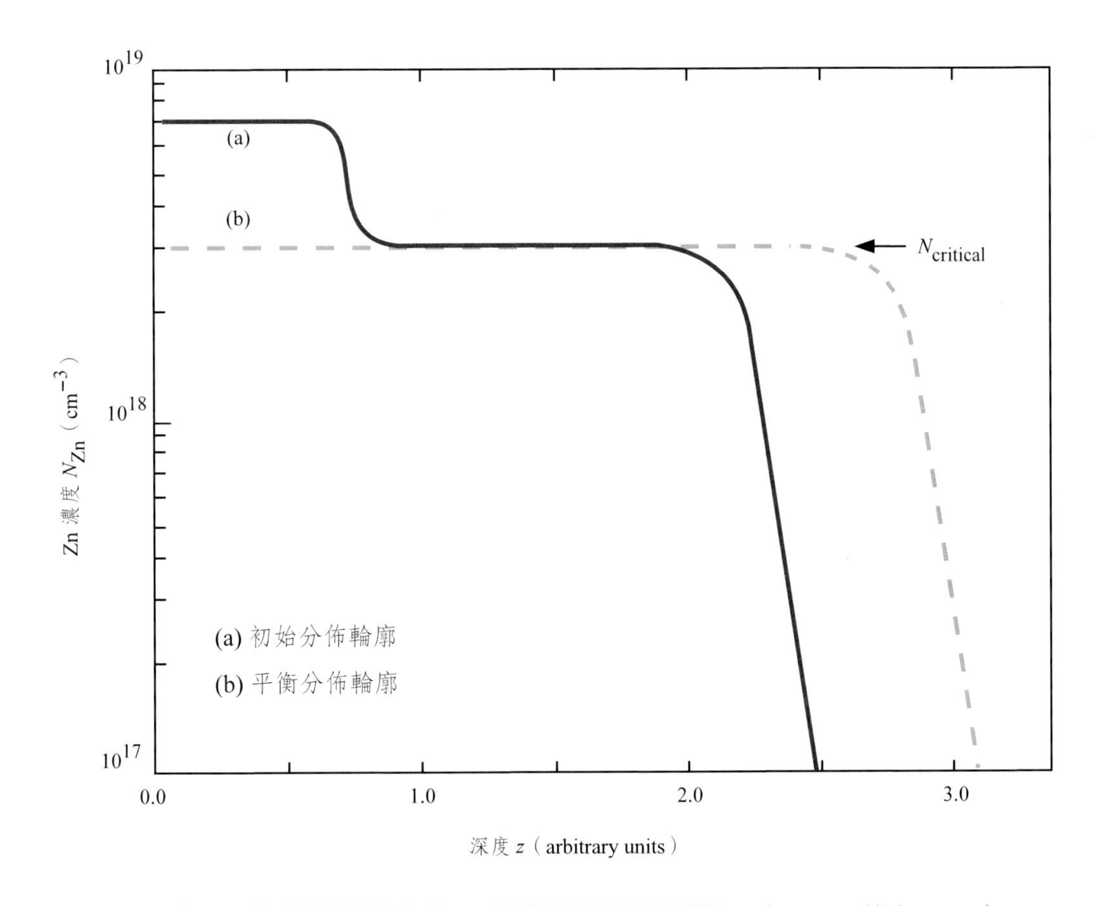

圖 4.4　因侷限層的過量摻雜而造成 p-n 接面位移的過程示意圖。（Schubert 等人，1995）

另一摻雜影響元件特性的可能是主動層中的殘留摻雜濃度。即使沒有故意的摻雜，主動層中仍有殘留的摻雜濃度，在主動層中的摻雜濃度約在 10^{15}～10^{16} cm^{-3} 之間。為了定義 p-n 接面的位置，侷限層中的摻雜濃度必須高於主動層中的摻雜濃度。圖 4.5(a) 和 (b) 為 Sugawara 等人對侷限層的摻雜濃度對內部量子效率的影響所做的研究結果。圖中顯示出侷限層中最理想的摻雜範圍。對於 n 型的侷限層而言，最理想的摻雜濃度範圍介於 10^{16}～2×10^{17} cm^{-3} 之間；對於 p 型的侷限層而言，最理想的摻雜濃度範圍明顯的比 n 型的侷限層還高，約在 5×10^{17}～2×10^{18} cm^{-3} 之間，這顯著的不同還是由於電子的擴散長度大於電洞的擴散長度，而侷限層中高的 p 型載子濃度，會使電子維持在主動區中，並且避免他們擴散進入侷限層。

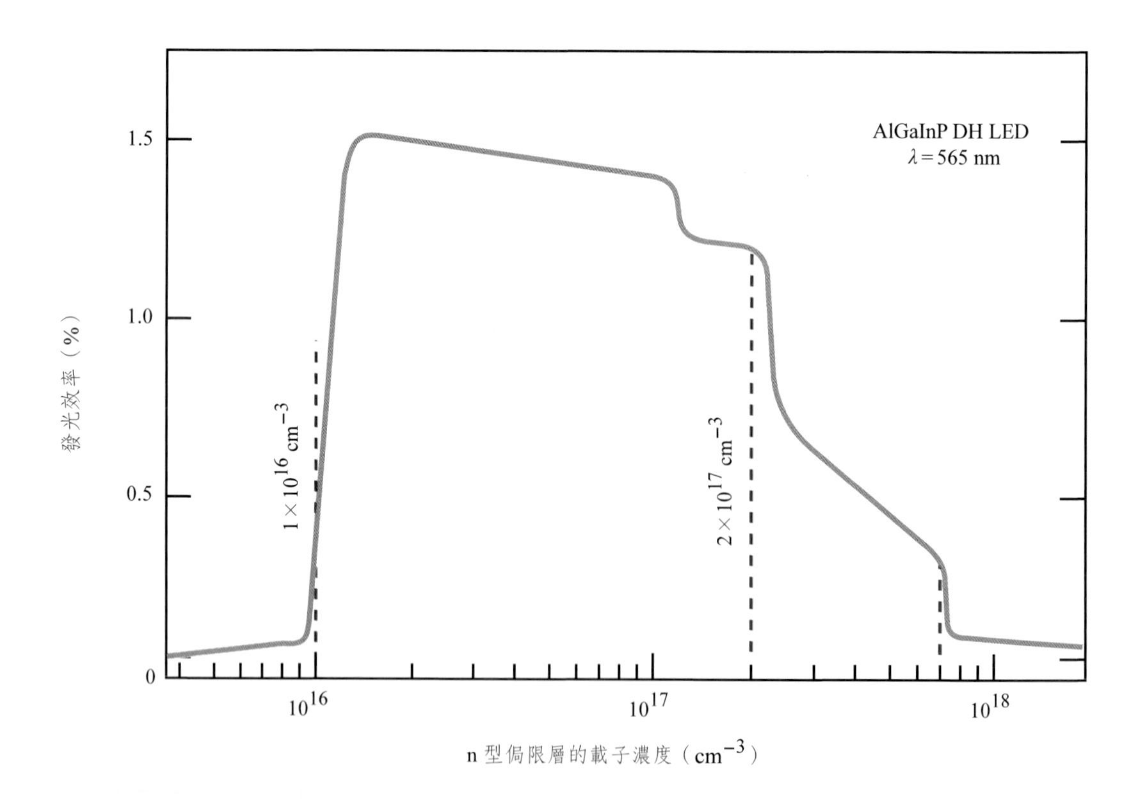

圖 4.5　(a) 發光波長 565 nm 的 AlGaInP 雙異質結構 LED 之發光強度和 n 型侷限層之摻雜濃度的關係圖。（Sugawara 等人，1992）

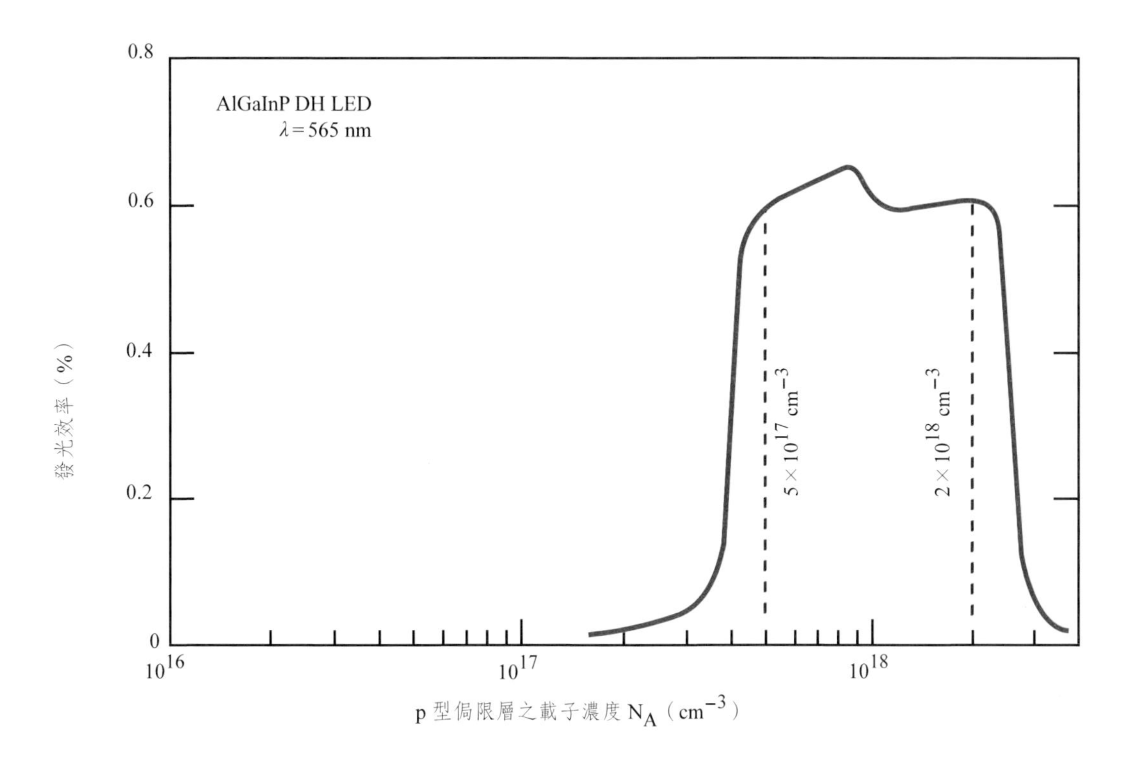

圖 4.5　(b) 發光波長 565 nm 的 AlGaInP 雙異質結構 LED 之發光強度和 p 型侷限層之摻雜濃度的關係圖。（Sugawara 等人，1992）

Kazarinov and Pinto 發現在雙異質結構中載子從主動層中漏出然後進入 p 型侷限層的現象，其研究指出電子從主動區中漏出的情況比電洞從主動區中漏出的情況嚴重，而這項差異是由於一般的電子擴散常數比電洞大。圖 4.6 為在正偏壓情況下雙異質結構的能帶圖，其顯示出在侷限層和主動層接面間的空乏層所形成的能障，而使用組成漸變的接面可減少這些能障。侷限層摻雜濃度對雙異質結構雷射在臨界電流（閾值，threshold）的輻射效率之影響如圖 4.7，圖中顯示在侷限層摻雜會對發光效能有劇烈的影響。低摻雜濃度的 p 型侷限層會使電子容易從主動層中脫逃，因而降低內部量子效率。

4.1.5　非輻射復合

組成發光元件主動區的材料必須要具有高晶格品質，所以點缺陷、多餘的雜質、差排和其他的缺陷所造成的深層能階（deep level）必須非常少。

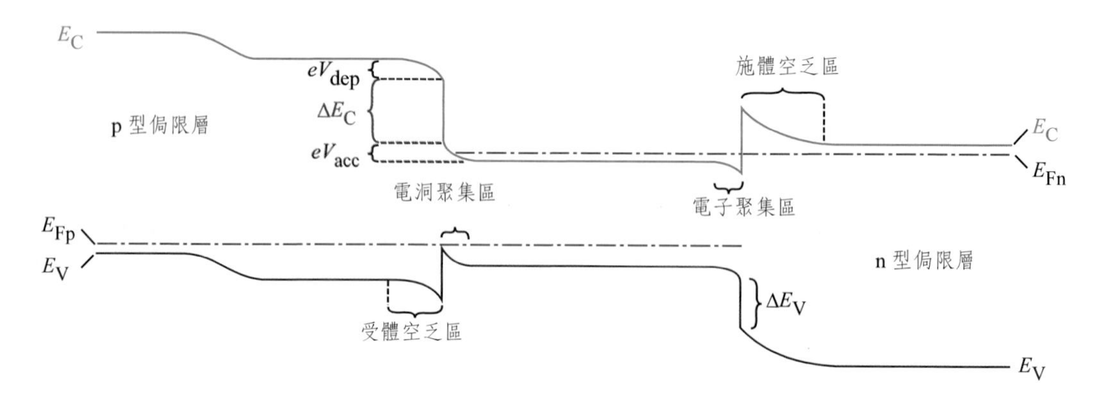

圖 4.6　在正偏壓情況下雙異質結構的能帶圖。p 型侷限層包含一靠近主動區的輕微摻雜層和一離主動區較遠的較高摻雜層。（Kazarinov and Pinto, 1994）

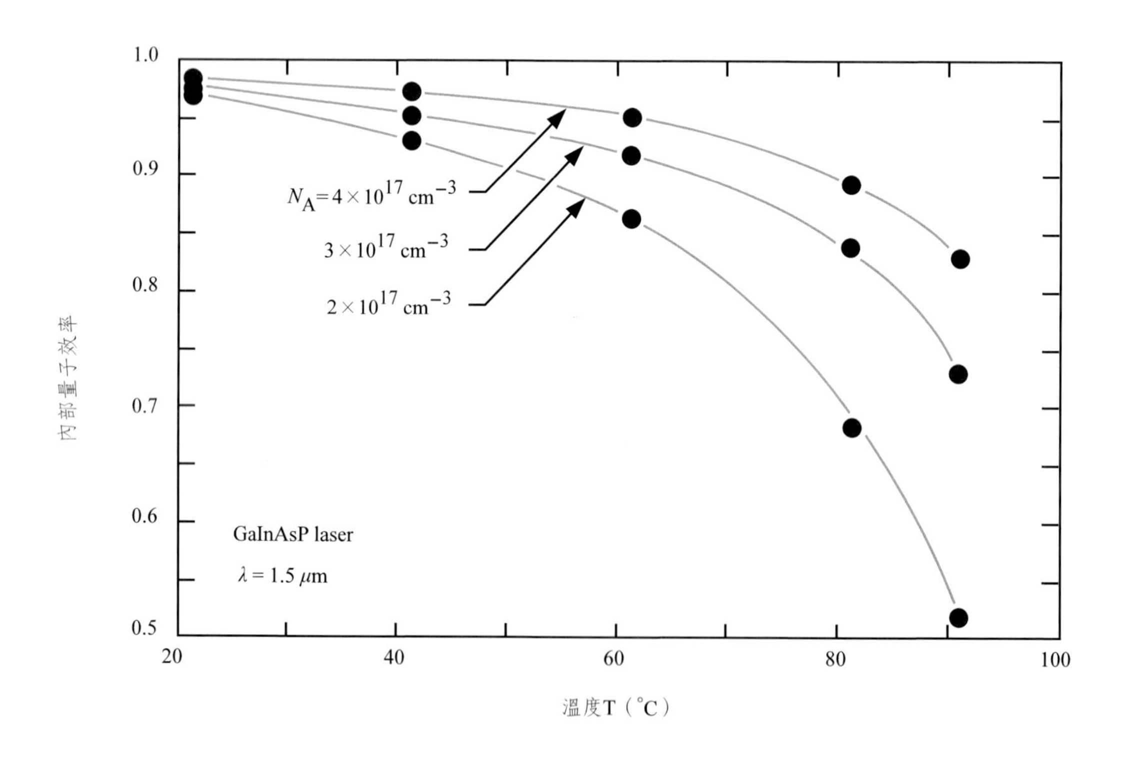

圖 4.7　侷限層中不同的 p 型摻雜濃度在不同溫度下的內部量子效率（每一注入電子所輻射出的光子數）曲線圖。（Kazarinov and Pinto, 1994）

同樣地，表面復合（surface recombination）必須保持在最低的可能標準。而將表面遠離有電子或電洞的區域數個擴散長度遠（即任何表面必須遠離主動區），可降低表面復合的發生。

平臺蝕刻（mesa etched）型的 LED 和雷射會將主動區暴露在空氣中，而因表面復合造成較低的內部效率。表面復合也會造成 LED 的壽命縮短。此外，表面復合會在半導體表面產生熱，所以會造成結構上的缺陷，例如黑線缺陷（dark-line defect），而更進一步的降低 LED 的效能。圖 4.8 是兩顆平臺蝕刻的 LED 和兩顆平面的 LED 的光強度對時間的關係圖。由圖中可看出 (1) 在 t = 0 h 時，平臺蝕刻 LED 的光強比平面 LED 的稍低；(2) 平臺蝕刻 LED 的壽命也比較短。在平面結構的 LED 中，電子電洞的復合發生在表面金屬電極的下方，並且遠離元件的側表面，因此可預期的是，平面的元件沒有表面復合所造成強度的衰減或是突然下降的現象發生。但如果只有一種載子存在時，如靠近元件的上方接觸電極處的區域，表面的存在不會造成輻射效能的下降，因為在單極性區域的表面不會有任何有害的影響。

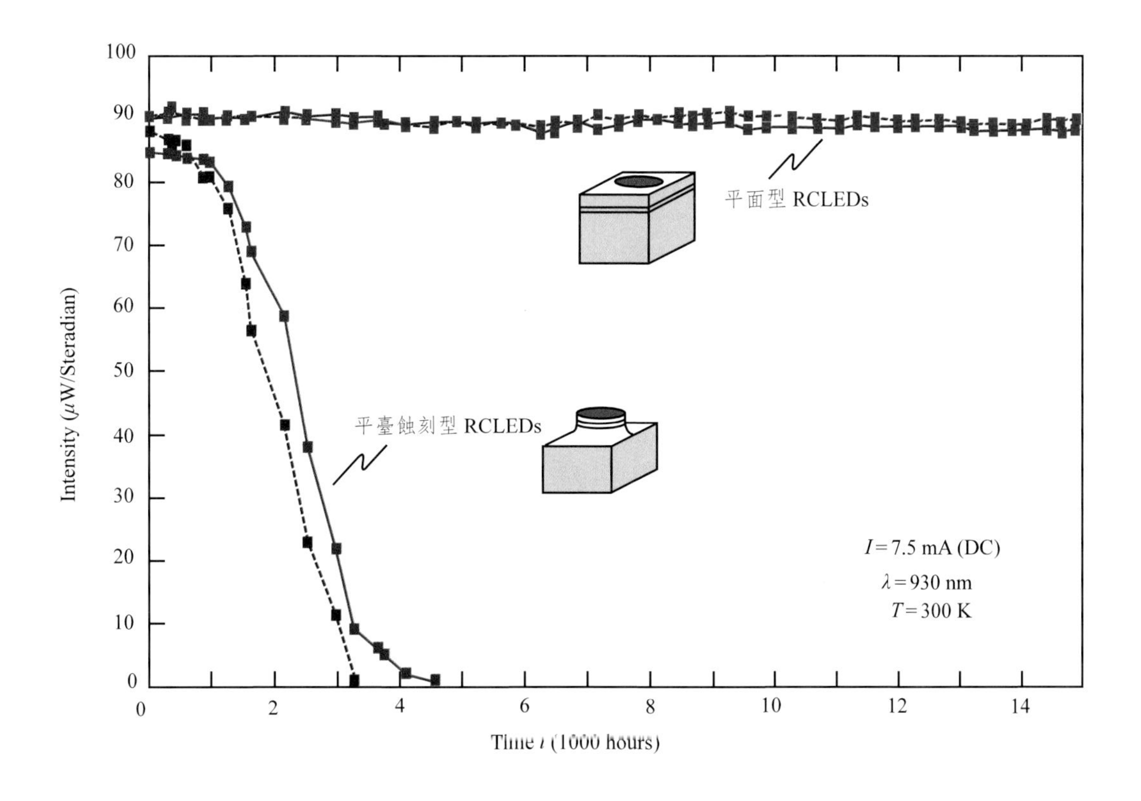

圖 4.8　兩顆平臺蝕刻的 LED 和兩顆平面的 LED 的壽測圖。（Schubert and Hunt, 1998）

4.1.6 晶格匹配

在雙異質結構中，主動區所使用的材料和侷限層不同，但兩者卻要有相同的晶體結構和晶格常數。如果半導體沒有相同的晶格常數，則在兩種半導體的介面或是介面的附近將會發生缺陷。圖 4.9 為半導體不匹配的結果所造成的懸浮鍵（dangling bond）之示意圖，圖中的懸浮鍵發生在兩不匹配的材料之間。圖 4.9 中顯示出在兩種晶格不匹配材料介面產生一排的懸浮鏈，此種錯配差排線（misfit dislocation line）為一缺陷延伸的直線，可容易以陰極激發光觀察到。通常在顯微下觀察不匹配的結構，可以看到交錯的十字圖案，圖 4.10 為錯配差排線的陰極激發光的顯微照，圖中十字交錯的黑線就是由於不匹配所產生的結果，那些線比附近區域來的黑是由於載子在這些差排線處產生非幅射復合的結果。

錯配差排不一定會直接發生在兩個不匹配的材料界面，但可能會從很靠近不匹配的界面處開始。這是因為不匹配的晶格長在半導體的上方在一開始

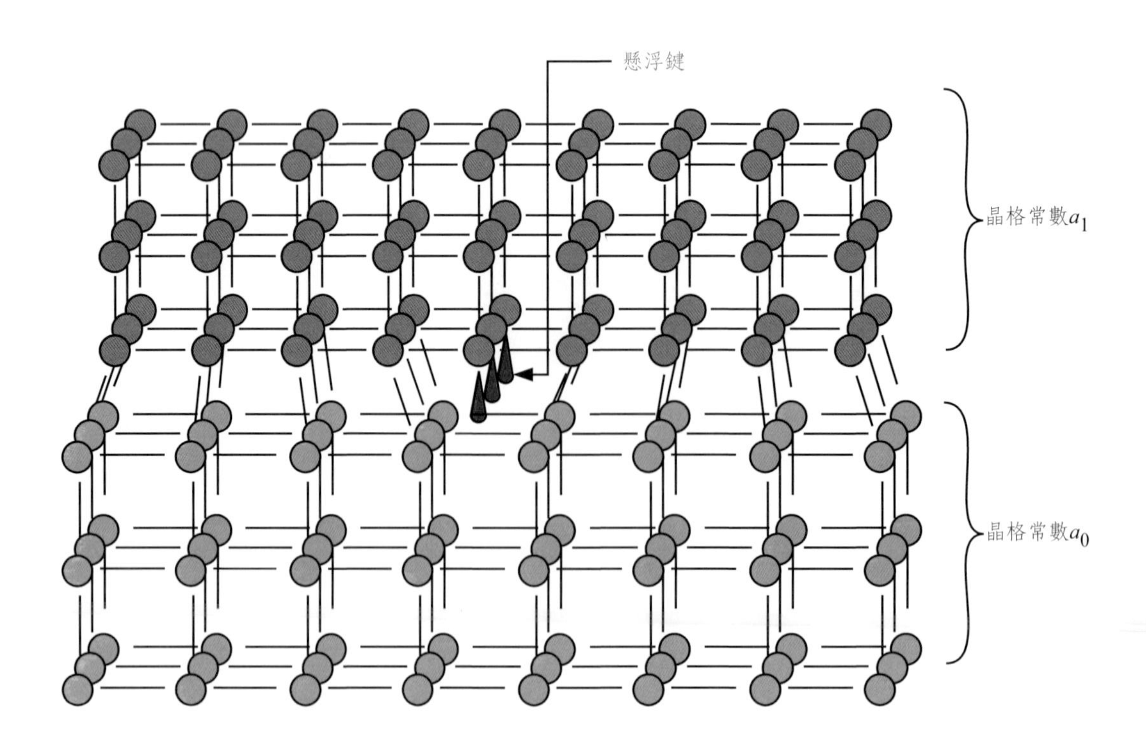

圖 4.9 兩種晶格常數不匹配的晶體會在兩種半導體介面或靠近介面處產生差排之示意圖。

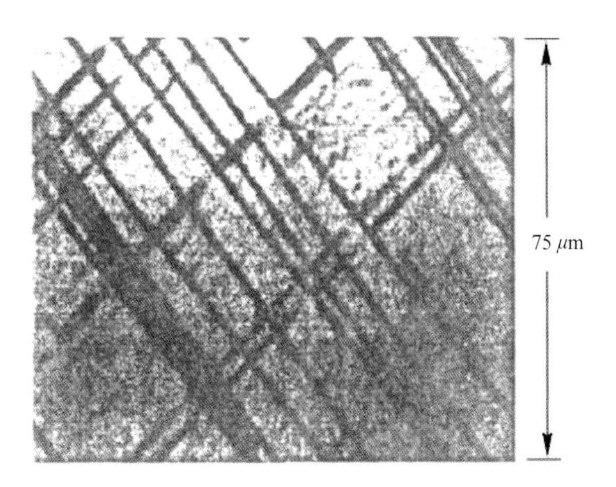

圖 4.10　0.35 μm 厚的 $Ga_{0.95}In_{0.55}As$ 長在 GaAs 基板上的陰極激發光照片。圖中十字交錯的黑線是由於錯配差排線造成。（Fitzgerald 等人，1989）

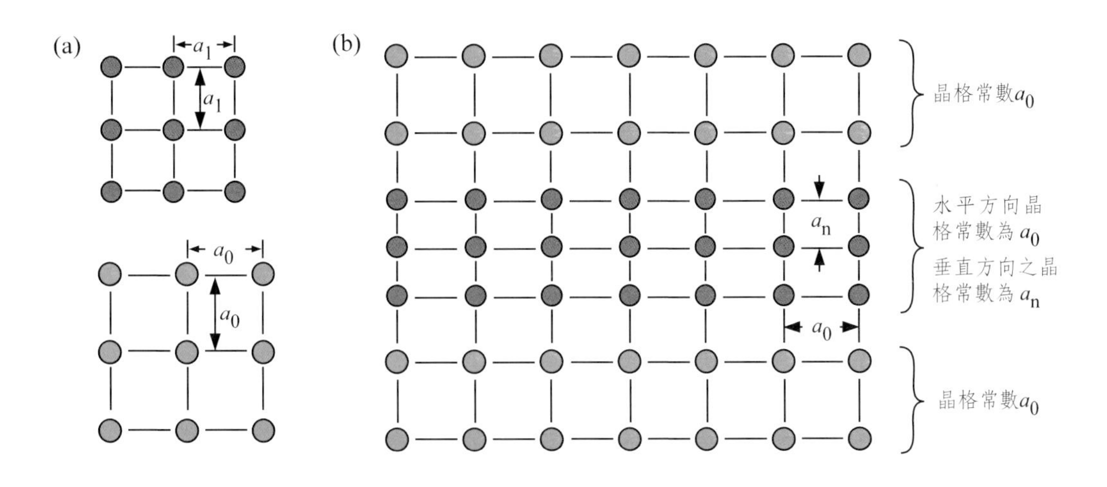

圖 4.11　(a) 平衡晶格常數為 a_1 和 a_0 的立方對稱晶體；(b) 平衡晶格常數為 a_1 的薄同調應力層被夾在兩平衡晶格常數為 a_0 的半導體間。設此同調應力層在同平面的晶格常數為 a_0，而垂直的晶格常數為 a_0。

時會有彈性的變形，呈現和下方半導體同平面上有相同的晶格常數如圖 4.11 所示，一層很薄的材料會變形而和下層的材料在同一平面上有相同的晶格常數，一旦讓晶格形變的能量超過讓晶格形成錯配差排所需的能量時，薄膜會藉形成錯配差排而鬆弛到其平衡的晶格常數。形成錯配差排的薄膜的厚度被稱為臨界厚度（critical thickness）。如果薄膜比 Matthews-Blakeslee 定律的臨界厚度薄，則可成長出一層薄的無差排層，甚至可成長在有不同的晶格常數的材料上。

單位長度下的錯配差排線密度與晶格不匹配度成正比。因此，當晶格不匹配度增加時，LED 的效能會如預期的下降。圖 4.12 顯示 AlGaInP 的 LED 長在 GaAs 的基底上時光強度的降低情況。圖中顯示出當發生不匹配度超過 3×10^{-3} 時（$\Delta a/a>3\times10^{-3}$）時，光的輸出會快速的下降。當 AlGaInP 和 GaAs 基板匹配時可用來做為高亮度的紅光 LED。

現在使用上最低成本的紅光元件為同質接面的 GaAsP 的 LED，它是長在 GaAs 的基板上，其主動區是與基板不匹配的，結果其效率比較低，但 GaAsP 的 LED 成本比較低。

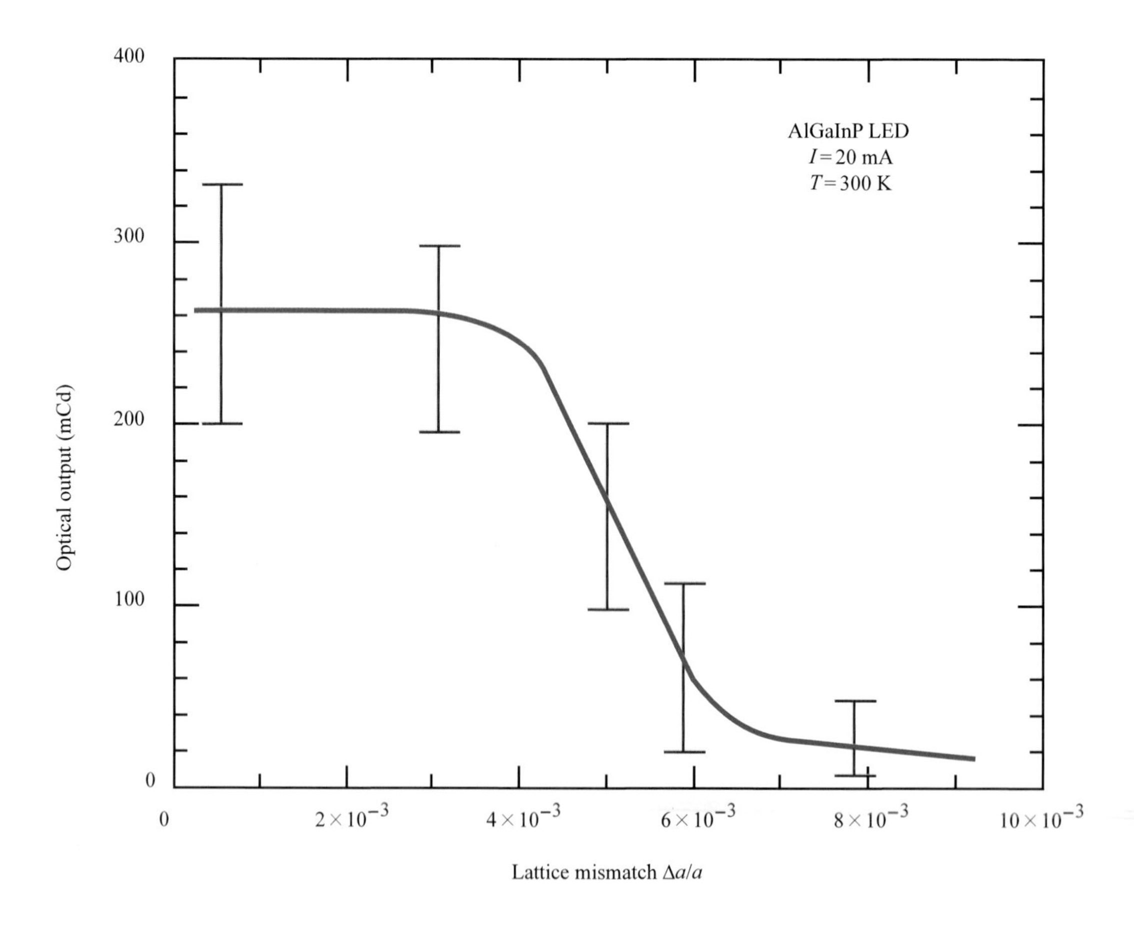

圖 4.12　操作在 20 mA 下的 AlGaInP LED 之光強度對應 AlGaInP 和 GaAs 不匹配度的關係圖。（Watanabe and Usui, 1987）

表面復合和晶格不匹配對 III-V 族砷和磷系列的材料有很大的影響，但對 III-V 族氮化物材料家族則比較不會。氮化鎵（GaN）材料家族對差排缺陷不敏感的原因之一是因為電活性比較低，不易受缺陷影響；另一個原因是氮化鎵材料家族的載子擴散長度比較短，如果差排的平均距離大於擴散長度，特別是電洞的擴散長度，則差排中的非輻射復合較不嚴重；另一種模型解釋 InGaN 的高效能是基於三元合金的組成變動，會侷限載子避免它們擴散到差排線。

4.2　高光萃取效率結構設計

由於半導體的折射率高，與空氣的折射率差異大，當光從半導體（內部）出射到空氣（外面）時，若光的入射角足夠大時（大於全反射的臨界角），則此入射光會產生全內反射（total internal reflection）。全內反射的臨界角 θ_c 可由司乃爾定律得到，$\theta_c = \sin^{-1}$（n_2/n_1），若光由半導體入射至半導體-空氣界面，則 $n_2 = 1$。由於全內反射的結果，光會被限制在半導體中，而這些被限制在半導體中的光最後會被基板、主動區、侷限層或金屬接點再吸收，因而降低 LED 的效能。

如果再吸收機制是在基板處發生，大多數的基板屬於間接能隙，如 Si、藍寶石基板等，那麼產生的電子電洞對大多數會以非輻射方式復合，也就是熱的產生；若是在主動區被吸收的話，那麼電子電洞會再形成光子出射或是轉換成熱。主動區的內部量子效率本來就小於 100%，再吸收機制會大大降低發光二極體的效能。

LED 的外部量子效率（external quantum efficiency, η_{ext}）會等於 LED 的內部量子效率（internal quantum efficient, η_{int}）乘上 LED 的光萃取效率（extraction efficiency, $\eta_{extraction}$），如 4-2 式。

$$\eta_{ext} = \eta_{int}\,\eta_{extraction} \qquad (4.2)$$

因此，光萃取效率在增加 LED 的功率上是很重要的。以下將先討論在半導體中低於能隙之光的吸收現象，及雙異質結構對出光效率的影響，再將介紹幾種在 LED 結構中常用的增加光萃取效率的設計。

4.2.1 半導體中低於能隙之光的吸收

為了得到高的光萃取效率並避免光的再吸收，在磊晶結構的設計上，除了主動層外的所有半導體層的能隙能量都要大於光子能量（約相當於主動層的能隙）。一些特殊結構的設計，如使用雙異質結構、透光層（或窗戶層，window layer）等可達成此目標。但一般我們會直覺假設，只有在光子的能量高於半導體能隙能量時，光子才會被吸收；而當光子能量低於能隙能量時，光是可穿透半導體的。然而事實上，半導體是會吸收低於能隙能量的光，雖然其吸收係數很低。因此，此節將探討當光的能量低於半導體的能隙時的光吸收效應。

圖 4.13 為一理想和一真實的半導體之吸收係數和能量的關係圖，在低溫時，理想半導體的吸收係數和能量的關係如下（Pankove, 1971），

$$\alpha \propto (E-E_g)^{1/2} \qquad \text{（直接能隙）} \qquad (4.3a)$$

$$\alpha \propto (E-E_g)^{2} \qquad \text{（間接能隙）} \qquad (4.3b)$$

如圖中所示，理想半導體在能隙能量（$E = E_g$）處的帶到帶之吸收係數為零，但真實的半導體對於低於其能隙的光是會吸收的，而其吸收能力是呈指數型式的下降，在低於其能隙的吸收尾端稱作 Urbach 尾部（Urbach tail），其吸收係數和能量的關係式為

$$\alpha = \alpha_g \exp\left[(E-E_g)/E_{\mathrm{Urbach}}\right] \qquad (4.4)$$

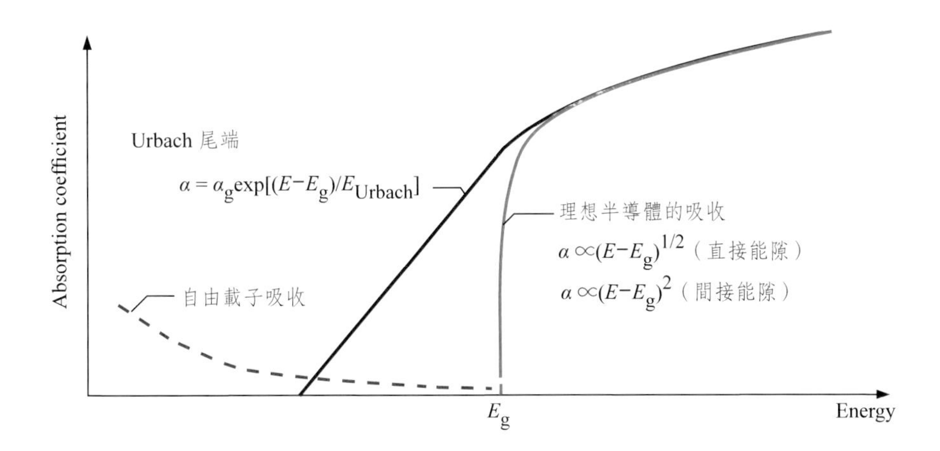

圖 4.13　半導體能隙 E_g 的吸收係數與能量的關係圖。「Urbach 尾部」主宰小於但接近能隙之吸收，自由載子的吸收則主宰遠小於能隙之吸收。

其中 α_g 是在能量為能隙能量時的吸收係數，可由實驗得到的。而 E_{Urbach} 是特性能量（又稱 Urbach 能量），其決定了低於能隙能量時之吸收係數下降的速率。Urbach（1953）在不同溫度時測量了吸收尾端，並得到 Urbach 能量約等於熱能 kT；而 Knox（1963）則歸納出，低於能隙的轉換是經由聲子的轉換，因此 Urbach 能量為

$$E_{\mathrm{Urbach}} = k_B T \tag{4.5}$$ 。

除了經由聲子的吸收會造成 Urbach 尾部外，還有其他的機制也可能會導致此結果，例如任何導入位能變動的機制，均會造成半導體能帶邊緣的局部變動，因而導致能隙能量也跟著產生變動，而發生低於能隙的轉換。其中最常見的位能變動是由於任意摻質分佈所造成的變動，和三元或是四元合金半導體之化學組成的局部變動所造成的位能變動。由任意摻質的分佈所造成的位能變動可由 Poisson 統計計算出來，這些變動的量可由（4.6）式得到，

$$\Delta E_{\mathrm{Urbach}} = \frac{2e^2}{3\varepsilon}\sqrt{(N_d^+ + N_a^-)\frac{r_s}{3\pi}}\,\mathrm{e}^{-3/4} \tag{4.6}$$

其中 r_s 是遮蔽半徑（screening radius）。而由化學組成變動所造成的位能變動可由二項式統計計算出來，這些變動的量可由（4.7）式得到，

$$\Delta E_{\text{alloy}} = \frac{dE_g}{dx}\left(\frac{x(1-x)}{4a_0^{-3}V_{\text{exc}}}\right)^{1/2} \tag{4.7}$$

其中 x 是三元合金半導體的合金成份，a_0 是半導體的晶格常數，V_{exc} 是電子電洞對的激子體積。

然而在不同的特殊案例中，會有不同的物理效應主宰 Urbach 尾部的形成。一般來說二元合金如 GaP 或 GaAs 的尾部會比 AlGaAs 或 GaAsP 小；此外，輕微摻雜之半導體的 Urbach 尾部會比重摻雜之半導體的小。

如果入射光子的能量比能隙能量小很多時，Urbach 尾部所造成的吸收效應很小而可忽略，此時自由載子的吸收（free-carrier absorption）就變成了主要的吸收機制。一自由載子因吸收了光子而被激發到較高的能階時，其吸收轉換必須遵守動量守衡。當電子被激發到較高的能帶內時必須經歷動量的改變，但因為光子的動量很小，所以此動量的改變需由聲波的聲子、光的聲子或是雜質的散射來提供。自由載子的吸收和自由載子的濃度成正比。理論上可用古典的 Drude 自由電子模型來考慮，此模型顯示出自由載子吸收是隨著入射波長的平方增加（Pankove, 1971），

$$\alpha_{\text{fc}} \propto n\lambda^2 \quad \text{和} \quad \alpha_{\text{fe}} \propto p\lambda^2 \tag{4.8}$$

上式分別是對 n 型和 p 型的半導體來看。若以量子理論來考慮，分別取決於參與動量守恆過程的機制，即若是聲波的聲子散射參與動量守恆，則吸收係數和 $\lambda^{3/2}$ 成正成關係；若是光的聲子散射參與的話，則吸收係數和 $\lambda^{5/2}$ 成正比關係；而若是離子化的雜質散射參與的話，則吸收係數和 $\lambda^{7/2}$ 成正比關係。

以砷化鎵（GaAs）為例，在 n 型和 p 型的 GaAs 中，在室溫下，靠近能隙能量（$\lambda \approx 950$ nm）的自由載子吸收係數可以表示為（Casey and Panish, 1978）

表 4.1　n 型半導體之自由載子吸收係數（α_{fc}）

材料	波長	電子濃度	α_{fc}
GaN	1.0 μm	1×10^{18} cm^{-3}	40 cm^{-1}(a)
GaP	1.0 μm	1×10^{18} cm^{-3}	22 cm^{-1}(b)
GaAs	1.0 μm	1×10^{18} cm^{-3}	3.0 cm^{-1}(c)
InP	1.0 μm	1.1×10^{18} cm^{-3}	2.5 cm^{-1}(d)

註：(a) Ioffe, 2002　(b) Wiley 和 DiDomenico, 1970　(c) Casey 和 Panish, 1978　(d) Kim 和 Bonner，1983 與 Walukiewicz 等人，1980。

$$\alpha_{fc} = 3\text{cm}^{-1}\frac{n}{10^{18}\text{cm}^{-3}} + 6\text{cm}^{-1}\frac{p}{10^{18}\text{cm}^{-3}} \quad (4.9)$$

由上式可知在高載子濃度時，其自由載子的吸收係數可以 10 cm^{-1} 等級為其單位。表 4.1 為四種常見的化合物半導體的自由載子吸收係數之近似值。

在 LED 中，由晶片側邊發射出的光為波導模態的光，而自由載子的吸收係數會影響波導模態的光強度。自由載子吸收在透明半導體基板的 LED 中也很重要，一般透明基板的典型厚度大於 100 μm，如果透明基板中的摻雜濃度高，則會因自由載子的吸收而降低輸出光的功率；但如果透明基板的摻雜濃度低，則其阻值高，所以需要在透明基板的不同摻雜需求間取一折衷。對於如侷限層之類較薄的層，若其光學路徑長度很短，則自由載子吸收的影響很小可以忽略。

4.2.2 雙異質結構

事實上所有的 LED 結構都使用雙異質結構，其結構基本上包含主動區和兩層的侷限層，其能帶示意圖如圖 4.14。主動區的能隙能量比兩侷限層小，且相對於主動區，侷限層是很薄的，因此對從主動區發射出的光來說，侷限層是完全透明的。

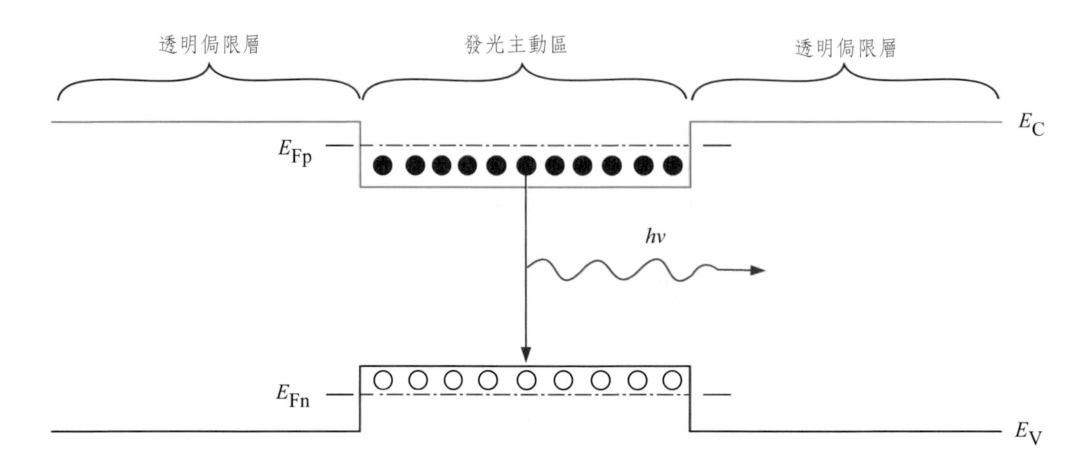

圖 4.14　雙異質結構光傳輸侷限區域。

一般 LED 結構中，主動區位於上電極下方的電流注入區中。此區域的光之再吸收是可以被忽略的，因為在正常的注入情況中，主動區被注入了高密度的電流，故電子電洞的準費米能階會上升到能帶中，如圖 4.14 所示，所以在高電流注入的條件下，對接近能隙的光來說主動區實際上是透明的。然而，在離電流注入區足夠遠處的主動區是在平衡狀態下，這些區域沒有電流注入，而且會吸收主動區發射出的接近能隙的光。若要藉由吸收來降低光學損耗，則主動區就要有很高的內部量子效率使被吸收的光子可以再產生光子而放射出去。

4.2.3　透明基板的技術

GaAs 是一種非常成熟的基板，而操作波長 560-660 nm 的可見光 $(Al_xGa_{1-x})_{0.5}In_{0.5}P$ 的 LED 可長在晶格匹配的 GaAs 基板上。由於在室溫下，GaAs 基板的能隙 E_g = 1.424 eV（λ_g = 870 nm），只要光子能量大於此能量就會被 GaAs 材料所吸收，所以 $(Al_xGa_{1-x})_{0.5}In_{0.5}P$ 往基板發射的光會被 GaAs 基板吸收，因此，AlGaInP/GaAs LED 至少有一半的光會被吸收，故其光萃取效率很低。

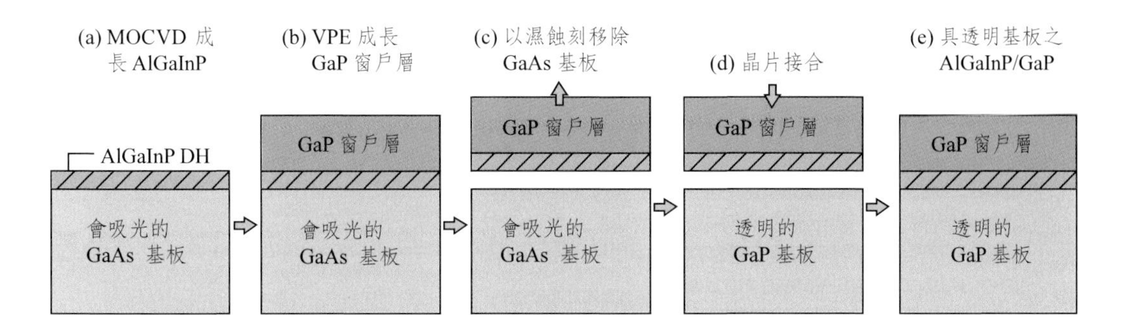

圖 4.15　透明基板 AlGaInP/GaP LED 的晶片接合製程示意圖（Kish 等人，1994）

對於不透明的 GaAs 基板會嚴重吸光的問題，Kish 等人發表了將磊晶層和 GaP 基板接合在一起並移除掉 GaAs 基板的方法。GaP 是一種間接能隙的半導體，E_g = 2.24 eV（λ_g = 553 nm）。所以 GaP 並不會吸收從 AlGaInP 主動區所發出的波長大於 553 nm 的光。AlGaInP LED 與 GaP 基板晶片接合（wafer-bond）的製程示意圖如圖 4.15。首先，在 GaAs 基板上利用 MOCVD 磊出 AlGaInP 雙異質結構（圖 4.15(a)），然後再使用低成本成長厚磊晶層的氣相磊晶方式（VPE）磊出厚的 GaP 窗戶層（～50 μm）（圖 4.15(b)），由於 GaP 對 AlGaInP 所發出來的光是完全透明不吸收的，所以 GaP 窗戶層的作用是讓光能穿透、擴散電流，和當作移除 GaAs 後雙異質結構的暫時性支撐基板，接著使用化學選擇性濕蝕刻的方式將 GaAs 基板移除（圖 4.15(c)），再將含有 GaP 窗戶層的雙異質結構層黏接到厚的 GaP 基板（圖 4.15(d)）就完成製作（圖 4.15(e)）。其中要注意的是，GaP 基板的 n 型摻雜濃度必須適度的維持在低濃度，以減少自由載子的吸收。

晶片接合的製程需要在一個很乾淨的環境下，在接合過程中兩晶片之間不能有任何微粒，晶片表面也不能有氧化物存在。一般在接合過程中，會先在兩個晶片之間的空隙注入接觸液體（contact liquid），再將接觸在一起的晶片（含接觸液體）以高速旋轉把接觸液體甩掉。根據 Kish 和 Hoefler 的發表，將 AlGaInP 和 50 mm（2 inch）的 GaP 基板接合時的最適壓力為軸向壓力，而最適溫度約在 750-1000℃ 之間，而且晶片接合後的歐姆傳導電阻和被接合的兩晶片表面之晶向排列非常相關，卻與晶片表面之間的晶格不匹配無關，且接合表面的結晶方向在接合製程中要維持同樣的排列。在使用晶片接合製程的量產下之 AlGaInP/GaP LED 的二極體順向電壓一般為 2.2 V，目前晶片接合的 LED 和整體用磊晶成長的 AlGaInP/GaAs LED 的可靠度是差不多的。

一般而言，順向電壓是使用晶片接合的 p-n 接面元件的元件特性之參考依據，低電壓則表示半導體與半導體間的接合沒有問題並表示接合界面沒有氧化層。但由於接合技術及在晶片接合的界面或 GaP 基板上可能產生歐姆損失（ohmic losses），再加上接合界面可能受到的碳的汙染或是晶格方向沒有對準等因素，一般使用晶片接合的透明基板（transparent-substrate, TS）之順向電壓會比吸收基板（absorbing-substrate, AS）元件的順向電壓高一些，如圖 4.16 所示。

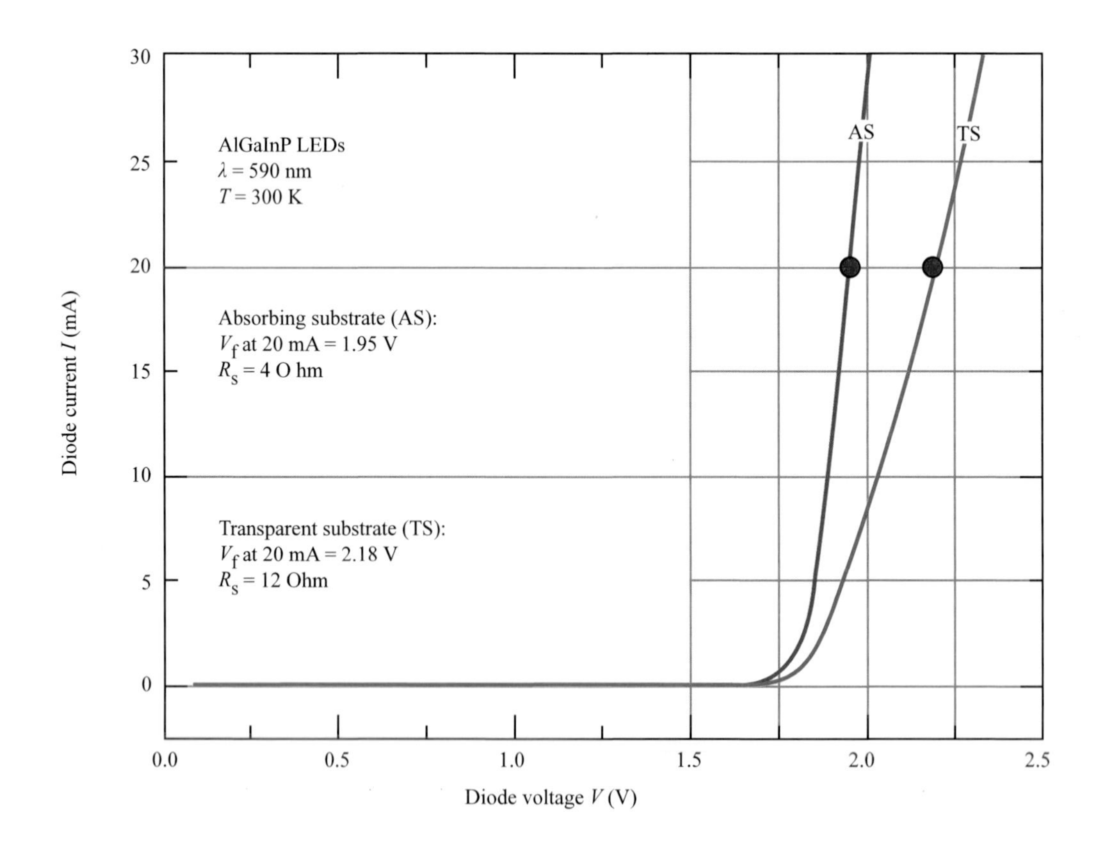

圖 4.16　AlGaInP/GaAs（吸收基板，AS）與 AlGaInP/GaP（透明基板，TS）LED 之電流電壓特性圖。

圖 4.17　(a) 包含 GaP window layer 與 GaAs 吸收基板之 AlGaInP LED。(b) 包含 GaP window layer 與 GaP 透明基板（TS）之 AlGaInP LED，其結構是以晶片接合方式形成。（Kish 和 Fletcher, 1997）

圖 4.17 是發光波長範圍相同的 AlGaInP/GaP 透明基板 LED 和 AlGaInP/GaAs 吸收基板 LED 的照片，由圖中可明顯看出吸收基板 LED 的基板部分因為吸收主動區發出的光而呈現較暗的顏色；而透明基板 LED 則可讓主動區發出的光穿透基板射出。一般而言，透明基板 AlGaInP/GaP LED 的外部效率比吸收基板 AlGaInP/GaAs LED 的外部效率高約 1.5～3.0 倍。

4.2.4　改變 LED 晶粒的外形

對於高效能的 LED，在結構中除了主動層以外其他層的吸收外，另外有一個很重要的問題就是本節前言所提到的，半導體材料的高折射係數，會導致 LED 產生受限的光（trapped light），如圖 4.18 所示。從主動區發射出的光線在入射到半導體和空氣界面時，當光入射角度大於臨界角時會發生全內反射。對於一高折射係數的半導體來說，臨界角是非常小的，例如，折射係數為 3.3，全內反射的臨界角只有 17°，因此大部分從主動區發出的光會被侷限在半導體內。此被侷限的光很有可能被厚基板所吸收，而基板的電子—電洞對因基板的品質和效率較低而有較大的機率產生非輻射復合，降低 LED 的效率。

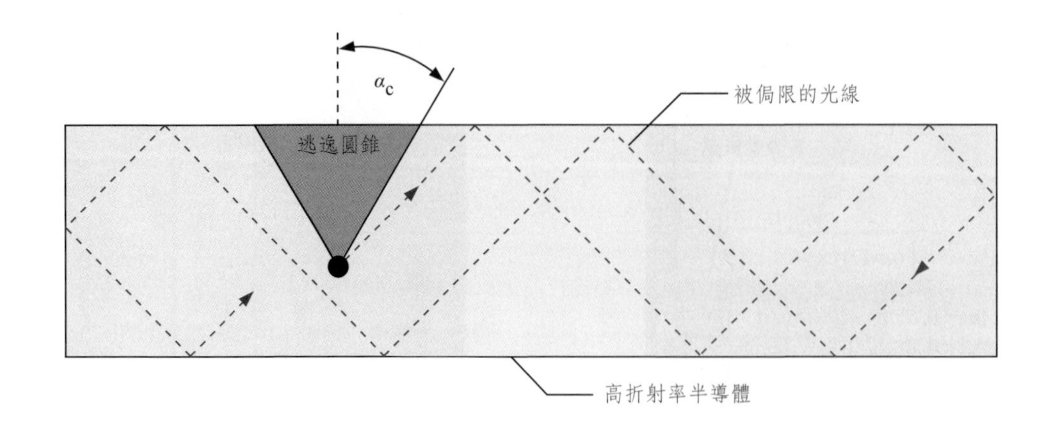

圖 4.18　在長方體形半導體中無法逃逸的被侷限光之光線路徑及逃逸圓錐之意示圖。

光線逃逸（light-escape）的問題在 1960 年代，LED 技術發展的初期就已被提出，而且也知道 LED 晶粒的幾何形狀外形扮演了決定性的角色。當時提出最理想的 LED 外形為圓球形，其結構如圖 4.19(a) 所示。另外也有人提出圓錐狀的 LED 如圖 4.19(b) 所示。圖 4.19(a) 的構想為在 LED 中心有一點狀的發光區域，而從點狀的主動區放射出的光線，是垂直入射半導體和空氣界面的，因此，不會發生內部全反射現象，但光在界面還是會發生 Fresnel 反射（Fresnel reflection），除非在球體塗上一層抗反射層。根據此球體的概念，Carr 等人在 1963 人發表半圓頂形的 LED，Franklin 等人在 1964 年發表倒圓錐體形，這些都被證實可改善傳統長方體形 LED 的光萃取效率。然而，這些元件並沒有被商業化，因為半導體製程技術是屬於平面的技術，而球形 LED 很難用傳統平面製程技術來製造，而分別製造每一顆 LED 晶粒外形的花費是很貴的。

另一種圓錐狀的結構設計，如圖 4.19(b)。光從圓錐底部或是低於底部的主動區發出，發生在圓錐和空氣邊界的光線會穿透半導體和空氣界面，即使光線被圓錐侷限，這些被侷限的光線也會如圖 4.19(b) 所示經過多次反射，而在半導體和空氣界面產生一個逐漸變大的入射角，最後，這些被圓錐

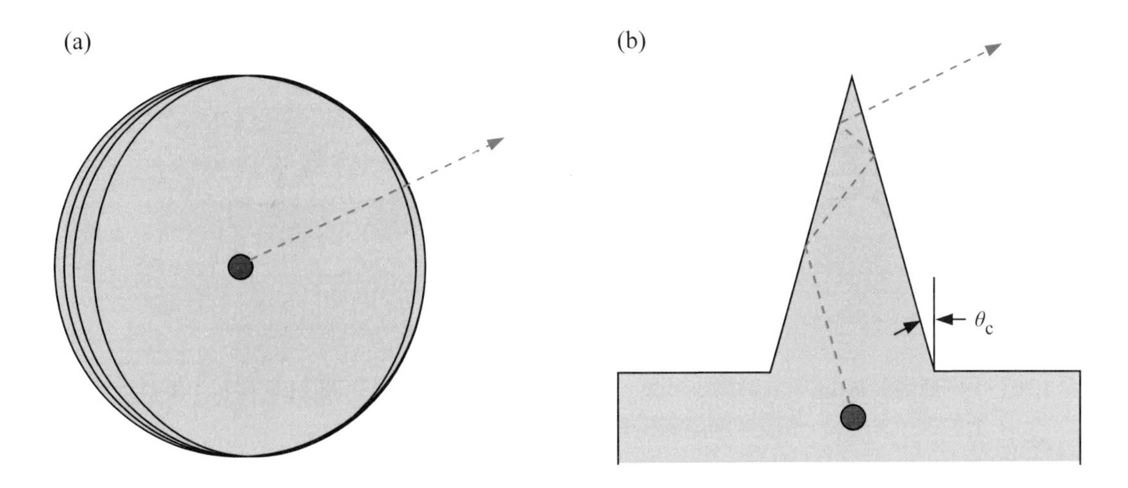

圖 4.19　不同幾何形狀的理想萃取效率 LED 圖說。(a) 中央點區域發光球面 LED。(b) 圓錐形 LED

所侷限的光線會變成一接近垂直的入射光，而會從圓錐射出。但圓錐形的 LED 還是很難製做和量產。

最普遍的 LED 結構就是長方體形的結構，如圖 4.20(a) 所示，這種 LED 晶粒的製造大都是沿著晶片的自然斷裂面而劈開的。長方體形的 LED 總共有六個逃逸圓錐（escape cones），其中兩個垂直於晶片表面，另外四個則平行於晶片表面，如圖 4.20(a) 所示。如果基板的能隙比主動區的能隙低，則往下方的逃逸圓錐會被基底所吸收，而四個側面的逃逸圓錐也有部分會被基板吸收，如果結構中沒有使用厚的電流分佈層的話，則往上方之逃逸圓錐的光會被上方電極阻擋。所以簡單的長方體 LED 的光萃取效率很低。然而，這種 LED 有一個重要的優點就是製造費用很低。圖 4.20(b) 是改善長方體形 LED 萃取效率的圓柱形 LED。與方型 LED 相比，圓柱形 LED 只有一個側向的光逃逸圓環，如圖 4.20(b) 所示，不像長方體 LED 有四個側向逃逸圓錐，因此，和長方體 LED 相比之下，圓柱型 LED 有較高的光萃取效率，但圓柱型 LED 在製程上比長方體 LED 多了一道蝕刻圓柱平臺的製程。

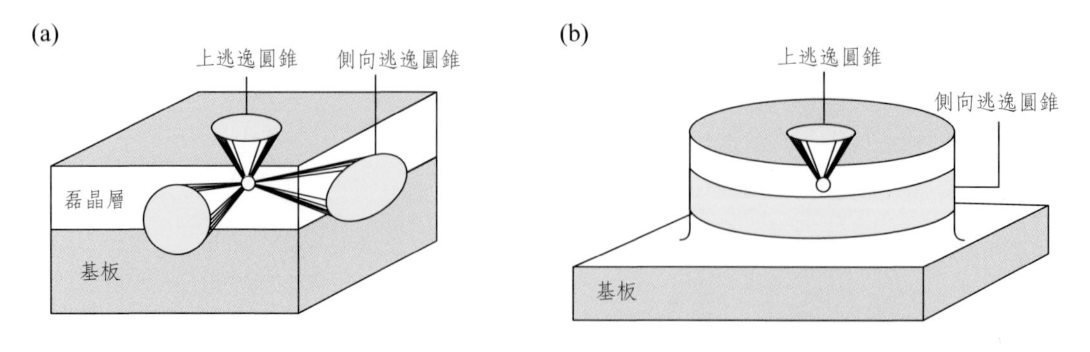

圖 4.20　不同幾何形狀 LED 之結構示意圖。(a) 有六個逃逸圓錐的長方體 LED 晶粒。(b) 有一個向上的逃逸圓錐和一個側面逃逸環的圓柱型 LED 晶粒。

以平面製程可行的製造技術來改善光萃取效率的商業上很有名之 LED 結構如圖 4.21 所示，包含了臺座形的 InGaN/SiC LED，其名稱為 Aton（歐斯朗，2001），其照片與結構示意圖如圖 4.21(a)、(b)；以及截頭倒金字塔形（truncated inverted pyramid, TIP）AlGaInP/GaP LED（Krames 等人，Lumileds 公司，1999），其照片與結構示意圖如圖 4.21(c)、(d)。由 4.21(b) 和 (d) 圖所示的光線軌跡，可看出進入到金字塔底部的光線經過一次或多次內部反射後，可從半導體逃逸。這兩種形狀可減少晶粒中主要光子路徑的長度，也因此減少了內部吸收損耗。臺座形元件增加的效率大約是長方體形元件的兩倍。

以截頭倒金字塔形 LED 的製程為例，它是先將會吸光的 GaAs 基板利用化學蝕刻的方式吃掉，再將之黏接到 GaP 透明的基板上，然後再以斜向切割或蝕刻方式做出倒金字塔的形狀，這種方式結合了透明基板和幾何形狀，不但使光不會再被基板吸收而且因為幾何形狀的關係，使光更容易從元件發射出來。而其中 LED 的幾何形狀，尤其是側壁角度的決定，是要能讓被侷限的光是最少的。以光追跡模型可以用來計算從半導體逃逸的最大機率。最佳 TIP 側壁的傾銷角度為 35°。以 500 μm×500 μm 之 p-n 接面區域的高功率 LED 來看，在 100 毫安培（mA）電流操作下，發光效率可達到 100 流明／瓦（lm/W），是目前商業上的 LED 中最高之一。

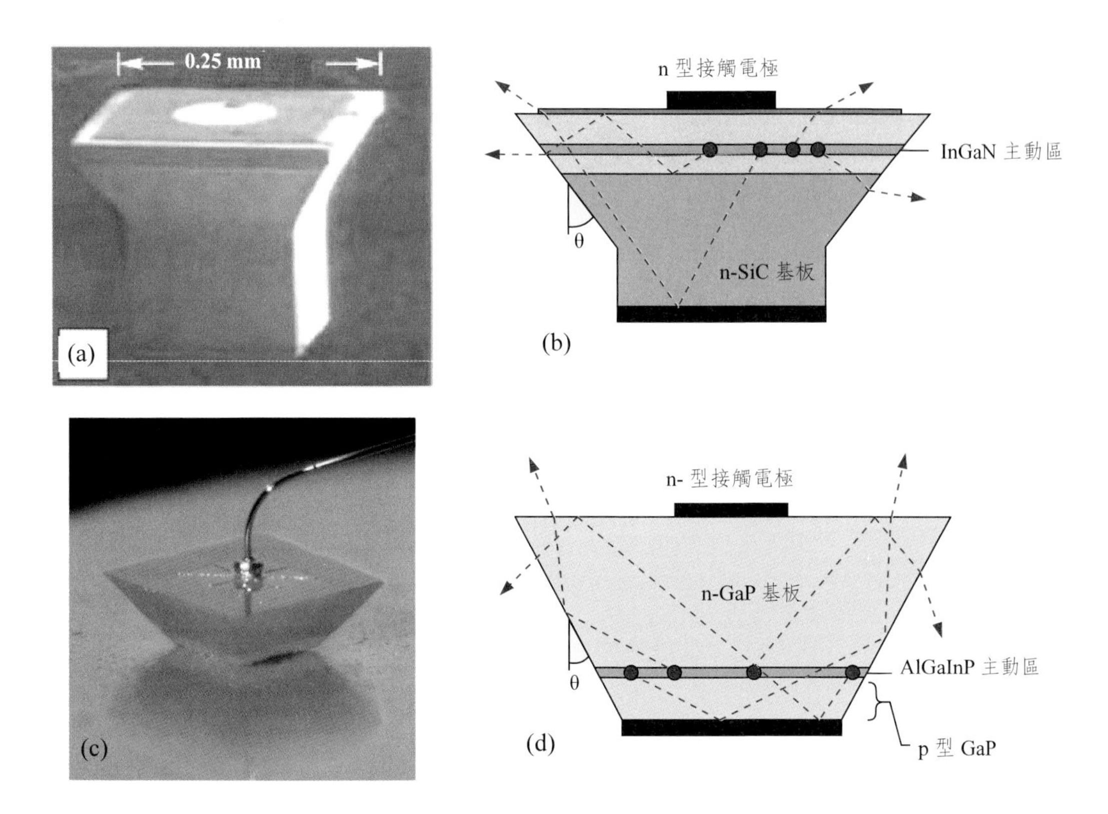

圖 4.21　不同晶粒形狀的 LED(a) 藍光 InGaN/SiC LED，商業名稱為 Aton，和其 (b) 增強光萃取之光線追跡示意圖。(c) 截頭倒金字塔形（TIP）AlGaInP/GaP LED，和其 (d)增強光萃取之光線示意圖。（Osram, 2001；Krames 等人，1999）

圖 4.22 為 TIP LED 的順向直流注入電流和外部量子效率之關係圖。此 TIP LED 在最大輸出功率時的發光波長為 610 nm，當注入電流 100 mA 為最大發光效率 102 lm/W，此發光效率超過大部分的螢光燈管（50-100 lm/W）和金屬-鹵素燈管（68-98 lm/W）；在黃光區域，$\lambda \approx 598$ nm，TIP LED 有 68 lm/W 的效率，和 50 W 高壓鈉燈的光源效率相比是差不多的；在紅光（$\lambda \approx 650$ nm）的 TIP LED 之外部量子效率峰值為 55%，在脈衝操作下（1% 的功率週期）更可達到 60.9% 的效率，是為這種元件的發光效率之最低界限值。

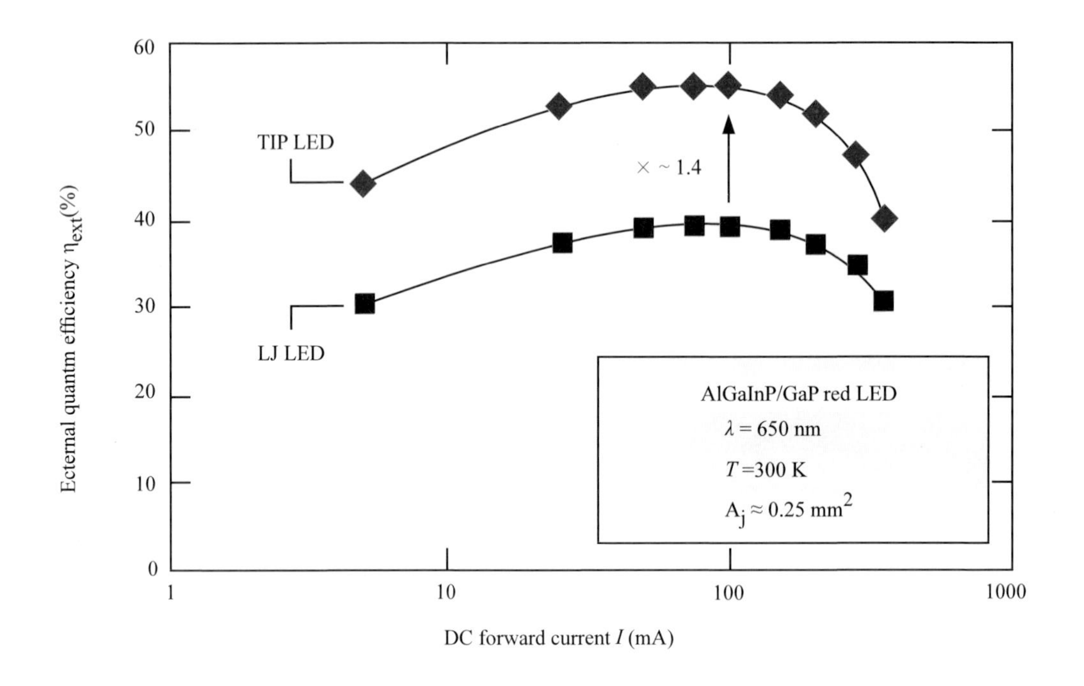

圖 4.22 封裝好之截頭倒金字塔形（TIP）之紅光（650 nm）LED 和大接面（large junction, LJ）LED 的外部效率與順向電流之關係圖。TIP LED 的萃取效率比 LJLED 改善了 1.4 倍。（Krames 等人，1999）

4.2.5 半導體表面結構化（Textured）

在 GaAs 系列的 LED 中，增加光萃取效率的其他方法有使表面粗糙化或使半導體表面結構化（或圖形化）等方法。據研究結果指出在以 GaAs 為基板的表面結構化 LED 之外部量子效率接近 50%。表面粗糙化或表面結構化的 LED 也是被廣為研究的結構，其概念圖如圖 4.23 所示。當 LED 結構表面為一完美平滑的表面（即鏡面）時，會導致光在結構中形成波導模式而無法逃逸，如圖 4.23(a) 所示。而當半導體表面為適度粗糙化的表面時，即有多處能將波導模式的光耦合出去，即形成漫射方式散射出去，如圖 4.23(b) 所示。圖 4.24 即為一表面結構化的例子，經過適當的表面圖型設計，可以使得長在不透明基板之 LED 的光萃取效率增加 30% 左右，出光效率可以達到 30 lm/W。

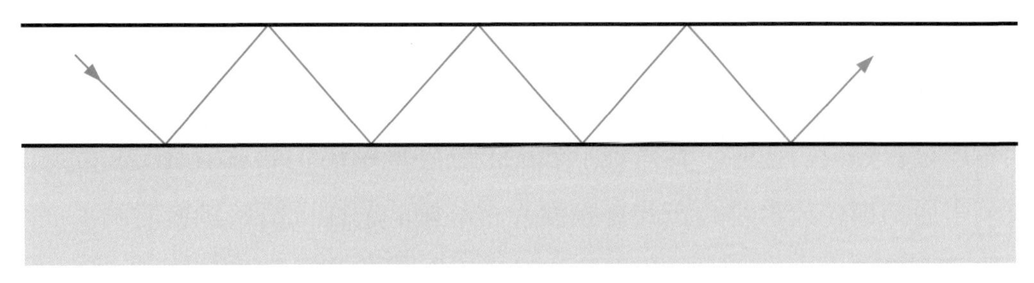

(a) 平滑表面（無粗糙化的表面）

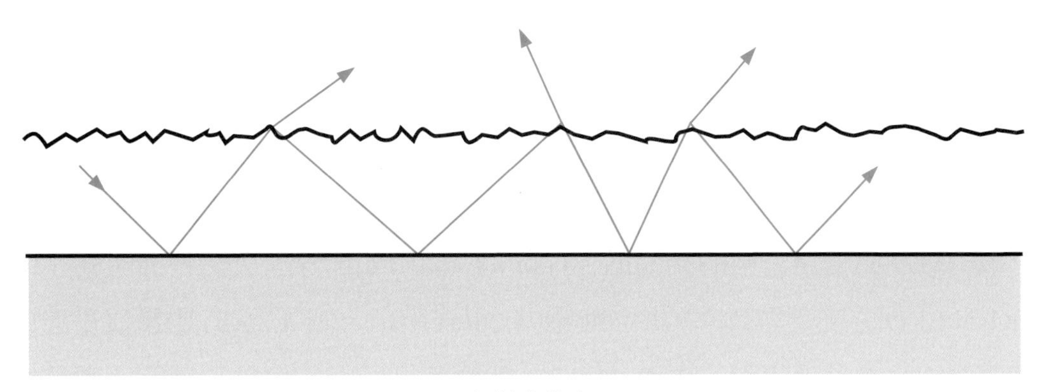

(b) 粗糙化的表面

圖 4.23　LED結構中的波導結構示意圖。

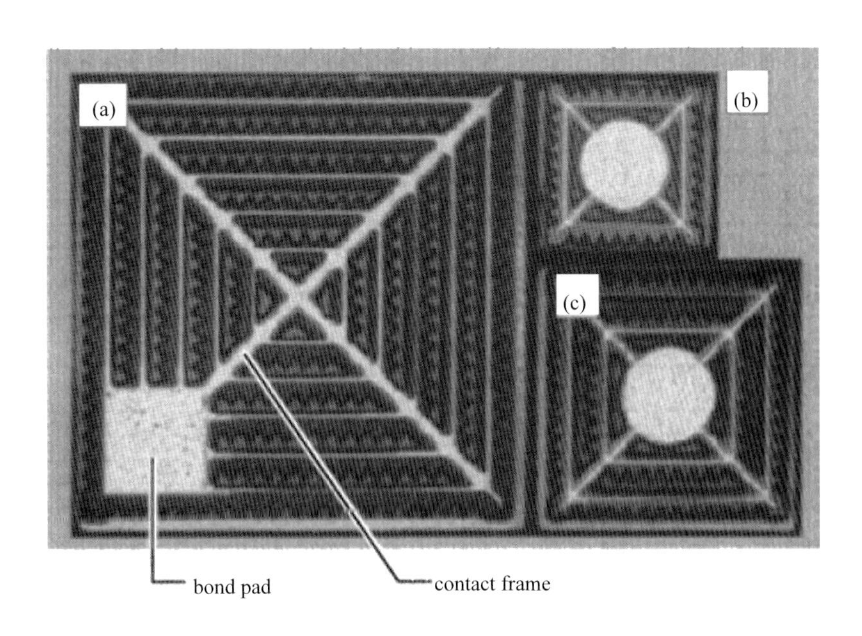

圖 4.24　一表面圖形化的 LED。（Streubel 等人，2002）

在 GaN 系列的元件中，表面粗糙化或表面結構化也可以增加光萃取效率，在光學顯微鏡下檢查 InGaN 晶片或晶粒表面，具有結構化或粗糙化的表面看起來會類似白色的，就是表示表面被強烈地結構化而造成漫射和散射結果。表面結構化較常用的方式是表面光子晶體的製作，將於稍後討論。而常用的表面粗糙化方式可分為有使用和沒有使用圖形遮罩兩種。

A. 沒有使用圖形遮罩

在 GaN 系列元件上使用化學濕蝕刻可造成大量表面粗糙化並增加光萃取效率，所使用的化學溶液如熱的 KOH 和 H_3PO_4 等，或以光電化學蝕刻的方式形成表面粗化效果，圖 4.25 即是以光電化學蝕刻方式將 GaN 在 KOH 中蝕刻 30 分鐘所得到的粗糙之 GaN 表面圖。Stocher 等人證實了蝕刻後所形成的錐狀結構為自然的結晶面。Gao 等人和 Fujii 等人發表表面粗糙化的 InGaN LED 之光萃取效率的增加如圖 4.26(a) 所示，圖 4.26(b) 中呈現干涉條紋的曲線，是平滑表面的 InGaN LED 所觀察到的（未經蝕刻前），那是由於 Fabry-Perot 腔所造成的，而其 Fabry-Perot 腔來自於 GaN 和空氣界面，及 GaN 和藍寶石基板的界面所形成的兩個反射鏡。將元件經表面粗糙化的處理後，則會量到平滑的曲線如圖 4.26(c) 所示，即干涉現象已消失。

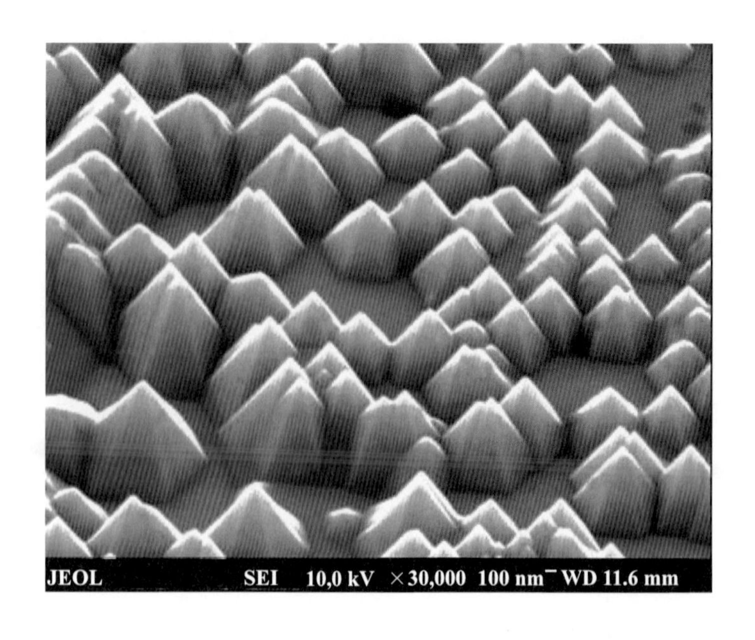

圖 4.25 GaN 在 KOH 中以光電化學蝕刻 30 分鐘後之表面圖。

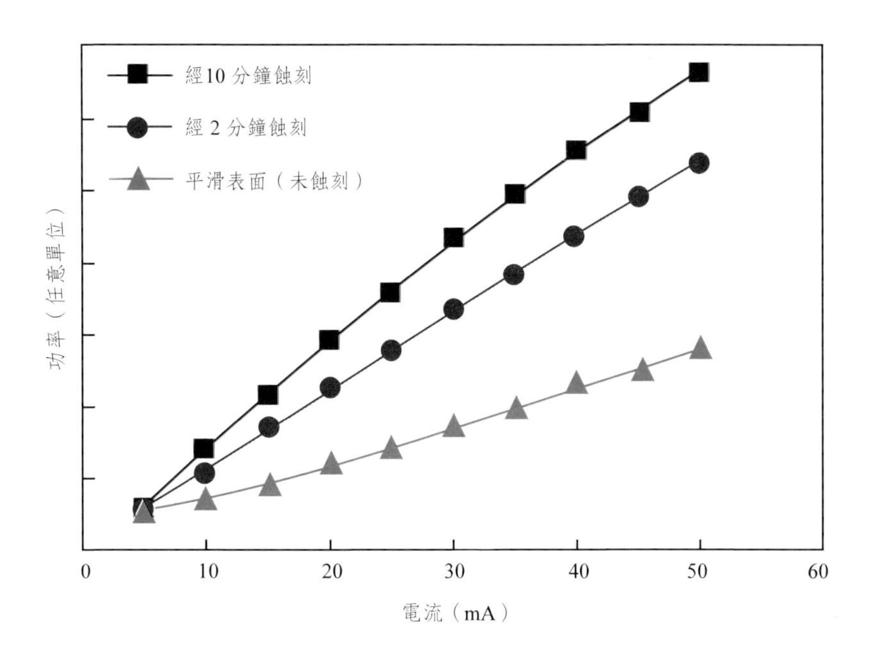

圖 4.26　(a) 有表面粗糙化和平滑表面之 InGaN LED 的操作電流和輸出光功率關係圖。

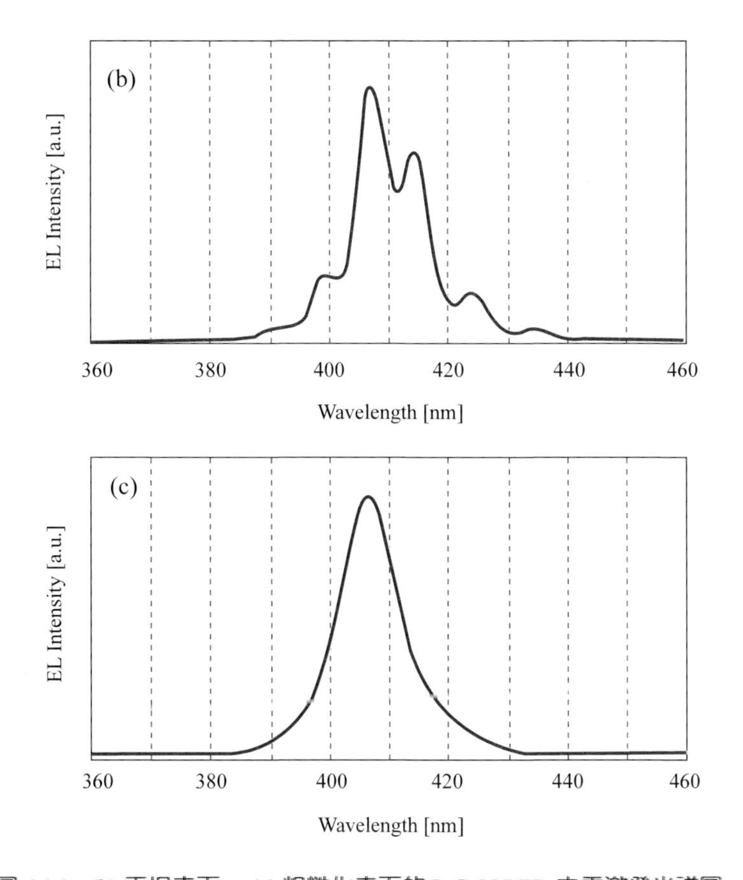

圖 4.26　(b) 平坦表面；(c) 粗糙化表面的 InGaN LED 之電激發光譜圖。

B. 使用圖形遮罩

有些研究者在 GaN 系列元件上使用圖形遮罩（mask）做為蝕刻的遮罩，使用遮罩的好處是製程容易控制。Huang 等人在典型藍光發光二極體結構的 p 型 GaN 上，用電子束蒸鍍的方式鍍上一層很薄的 Ni 層，再透過快速熱退火可以聚成一顆顆的 Ni 小球如圖 4.27 所示，這個 Ni 球可以用來當作圖形遮罩，然後用磷酸做化學濕蝕刻就可以吃出具有奈米柱的粗糙表面。在順向注入電流為 20 mA 下，平均奈米柱深度為 3.6 nm，含有奈米柱結構的表面粗化 LED 可以有 6.3 mW 的輸出功率，比平面 LED 的 4.5 mW 多了 1.8 mW，光輸出功率增加了 40%，如圖 4.28(a) 所示。圖 4.29 為注入電流為 20 mA 下，LED 表面出光量的分佈情形。另外在電性方面，有製作粗糙面的 LED 在 20 mA 下的電壓是 3.5 V 比平面 LED 的電壓 3.65 V 低，且動態電阻降低了約 20%，是因為粗糙面和金屬電極的接觸面積變大，而導致有較低電阻，如圖 4.28(b) 所示。

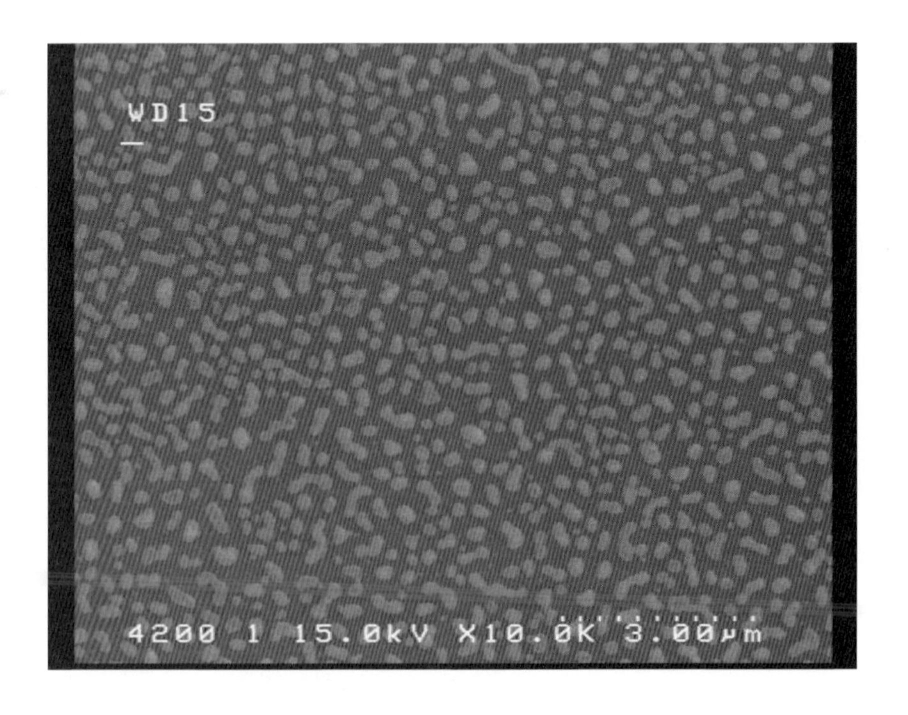

圖 4.27　薄的 Ni 層在透過快速熱退火後聚成 Ni 小球之顯微照。

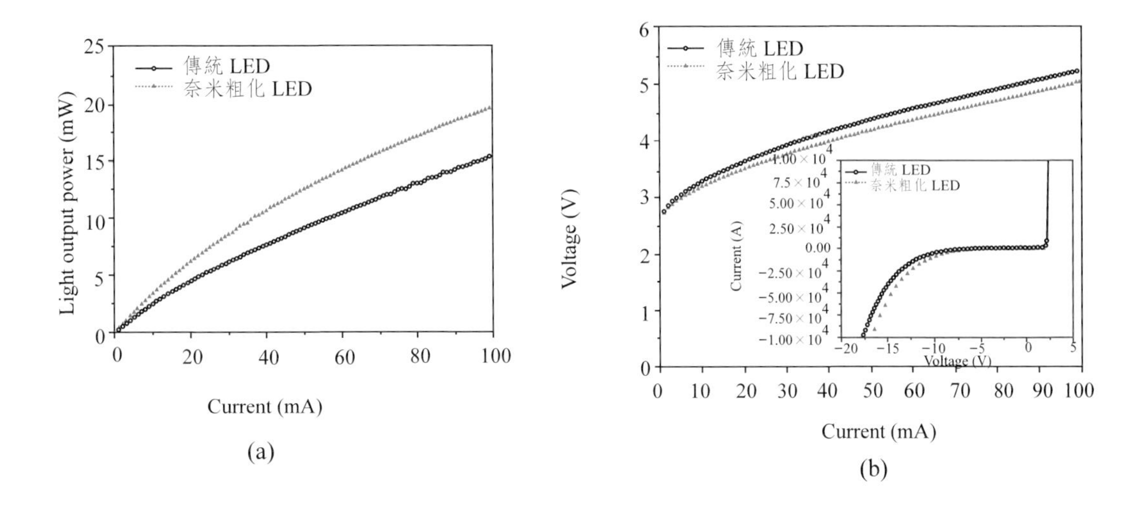

圖 4.28　表面有奈米柱結構和沒有粗糙化的 LED 之 (a) 電流對輸出功率關係圖；及 (b) 電流對電壓關係圖。

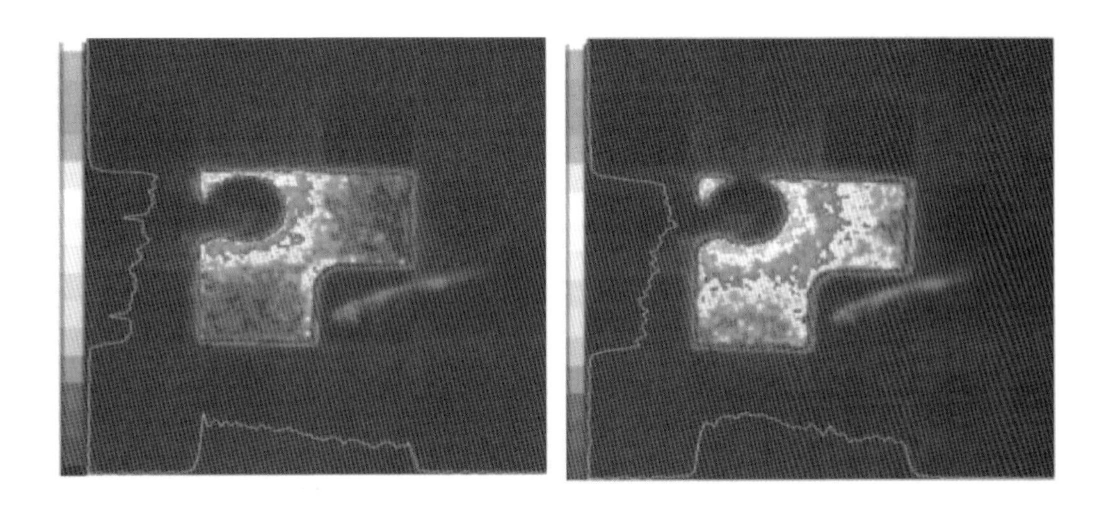

圖 4.29　注入電流為 20 mA 下，LED 表面出光量的分佈情形。左圖為平面 LED，右圖為表面有奈米柱結構之表面粗糙化 LED。（Huang 和 H. C. Kuo 等人，2005）

C. 側壁粗糙化

利用將側壁糙化的方式，一樣可以增加 LED 的出光效率，元件結構圖如圖 4.30 所示。首先利用 PECVD 在 p 型氮化鎵表面沉積一層 0.5 μm 的 SiO_2，再利用黃光微影的方式定義出元件圖案露出側壁，之後在 SiO_2 的遮罩和側壁上塗佈上聚苯乙烯的小球，再利用乾式蝕刻的方式分別在側壁和邊緣吃出粗糙的面，將透明導電膜蒸鍍在 p 極氮化鎵上增加電流擴散，之後分別在 n 型和 p 型氮化鎵上鍍 Ti/Al/Ti/Au 和 Ni/Au 當作歐姆接觸電極。圖 4.31 為具有奈米糙化側壁的多重量子井 LED 之 SEM 影像圖。

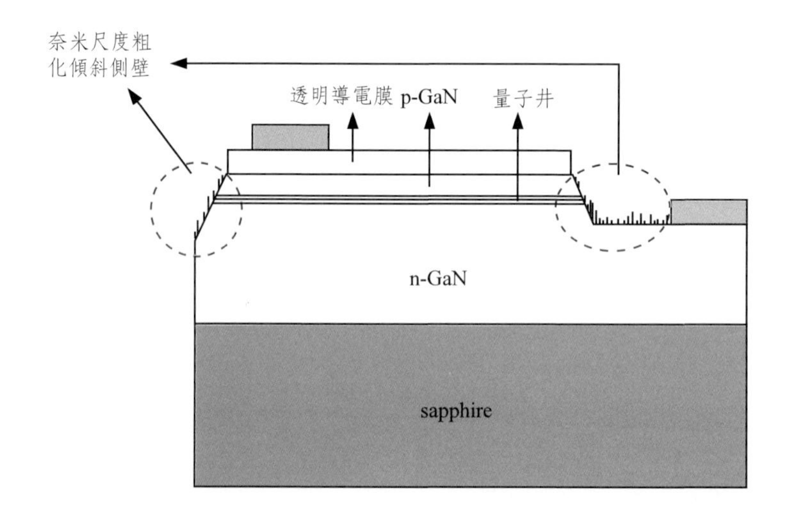

圖 4.30　具有奈米結構之側壁粗糙化的 LED 結構。

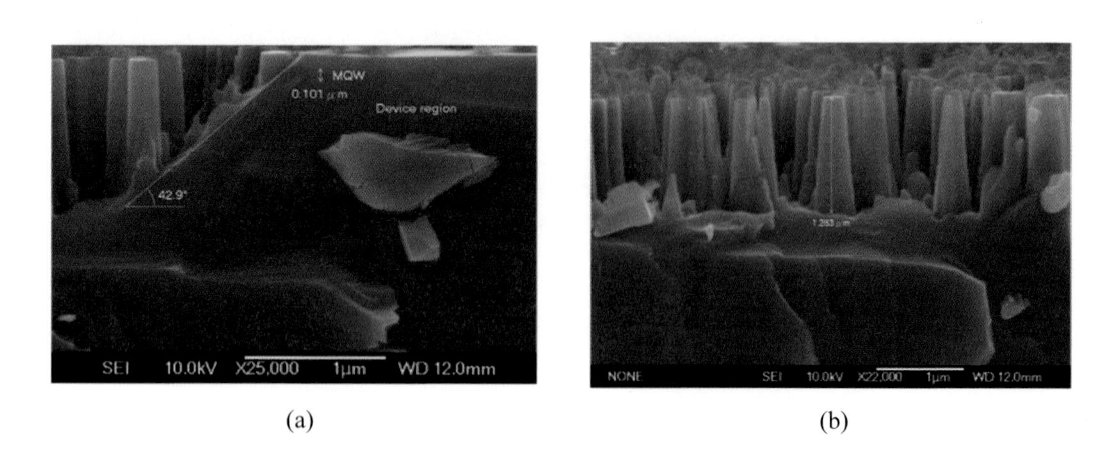

(a)　(b)

圖 4.31　有奈米結構之側壁粗糙化的 LED 結構之掃瞄式電子顯微鏡影像圖。(a) 奈米糙化側壁的橫切面圖和 (b) 奈米糙化側壁的奈米柱密度。（Huang, H. C. Kuo 等人，2006）

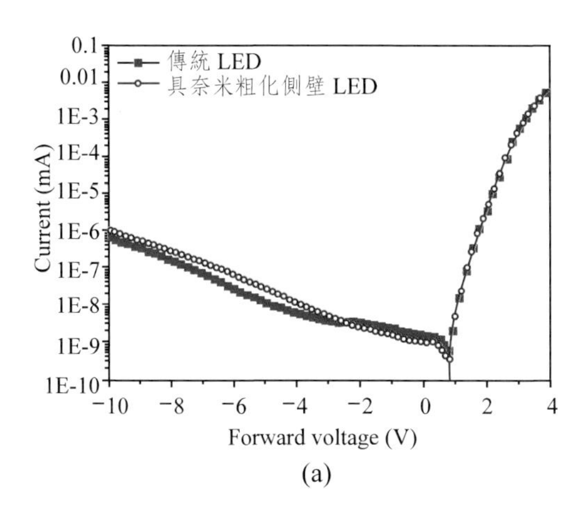

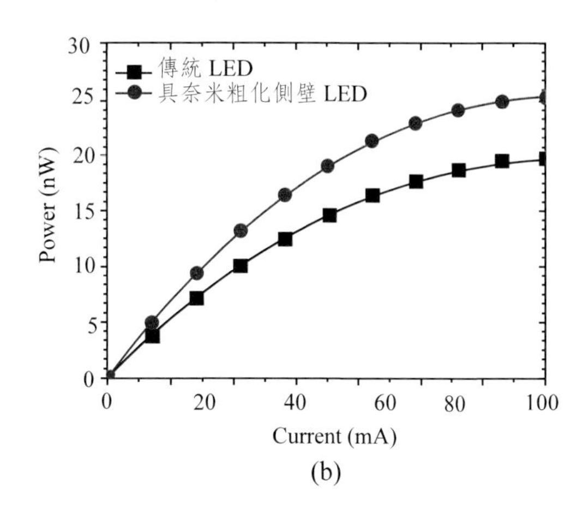

圖 4.32　有奈米結構之側壁粗糙化的 LED 和一般 LED 的 (a) 電流—電壓（I-V）與 (b) 強度—電流（L-I）特性圖

Huang 等人的研究顯示，此有奈米結構之側壁粗糙化的 LED 結構在電性上與一般的 LED 相比，並沒有較大的漏電流產生如圖 4.32(a) 所示。而在輸出功率上，有奈米結構之側壁粗糙化的 LED 和一般的 LED 在 20 mA 的操作電流下，其輸出功率分別為 9.5 和 7.2 mW，即有奈米結構之側壁粗糙化的 LED 之輸出功率比一般 LED 增加了 1.3 倍，如圖 4.32(b) 所示。由此可知利用這種側壁糙化的方式可以大幅提升輸出功率，而且元件特性並沒有因蝕刻而被破壞。

4.2.6　抗反射層

在 LED 出光面鍍抗反射層常被使用在商業上的 LED，用來減少半導體與空氣間的反射。對於垂直入射半導體—空氣界面的光之反射率為

$$R=\frac{(\overline{n}_{\mathrm{s}}-\overline{n}_{\mathrm{air}})^2}{(\overline{n}_{\mathrm{s}}+\overline{n}_{\mathrm{air}})^2} \tag{4.10}$$

其中 n_{s} 和 n_{air} 分別是半導體和空氣的折射係數。對垂直入射界面的光，當半導體的抗反射層有以下之參數

$$\text{Thickness: } \lambda/4=\lambda_0/(4\,\overline{n}_{\mathrm{AR}}) \quad \text{Refractive index: } \overline{n}_{\mathrm{AR}}=\sqrt{\overline{n}_{\mathrm{s}}\,\overline{n}_{\mathrm{air}}} \tag{4.11}$$

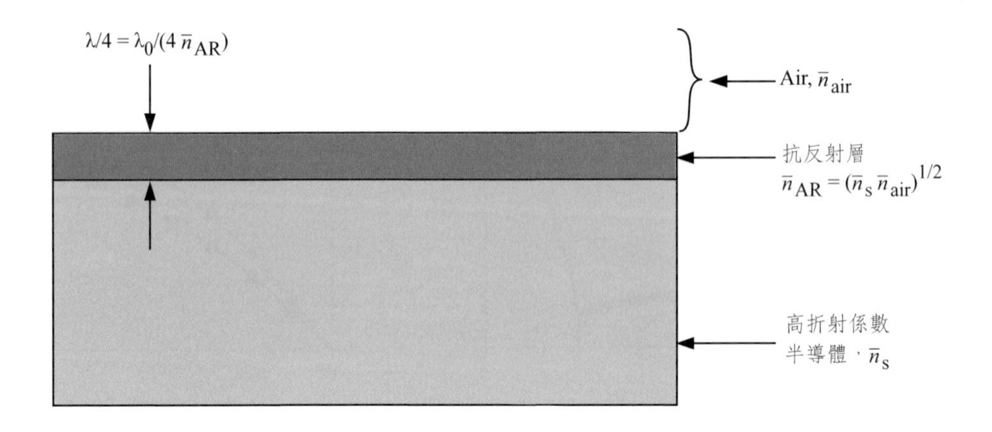

圖 4.33　抗反射（AR）鍍膜的理想厚度和反射率之圖說

表 4.2　折射率、一般適合的介電抗反射鍍膜之透明度範圍（Palik 後，1998）

Dielectric material	Refractive index	Transparency range
SiO_2 (silica)	1.45	> 0.15 μm
Al_2O_3 (alumina)	1.76	> 0.15 μm
TiO_2 (titania)	2.50	> 0.35 μm
Si_3N_4 (silicon nitride)	2.00	> 0.25 μm
ZnS (zinc sulphide)	2.29	> 0.34 μm
CaF_2 (calcium fluoride)	1.43	> 0.12 μm

則半導體與空氣間的反射率可降為零。圖 4.33 為有最佳厚度及折射係數的抗反射層示意圖。表 4.2 為數種適合用來當抗反射層的介電材料之折射係數及其透光波長範圍。

4.2.7　布拉格反射鏡的使用

4.2.3 節曾提過，長在晶格匹配的 GaAs 基板上，操作波長為 560-660 nm 的可見光 $(Al_xGa_{1-x})_{0.5}In_{0.5}P$ LED 往下方發射的光會被 GaAs 基板所吸收導致 LED 的效率很低，改善的方法除了之前提過的使用透明基板的技術外，還有使用反射鏡的方式。布拉格反射鏡（Distributed Bragg Reflector, DBR）是一種常用的高反射率之反射鏡，其結構是利用兩種不同折射率的材料重覆交錯堆疊而成，利用折射率週期性的變化，讓入射光可以在入射處形成

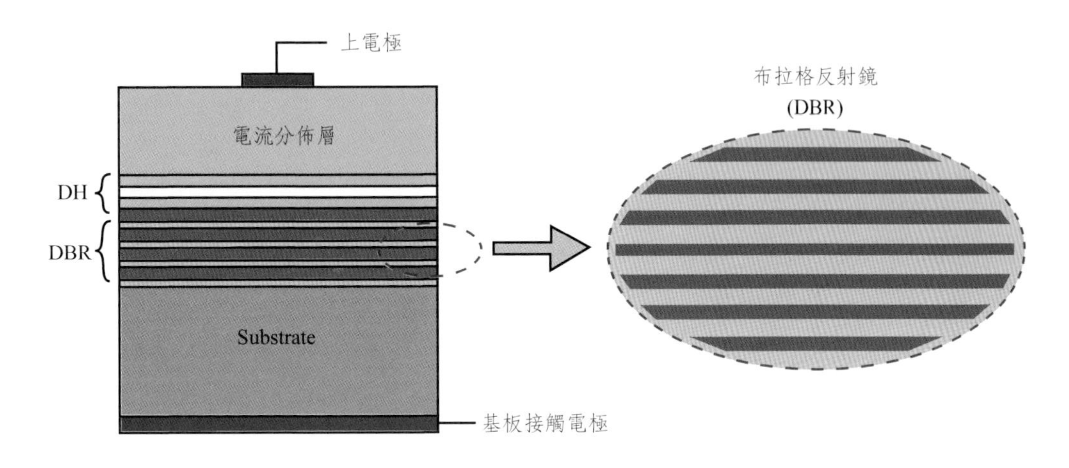

圖 4.34　在 LED 結構中的基板和下侷限層中成長布拉格反射鏡之結構示意圖。

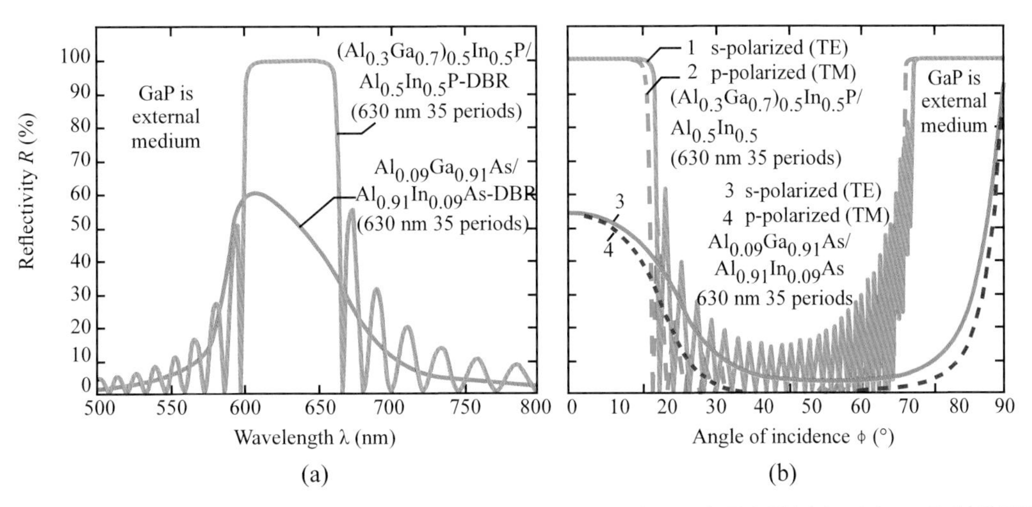

圖 4.35　理論計算 AlGaInP/AlInP DBR 和 AlAs/GaAs DBR 之 (a) 波長和反射率，及 (b) 入射角和反射率的關係圖。

建設性干涉，造成有很高的反射率，如圖 4.34 中右方的放大圖所示。Kato 等人在 GaAs 基板上先磊晶成長 AlGaInP/AlInP 布拉格反射鏡，再接著磊上發光二極體的結構，如圖 4.34 所示，如此一來就可以利用布拉格反射鏡將往下方發射的光往上反射回去。

雖然在設計上是將布拉格反射鏡要反射的波長設計在 LED 的發光波長，但是布拉格反射鏡是針對垂直入射反射面的光以干涉理論計算出來的，因此布拉格反射鏡只有對一小段特定波長會有很高的反射率，如圖 4.35(a) 所示，當入射光的波長不在 600 nm～670 nm 之間，其反射率就會下降很多，且光如果不是垂直入射鏡面，就無法有很高的反射率，使得光依然會穿透布拉格反射鏡，而被 GaAs 基板所吸收，圖 4.35(b) 顯示當光的入射角度介於 20°～70° 間時反射率會大幅下降，也就是說大角度的光會直接穿透布拉格反射鏡，而到達會吸收光能量的 GaAs 基板，造成光能量損失，使出光無法達到預期。

布拉格反射鏡多使用在面射型雷射和需要較強軸向光的 RCLED（resonant-cavity LED）上。

4.2.8 全方向反射鏡的使用

全方向反射鏡（omnidirectional reflector, ODR）包括半導體材料層，低折射率材料層（n_{li}）和具有複數折射率的金屬層（$N_m = n_m + ik_m$），結構示意圖如圖 4.36 所示：

在全方向反射鏡結構中，在光垂直入射時的反射率為：

$$R_{ODR}=\frac{\{(n_S-n_{li})(n_{li}+n_m)+(n_S+n_{li})k_m\}^2+\{(n_S-n_{li})k_m+(n_S+n_{li})(n_{li}-n_m)\}^2}{\{(n_S+n_{li})(n_{li}+n_m)+(n_S-n_{li})k_m\}^2+\{(n_S+n_{li})k_m+(n_S-n_{li})(n_{li}-n_m)\}^2} \quad (4.12)$$

以波長 630 nm 的 $AlGaInP/SiO_2/Ag$ 結構為例，當低折射率材料層的厚度為四分之一波長 $\lambda_0/(4\ n_{li})$ 時，對垂直入射光的反射率大於 98%，是一具有非常高反射率值的反射鏡，圖 4.37(a) 比較了 Ag/SiO_2 ODR、Au/SiO_2 ODR 以及 35 對 AlGaInP/ AlInP 布拉格反射鏡（DBR）在不同波長和不同角度的反射率。在波長比較上可以看到 DBR 只有在一小段波長內具有高的反射率，而全方向反射鏡在所量測波段內（500～800 nm）都維持很高的反射率；在改

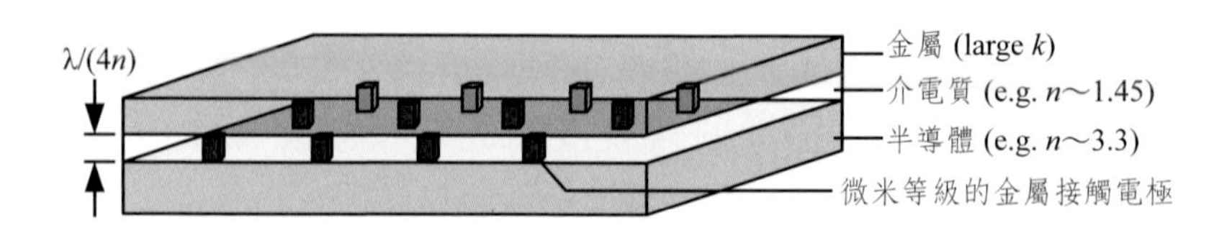

圖 4.36 全方向反射鏡之結構示意圖。

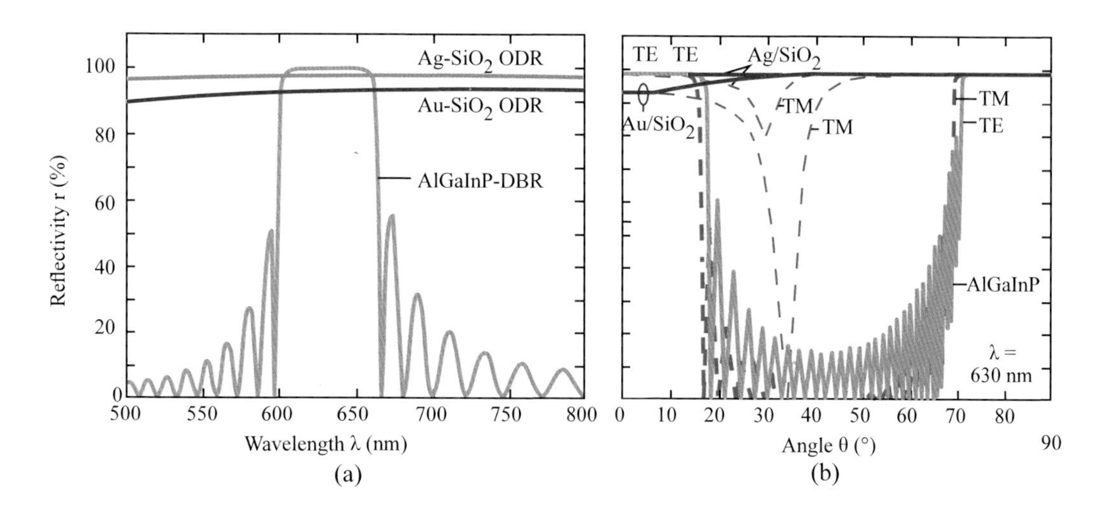

圖 4.37　全方向反射鏡之 (a) 光垂直入射時的反射率和波長關係圖（理論計算），和 (b) 光由不同角度入射時的入射角度和反射率關係圖。

變入射角度的量測上，如圖 4.37(b)，可以發現 DBR 在大於 17° 後，反射率立即快速下降，而對全方向反射鏡而言，不論是 TE 模態還是 TM 模態在不同角度上都有很高的反射率，其中 TM 模態某個角度反射率下降是因為布魯斯特角的影響所致。

圖 4.38 是一個製作全方向反射鏡 LED 的例子，首先在 n^+ 型 GaAs 基板上用 MOCVD 依序成長 n 型 InGaP 層、n 型 AlInP 層、主動層、p 型 AlInP 層、p 型 GaP 層以及 p^+ 型 GaP，利用黃光微影和蝕刻製程 GaP 層上製作出長條矩形刻紋，再將全方向反射鏡製作於矩形刻紋之上，反射鏡由 100 nm ITO 電流擴散層、100 nm Al_2O_3 低折射率層以及 300 nm Al 金屬層所組成，然後將之與 Si 基板用黏膠接合，用化學蝕刻將會吸光的 GaAs 基板移除，再將元件製作出來，結構剖面示意圖如圖 4.38 所示。

實驗上以有製作矩形條紋和平面的全方向反射鏡，與具有布拉格反射鏡的 LED 比較，結果發現在注入電流 20 mA 下，平面全方向反射鏡輸出光功率為 6.8 mW ，是布拉格反射鏡 LED 輸出功率 3.8 mW 的 1.8 倍，這是因為從 LED 主動層發出的光的角度是往各位方向的，而全方向反射鏡比布拉格反射鏡更能有效的反射來自於各入射角度的光，導致正面可以有更多的光被萃取出來，而有製作矩形條紋的全方向反射鏡 LED，在 20 mA 的注入電流

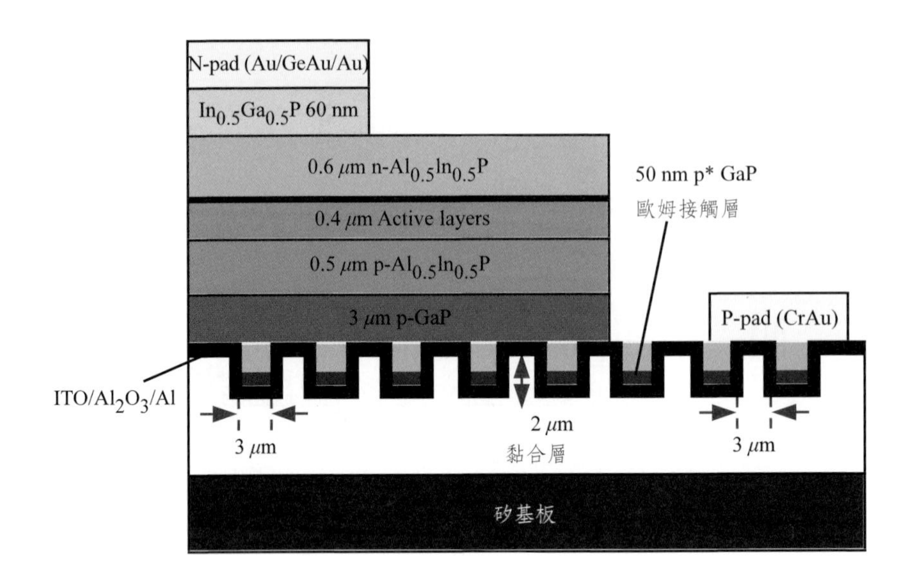

圖 4.38　全方向反射鏡 LED 結構示意圖。

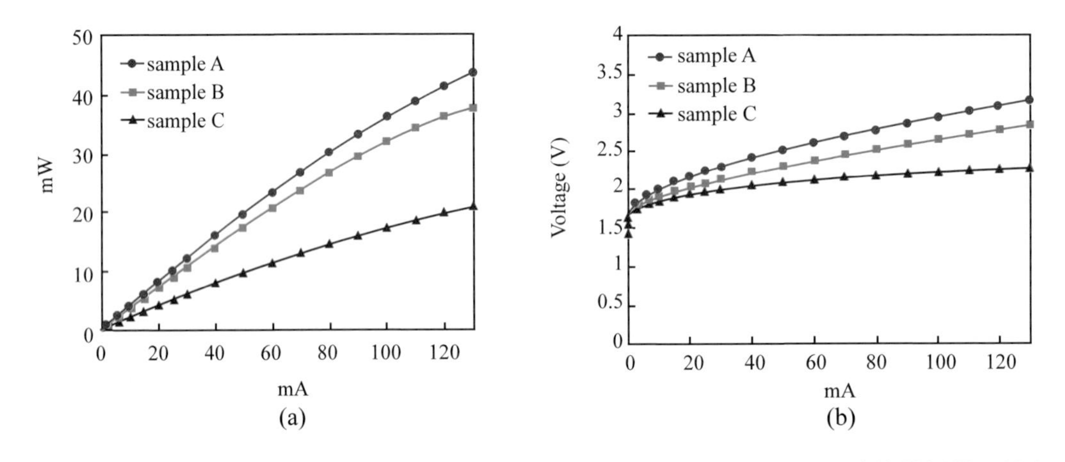

圖 4.39　全方向反射鏡和布拉格反射鏡元件之 (a) 輸出光功率 (b) 電壓和電流的關係圖，其中 Sample A、B、C 分別代表有製作矩形條紋和平面全方向反射鏡以及布拉格反射鏡的 LED。

下，其輸出的光功率有 7.8 mW ，比平面全方向反射鏡 LED 增加了 15%，這是因為矩形條紋的幾何形狀可以改變光行進的方向，使得本來會被侷限在發光二極體內部的光較容易被萃取出來，以增加其發光強度。輸出光功率和電流的關係圖如圖 4.39(a) 所示，Sample A、B、C 分別代表有製作矩形條紋和平面全方向反射鏡以及布拉格反射鏡的 LED。在電性方面，圖 4.39(b) 為此三元件的電壓和電流的關係圖。由量測結果發現有製作矩形條紋的全方向反射鏡 LED 在同一電流注入下，其電壓比較高，這是因為金屬電極尚未優化的結果，未來有改善的空間。

4.2.9　薄膜（Thin-film）技術

經由 4.2.3 節所述之透明基板 LED 的想法，另發展了一套薄膜二極體的製程方法。最直接的薄膜 LED 製程技術是將 LED 和欲轉移基板使用金屬-金屬黏合的方式接合在一起。圖 4.40 為紅光薄膜 LED 製程技術的流程圖，先在 LED 結構的磊晶層上鍍一層 Au，在欲轉移的基板（圖(a)中之承載晶片）上鍍上 AuSn，將 LED 元件和基板在低溫（350℃）環境中以壓合的方式鍵結黏接，之後再用化學蝕刻的方式將原來的 GaAs 基板移除，再經過一般 LED 的製程即可完成薄膜 LED。

其中有幾個關鍵的地方是，如何在金屬接面處形成一具有高反射、低吸收且低阻抗的鏡面。然而往往金屬反射率高卻歐姆接觸不好，可透過熱退火降低阻抗但卻會使反射率下降，這問題可以透過在半導體和金屬接面間插入一層介電層來改善，只在電流欲注入的地方形成開口讓電流流過即可，這樣在經過熱退火後，不但可以降低阻抗，也不致使反射率變差。

A. 薄膜 AlGaInP LED

以 Illek 等人所發表的薄膜 AlGaInP LED 為例，先在 AlGaInP 蝕刻出一個個的圓錐，蝕刻深度穿過發光主動層，然後鍍上一層很薄介電層，並在圓

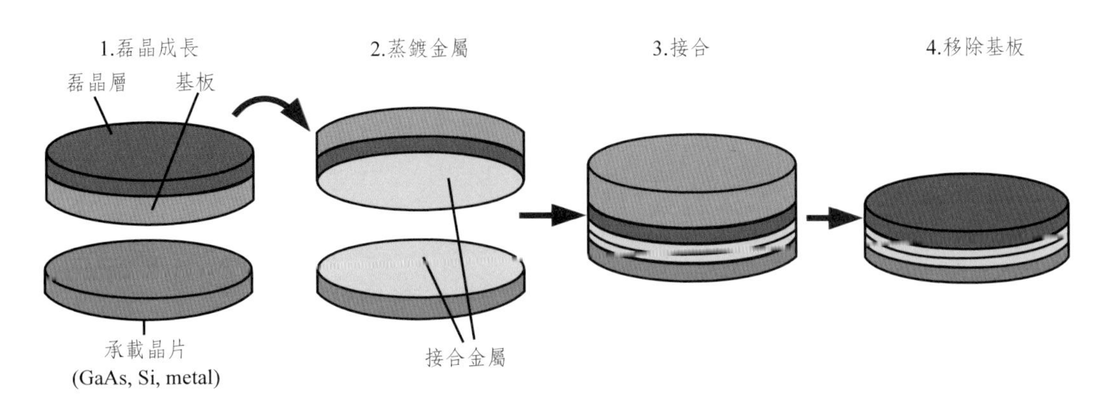

圖 4.40　利用金屬－金屬黏合的紅光薄膜 LED 製程技術之流程示意圖。

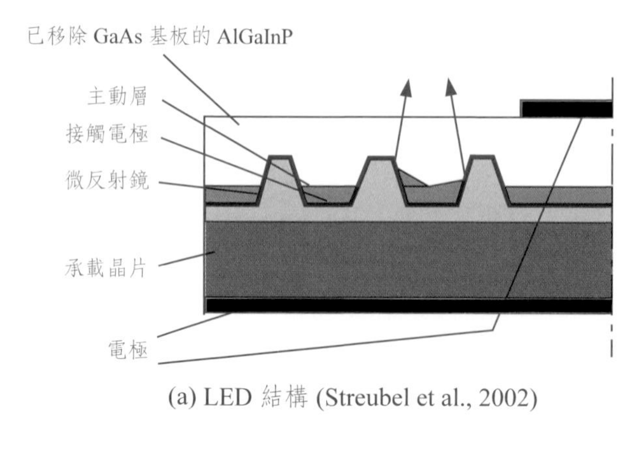

(a) LED 結構 (Streubel et al., 2002)

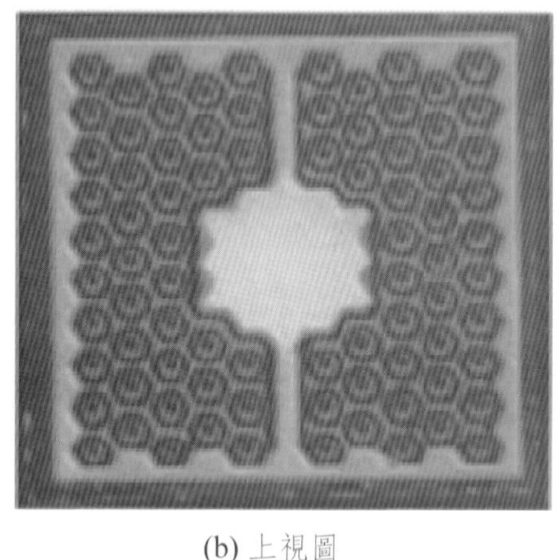

(b) 上視圖

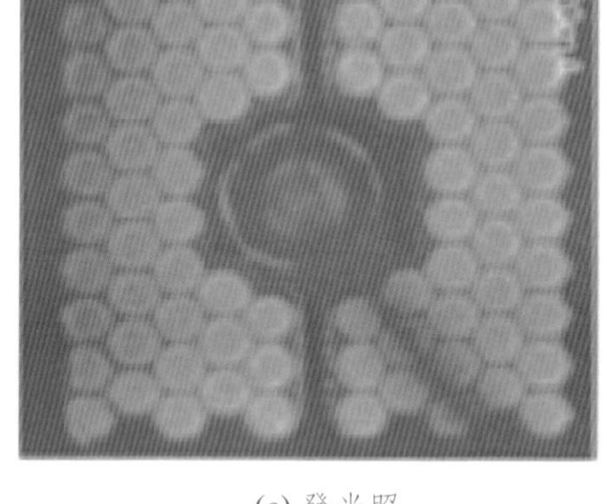

(c) 發光照

圖 4.41　薄膜 AlGaInP LED 元件的 (a) 結構剖面示意圖；(b) 上視圖；(c) 點亮圖。

錐底部開口形成電流注入區域，再鍍上金屬，因此角圓錐部分會形成一高反射的鏡面，使光入射至鏡面能夠被反射並往元件上方出光，然後在另一基板上鍍上金屬，並用低溫壓合的方式使之黏著，接著再用化學蝕刻方法去除會吸光的 GaAs，最後再鍍上 n、p 歐姆接觸電極，其結構示意圖如圖 4.41(a) 所示，圖 4.41 (b) 為薄膜 AlGaInP LED 元件的上視圖，圖 4.41(c) 為薄膜 AlGaInP LED 元件的點亮圖。圖 4.42 為此元件的輸入電流與輸出功率及輸出效率的關係圖，圖中顯示此元件在 100 mA 的電流注入下可發出 9.7 流明 (lm)，相當於 32 mW 的光，在電流 10~20 mA 的注入下，轉換效率達 50 lm/W 以上，尤其在 10 mA 的電流注入時，轉換效率達到 53 流明 / 瓦。另外，此元件電性方面的表現為，在 10 mA 的電流注入下，電壓低於 2 V 之下。

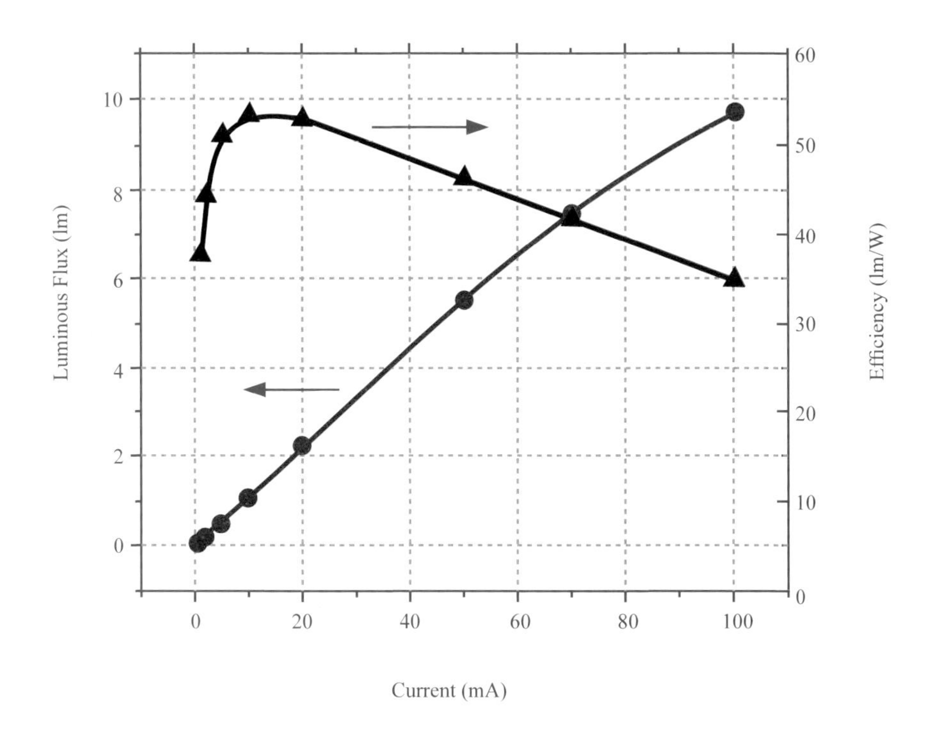

圖 4.42 薄膜 AlGaInP LED 的電流—輸出功率—輸出效率的關係圖。

薄膜發光二極體可以在金屬黏合之前先製作經過優化後的幾合形狀，使得這些微反射幾何鏡面能夠有效的將光反射。另外一個關鍵是熱膨脹係數的問題，不同材料基板的熱膨脹係數不同，若能使二極體、金屬以及基板在溫度變化時，不會產生太多的應力，則對於元件壽命的提升有很大的幫助。

B. 薄膜氮化鎵發光二極體（thin-GaN LED）

薄膜氮化鎵 LED 是目前發展高功率藍光 LED 的一個重要研發技術，與紅光薄膜 LED 較不同的製程技術是需利用雷射將藍寶石基板剝離。由於氮化鎵系列 LED 是成長在藍寶石基板上，而藍寶石基板的導電性和散熱性都不好，故以雷射剝離（laser lift-off, LLO）的技術，不需經由蝕刻即可將藍寶石基板移除，並將氮化鎵 LED 轉移至導電、導熱性較好的基板上，以增加氮化鎵 LED 導電和散熱的能力。

雷射剝離藍寶石基板的技術一般是利用波長 248 nm 的 KrF 准分子雷射經過光學導引系統，將光從藍寶石基板背面導入並聚焦在藍寶石基板和氮化

鎵的界面，此時界面會產生如下的化學反應式，

$$GaN \Leftrightarrow Ga + \frac{1}{2} N_{2(g)} \tag{4.13}$$

因此在界面的氮化鎵會分解成鎵金屬和氮氣，之後即可將藍寶石基板剝離，再利用鹽酸或硫酸加雙氧水去除剝離後表面的鎵或氧化鎵等殘留物。圖 4.43 是 Chu 等人實驗氮化鎵受 KrF 雷射的蝕刻速率情形，改變 KrF 雷射能量密度從 0.2 調整至 1.0 焦耳／平方公分（J/cm^2），分別在空氣中和 10^{-3} torr 的壓力下蝕刻速度皆會逐漸增加，在 1.0 J/cm^2 下，蝕刻速度分別是 35 nm 和 60 nm 左右，故可知在壓力較低的環境下，蝕刻速度較快；另外，由圖中可知蝕刻的臨界能量密度大約在 0.3 J/cm^2。

圖 4.44 是 Chu 等人利用雷射剝離技術製作垂直型氮化鎵 LED 的流程圖，首先在 p 型氮化鎵上沉積金屬電極（Ni/Pt/Au），並在銅基板上沉積一層銦（In）金屬（圖 4.44(a)），接著在溫度 200 ℃ 下經過熱壓合的方式將鍍有金屬的 LED 和銅基板黏著在一起（圖 4.44(b)），然後利用 KrF 雷射在藍寶石基板界面形成化學反應（圖 4.44(c)），將藍寶石基板剝離（圖 4.44(d)），

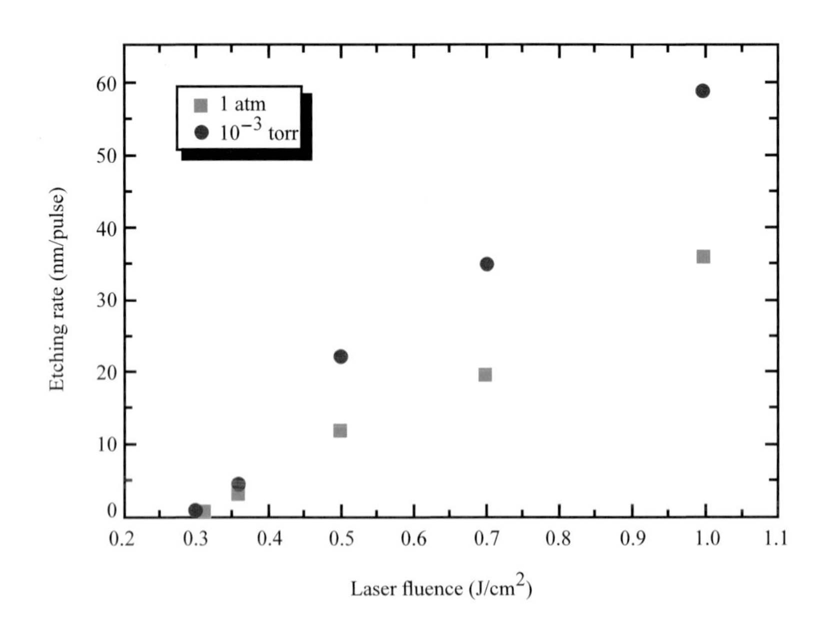

圖 4.43　以 KrF 雷射剝離氮化鎵之雷射功率和蝕刻速率關係圖。

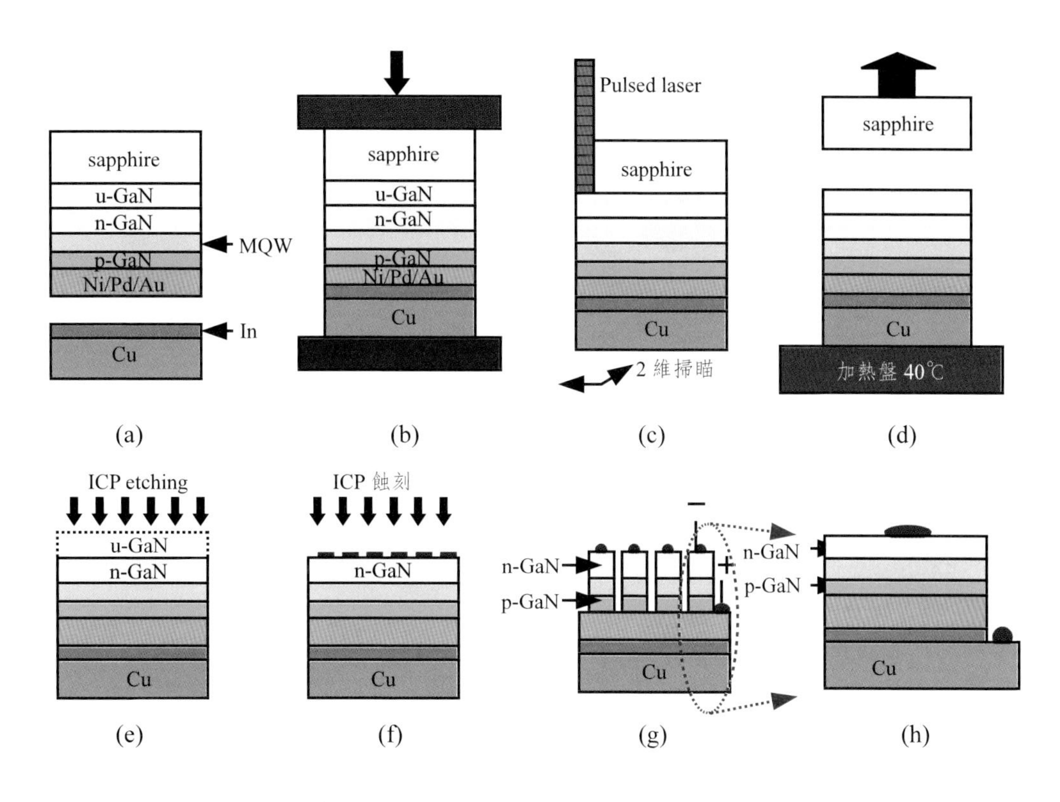

圖 4.44 雷射剝離技術製作垂直型氮化鎵 LED 的流程圖示意圖。

利用感應式耦合電漿離子蝕刻機將未摻雜的氮化鎵（u-GaN）層蝕刻掉以露出 n 型氮化鎵（圖 4.44(e)），接著利用黃光微影技術和蝕刻製作出元件圖案（圖 4.44(f)），然後沉積金屬電極（圖 4.44(g)），最後將各元件切割獨立出來（圖 4.44(h)）。

圖 4.45 分別是傳統 GaN LED 和垂直式 GaN LED 的結構圖及上視圖，其中傳統 GaN LED 發光面積大約只有全部元件面積的 50%，而垂直式 GaN LED 的發光面積可達全部元件面積的 90%，因此垂直式 GaN LED 能提供較傳統 GaN LED 高的功率。而傳統 GaN LED 和垂直式 GaN LED 的電性如圖 4.46(a) 所示，在注入電流為 20 mA 時，傳統 LED 的電壓和垂直式 LED 的電壓都約為 2.6 V，這表示元件和銅基板黏合良好，沒有影響到接觸電阻和元件的特性；在注入電流為 300 mA 時，垂直型LED的電壓為 3 V，小於傳統 LED 的 3.3 V，這可能是由於傳統 LED 元件散熱效果較垂直型 LED 差，而受到熱影響，傳統 LED 阻值變的垂直型 LED 大。光性方面，如圖 4.46(b)

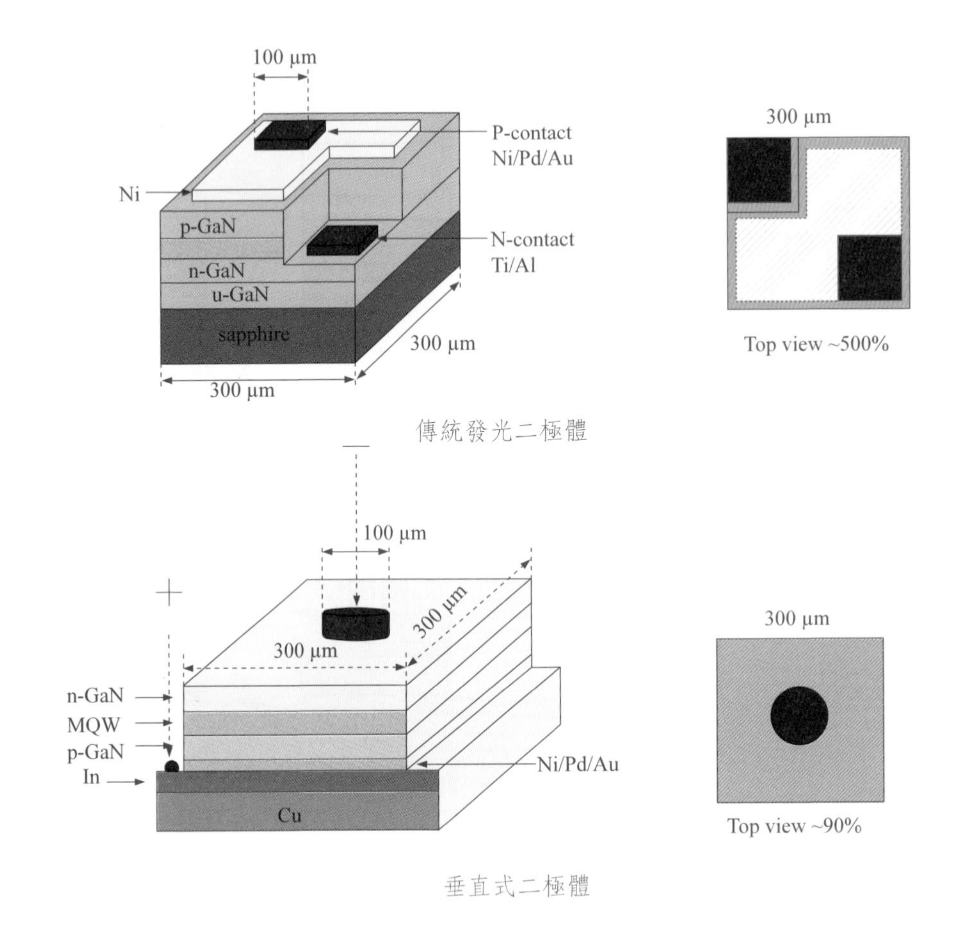

圖 4.45　(a) 傳統 GaN LED，(b) 垂直式 GaN LED 的結構圖。

所示，同樣在 100 mA 電流注入下，垂直式 LED 的輸出光功率是傳統 LED 的 1.7 倍左右。輸出光功率的增加有幾種可能原因，第一是垂直式 LED 之發光面積是傳統式的 1.8 倍；第二是氮化鎵和金屬界面的反射率比氮化鎵和藍寶石界面反射率還要高；第三是垂直式 LED 是 n 型氮化鎵在上面，不需要鍍上半透明的電流擴散層透明導電膜，故光並不會被擴散層吸收；最後垂直式 GaN LED 由於電流是從上往下流，並不像傳統 GaN LED 電極在同一面，故直式 LED 的電流擴散面積較大且較均勻。

另外，薄膜 GaN LED 的散熱特性佳是其一個很重要的特點，圖 4.46(b) 可看到在注入電流範圍 0～1000 mA 內，傳統 GaN LED 在大約 800 mA 時開始有飽和現象，而在電流大於 1000 mA 時光功率因熱而下降，而薄膜 GaN LED

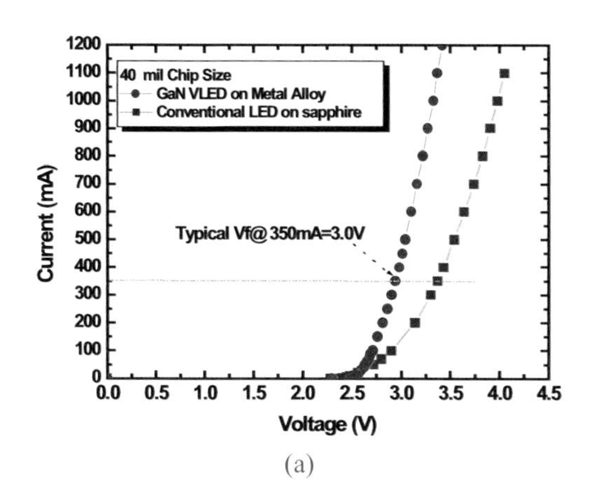

(a)

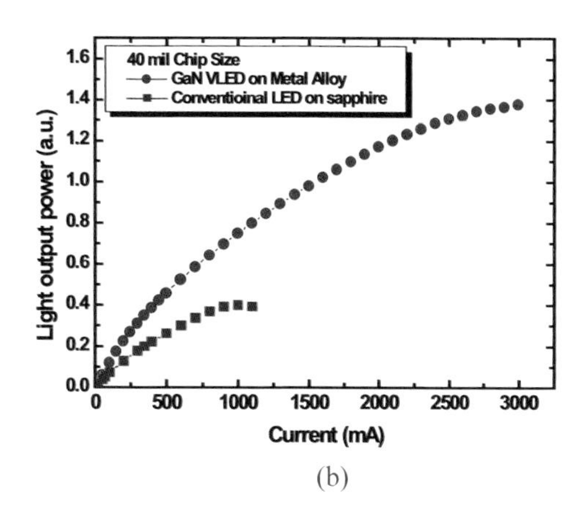

(b)

圖 4.46　傳統 GaN LED 與垂直式 GaNLED 之 (a) 電流-電壓，和 (b) 電流-功率圖。（旭明光電）

在輸入電流大於 1000 mA 時，光功率輸出還是一直增加，而且可操作至 3000 mA 以上，故可知薄膜 GaN LED 比傳統 LED 有較優異的散熱能力。

C. 具表面結構的垂直型氮化鎵 LED

利用垂直型 LED 加上奈米錐的表面結構可以結合垂直型 LED 和表面結構化的優點來增加出光效率，圖 4.47 即為一出光表面有奈米錐的垂直型 LED 之元件剖面結構示意圖，其製作方法為：利用電漿輔助化學氣相沈積（PECVD）在承載基板為 Si 的垂直式 LED 上沉積 SiO_2，再經由黃光微影製程製作出 SiO_2 的側壁保護層，之後分別在 n 型氮化鎵和矽基板底面鍍上 Cr/Au 作為金屬電極，最後利用 ICP 乾式蝕刻在出光面的 n 型氮化鎵上吃出奈米錐的結構，其 n 型氮化鎵表面之掃瞄電子顯微鏡（SEM）照片如圖 4.48 所示。圖 4.48 分別是在不同腔體壓力下 n 型氮化鎵經由 ICP 乾蝕刻後的表面結構。

由於在 n 型氮化鎵表面做出奈米錐的結構，增加了出光機會，如圖 4.49 所示，在 350 mA 的注入電流下，一般垂直型 LED 和有奈米錐表面結構的垂直型 LED 相比，輸出功率分別為 86 和 224 mW，有奈米錐表面結構的垂直型 LED 比一般垂直型 LED 增加了約 2.6 倍的輸出光功率。一般垂直型 LED 和奈米錐表面結構之垂直型 LED 發光波長皆位於 453 nm 處。

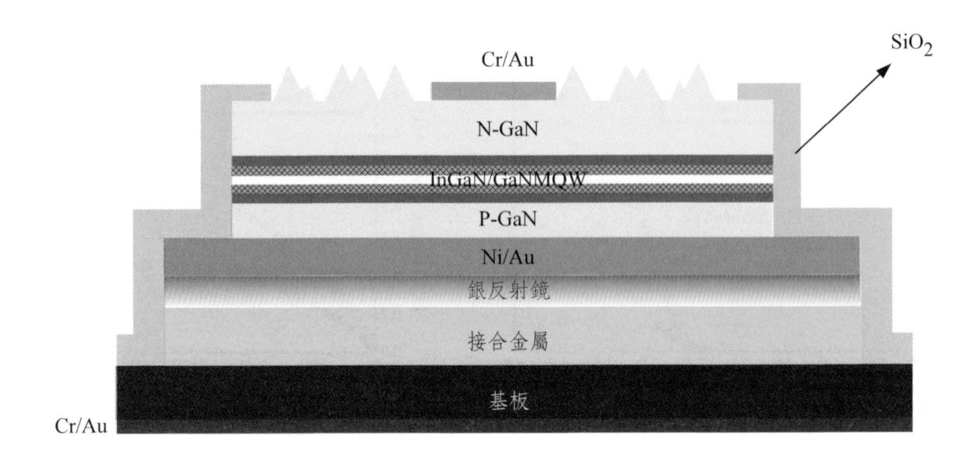

圖 4.47　垂直型 LED 加上奈米錐表面結構之 LED 結構示意圖。

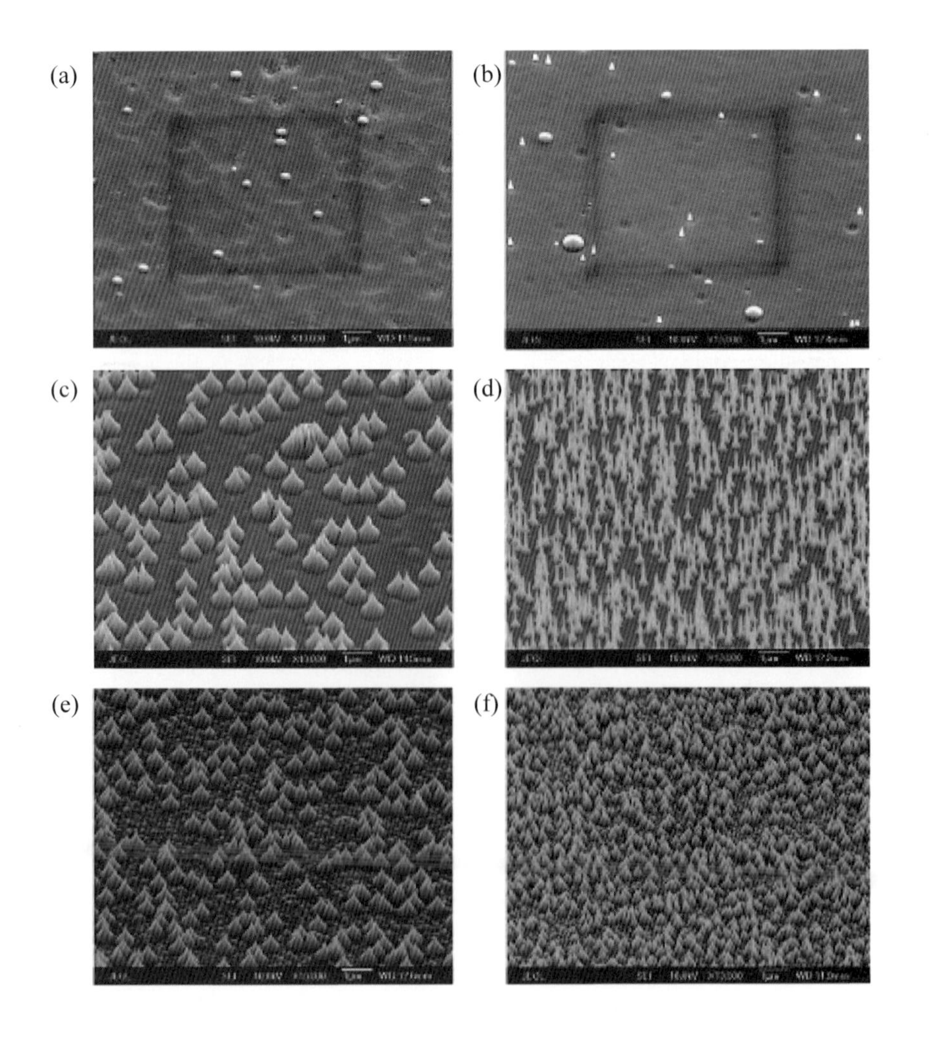

圖 4.48　在不同腔體壓力下 n 型氮化鎵經由 ICP 蝕刻後的表面結構：(a) 2.5 mTorr，(b) 10 mTorr，(c) 20 mTorr，(d) 37.5 mTorr，(e) 52 mTorr，(f) 67.5 mTorr。

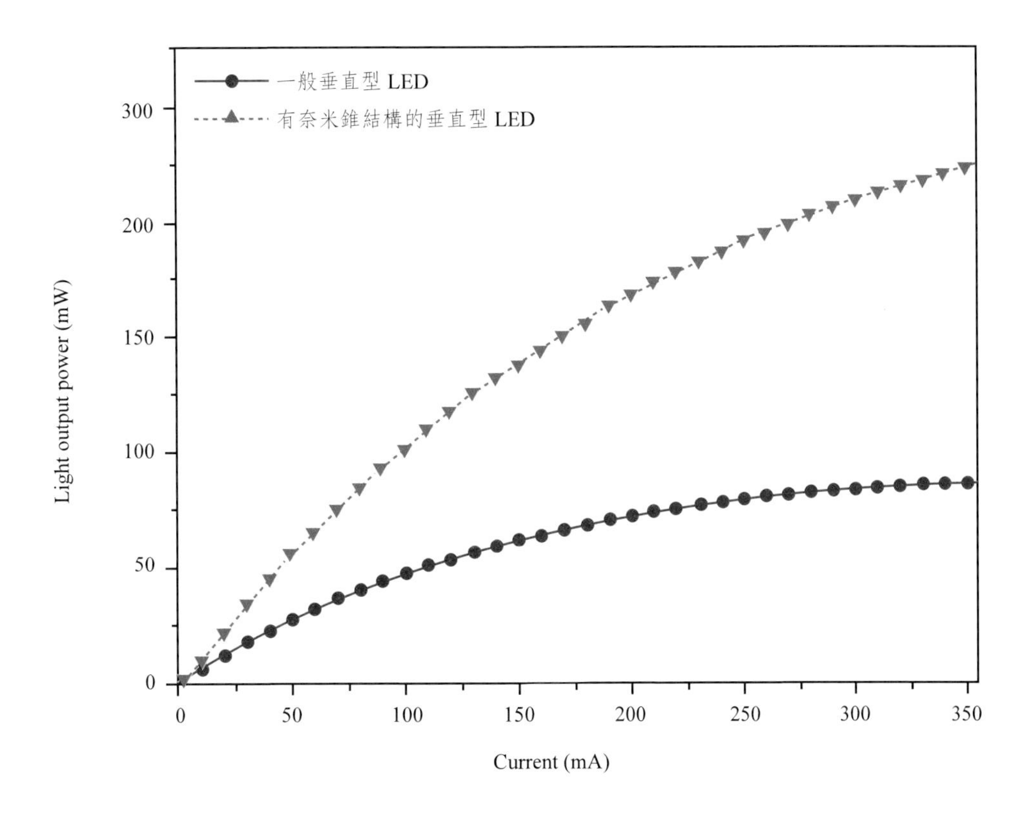

圖 4.49　一般垂直型 LED 和有奈米錐表面結構的垂直型 LED (a) 之強度－電流（L-I）關係圖。

比較封裝後有奈米錐表面結構的垂直型 LED 和一般垂直型 LED 的光發散角，奈米錐表面結構垂直型 LED 除了有較高的出光效率，其出光發散角為 136° 較一般的垂直型 LED 的 122° 發散角大，如圖 4.50 所示，此結果主要是因為表面的奈米錐結構增強了光的散射。

4.2.10　濕式蝕刻圖形化藍寶石基板（Pattern Sapphire Substrate, PSS）

利用將藍寶石基板圖形化可以有效的增強光萃取效率，因為可以藉由基板上的幾何圖形改變散射機制或是將散射光導引至 LED 內部由逃逸角錐中穿出。由於藍寶石基板表面堅硬，較不易使用一般的乾式蝕刻，且有造成表面損壞可能，故一般多利用化學的濕式蝕刻方式。圖 4.51 為 Lee 等人利用濕式蝕刻圖形化藍寶石基板所製作的 GaN LED 的結構示意圖。首先利用

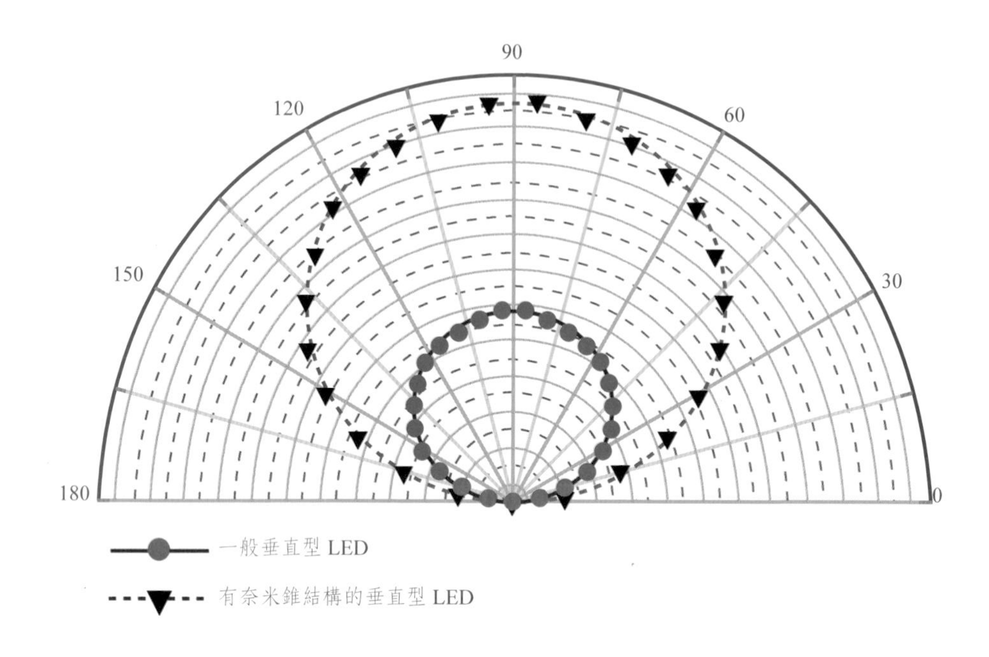

圖 4.50　在 350 mA 的注入電流下之一般垂直型 LED 和有奈米錐表面結構的垂直型 LED 遠場圖。

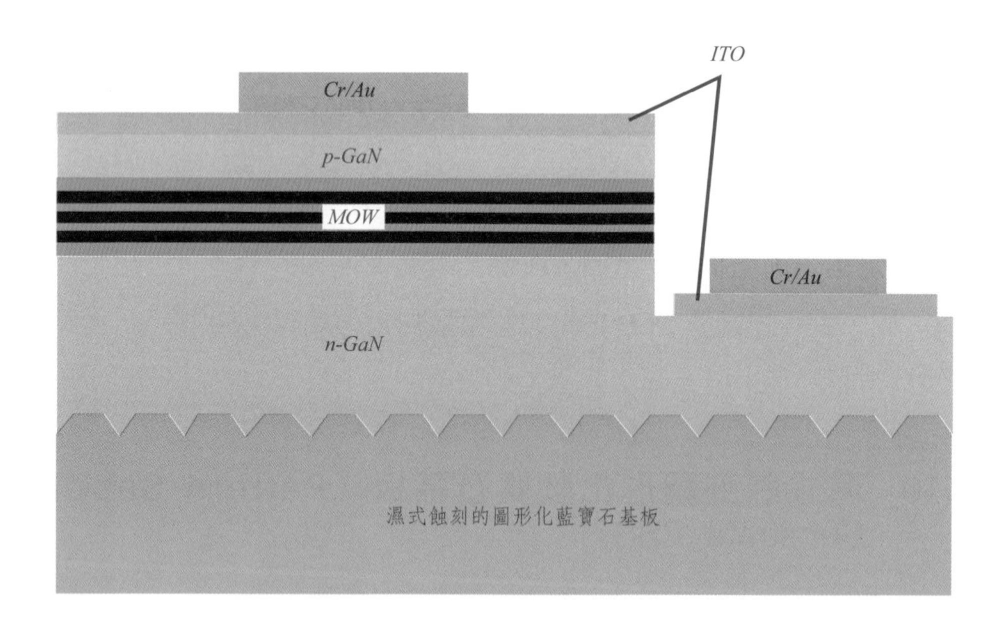

圖 4.51　濕式蝕刻圖形化藍寶石基板的元件結構剖面示意圖。

黃光微影在藍寶石基板上做出直徑 3 μm 的圓形圖案，接著利用電漿增強型化學氣相沉積系統（PECVD）在上面沉積 SiO_2，去掉光阻後即可形成間隔 3 μm 的圓形陣列圖案，利用 SiO_2 當作蝕刻遮罩，放入溫度 300 ℃ 的磷酸水溶液中蝕刻藍寶石基板，圖 4.52 為蝕刻 90 秒後的圖形照片。然後在圖形化的藍寶石基板上成長氮化鎵 LED 元件結構。

圖 4.53(a) 為一般傳統的 LED 和圖形化藍寶石基板 LED (PSS LED) 的電流一輸出光功率之關係圖，在 20 mA 的操作電流下，傳統 LED 和 PSS LED 的輸出功率分別為 7.8 和 9 mW ，PSS LED 的輸出光功率為傳統 LED 的 1.15 倍；而在 20 mA 的操作電流下，傳統 LED 和 PSS LED 的外部量子效率分別為 14.2 % 和 16.4 %，PSS LED 也較傳統 LED 高 1.15 倍，因此，利用 PSS 技術不只利用藍寶石基板上的幾何結構，將光導入至逃逸角錐出射，而增強了 LED 的外部量子效率，且圖形化藍寶石基板的結構可降低差排缺陷的密度。圖 4.53(b) 為傳統 LED 和 PSS LED 在順向驅動電流下的電流-電壓特性曲線圖，兩者在注入電流 20 mA 至 150 mA 的範圍內，順向電壓幾乎一致，這表示化學濕式蝕刻下的 PSS LED 之藍寶石基板並不會對接下來沉積的磊晶層有不良的影響。

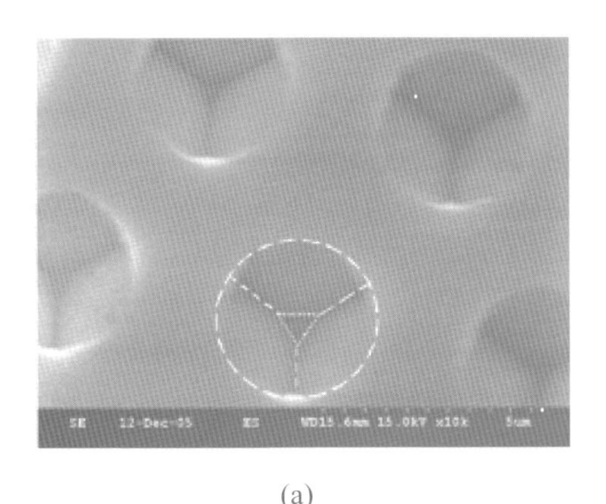

(a)

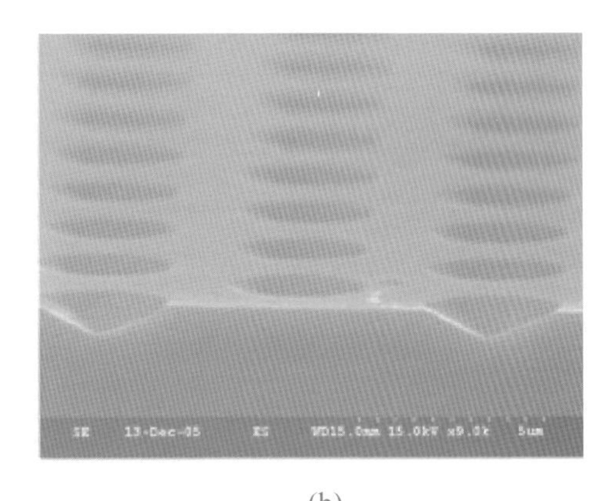

(b)

圖 4.52　(a) 和 (b) 分別為蝕刻 90 秒後 PSS 的 SEM 表面影像和側向影像

4.2.11　覆晶技術

對於有兩個上方接點電極的 LED，例如成長在藍寶石基板上的 InGaN/GaN LED，常用的封裝有兩種，一種為一般封裝（即磊晶面向上的封裝），另一種為覆晶（flip-chip，即磊晶面向下的封裝）。一般封裝是將 LED 上方

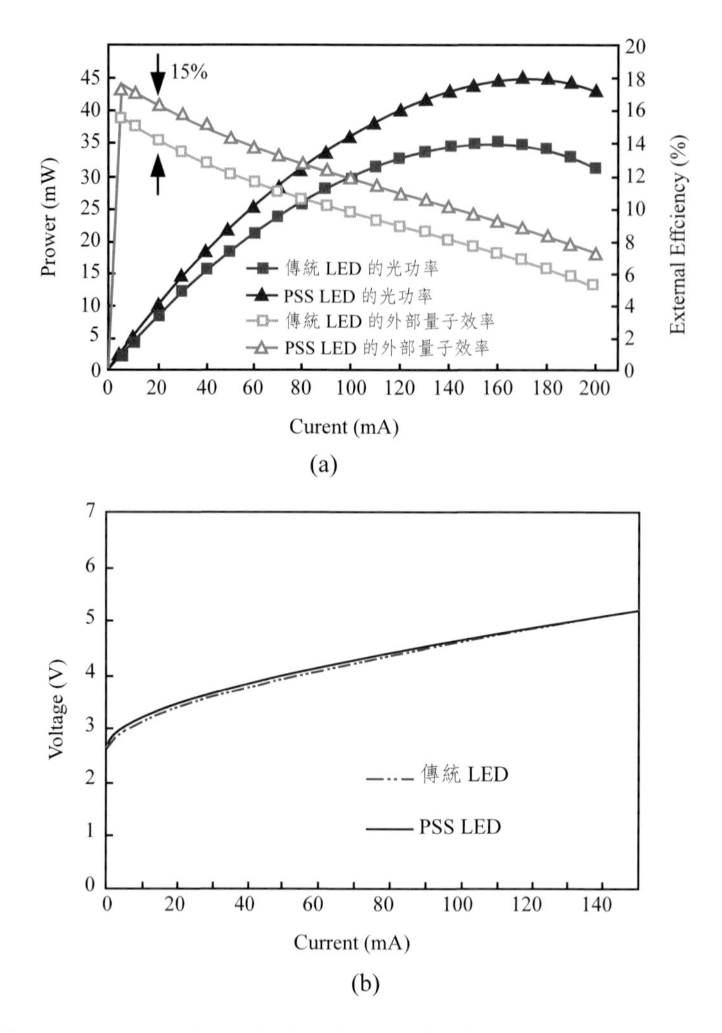

圖 4.53　一般和 PSS LED (a) 在室溫下輸出功率（L-I 曲線）和外部量子效率的量測結果和 (b) I-V 特性曲線。

接點銲墊和連接線連結，而覆晶封裝使用銲球接合（solder-bump bonding）其封裝方法比一般封裝麻煩，也比較貴。

一般使用磊晶面向上封裝方式的 InGaN LED，p 型上接觸電極的面積設計通常儘量大，使得主動區能有一均勻的電流分佈；然而，大面積的接觸電極會阻擋光的射出，而若採用覆晶封裝可避免此問題，尤其是對於高功率的元件而言。所以 InGaN/GaN LED 採用覆晶封裝有兩個主要的優點，一為金屬電極銲墊並不會擋住從主動區發射出的光線；另一則提高出射光的臨界角，以提高光萃取效率。

如前所述，由於藍光 LED 的全反射臨界角過小，光發生全反射的機會很大，所以大部分的光都在氮化鎵－空氣界面被反射回去，而再次被主動層或其他因素吸收，故外部量子效率很低，若光改由折射率與空氣較接近且透明的藍寶石基板（n = 1.7）那一面出射，則藍寶石-空氣界面的臨界角會較氮化鎵-空氣界面大，故可增加出光量，改善外部量子效率很低的問題，利用覆晶技術則可使光從藍寶石基板面射出。

典型的 InGaN LED 覆晶是在 p 型氮化鎵上鍍上一層高反射率的反射鏡，使得往 p 型氮化鎵方向發出的光被反射回到藍寶石基板那一面，因此不管向下或向上的光都能夠被導向臨界角較大的藍寶石基板那面出光。一般而言，覆晶封裝的 LED 出光量可以是一般封裝 LED 出光量的兩倍。以下介紹幾種覆晶封裝的氮化鎵系列 LED 結構。

(1) 表面圖型化的覆晶 LED

覆晶技術的其中一項關鍵技術是反射鏡和 p 型氮化鎵的歐姆接觸問題，以及反射鏡附著性的問題，要製作出一個具有高反射率、低阻抗和附著性好的鏡面是一個很重要的議題。Lee 等人利用覆晶 LED 結構加上在藍寶石基

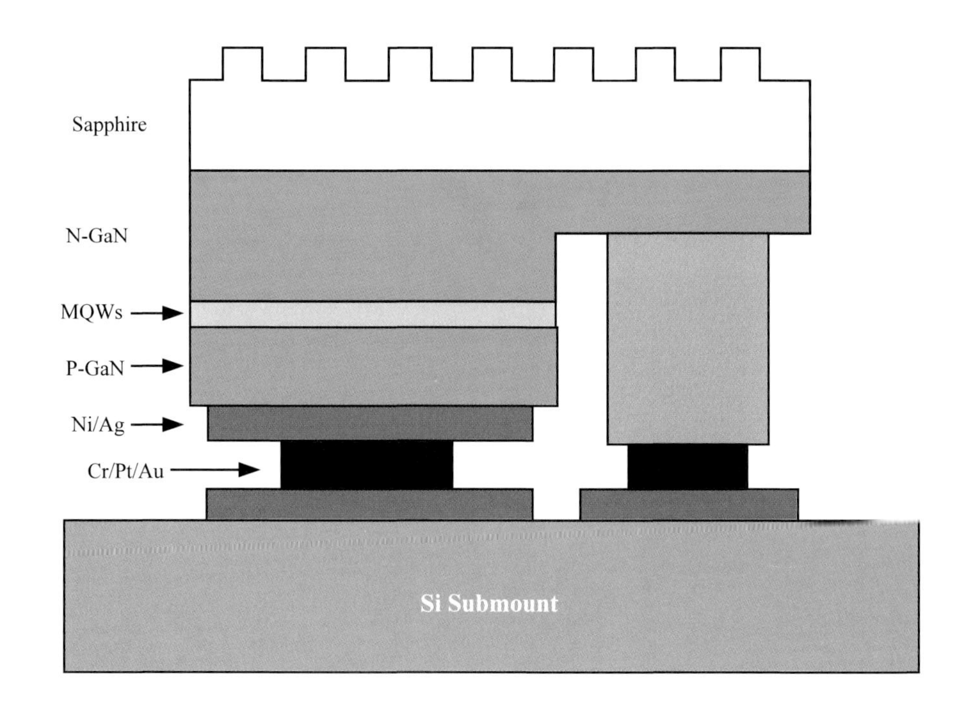

圖 4.54　覆晶 LED 結構加上在藍寶石基板表面圓形化之 LED 結構示意圖。

板表面製作凹凸的圓柱陣列來增加出光效率，元件結構圖如圖 4.54，其製作方法如下：

首先先利用傳統的黃光微影製程在晶圓片上製作出一顆顆的發光元件，並在 p 型氮化鎵上鍍上一層高反射率的歐姆接觸層：Ni/Ag（1 nm/250 nm），經過快速熱退火的過程，使得 Ni 變成比較透光的 NiO，可以降低 Ni 吸光的效果以提高反射率，同時也使得 p 型氮化鎵和金屬有低的阻抗，之後鍍上 n、p 金屬電極，然後在藍寶石基板背面利用蒸鍍和黃光製程做出圓柱型的 Ni 遮罩，再經過 ICP 乾蝕刻在藍寶石基板上吃出圓柱的形狀，最後再用覆晶機台將元件一顆顆的黏著到 Si 基板上，其藍寶石基板表面之掃瞄電子顯微鏡（SEM）圖如圖 4.55。

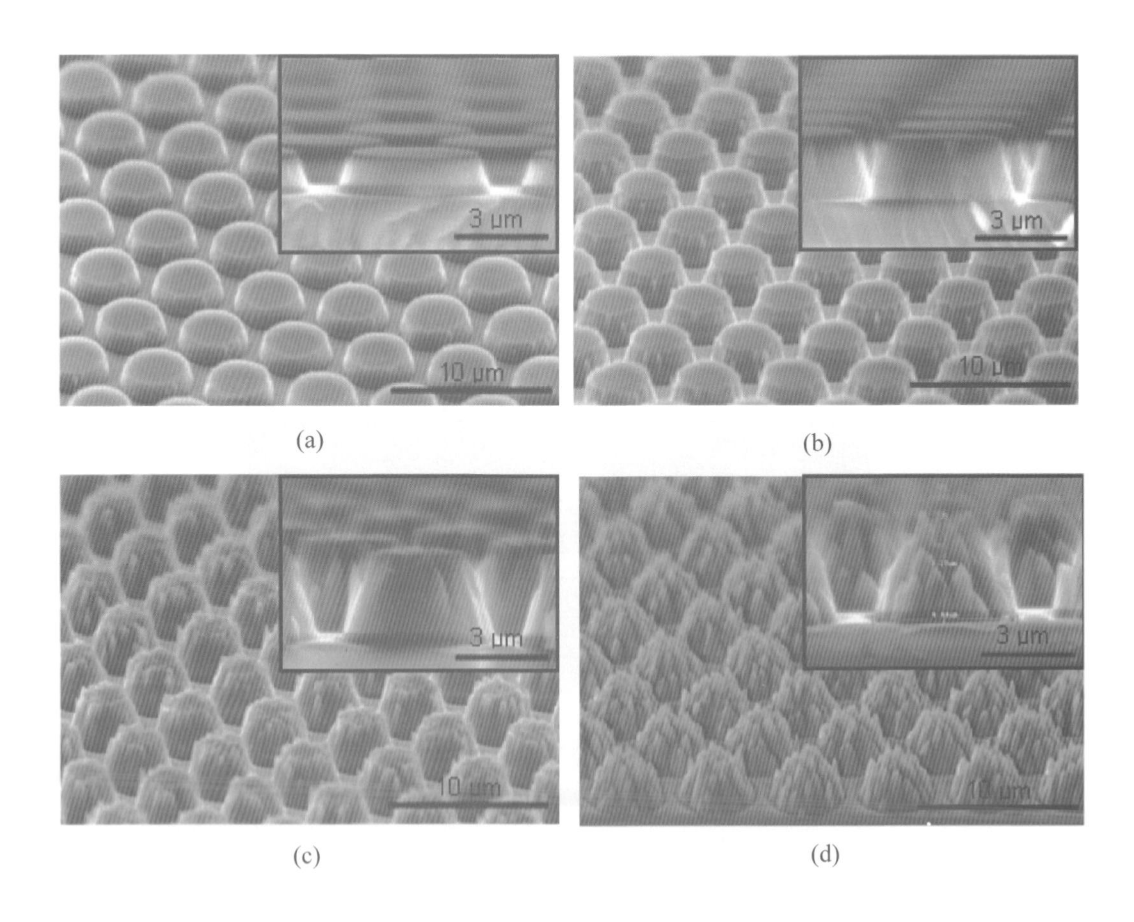

圖 4.55　藍寶石基板表面之掃瞄電子顯微鏡圖，表面圖形的深度分別為 (a) 1.1 μm，(b) 1.8 μm，(c) 2.7 μm 和 (d) 3.2 μm，圓柱周期為 5.5 μm。

由於在藍寶石基板上製作了幾何形狀，使得一些本來會被全反射回內部的光可以出去，所以增加了出光機會，如圖 4.56 所示，在 350 mA 的注入電流下，有製作深度 1.1、1.8、2.7 和 3.2 μm 圓柱形狀的覆晶 LED 的輸出光功率分別是 165、179、227 和 252 mW 比平面的覆晶 LED 151 mW 增加了 10%～68%；而在電性方面，在藍寶石基板上製作圖形的覆晶 LED 的電性和一般平面的覆晶 LED 相同，可知經過 ICP 乾蝕刻後並沒有損害到 LED 本身。在反射率的探討方面，經過快速熱退火幾個條件的測試下，可以找到一個條件使得 Ni/Ag 具有最高的反射率 93%，如圖 4.57 所示，而且和 p 型氮化鎵的特殊阻抗只有 5.67×10^{-4} Ω-cm^2，比 ITO 的特殊阻抗 1.09×10^{-3} Ω-cm^2 要低，故在 Ni/Ag 在電性上的表現也要比 ITO 好。

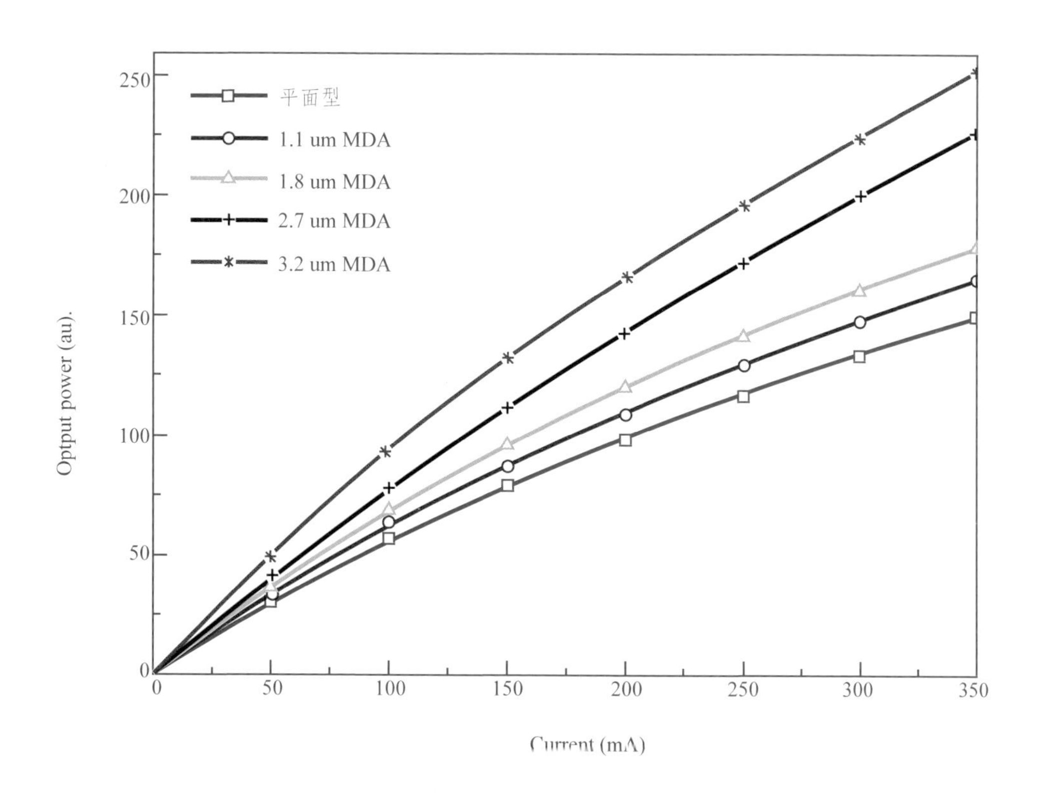

圖 4.56　藍寶石基板上蝕刻不同深度圖形之覆晶 LED 與一般平面覆晶 LED 之光功率對電流比較圖。

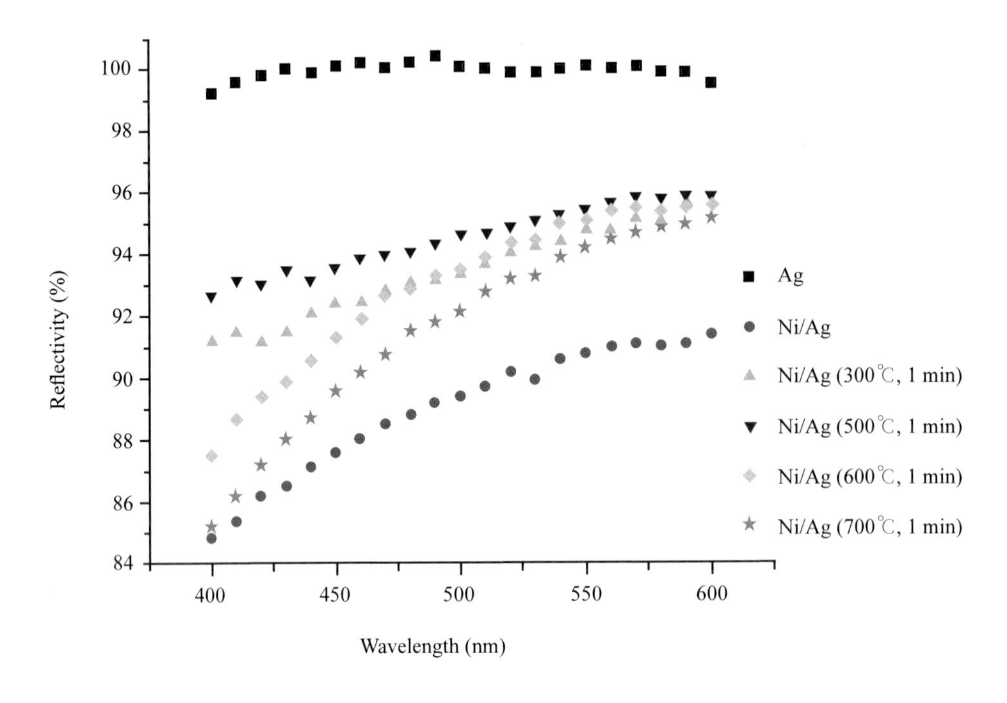

圖 4.57　Ni/Ag 在不同快速熱退火條件下的反射率圖。

(2) 元件形狀化—覆晶 LED

Huang 等人發表用覆晶發光二極體，在藍寶石基板側邊上製作出形狀並在基板表面粗糙化，以雙重的方式增加出光效果。其製程流程圖如圖 4.58 所示。首先在藍寶石基板上磊出 GaN 的 LED 結構，再將藍寶石基板磨薄至 200 μm 厚，此磨薄的目的在方便之後的元件切割，接著分別在元件上下面鍍上 SiO_2 當作保護層，並在藍寶石基板那面利用黃光微影製程和浸泡二氧化矽蝕刻液以製作出設計的形狀，之後就開始進行藍寶石基板蝕刻，其方法是利用高溫 300℃ 的硫酸和磷酸的混合液，硫酸和磷酸的混合比例是 3 比 1，使其浸泡 10 小時，之後用二氧化矽蝕刻液清除 SiO_2，用黃光微影製程製作出元件尺寸的圖型，在 p 型 GaN 鍍上 TCL（透明導電膜），再製作 n、p 金屬電極，然後用雷射把每顆元件切割下來，並用覆晶設備機台將之黏著至 Si 的基板上，元件剖面圖如圖 4.59 所示。

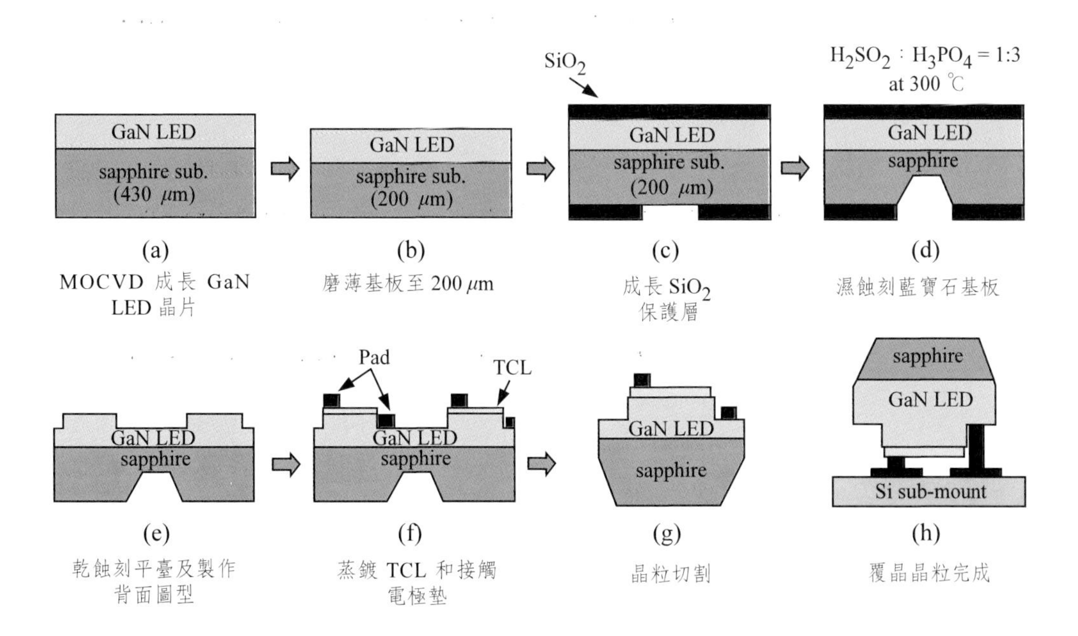

圖 4.58　形狀化之覆晶 LED 製程流程圖

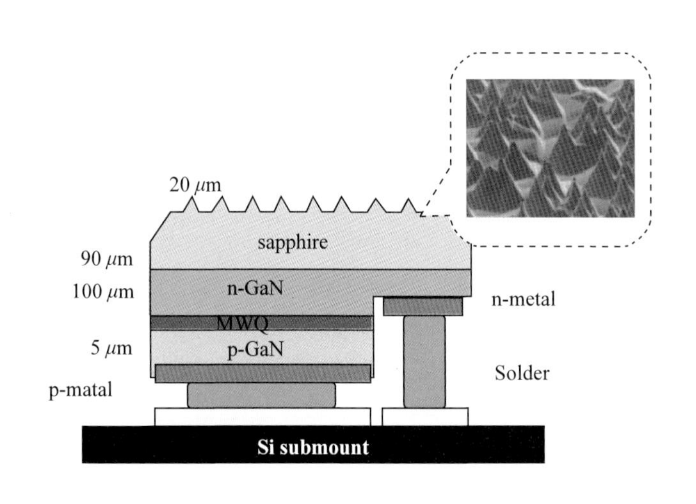

圖 4.59　具形狀化之覆晶 LED 結構示意圖

藍寶石的蝕刻速率和硫酸／磷酸的比例及蝕刻溶液溫度有關，而且研究結果顯示，化學性蝕刻結果會和晶格結構有關，元件會沿著藍寶石晶格面蝕刻，至於基板背面的不規則排列針刺圖型是因為原本的藍寶石基板背面是一粗糙面，並無法在其上面鍍上一層均勻的 SiO_2 膜，故在進行化學蝕刻時，膜厚較薄的區域就會先被蝕刻，而造成表面粗糙化的結果。電性上的表現，有形狀化的覆晶發光二極體在 20 mA 電壓是 2.85 V，和傳統的覆晶發光二極體 2.84 V 差不多，這代表 GaN 結構在蝕刻時並沒有受到損傷。如圖 4.60(a)

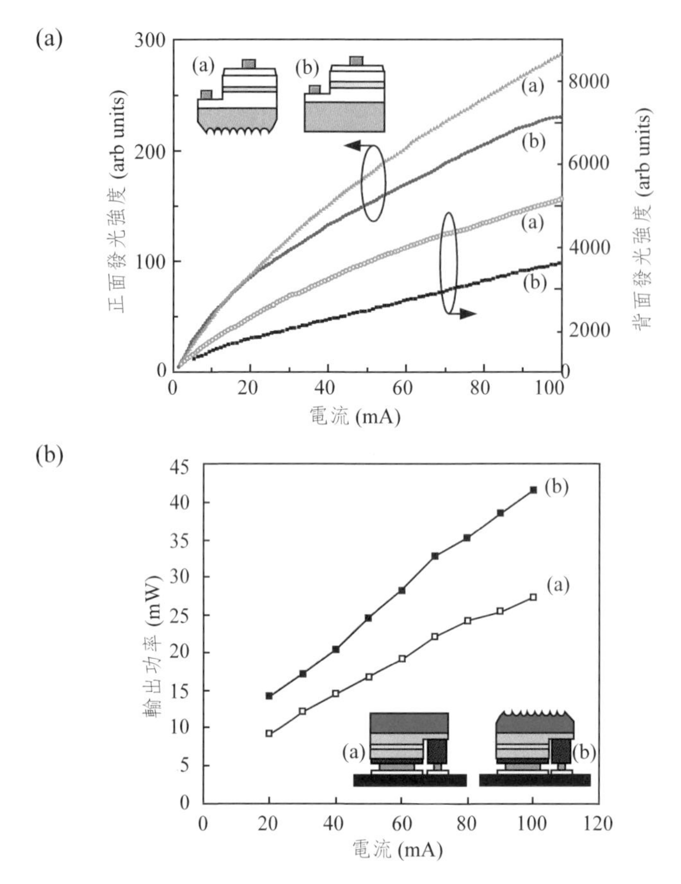

圖 4.60　有無形狀化之覆晶 LED 之 (a) 電流發光強度圖和 (b) 電流輸出功率

所示在光性方面，有製作形狀化的覆晶 LED 比傳統的覆晶發光二極體的流明強度增加了 62%，而在輸出光功率的表現上，在 20 mA 的注入電流下，有形狀化的 LED 輸出 14.2 mW 的光功率比傳統覆晶結構 LED 的 9.3 mW 增加了 52%，如圖 4.60(b) 所示。

(3) 全方向反射鏡－覆晶發光二極體

覆晶 LED 的金屬反射鏡雖然可以反射任意方向和任意極化的光，但它會有一些表面平滑度和吸收效應的問題，而要達成對任意方向和極化有更高的反射率，可以利用存在光子能帶（CPBG）的方式來達成，一維周期性的結構可以被當做是一維光子晶體，經由設計可以算出 CPBG 座落在哪波段內，使得光無法在此波段內傳播，自然所有任意方向任意極化的光便會全部被反射回去，利用這種方式就可以製作出全方向反射鏡的一維光子晶體，其結構剖面示意圖如圖 4.61 所示。

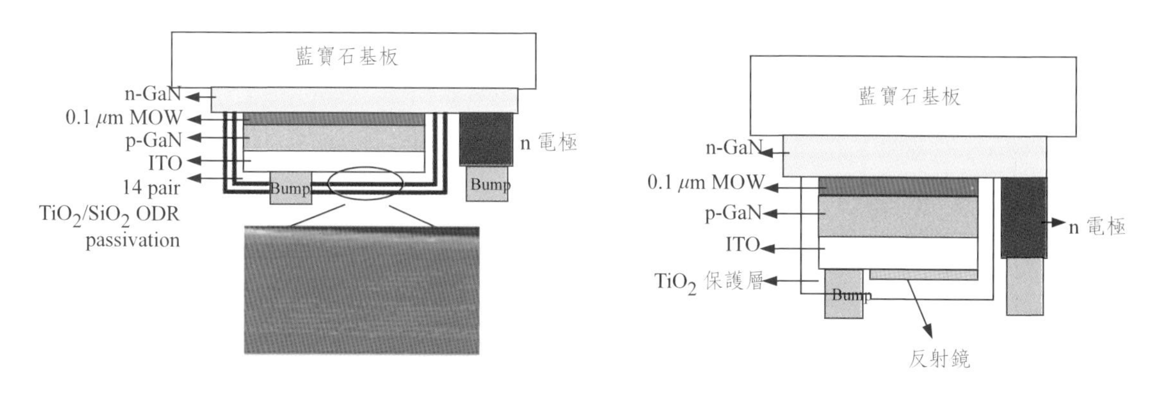

圖 4.61　左圖為全方向反射鏡之覆晶 LED 之結構示意圖；右圖是由 Al 做反射鏡的一般正常覆晶 LED 做為參考比較。

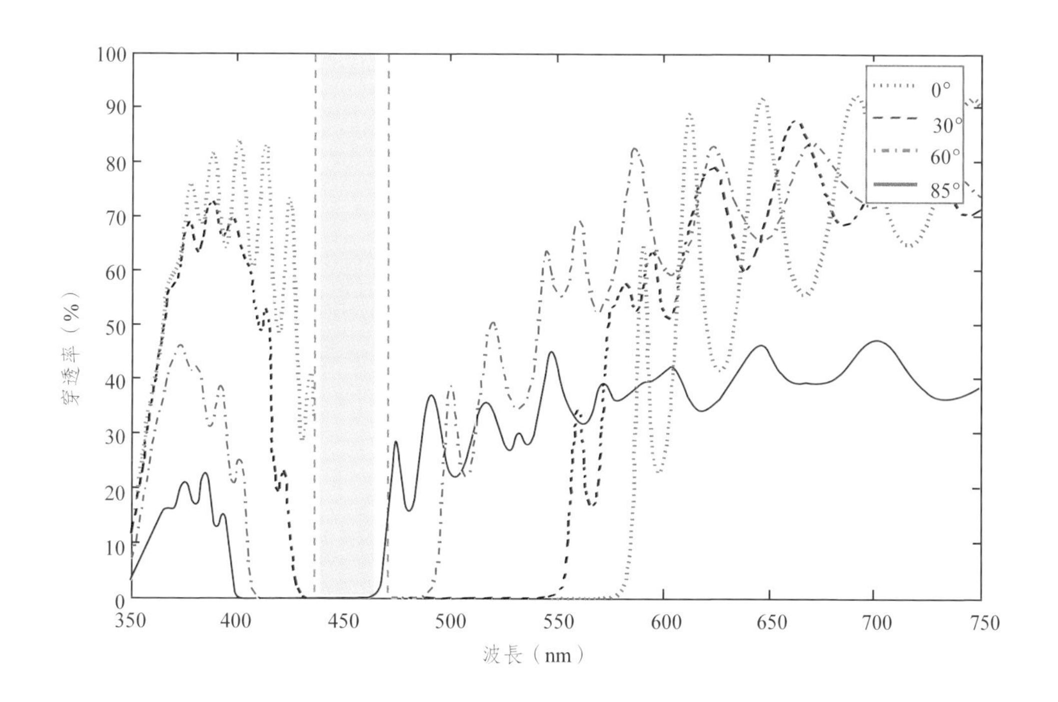

圖 4.62　14 對 TiO_2/SiO_2 (56 nm/77 nm) 之全方向反射鏡在不同入射光角度的穿透率圖。

因為藍光 LED 元件發出來的光是在 450 nm 左右，透過計算 TiO_2-SiO_2 的周期性長度 $a = 133$ nm（a, lattice constant）時，可以使得 455 nm 的光會無法通過全方向反射鏡而全部被反射，故決定了 TiO_2 和 SiO_2 的厚度分別是 56 nm 和 77 nm，共有 14 對周期性的結構。圖 4.62 為所製做出來之全方向反射鏡在不同入射光角度對全方向反射鏡的穿透率量測的結果，可得知光在

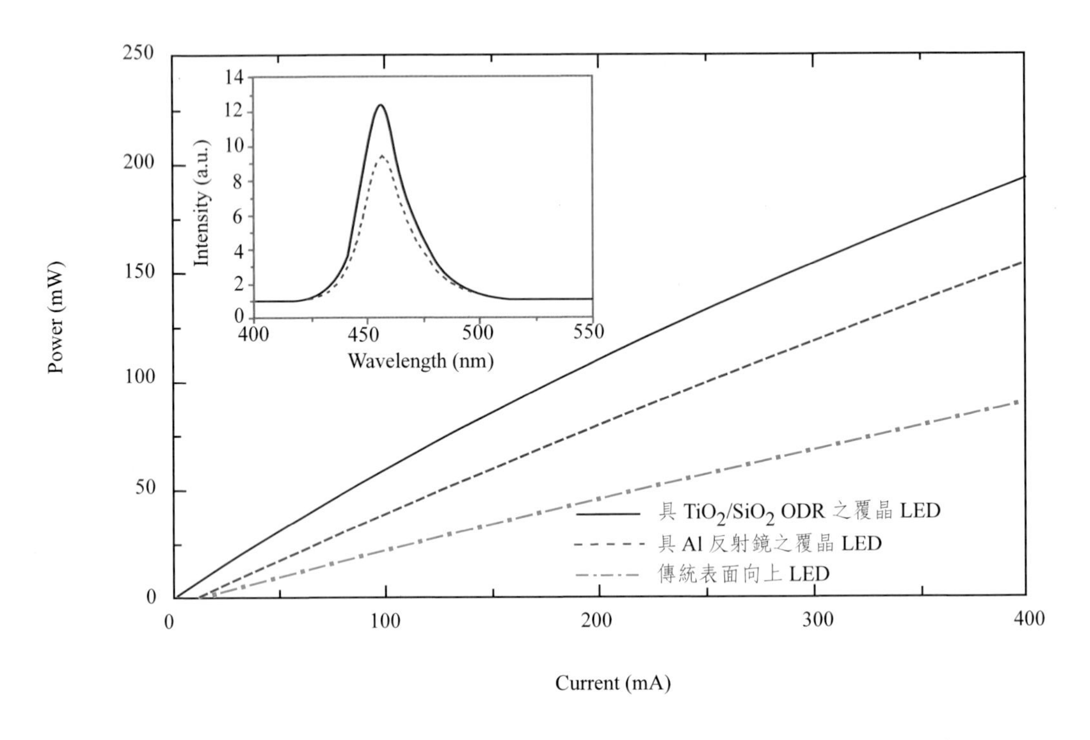

圖 4.63　全方向反射鏡、Al 反射鏡之覆晶 LED 以及傳統的 ITOLED 之光功率對電流比較圖。

441 到 465 nm 之間的反射率可大於 99.5%。在電性方面，有做全方向反射鏡的覆晶 LED 和鍍 Al 當反射鏡的電性上是差不多；但在光性方面，同樣是 300 mA 的電流注入下，製作全方向反射鏡、Al 反射鏡以及傳統的 ITO LED 的輸出光功率分別是 156 mW 、119 mW 以及 68 mW ，如圖 4.63 所示。換句話說，在光功率的提升方面，和傳統 ITO LED 比較，效率分別增加了 129% 和 75%。

4.2.12　交叉的接觸電極和其他幾何形狀的接觸電極

對於上方接觸電極的設計會因有不同的需求而有不同的設計。在一般的 LED 中，上方接觸電極提供連接線一個銲墊（pad），而因為尺寸需大於接合線，所以銲墊的大小通常為直徑 100 μm 的圓形。而上方接觸銲墊的另一功能是提供電流分佈層一低電阻的歐姆接觸電極。且接觸電極的設計幾乎不能使電流流過 LED 晶粒的邊緣，以避免表面復合的發生。典型的上方接觸電極形狀如圖 4.64 所示。最簡單的幾何形狀是圓形的接觸銲墊如圖

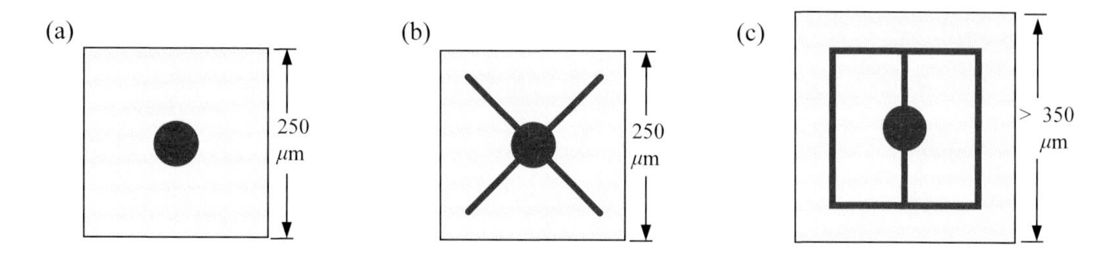

圖 4.64　不同形狀之接觸電極的 LED 晶粒上視圖 (a) 圓形接觸、銲墊 (b) 交叉接觸電極、圓形銲墊 (c) 大面積 LED 之環型接觸電極。

4.64(a)；圖 4.64(b) 為交叉形狀的接觸電極，可以提供整個主動區較均勻的電流分佈。對於大面積的 LED，一個簡單的圓形銲墊或是交叉形的上方接觸電極是無法提供大面積主動區均勻分佈的電流。所以在此種大面積的元件中，通常會設計環形圖案，如圖 4.64(c)，以提供較均勻的電流分佈。

上方接觸電極是不透明的，所以其面積必須小，才不會擋住從主動區發射出的光，但上方接觸電極的面積不能任意的縮小，因為接觸電極的電阻和接觸電極的面積有關，所以在設計上需在接觸電阻和出光面積的考慮上取一平衡值。

4.2.13　光子晶體 LED

在 LED 的表面製作光子晶體圖型也可以提高發光二極體之外部量子效率，是近年來國內外研究團體非常感興趣的一個研究課題。在 1987 年，Eli Yablonovitch 和 Sajeev John 兩位國籍相異且分居不同地點的學者，幾乎同一時間在理論上發現電磁波在週期性排列的介電質中之傳播狀態具有頻帶結構，利用兩種以上不同折射率（或介電常數）的材料做週期性變化而造成光子能帶的物質即為光子晶體。自從光子晶體（Photonic Crystal）被發現後，其在各領域的應用研究非常受到注目，國內外研究團體也相繼發表在 LED 上的應用。1999 年 M. Boroditsky 等人成功地利用二維光子晶體增加 LED 的發光效率，但是是以光激發光的方式操作元件。H. Y. Ryu 與 Y. H. Lee 等人在 2001 年發表了利用光子晶體提升 InAs 量子點的發光效率。T. N. Oder 等人也在 2003 年製作出氮化鎵系列的光子晶體 LED。H. Ichikawa 和 I. Baba 發表在不傷害發光層條件下製作出表面週期性結構的光子晶體元件。

光子晶體由於週期性排列的方式不同，可按維度分成一維、二維及三維的光子晶體。而三維的光子晶體在製造上及商品化技術上是非常困難的，所以目前應用在 LED 上的技術為一維和二維光子晶體。一維光子晶體只要一個維度上呈現週期性排列，是最早被應用在 LED 和半導體雷射上的光子晶體結構，大家所熟知的布拉格反射鏡即屬一維光子晶體，最常被應用在 RCLED（共振腔式 LED）、面射型雷射、邊射型雷射的共振腔反射鏡等。

光子晶體由於其週期排列構造的特性，因此會對入射光的波長產生選擇性，即選擇某些波長可穿透光子晶體，而某些波長不允許，此即光能隙（photonic bandgap），若光的頻率落在光子晶體的能隙區域，光就無法穿透光子晶體而會被反射。圖 4.65 為一光子晶體的波數和光的頻率之關係圖，斜線區域即為光能隙區域。

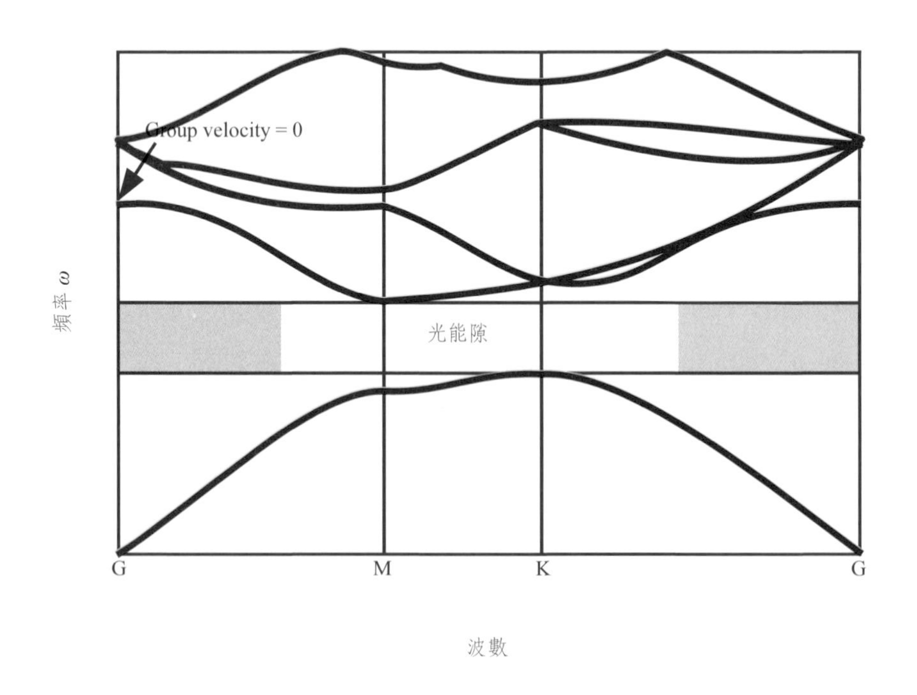

圖 4.65　一光子晶體的波數和光的頻率之關係圖。

藍光 LED 由於光發生內部全反射的情形嚴重，造成其發光效率低，而在 LED 表面利用蝕刻技術製造光子晶體結構可提高發光萃取效率並可改變光輸出的場形。日本松下電器是第一個將光子晶體應用在藍色 LED 上的。在光子晶體 LED 的設計上，一般常見的結構有兩種，一是表面光子晶體的蝕刻深度穿過 LED 主動層，如圖 4.66(a) 所示，此種結構可以使發光效率增加高達 80%，但是由於蝕刻穿過主動層而會降低內部量子效率，且其電極製作困難。另一種是較常使用的，只在 LED 表面製作光子晶體結構，如圖 4.66(b) 所示。蝕刻的深度和週期的大小會影響光的萃取效率，因此要先模擬計算蝕刻的深度和週期對輸出光功率的關係，圖 4.67 是日本松下電器模擬計算光子晶體 LED 結構變化對增加光功率的影響，X 軸是光子晶體週期，Y 軸是蝕刻深度（即光子晶體的高度），Z 軸是光萃取效率增加的程度（1.0 為傳統平面型 LED 的光萃取效率）。

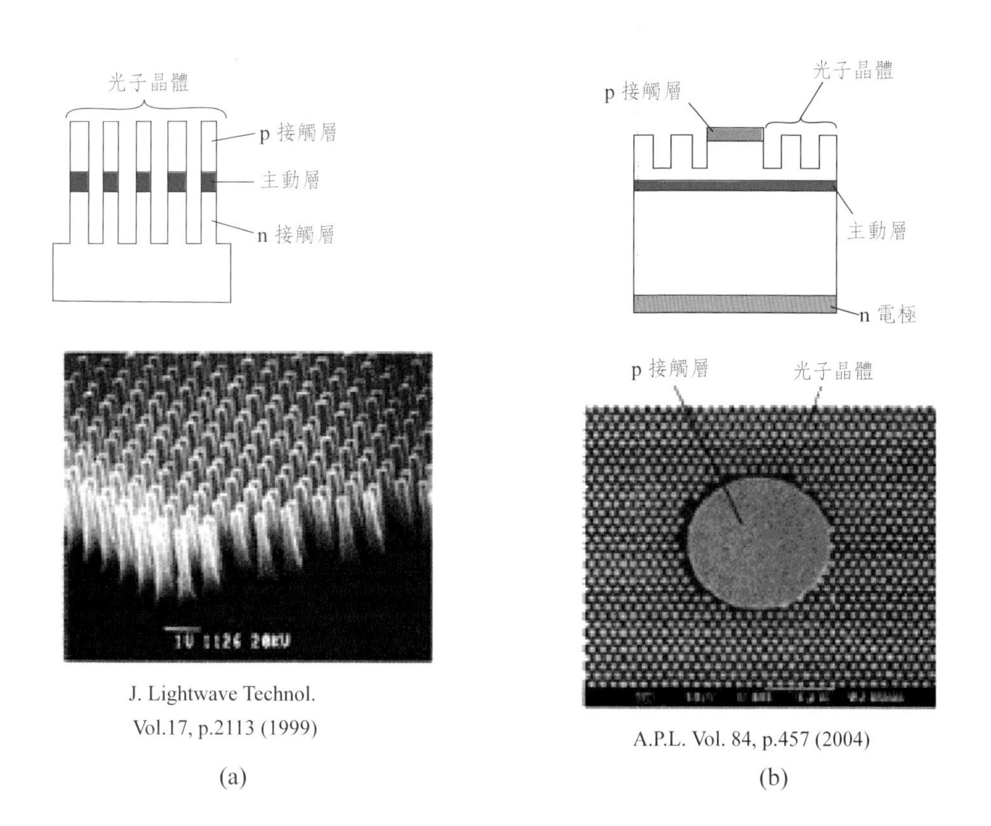

圖 4.66　光子晶體 LED 示意圖。

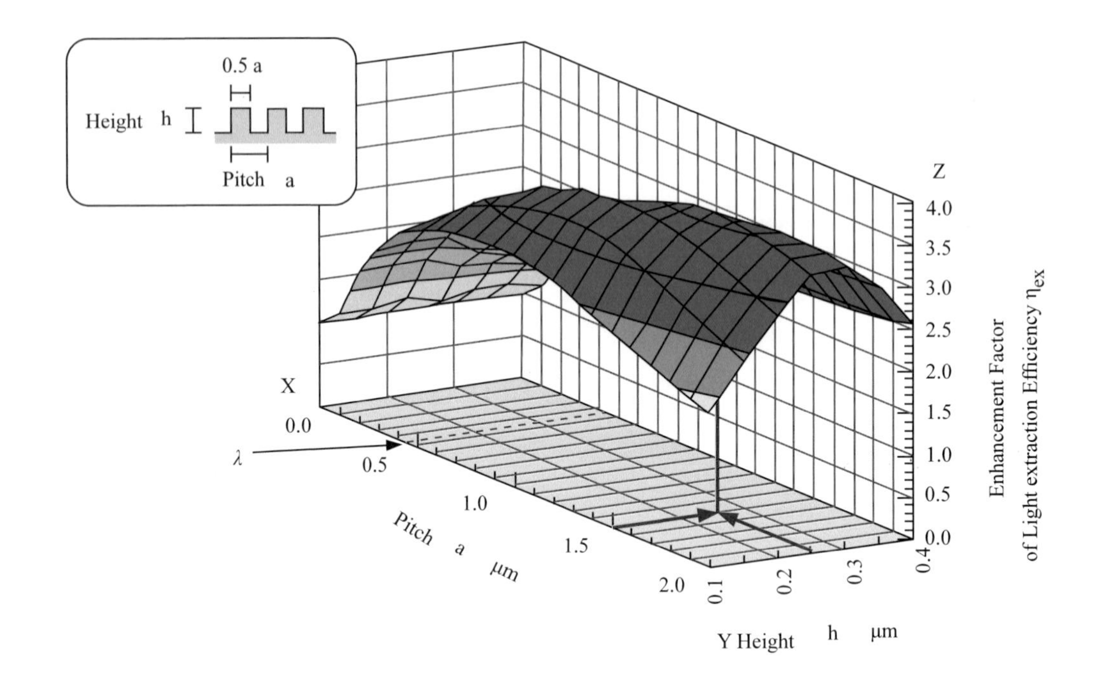

圖 4.67 模擬計算光子晶體 LED 結構變化對增加光功率的影響。（日本松下電器）

由於光子晶體的尺度很小，約在數百奈米等級，因此需以電子束微影或奈米壓印技術等方法來製作光子晶體。圖 4.68 為日本松下電器的藍光光子晶體 LED 之電子顯微鏡（SEM）照片，圖 4.68(a) 是在電子顯微鏡下看到的表面狀態，光子晶體分佈在右上方的 n 型電極和左下方的P型電極中間。圖 4.68(b) 是表面光子晶體結構之 SEM 照片。圖 4.69 是光子晶體 LED 在顯微鏡下操作的相片，可以看到光子晶體區域是全面在發光的。圖 4.70 是光子晶體 LED 的輸出光功率和電流關係圖，由圖中可看出，光子晶體 LED 的輸出光功率比一般 LED 的光輸出功率高出約 50%。目前有研究指出，若將光子晶體製作在垂直型 LED 上（即將 LED 製作在 thin-GaN 上），可使輸出光功率增加約 80%。

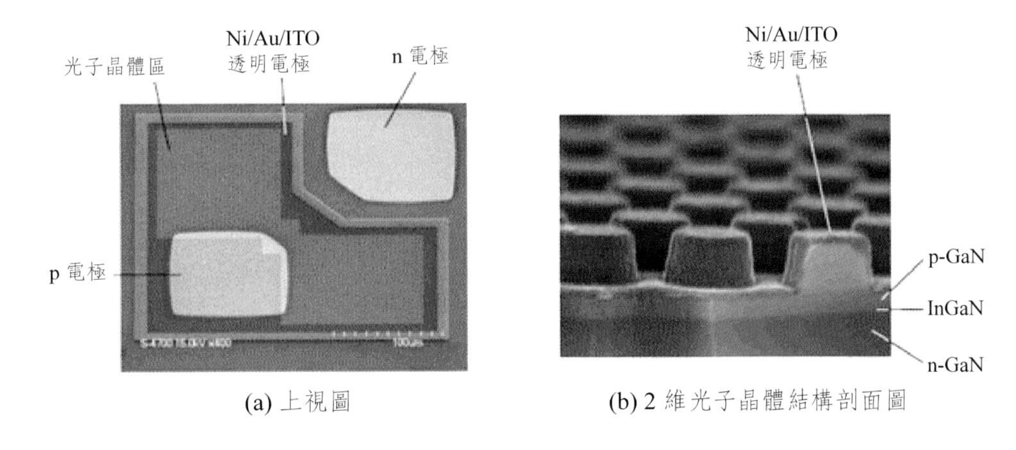

(a) 上視圖　　(b) 2 維光子晶體結構剖面圖

圖 4.68　藍光光子晶體LED的電子顯微鏡照片。（日本松下電器）

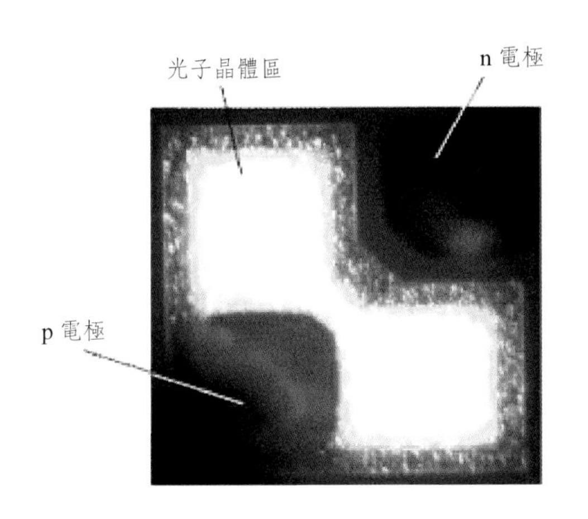

圖 4.69　光子晶體 LED 電激發照片。（日本松下電器）

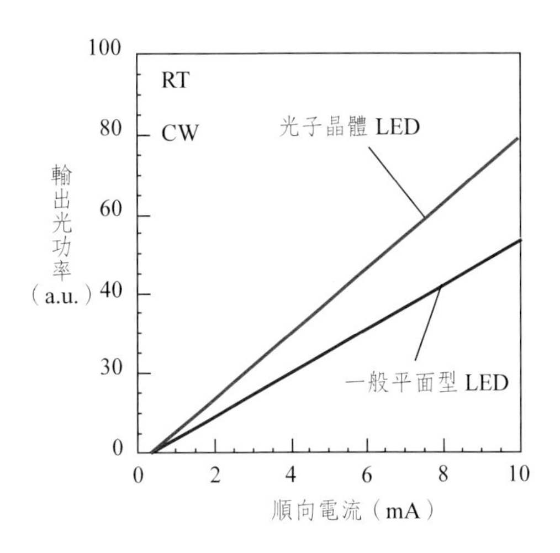

圖 4.70　光子晶體 LED 的電流和輸出光功率關係圖。（日本松下電器）

4.2.14　其它提升 GaN LED 光萃取效率的方法

GaN LED 大多是在有緩衝層的藍寶石基板上逐層成長 n-type GaN、多層量子井（quantum-well）主動區以及低摻雜的 p-type 層，最後在 LED 封裝前加上電極，這樣的原始設計應可產生 200 lm/W 的效率。然而，目前的 GaN LED 效率只有這些數值的一半甚至更少，最主要因為主動區所發出的光有一部份積留在元件結構中而無法被利用。另外為了使電流均勻分佈在

LED 結構中，並維持良好的光穿透性，傳統的做法是在元件表面製作薄的金屬層來改善元件結構中的電流分佈。

薄金屬電極層雖然可以減低元件在高電流操作下被燒毀的機會，但也同時減少光萃取效率。雖然光子晶體結構或表面粗糙化的技術引入可改善光萃取效率，然而這些設計而成的發光二極體效能仍無法達到理論的最大值。

改善金屬電極層最好的方法就是用透明導電體取代之，而氧化銦錫（ITO）則是顯而易見的選擇，主要是因為它已廣泛的應用在平面顯示器及太陽能電池領域中。藉由這個材料的引入，LED 輸出功率可增加 30～50%，但由於 In 在地球上的礦藏量並不豐富且純化不易，加上目前光電業大量的使用，使得 ITO 的價格居高不下，因此 ZnO:Al(AZO) 薄膜開始被人重視，因為其具有與 ITO 薄膜不相上下的光電特性，又鋅的成本較低、資源豐富且不具有毒性。ZnO 是一個理想的電極層材料，因為它的透明度涵蓋整個可見光譜及紫外光波段，所以常用在白光二極體激發磷光發光體。雖然 ITO 可以滿足這樣的需求，但 ZnO 有額外的幾個優點，包括：較佳的熱傳導性、對 GaN 有更小的晶格係數差異及優越的高溫穩定度。除此之外，ZnO 也可以濕式或乾式蝕刻，以及摻雜鋁、銦及鎵來改善導電度。

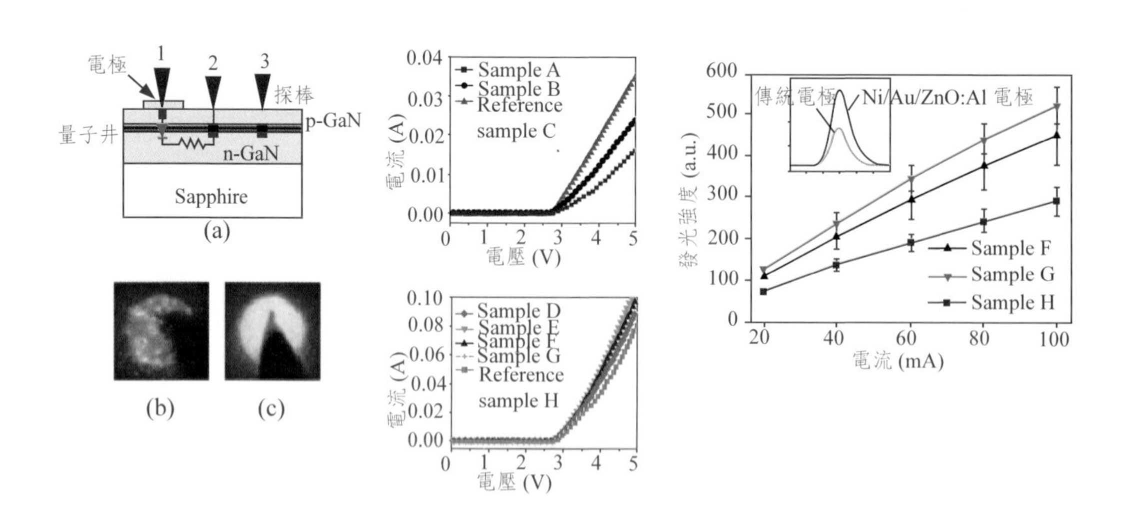

圖 4.71　利用氧化物透明導電層改善光萃取效率（Sung-Pyo Jung 等人，2005）

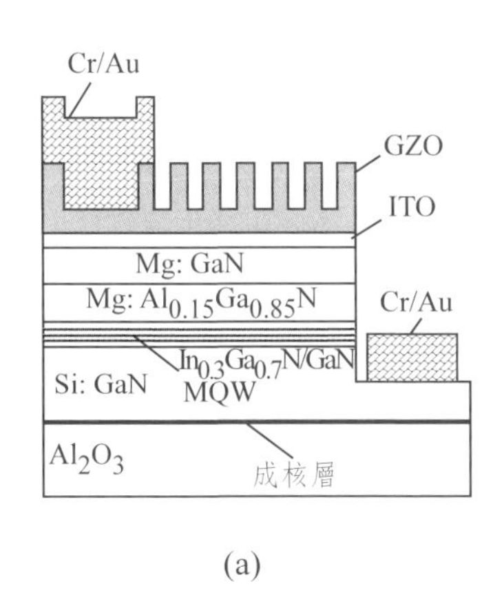

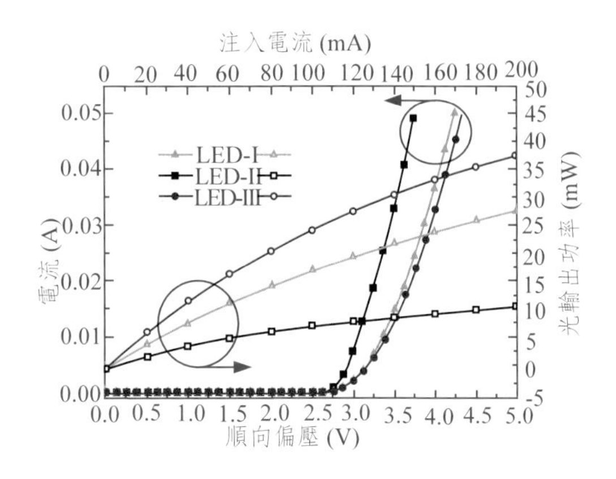

圖 4.72 使用 ITO/GZO 透明導電膜的 GaN LED 光萃取效率圖（Jinn-Kong Sheu 等人，2007）

H. P. Lee 等人使用一個高透明低電阻的接觸結構應用在 GaN LED 上，如圖 4.71 所示。這個結構包含了一層薄的 Ni (5 nm)/Au (5 nm)，然後在上面再濺鍍一層 Al-doped ZnO (170 nm)，此結構使的光激發強度在 40 mA 提高到 74%，並且順向操作電壓的範圍在 20 mA 時為 3.36-3.48 V，這個元件是使用兩階段的退火製程。

圖 4.72 則為成功大學研究團隊以 GaN 為基底製作的 LED，上層有銦錫氧化物（ITO）／鎵摻雜氧化鋅（GZO）複合氧化物薄膜，此薄膜為透明導電層，ITO/GZO 複合透明導電層的 LED (LED-III) 光輸出效率和光強度比 Ni/Au TCL(LED-II) 和平面 ITO/GZO TCL(LED-I) 明顯改善至 200% 和 45%。比起 LED-II，ITO/GZO 複合透明導電層有高的透明度可以提升光萃取效率。比起 LED-I，ZnO 基底的透明導電層有高的折射率（n～2.0）提升光萃取效率。

2006 年加州大學聖塔芭芭拉分校（UCSB）的研究團隊直接將 n 型的 ZnO 基版以晶圓貼合（wafer bonding）的方式覆蓋在氮化鎵(GaN) LED 晶圓上，然後再以選擇性蝕刻將 ZnO 製作成截角金字塔型（truncated pyramid shaped）的電極，如圖 4.73 所示。藉由金字塔型的幾何形狀能縮短光子在晶體中的平均路徑長度，並減少如內全反射（total internal reflection）及吸收等耗散機制的影響。這樣的金字塔型系統的發光中心波長為 460 nm，其底座大小約為 800 μm。

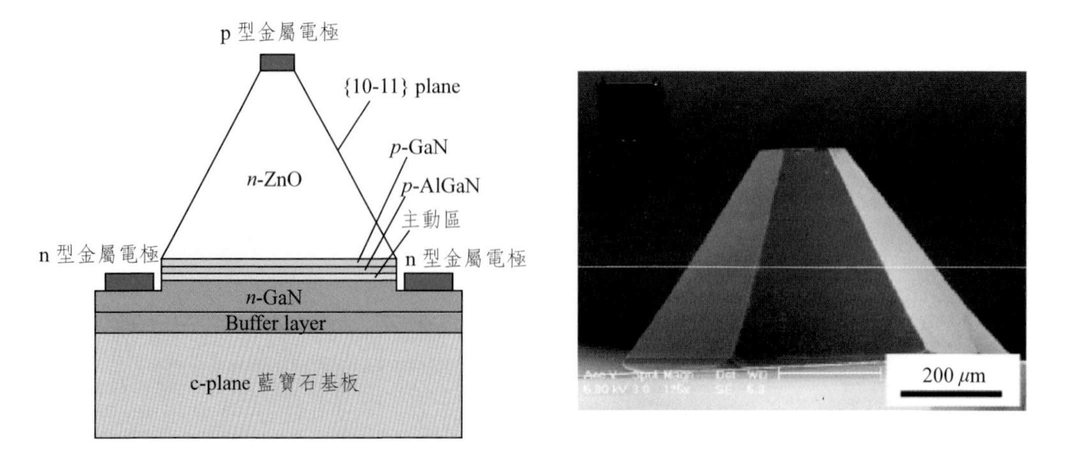

圖 4.73　金字塔狀 ZnO/GaN 發光二極體示意圖與電子顯微影像。（Akihiko Murai 等人，2006）

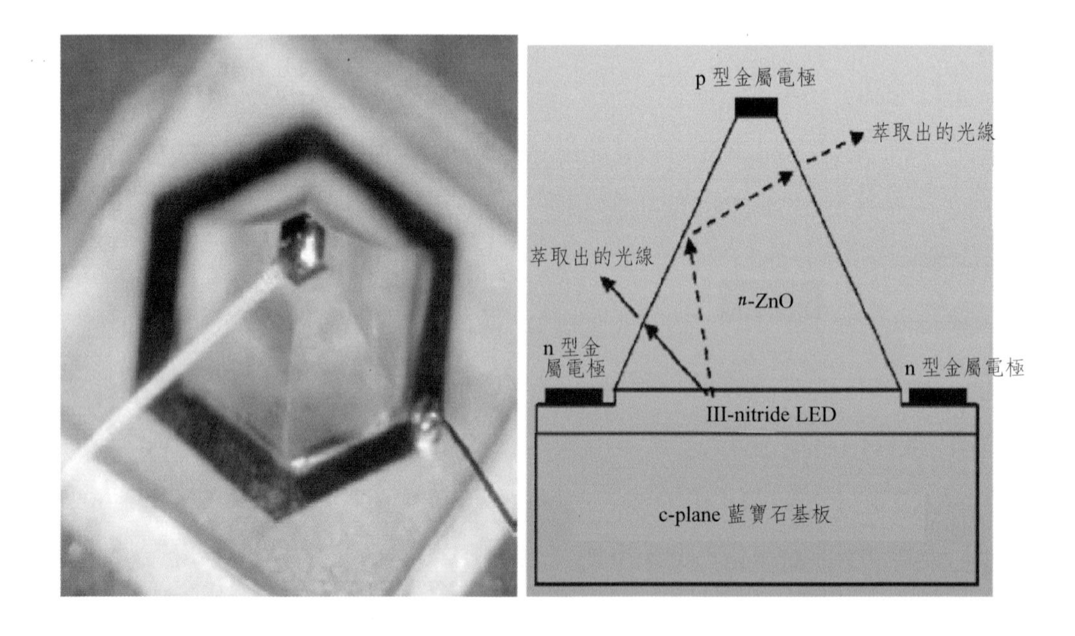

圖 4.74　傳統金字塔 ZnO 與 GaN LED 的電極配置與結構圖（Akihiko Murai 等人, 2006 與 2008）

這樣的金字塔型設計與同樣以 GaN 製成、採用薄鎳／金 p 型電極的傳統 LED 做比較，兩者的接面大小都是 0.46 mm^2，圖 4.74 為其元件外觀照及結構結示意圖。由積分球和分光儀的分析結果，可發現在外加電流為 20 mA 時，金字塔型電極的 LED 發光亮度比傳統的高出約 2.2 倍，其電激發發光照片如圖 4.75(a) 所示。圖 4.75(b) 中顯示電流為 1 mA 及 5 mA 時的結果亦相當優秀，然而研究人員認為高電流操作時會在 ZnO/GaN 介面產生多餘的

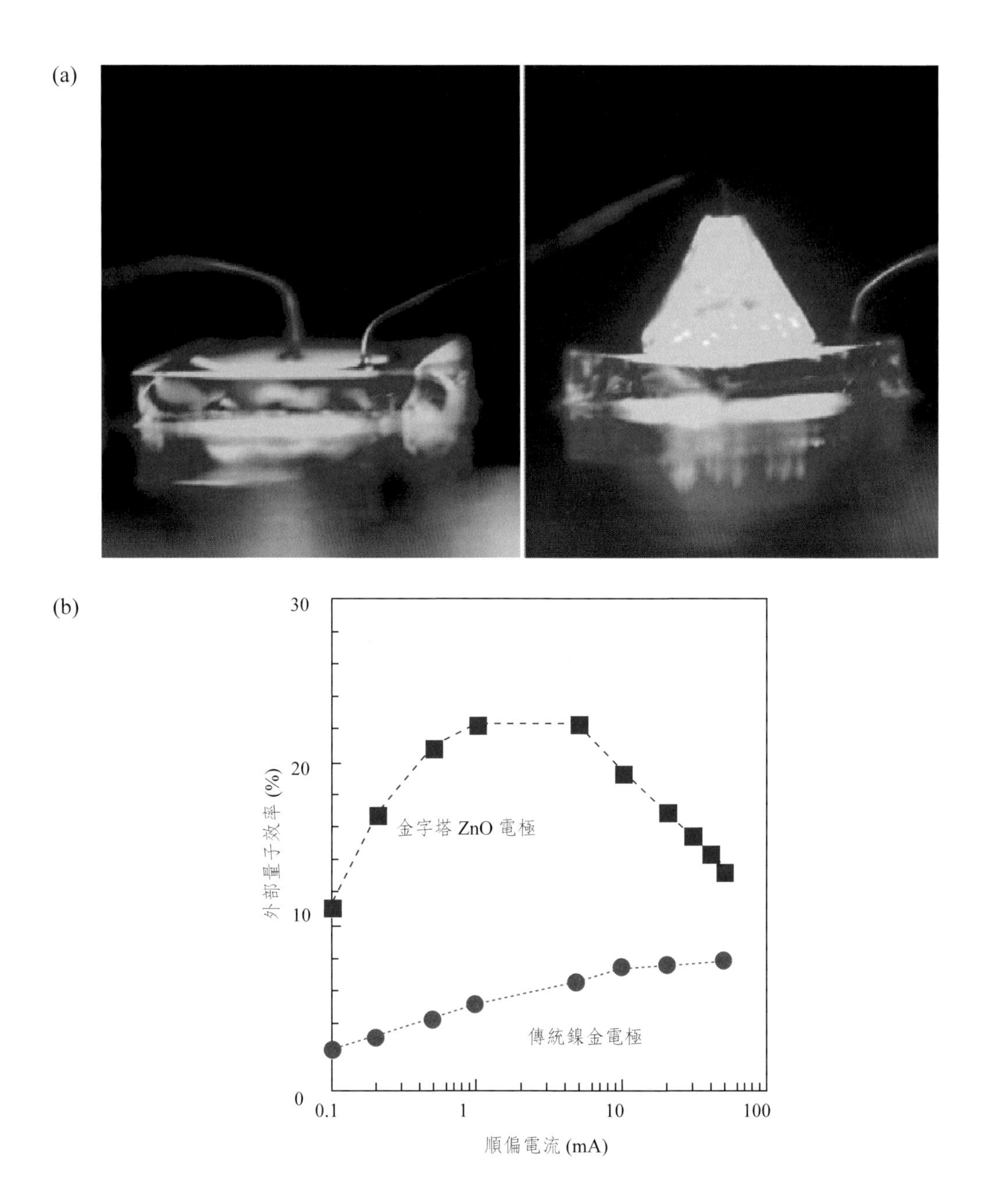

圖 4.75　(a) 左圖為傳統鎳金電極，右圖為金字塔 ZnO 電極的 LED 元件照片。(b) 兩者的外部量子效率與操作電流關係圖。（Akihiko Murai 等人, 2006）

熱，導致光萃取效率受到壓抑。研究人員將之歸咎於晶圓貼合不完全，在 2008 年提出了新穎的改良方法。

在 2008 年 1 月國際光學技術展覽研討會（Photonics West 2008）中，由日本松下電工（Matsushita Electric Works Ltd）與美國加州大學聖塔芭芭拉

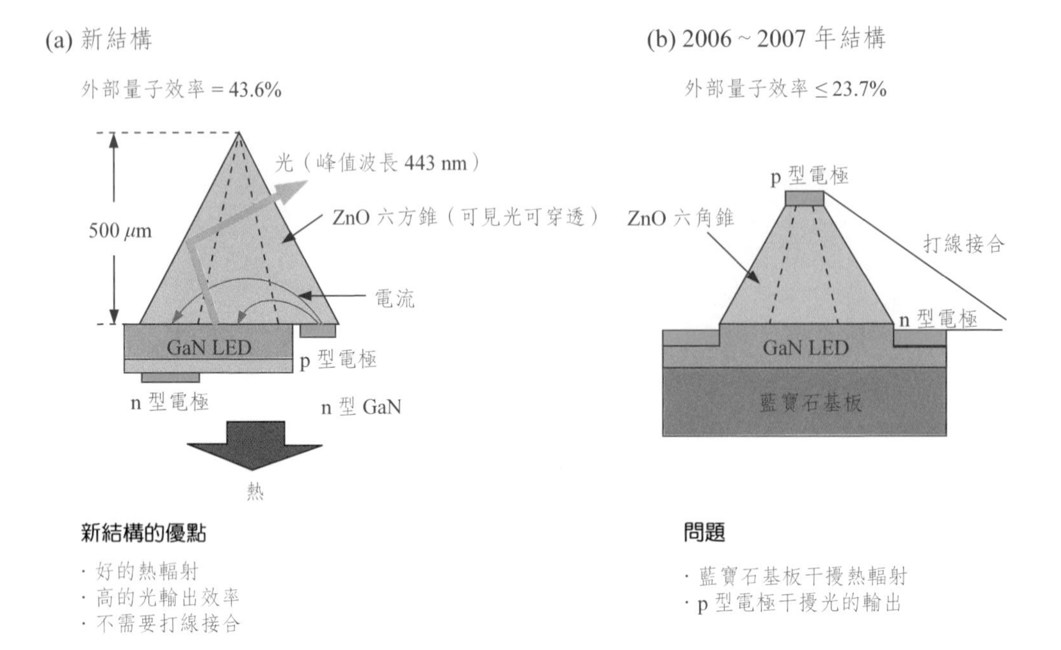

圖 4.76　（左）新的結構與基本效率（2008）與（右）在藍寶石基板上直接晶圓接合的結構與效率比較圖（2006）。

分校（USCB）共同發表的一篇研究成果，改良之前的研究，開發出具有 43.6% 外部量子效率的發光二極體，圖 4.76 為新結構和舊結構的結構示意圖。外部量子效率是 LED 亮度的重要指標，而其發表的研究成果約是原先的兩倍。而且除了亮度提升之外，這個 LED 晶片有 122° 寬廣的光學發射角，非常適合用在照明應用方面。

研究團隊稱該LED結構為「mega-cone」，為一個六方錐的氧化鋅（ZnO），大約 500 μm 高，鑲嵌在 GaN 半導體放射層的頂端。這獨特結構的採用是以提高其光發射效率，而不是用來改善發射層內的內部量子效率。這一次他們將藍寶石排除，而在發射層的後面放置所有的電極，其元件與電激發光照片如圖 4.77 所示。Si 晶圓電極接觸的熱傳導係數是超過藍寶石的 8 倍。因此，外部量子效率以一個 20 mA 的直接電流提升到 43.6%，如圖 4.78 所示。導致這項改善包括電極阻礙光學發射的去除，藉由去除藍寶石基板以改善熱輻射效能，且較少的光漏到 LED 的後面。

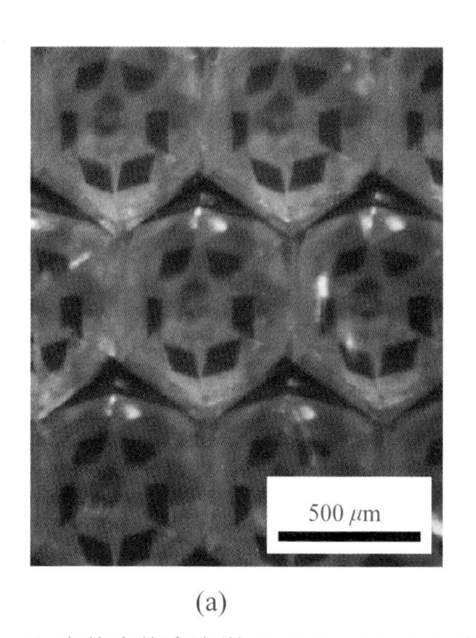

(a)

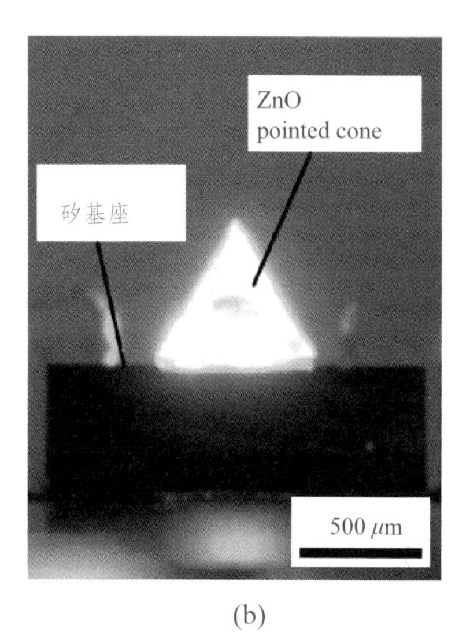

(b)

圖 4.77　(a) 高效率的金字塔 ZnO/GaN LED 元件俯視圖與 (b) 操作發光的側面照。（Akihiko Murai 等人, 2008）

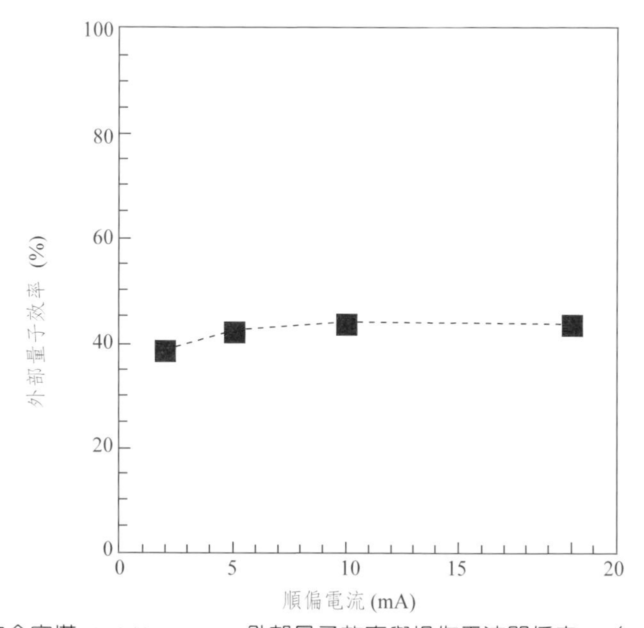

圖 4.78　高效率的金字塔 ZnO/GaN LED 外部量子效率與操作電流關係表。（Akihiko Murai 等人, 2008）

4.3　電流分佈的設計

LED 結構可成長在導體和絕緣體的基板上，而長在導體基板的 LED，其電流的流動方向通常是垂直基板平面的；成長在絕緣體基板的 LED，電流的流動方向則常平行基板平面。歐姆接觸電極的位置及大小和光萃取效率是有關的，因為金屬接觸電極是不透光的。此章節討論了幾種不同元件結構的電流流動型式。

4.3.1 電流分佈層（Current-spreading Layer）

在含有薄上方侷限層的 LED 結構中，電流會被注入到不透光的上方電極下面的主動區，所以主動區產生的光會因電極的不透光而降低光萃取效率。這個問題可利用在上方侷限層和上方歐姆接觸電極之間加入電流分佈層（current-spreading layer）來避免，將從上方電極所注入的電流分散到未被不透光電極所覆蓋到的區域，再往下注入到沒有被電極阻檔住的主動區中。電流分佈層也就是窗戶層（window layer），此名詞被用來強調此層的透光特性以及可增強光的萃取效率的能力。電流分佈層被廣泛的應用在由上方出光的 LED 結構中，包括 AlGaAs LED，GaP LED、AlGaInP LED 等。

電流分佈層的實用性在 LED 的發展初期已被發現。Nuese 等人（1969）利用電流分佈層大量增加 GaAsP LED 的光輸出功率，其實驗結果電流分佈層的效應如圖 4.79 所示，圖 4.79(a) 為沒有使用電流分佈層的 LED 上視圖，光只會在接觸電極的周圍射出；而加入電流分佈層則會使注入的電流分散而讓表面發光更均勻且更亮，如圖 4.79(b) 所示。

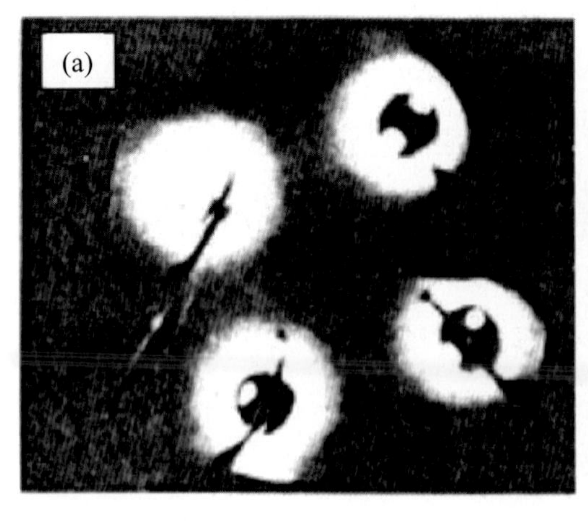

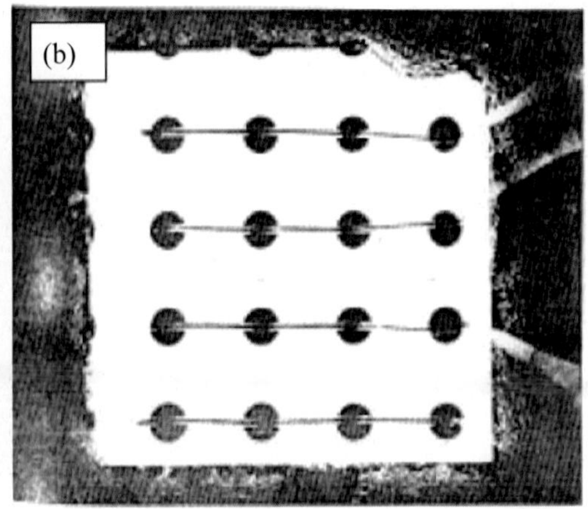

圖 4.79　電流分佈層對 LED 輸出功率的影響。(a) 無電流分佈層之 LED 上視圖，光僅在接觸電極周圍射出。(b) 含電流分佈層之 LED 上視圖。（Nuese 等人，1969）

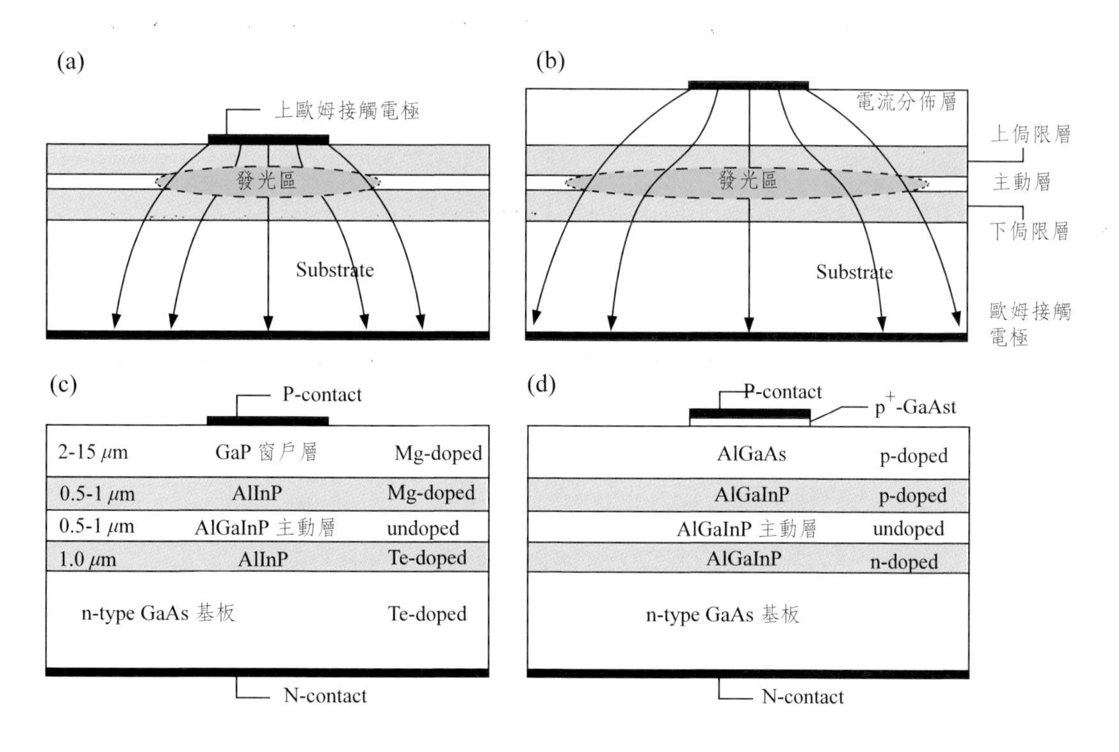

圖 4.80　高亮度 AlGaInP LED 的電流分佈結構。(a) 無電流分佈層及 (b) 有電流分佈層之 LED 的電流分佈之圖示。(c) GaP 的電流分佈結構。(d) AlGaAs 的電流分佈結構。（Fletcher 等人，1991 和 Sugawara 等人，1992）

Nuese 等人也比較了使用三元的 GaAsP 及二元的 GaP 作為電流分佈層之特性，並討論了電流分佈層所必需俱備的條件，包括低電阻、較厚的厚度以提高電流的分佈、及高透明度以減低光的吸收。為了減少光的吸收，Nuese 等人在主動區為 $x = 0.45$ 的 $GaAs_{1-x}P_x$ 結構中使用 $0.45 < x \leqq 1.0$ 的 $GaAs_{1-x}P_x$ 電流分佈層，因此電流分佈層的能隙會高於主動區的能隙，而降低主動區所發出之光的被吸收率。圖 4.80 為電流分佈層的效應之示意圖，圖 4.80(a) 為不使用電流分佈層時流入主動區的電流分佈示意圖，此時主動區內被電流注入的區域大小會被限制在約接觸電極的大小；若加入電流分佈層，則主動區可有更大的電流注入面積，如圖 4.80(b) 所示。電流分佈層在 LED 中扮演很重要的角色。圖 4.80(c) (d) 為成長在 GaAs 基板的 AlGaInP LED 結構中使用兩種不同電流分佈層之示意圖，一是使用 GaP 為電流分佈層，另一則是使用 AlGaAs 為電流分佈層。GaP 的能階為 $E_{g,GaP} = 2.26$ eV 因此可讓紅、橘、黃、及部分綠光穿透，波長短至 550 nm 的 AlGaInP LED 即使用此

結構。GaP 為一二元化合物半導體，對比其能隙低的能量穿透度很高，即其 Urbach 尾部很小。此外，GaP 為一間接能隙半導體，與直接能隙半導體比較起來，其天生的吸收較少，因此即使在結構中使用厚的 GaP 電流分佈層，只有一點點的光會被 GaP 電流分佈層吸收。然而，GaP 和下方的磊晶層是晶格不匹配的，因為下方侷限層、主動層及上方侷限層都是和 GaAs 基板晶格匹配的。GaP 的晶格常數比 GaAs 小了 3.6%，因此上方侷限層和 GaP 介面間預期會產生高密度的線差排及堆疊錯誤。但由於這些差排是位於侷限層和電流分佈層介面及電流分佈層內部，與主動區相距很遠，所以並不會像一般差排形成非輻射復合中心，降低 LED 的內部量子效率。然而，如果差排向下往主動區處生成，則會影響 LED 的效率和可靠度。目前，此電流分佈層和侷限層的介面問題已被明顯的改善，所以使用 GaP 為電流分佈層的 AlGaInP/GaAs LED 有很好的可靠度及效率。

在 AlGaInP/GaAs LED 結構中另外一種增加光萃取效率的方式是使用 AlGaAs 的電流分佈層。對 $0 \leqq x \leqq 1$，$Al_xGa_{1-x}As$ 和下面的侷限層及 GaAs 是晶格匹配的，因此不會產生差排。AlAs 的能隙為 $E_{g, AlAs} = 2.9$ eV。當 $x > 0.45$，$Al_xGa_{1-x}As$ 變成間接能隙，其吸收係數比直接能隙半導體的還要小很多，但在 AlGaAs 層中光的吸收會比在 GaP 電流分佈層中還高，因為 AlGaAs 是三元合金，陽離子濃度（Al 和 Ga）的變動會造成能階的局部性變動，而此組成變動會形成低於 AlGaAs 能隙的吸收尾部，因此 AlGaAs 的 Urbach 能量比 GaP 大。另外，在 LED 最常使用的磊晶成長技術 MOCVD 中，含有 Al 的化合物是很難成長的。鋁是活性很高的元素，長晶系統中不重要的漏氣都會降低含 Al 薄膜的品質，尤其是在含高比例的鋁之應用，例如 AlAs 的化合物，因此使用 AlGaAs 為電流分佈層的 LED 之光學性質和電性都會比使用 GaP 為電流分佈層的 LED 還要差，另外，AlAs 長時間暴露在潮濕的空氣或水中也會氧化。不過儘管如此，使用 AlGaAs 為電流分佈層的 AlGaInP LED 目前為發展成商業化的產品。

圖 4.81 為不同窗戶層厚度（2 μm 到 15 μm）的 AlGaInP LED 晶片之表面發光強度和 LED 晶片表面位置的關係圖，此結構使用電阻為 0.05 Ω 的 p-GaP 為電流分佈層。由於發光強度與任何點的 p-n 電流密度有直接的正比

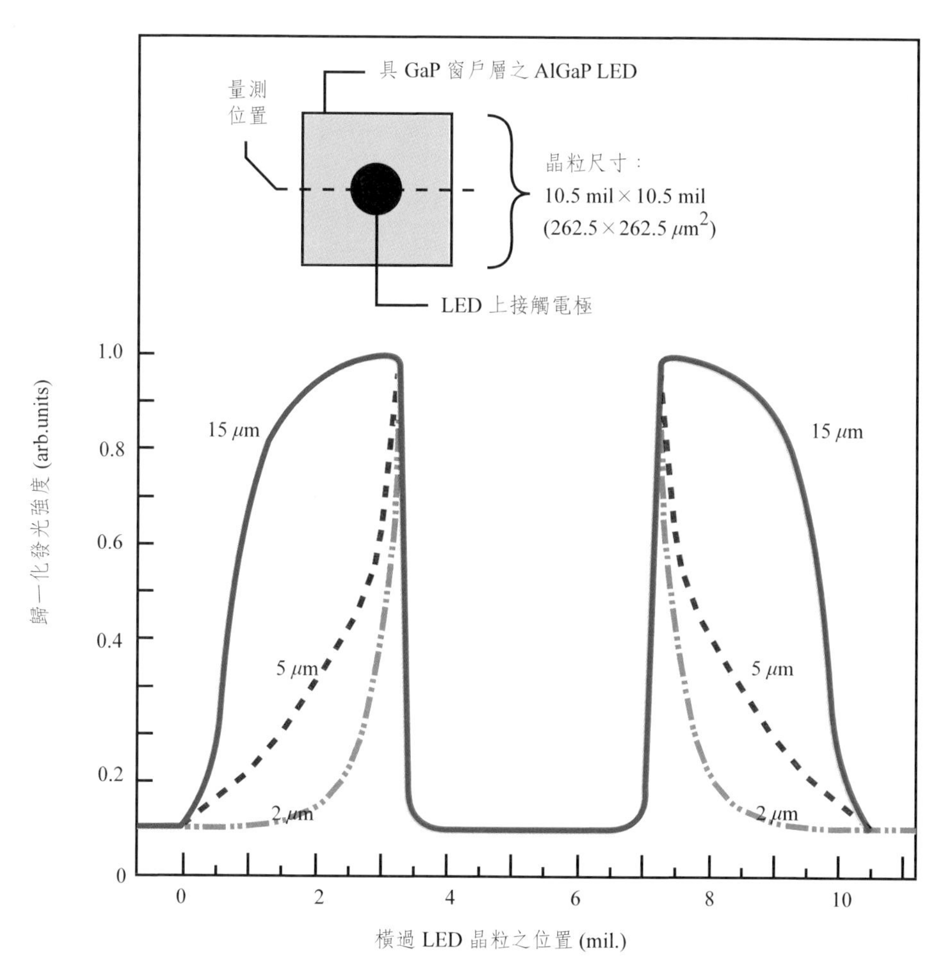

圖 4.81　擁有三種不同 GaP 窗戶層厚度的 AlGaInP LED 晶片之表面發光強度和 LED 晶片表面位置的關係圖，GaP 窗戶層厚度為 2, 5 和 1 5 μm。中間波形的下降是因為不透明的歐姆接觸電極。（Fletcher 等人，1991）

關係，因此此測量可看出電流分佈的特性。當窗戶層厚度為 2 μm 時，電流的分佈被限在金層接觸電極正下方的區域；當窗戶層厚度增加到 15 μm 時，電流分佈的區域會超過接觸電極的區域，且幾乎到了晶片的邊緣；厚度更厚的電流分佈層甚至會將電流分散到晶片的邊緣，但在 LED 結構中不會設計如此強的電流分佈，因為會產生表面復合。

圖 4.82 為使用 GaP 電流分佈層之 AlGaInP/GaAs LED 的電流分佈對效率的影響，使用適當厚度電流分佈層之光萃取效率可提高約八倍。圖 4.82 中也比較了 LED 元件在脈衝電流和直流電流操作下的效率，由圖中可看到在高電流時因為元件會發熱而造成效率降低。

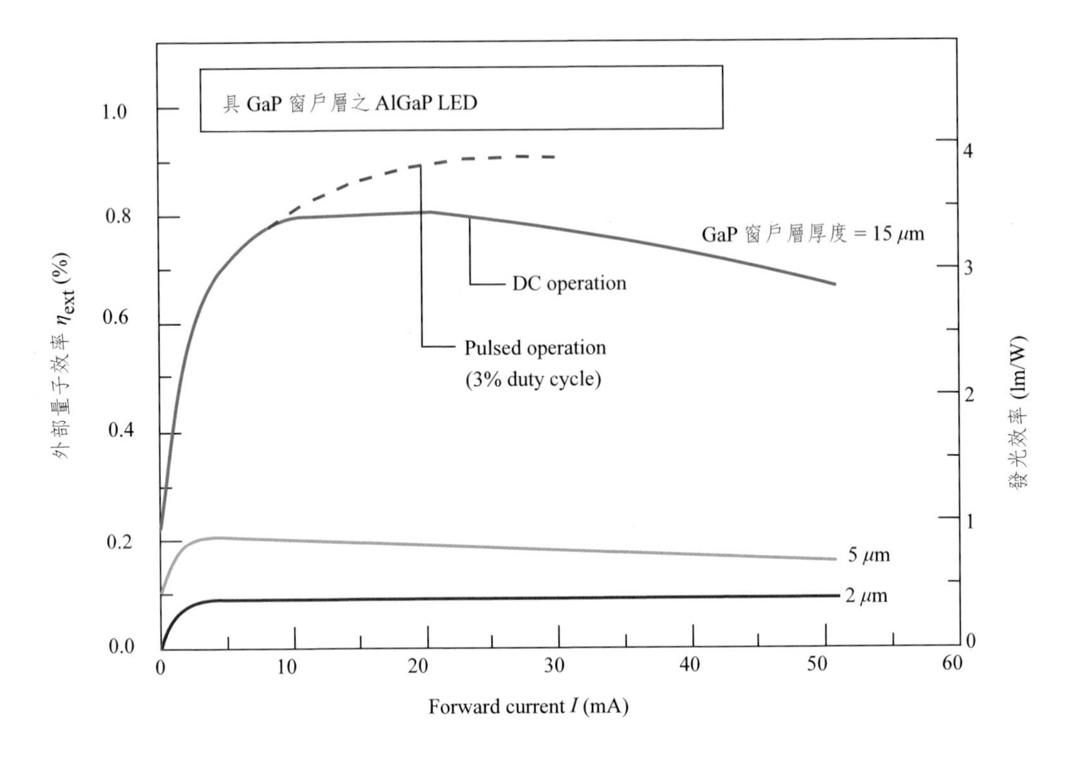

圖 4.82　AlGaInP LED 的晶粒之外部量子效率、發光效率與順向電流之關係。GaP 窗戶層厚度為 2, 5 和 15 μm。實線為直流順向操作電流，虛線為 400 ns, 3% 週期脈衝操作電流。（Fletcher 等人，1991）

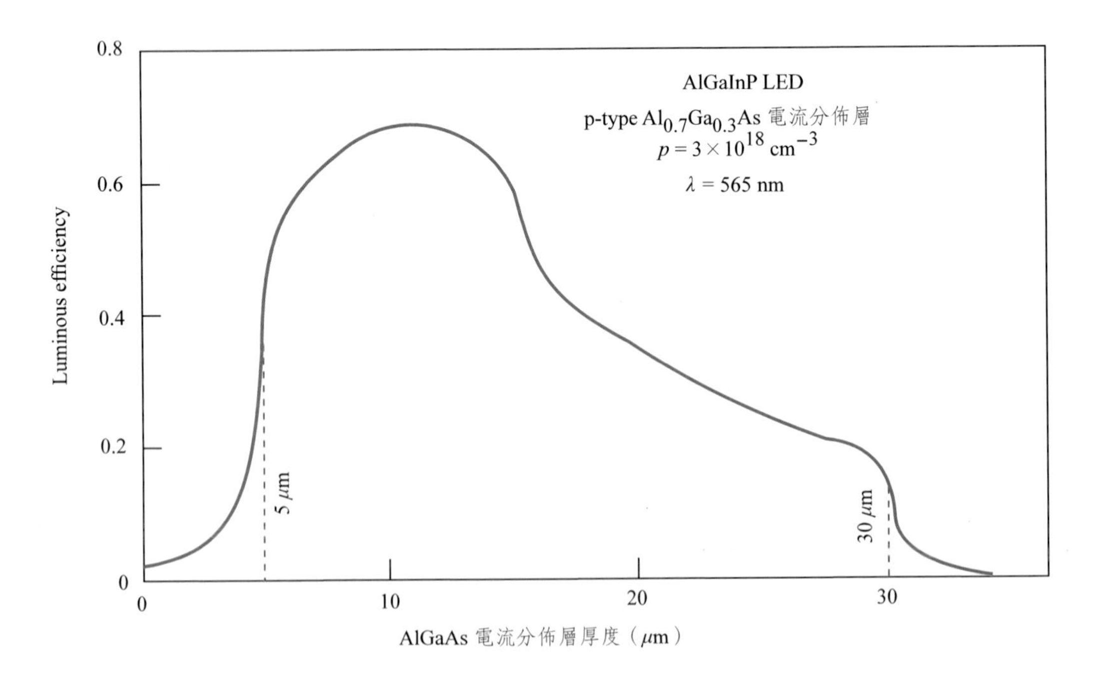

圖 4.83　黃綠光（565 nm）AlGaInP LED 效率與 $Al_{0.70}Ga_{0.30}As$ 電流分佈層厚度之關係。（Sugawara 等人，1992）

Sugawara 等人發表了在 AlGaInP/GaAs LED 中的 $Al_{0.70}Ga_{0.30}As$ 電流分佈層的最佳厚度範圍。在 $Al_{0.70}Ga_{0.30}As$ 電流分佈層的 p 型摻雜濃度為 $3\times 10^{18}\ cm^{-3}$ 下，LED 的發光效率和電流分佈層的厚度關係如圖 4.83 所示。由圖中可知，電流分佈層的最佳厚度在 5 到 30 μm 之間，元件具有 15 μm 厚的電流分佈層的效率比沒有電流分佈層的元件之效率增加 30 倍，而 p 型電流分佈層的最佳摻雜濃度是在較低的 $10^{18}\ cm^{-3}$ 範圍。

電流分佈層太薄或沒有的缺點，是由於大部分的注入電流侷限在不透光金屬接觸電極之下，因此 LED 晶粒發出的光線會被擋住，但電流分佈層太厚也有缺點。第一，厚的窗戶層會將電流往 LED 的邊緣分佈，而造成表面復合的增加，降低 LED 的效率；第二，因為窗戶層的低於能隙之光吸收現象，光的吸收會隨電流分佈層的厚度增加而增加；第三，厚的電流分佈層會增加元件的電阻，因而降低元件整體的效率；第四，由於厚的電流分佈層需要較長的成長時間，所以可能會導致摻雜從侷限層擴散至主動區，因而降低內部量子效率。

在很多 LED 材料中，電流分佈是很重要的問題，尤其是在導電性差的材料中。如 III-V 氮化物的電洞遷移率一般在 1-20 $cm^2/(Vs)$，且電洞濃度在 $10^{17}\ cm^{-3}$ 範圍，因此其電阻係數 $> 1\ \Omega cm$，因此在 InGaN/GaN LED 的上方 p 型層的電流分佈非常差，導致 p 型上侷限層的高電阻特性。為解決此問題，Jeon 等人發表具穿隧接面（tunnel junction）的 LED 結構，一 n 型層在穿隧接面的上方使在上電極下方有較佳的橫向電流分佈。由於穿隧接面的使用，此 LED 會有二個 n 型但沒有 p 型歐姆接觸電極。

4.3.2　電流分佈理論

Thompson 提出由線性條狀的上接觸電極之電流分佈理論，此種條形電極特別是針對半導體雷射的。圖 4.84(a) 為條狀形半導體雷射的剖面示意圖，雷射的電流分佈層位於 p-n 接面之上。因為結構的對稱性，圖中只顯示出雷射的右半部，因此圖中接觸電極的左邊實際上是雷射的中央。假設位於接觸電極之下（$x < r_c$）的電流密度為 J_0，電壓為常數，從接觸電極擴散出的電流密度 $J(x)$ 為

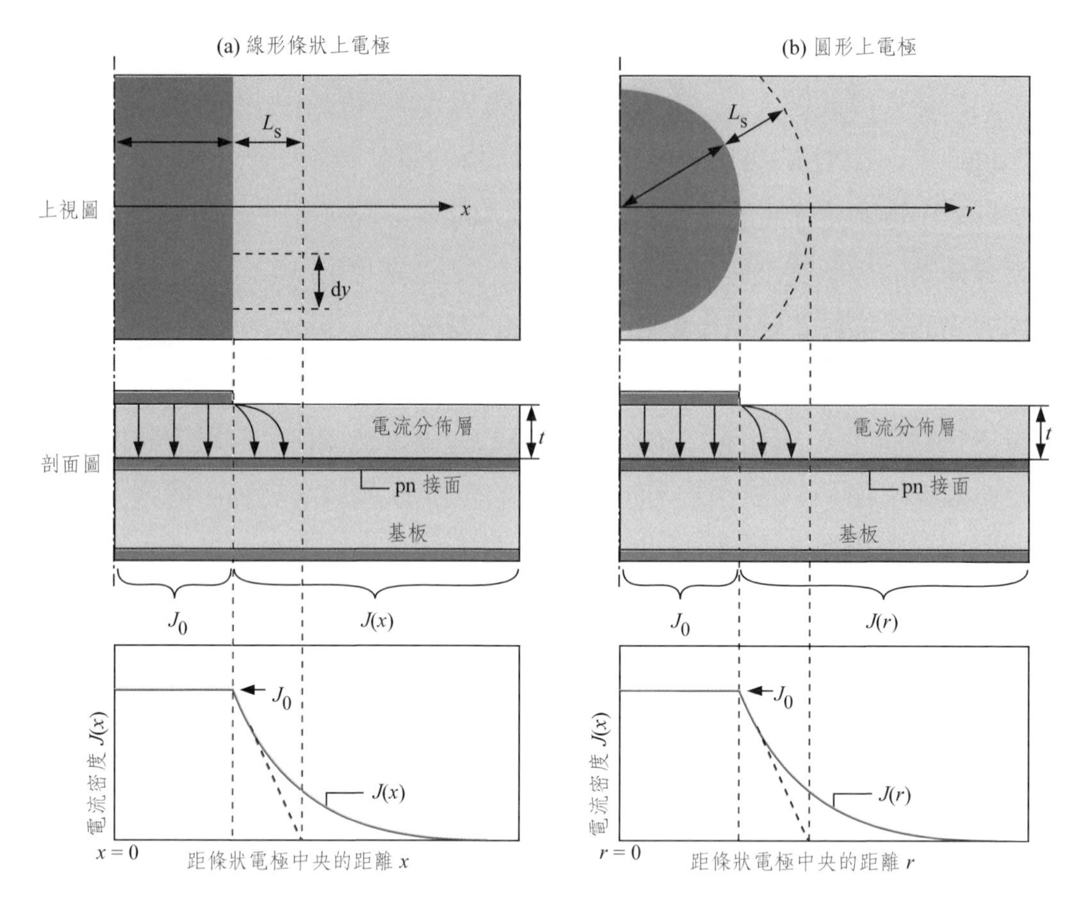

圖 4.84　電流分佈結構與不同的表面接觸電極形狀之圖示 (a) 線性條狀接觸電極 (b) 圓形接觸電極。

$$J(x) = \frac{2J_0}{[(x-r_c)/L_s + \sqrt{2})]^2} \qquad (x \geq r_c) \tag{4.14}$$

其中 L_s 為電流分佈的長度，表示為

$$L_s = \sqrt{\frac{t\, n_{ideal}\, k_B T}{\rho J_0 e}} \tag{4.15}$$

其中 ρ 為電流分佈層的電阻值，t 為電流分佈層的厚度，n_{ideal} 為二極體理想係數，二極體的理想係數值一般為 $1.05 < n_{ideal} < 1.35$。

首先，我們考慮線性條狀的接觸電極之情況。假設電流在分佈區域的邊界處（$x = r_c + L_s$）比在金屬接觸電極下方的電流低了 e^{-1} 的係數，則在電流分佈層邊界跨越接面的電壓降為 $n_{ideal}k\ T/e$，比在金屬接觸電極之下的電壓還

低。沿著橫向的電流分佈區之每單位條狀長度（dy）的電阻值為

$$R = \rho \frac{L_s}{t\,dy} \tag{4.16}$$

電流分佈層中垂直流經 p-n 接面的電流為

$$I = J_0 L_s dy \tag{4.17}$$

所以利用歐姆定律可得

$$\rho \frac{L_s}{t\,dy} J_0 L_s dy = \frac{n_{\text{ideal}} k_B T}{e} \tag{4.18}$$

解出（4.18）式的 t 為

$$t = \rho L_s{}^2 J_0 \frac{e}{n_{\text{ideal}} k_B T} \tag{4.19}$$

比較（4.19）式與（4.15）式可發現兩式是相同的，（4.19）式可計算出電流分佈層在一給定此層的電阻下所需的厚度 t，以及電流可分佈的長度 L_s。

圖 4.84(b) 為圓形接觸電極下的情況，而圓形接觸電極是 LED 常用電極形狀。推導過程和條狀電極相似，從接觸電極的邊界到電流分佈區域的邊界之橫向電阻 R 為

$$R = \int_{r_c}^{r_c+L_s} \rho \frac{1}{A} dr = \int_{r_c}^{r_c+L_s} \rho \frac{1}{t\,2\pi r} dr = \frac{\rho}{2\pi t} \ln\left(1 + \frac{L_s}{r_c}\right) \tag{4.20}$$

在電流分佈層中垂直流經 p-n 接面的電流為

$$I = J_0[\pi(L_s + r_c)^2 - \pi r_c{}^2] = J_0 \pi L_s (L_s + 2r_c) \tag{4.21}$$

所以利用歐姆定律可得

$$\frac{\rho}{2\pi t} \ln\left(1 + \frac{L_s}{r_c}\right) J_0 \pi L_s (L_s + 2r_c) = \frac{n_{\text{ideal}} k_B T}{e} \tag{4.22}$$

求解（4.22）式得出 t

$$t=\rho L_s\left(r_c+\frac{L_s}{2}\right)\left(J_0\frac{e}{n_{\text{ideal}}k_BT}\right)\ln\left(1+\frac{L_s}{r_c}\right) \tag{4.23}$$

（4.23）式可計算出電流分佈層在一給定的電阻下所需的厚度 t，以及電流可分佈的長度 L_s。當 r_c 值較大的時候，（4.23）式可用 $\ln(1+x)\approx x$ 的近似簡化，當 $x \ll 1$。因此，在 r_c 的最大極值（$r_c\to\infty$）時，（4.23）式和（4.19）式變成相同。

4.3.3 成長在絕緣基板上的 LED 內的電流聚集現象

電流聚集（current crowding）現象會發生在成長在絕緣體基板的平臺結構 LED，如成長在藍寶石基板的 InGaN/GaN LED。這些 LED 的 p 型接觸電極通常位於平臺上，而 n 型接觸電極位於平臺的底部 n 型緩衝層上，如圖 4.85(a) 所示，因此，電流傾向聚集在平臺上的 p 型接觸電極和 n 型接觸電極鄰接處的邊緣。

圖 4.85(a) 為一成長在絕緣體基板且 p 型層在上的平臺 LED 結構，圖中顯示出 p-n 接面電流聚集在平臺的邊緣的情形。圖 4.85(b) 為其對應電路模型，其中包含了 p 型接觸電極電阻及 n 型、p 型侷限層的電阻，與以一理想二極體近似的 p-n 接面，電路模型亦顯示出了幾個距離為 dx 的節點。假設沿著 x 方向，n 型層裡的電壓為 V，則沿著 n 型層電阻長度 dx 的壓降為 dV，向下流經一二極體的電流增量為

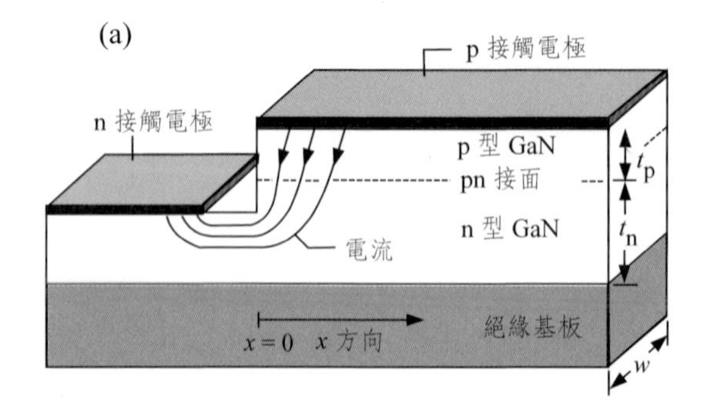

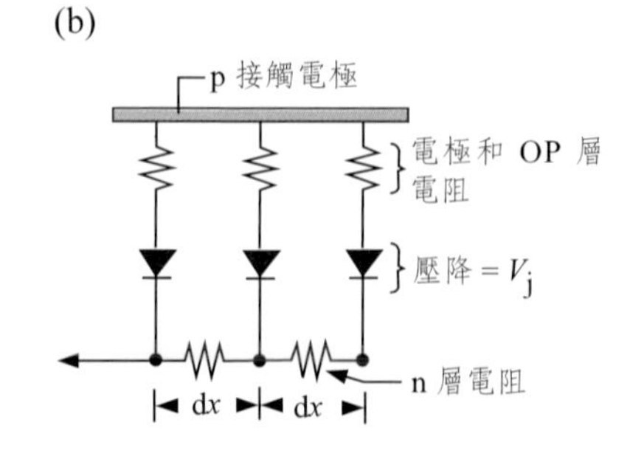

圖 4.85　(a) 成長在絕緣體基板的平臺結構 GaN-based LED 之電流示意圖。(b) n 型、p 型層電阻、p 型接觸電極與 p-n 接面理想二極體之等效電路。

$$dI = J_0[\exp(eV_j/k_BT) - 1]\, w dx \tag{4.24}$$

其中 J_0 為 p-n 接面的飽和電流密度。計算出兩相鄰電阻之間的壓降差值，在兩節點間利用克西荷夫電流定律，可得出微分方程

$$\frac{d^2V}{dx^2} = \frac{\rho_n}{t_n} J_0\left[\exp\left(\frac{eV_j}{k_BT}\right) - 1\right] \tag{4.25}$$

當 p 層的電阻為零或可忽略時，此時 $dV = dV_j$，此時（4.25）式可簡單的求解，且由 Thompson 計算成長在導體基板上的 p-n 接面二極體之擴散長度可得到一可解析解。在 Thompson 的研究中，上 p 型侷限層的電阻率是需要被考慮的，但下 n 型侷限層的電阻是被忽略的。然而，在 InGaN/GaN LED 中，p 型層在上，n 型層在下，n 型層的電阻會造成電流聚集且不能被忽略，此外，p 型電阻通常很高，因此也不能被忽略，所以，兩種電阻在電流聚集的問題均扮演特殊的角色。因此接下來將考慮 n 型層、p 型層的電阻，以及 p 型接觸電極的電阻。

跨過 p-n 接面及 p 型電阻的壓降為

$$V = R_v I_0 [\exp(eV_j / k_BT) - 1] + V_j \tag{4.26}$$

其中 R_v（垂直電阻）是 p 型層電阻和在面積 wdx 上之 p 型接觸電極電阻的總和

$$R_v = \rho_p \frac{t_p}{w\,dx} + \rho_c \frac{1}{w\,dx} \tag{4.27}$$

其中 ρ_p 為 p 型層的電阻，ρ_c 是 p 型特性接觸電阻（specific contact resistance）。將（4.26）式的 V 對 x 做二次微分，並將其結果帶回（4.25）式可得到微分方程

$$\frac{e}{kT}(\rho_c + \rho_p t_p) J_0 \exp\left(\frac{eV_j}{k_BT}\right)\left[\frac{d^2V_j}{dx^2} + \frac{e}{k_BT}\left(\frac{dV_j}{dx}\right)^2\right] + \frac{d^2V_j}{dx^2} = \frac{\rho_n}{t_n} J_0\left[\exp\left(\frac{eV_j}{k_BT}\right) - 1\right] \tag{4.28}$$

將二極體設定在順向偏壓操作來求解此微分方程式，在此情況下，接面電壓

比 kT/e 還要大很多，也就是

$$V_j \gg k_BT/e \text{ 以及 } \exp(eV_j/K_BT) \gg 1 \tag{4.29}$$

此外，假設 p 型串聯電阻和接觸電極電阻之間的壓降遠大於 kT/e

$$(\rho_c + \rho_p t_p)\, J_0 \exp(eV_j / k_BT) \gg k_BT/e \tag{4.30}$$

此情況應用於典型的 InGaN/GaN LED。利用（4.29）式和（4.30）式，（4.28）式可被簡化為

$$\frac{d^2V_j}{dx^2} + \frac{e}{k_BT}\left(\frac{dV_j}{dx}\right)^2 = \frac{\rho_n}{(\rho_n + \rho_p t_p)} \frac{e}{k_BT} \tag{4.31}$$

解（4.31）式得 $V_j(x) = V_j(0) - (k_BT/e)(x/L_s)$。將 V_j 代入 $J = J_0\exp(eV_j/k_BT)$ 可得到微分方程式的解為

$$J(x) = J(0)\exp(-x / L_s) \tag{4.32}$$

其中 $J(0)$ 是 p 型平臺邊緣的電流密度，L_s 是電流分佈長度（current spreading length），也就是電流密度降到在邊界的電流密度的 1/e 時之長度，因此 $J(L_s) / J(0) = 1/e$。電流分佈長度為

$$L_s = \sqrt{(\rho_c + \rho_p t_p)\, t_n / \rho_n} \tag{4.33}$$

由（4.33）式可知電流的分佈與磊晶層的厚度及材料特性有關。一個很厚且低電阻的 n 型緩衝層是必要的以確保電流聚集是最小的。（4.33）式也顯示了 p 型特性接觸電阻降低的情況，或是 p 型層電阻提高了電流聚集的效應。對於低的 p 型接觸電極電阻和侷限層電阻，會產生很強的電流聚集，除非 n 型緩衝層有很好的導電性，因此 t_n/ρ_n 會很大。在 InGaN/GaN 元件中，p 型接觸電極和 p 型層電阻的總和可以比 n 型侷限層電阻還要大，尤其是在 t_n 很小的時候。

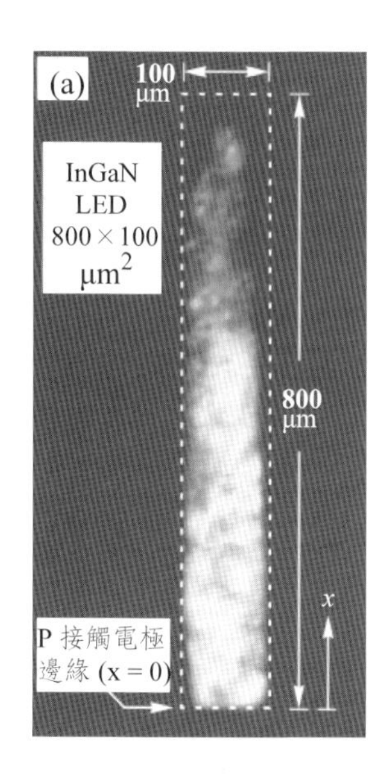

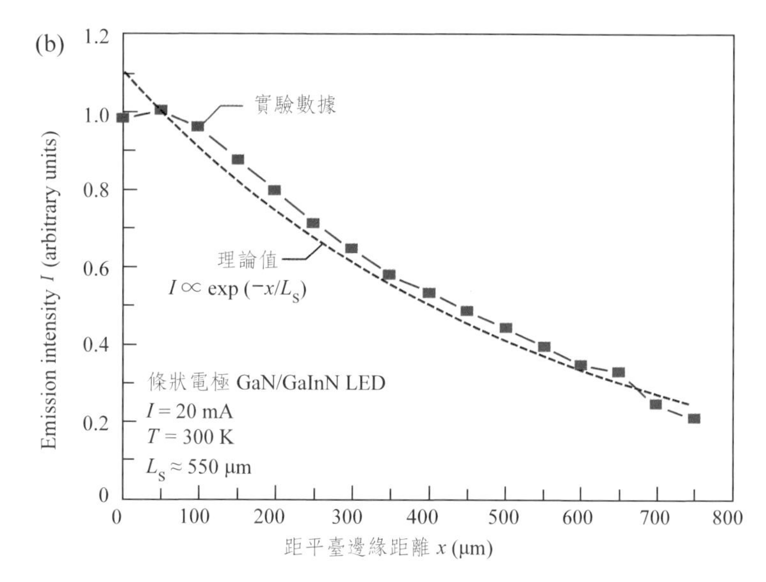

圖 4.86　(a) 成長在絕緣體基板的平臺結構 GaInN/GaN LED 之發光影像圖。此 LED 具有 800 μm × 100 μm 的條狀 p 型接觸電極 (b) 理論上和實驗上之發光強度與距離平臺邊緣關係圖。（Guo 和 Schubert, 2001）

圖 4.86 是成長在藍寶石基板的 InGaN/GaN LED 所產生的電流聚集效應。圖 4.86(a) 為 InGaN LED 的發光強度圖，從 LED 的藍寶石基板側拍攝而得，從圖中可看到光的強度隨著到平臺邊緣的距離增加而減少。圖 4.86(b) 顯示了量測到的發光強度為到平臺邊緣距離的函數，虛線為用與電流相關的指數遞減來模擬計算實驗數據。

高接觸電極電阻和高 p-GaN 電阻並不適用於高功率元件，因為這些電阻會產生熱；但另一方面，這些電阻卻會降低電流聚集效應。隨著目前 GaN 元件的接觸電極和 P 型摻雜的改善，以及大元件製作和大接觸電極的尺寸，電流聚集會越來越嚴重，目前常用的解決方法是使用新的接觸電極形狀來減輕這些問題，例如指叉形電極結構，如圖 4.87 所示，其 p 型指狀電極所設計的寬度小於 L_s，當元件的尺寸面積小於 L_s 時，則不會有電流聚集效應。圖 4.87 為指叉型條狀接觸電極的結構示意圖和照片。當 p 型接觸電極寬度比電流分佈長度還要小時，可得到均勻注入主動區中的電流。為了確保低的接觸電極電阻，n 型接觸電極的寬度必須至少與接觸轉移長度（contact transfer

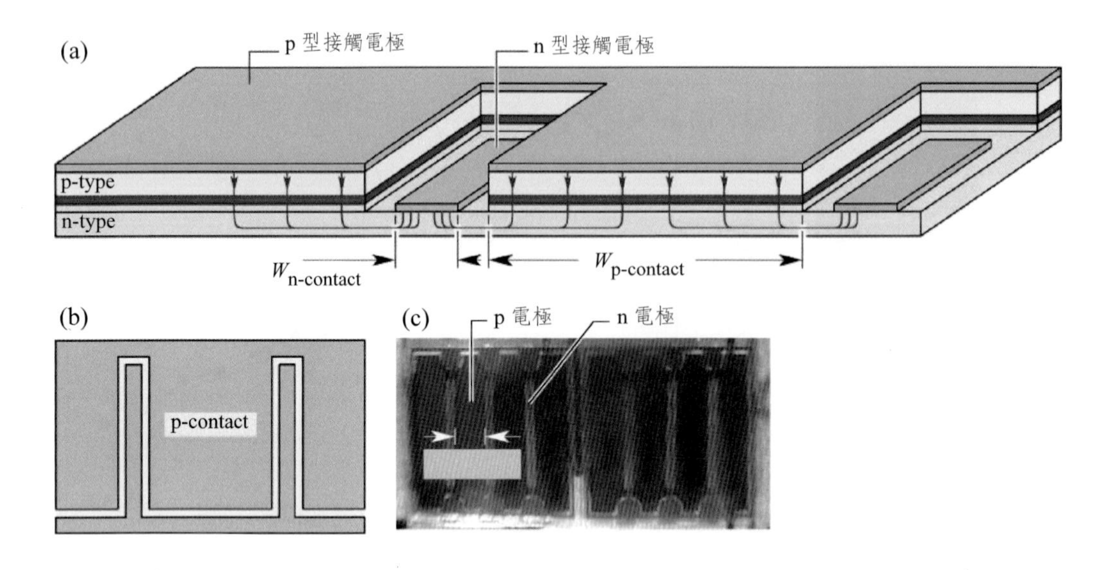

圖 4.87 (a) 均勻電流注入的指叉型條狀接觸電極結構示意圖；(b) 上視圖 (c) InGaN LED 覆晶之照片。（Museum, 2004）

length）相同。接觸轉移長度是由用在描述歐姆接觸電極特性的傳輸線模型（transmission line model, TLM）而來。

4.3.4 側向注入結構

圖 4.88(a) 為一個有側向電流注入的元件結構示意圖。電流在 n 型和 p 型侷限層中側向的流動。理想上，光會在兩接觸電極之間的區域產生，而不會阻擋光的萃取。若 n 型片電阻 ρ_n/t_n（ρ_n 是阻抗率，t_n 是 n 型材料的厚度）比 p 型片電阻 ρ_p/t_p 還要低很多，則電流會傾向在低電阻的 n 型層中側向流動，而非在 p 型層中。因此，接面電流會聚集在 p 型接觸電極附近。圖 4.88(b) 為圖 4.88(a) 的等效電路，假設在 P 型接觸電極邊緣的 p-n 接面電流密度為 $J(0)$，分析等效電路的結果，得到一指數函數（4.34 式），如圖 4.89 所示

$$J(x) = J(0) \exp(-x / L_s) \tag{4.34}$$

其中 L_s 為

$$L_s = \sqrt{\frac{2V_a}{J(0)[(\rho_p / t_p) + (\rho_n / t_n)]}} \tag{4.35}$$

$J(x = 0) = J(0)$ 時為在接觸電極邊緣的電流密度。Rattier 等人指出電壓 V_a 為活化電壓，其大小為 k_BT/e（即 50-75 mV）的。

當光均勻產生在兩接觸電極之間的區域內，有一長的指數型衰退長度 L_s 是最好的，此可藉由高摻雜以及很厚的侷限層來達到。一般為了達到高功率，需要調整元件的尺寸大小，然而，兩接觸電極之間的距離 L 增大，元件的阻抗性會增高，除非使用很厚的侷限層來降低阻值，但這並不實用。而用很多小元件的陣列來組成，取代放大單一元件的尺寸調整是一種解決的方式。

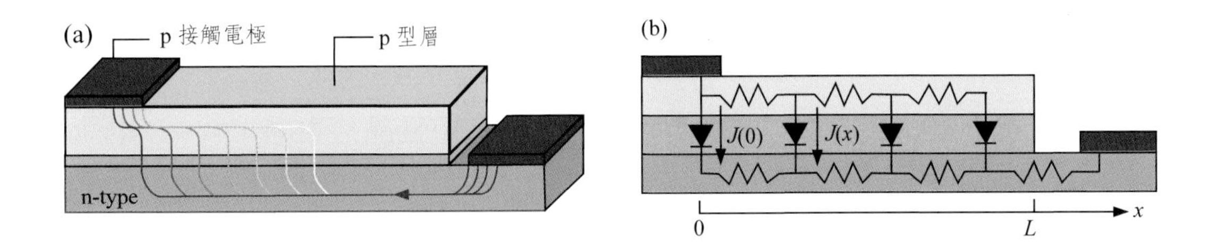

圖 4.88　(a) 側向注入電流的分佈示意圖，$\rho_n \ll \rho_p$。(b) 等效電路圖。

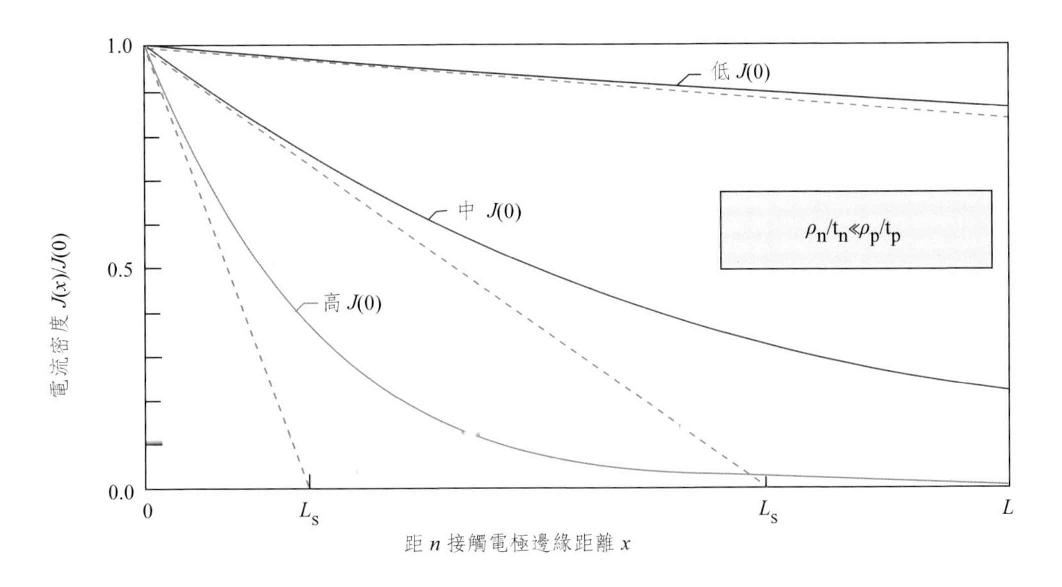

圖 4.89　側向注入結構中，高、中、低注入電流時的電流密度密度分佈。此處假設 n-type 片電阻小於 p-type 片電阻。（Rattier 等人，2002）

4.3.5 電流阻擋層（Current-blocking Layer）

傳統的雙異質結構 LED 的元件結構中，有小的上接觸電極和大的背面接觸電極，電流大部分從上接觸電極注入到位於接觸電極下方主動區中，所以從主動區產生的光大部分都會被不透光的金屬接觸電極擋住。為了解決這個問題，前面討論了使用厚的電流分佈層來解決，而另一個方法就是使用電流阻擋層（current-blocking layer）。這層是用以阻擋電流進入到接觸電極下方的主動區，造成電流流經偏離接觸電極的區域，因此提高光的萃取效率。圖 4.90 為使用電流阻擋層的 LED 結構之剖面示意圖。阻擋層位於上侷限層的上方，其尺寸大約與金屬接觸電極的大小相同。電流阻擋層有 n 型的導電性，且埋在於 p 型導電性的材料中，由於電流阻擋層的周圍形成 p-n 接面，因此電流會流過阻擋層周圍，如圖 4.90 所示。

電流阻擋層可以用磊晶再成長（epitaxial regrowth）的方法製作。在此製程中，雙異質結構層和薄的電流阻擋層是長在整個晶片表面，成長完後將晶片拿出成長系統，接著使用蝕刻製程，先將要被蝕刻的區域以光微影方式定義，除了要放置上歐姆接觸電極的區域外，其餘的整個阻擋層都會被蝕刻，如圖 4.90 所示，通常，電流阻擋層的蝕刻是有選擇性的，這樣才不會蝕刻到上侷限層，蝕刻完成後，將晶片拿回成長系統中重新再磊晶成長其餘的結構。再成長的製程方式是比較昂貴的，因為伴隨著再成長的製程中，會有元件和晶片量率的減少。蝕刻後，再成長前的晶片表面清洗是關鍵，因為

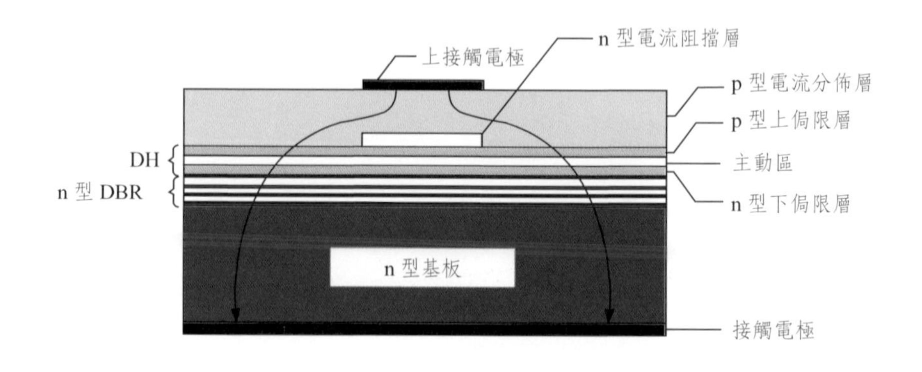

圖 4.90 在侷限層上方有 n 型電流阻擋層的 LED 結構示意圖。

發生在再成長界面的缺陷會導致量率的降低。因此，磊晶再成長的製程會比較貴，而且不適用於低成本的元件。目前商業上對於較貴的元件是有使用磊晶再成長的製程，例如通訊用的 LED。

在 AlGaInP LED 中使用 n 型 GaAs 當作電流阻擋層，其位置位於上 AlGaInP 侷限層的上方，且 GaAs 電流阻擋層與下方的 AlGaInP 侷限層是晶格匹配的。

4.4 效率下降（Efficiency Droop）

發光二極體（Light-emitting diodes, LEDs）至今已受到廣泛應用，例如信號燈、車頭燈，或者手機、液晶電視與筆記型電腦背光源等，這些大量的應用需求已讓目前台灣的 LED 產業蓬勃發展。而擁有寬能帶且為直接能隙的氮化物材料，其製得的發光元件以紫光、藍光與綠光為主，其中藍光與紫光範圍的 LED 常搭配黃色螢光粉而成為白光 LED，而因為這樣的白光光源具有潛在高效率以及無汞等環保優點，近年來更應用於提供高亮度的固態照明（Solid- state lighting, SSL）上，取代傳統的照明光源。為了追求高亮度與高效率，應用於照明的 LED 除了加大尺寸外，更需操作於高電流下；然而，現今三族氮化物 LED 普遍被發現其最大效率落於很小的電流密度注入下（約 10 A/cm^2），隨著注入電流的增加，發光效率有明顯下降的現象，被稱之為效率下降（Efficiency droop）現象。

LED 的發光效率與電流密度的關係如圖 4.91 所示。現今 LED 產品的操作電流密度大都落在 20 A/cm^2 到 40 A/cm^2 之間，儘管如此，效率下降的問題已經造成了照明應用的限制。如果能減緩甚至消除效率下降，LED 便能在高電流操作下也保持高效率，如此更能節省照明應用的成本。

近年來許多研究團隊也對此現象提出了不同的看法，但是，造成效率下降最主要的物理機制目前仍未被完全釐清；由於其各家說法之間也互相有所關連，以下將列出幾項目前文獻所提出的可能原因作說明。

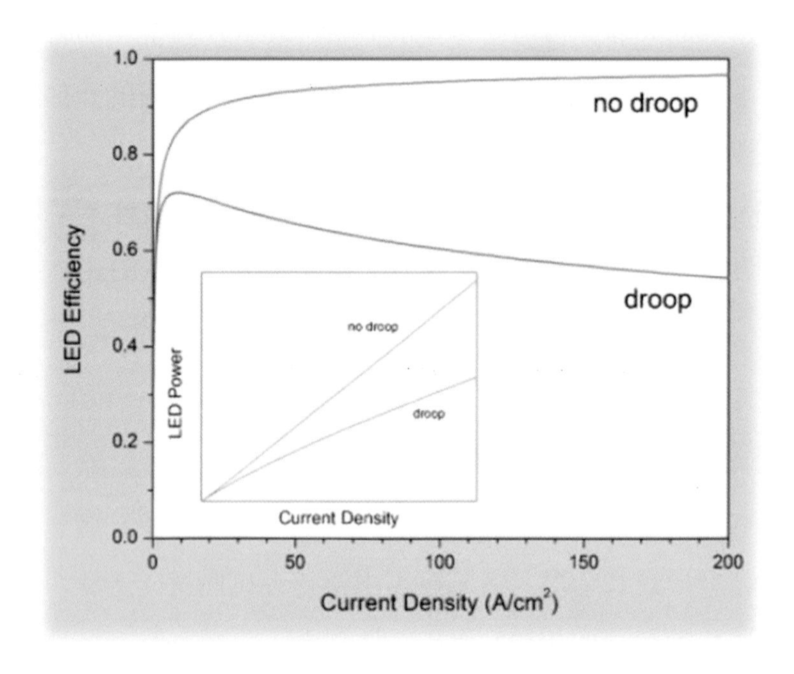

圖 4.91　LED 發光效率對電流密度圖關係。[1]

4.4.1　極化效應造成的載子溢流

極化效應是在三族氮化物中常見而且影響深遠的效應，可分為兩種極化，分別為自發極化（spontaneous polarization）與壓電極化（piezoelectric polarization）。造成自發極化的原因是當磊晶於 wurtzite 結構的 c-plane 方向時，由於有正負電荷中心不重合（原子排列不對稱）而形成的偶極矩存在，而自然存有的極化現象；而壓電極化則是層與層間的晶格不匹配所生應力造成，主要是來自於藍寶石基板與氮化物材料間的晶格不匹配。

GaN LED 普遍成長於藍寶石基板上，其為 c-plane 方向，使得晶體內部產生了自發極化與壓電極化，極化效應在介面累積電荷因而形成內建電場，將使元件的能帶結構改變，此現象在量子井中更是明顯，即所謂的 quantum confined Stark effect（QCSE）現象。圖 4.92 為極化與非極化電場下的量子井能帶圖，可以看到圖 4.92a，由於內建電場的影響造成能帶傾斜，使得量子井中的電子電洞波函數在空間上分離，發光效率因而降低，反之，無極化

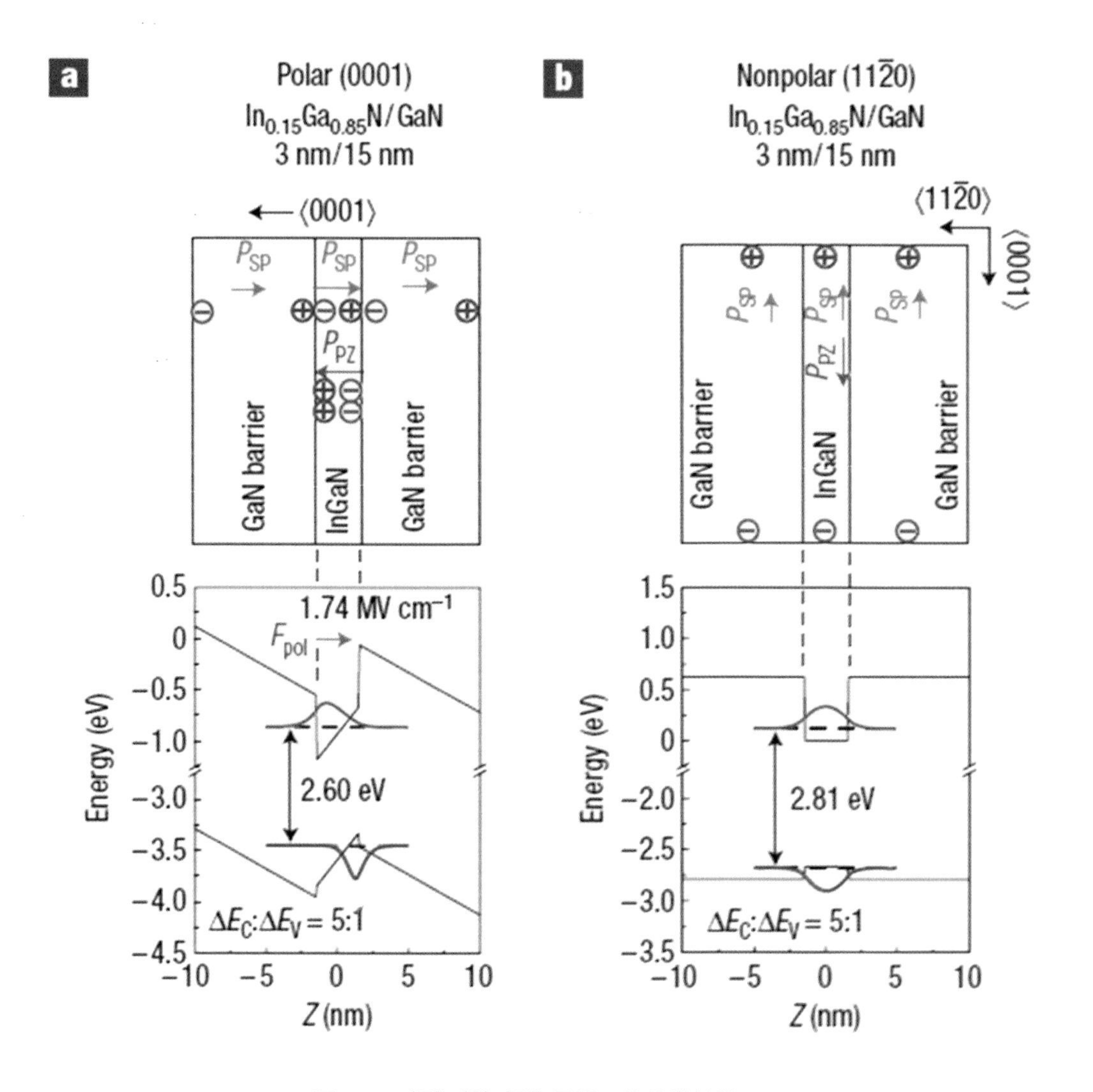

圖 4.92　極化與無極化電場下的能帶結構 [2]

電場下的能帶圖（圖 4.92b），量子井中的能帶是平的，電子與電洞不會被分開侷限於量子井兩側，使得電子與電洞波函數在空間上的重疊率較高，因而降低輻射發光之生命期、增加電子與電洞的輻射再結合速率。

因此，當我們將基板改用垂直於 c-plane 的 m-plane GaN 方向代替，製作而成的 LED 發光強度與外部量子效率量測結果結果如圖 4.93 所示。從結果可以清楚發現，c-plane LED 其亮度一開始會隨著電流的增加而提升，但是當電流密度超過 40 A/cm^2 後，其上升幅度愈來愈小。從外部量子效率更可以清楚發現，效率最高點發生在電流密度 5 A/cm^2 隨後至電流密度

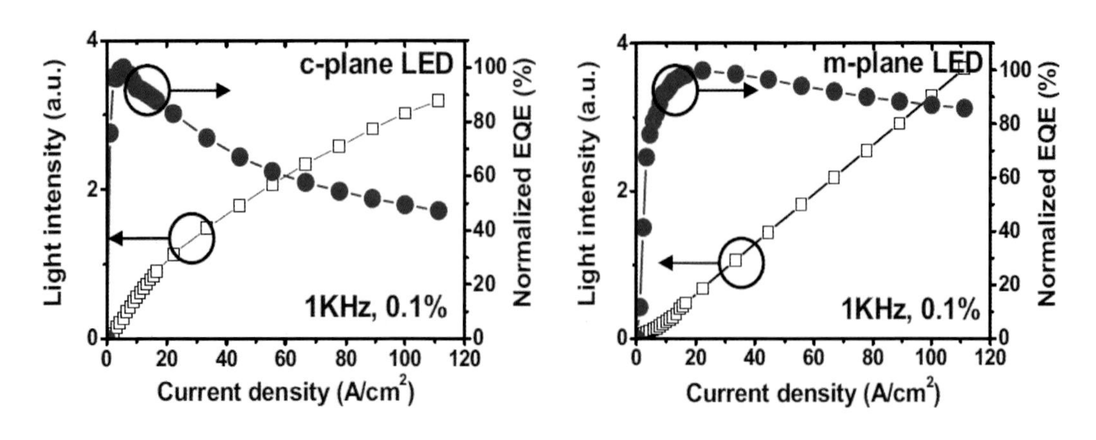

圖 4.93　c-plane 和 m-plane LED 其發光強度與外部量子效率的量測結果[3]

100 A/cm^2 下約掉了 45%，而同樣的情況在 m-plane LED 上卻發現外部量子效率只下滑了 13%。此結果顯示了降低 LED 之中的極化效應的確有助於減緩效率下降的現象。

而接著我們試著用模擬軟體去探討這樣的變化。c-plane 和 m-plane LED 模擬能帶圖如圖 4.94 所示，可以很明顯的看出 c-plane LED 的能帶受到極化效應的影響而嚴重傾斜，這樣的現象不但降低了電子阻擋層的能障，使得侷限電子的能力下降，增加了電子溢流的機會。而反觀在 m-plane LED 方面，因為消除了極化電場，能待變得平緩，電子阻擋層的作用也能得到較大的發

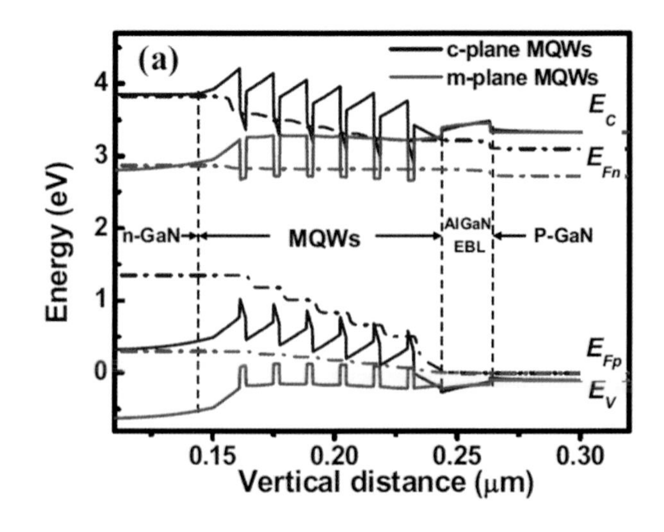

圖 4.94　分別以 m-plane 方向和 c-plane 方向基板成長 LED 的 MQWs 能帶圖[3]

揮，電子溢流減緩是可以預期的。接著我們更進一步研究數值模擬的電子溢流情形，如圖 4.95 所示。指出 m-plane LED 將不易造成高電流下的溢流情況發生，這代表著當 LED 的主動層不受極化現象影響的話，其載子復合效率將會提升，而效率下降的現象也較為減緩。

另一方面，傾斜的量子井將會減少載子侷限能力，Schubert 等人也認為由於此極化場效應的存在，使得高電流注入下電子溢流情況更加嚴重，進而導致效率下降現象的產生，因此當導入極化匹配（polarization-matched）於量子井的能障材料時，除了由數值模擬得到的較少的電子溢流外，實際元件在電流操作下效率下降也有所緩解[4,5]。

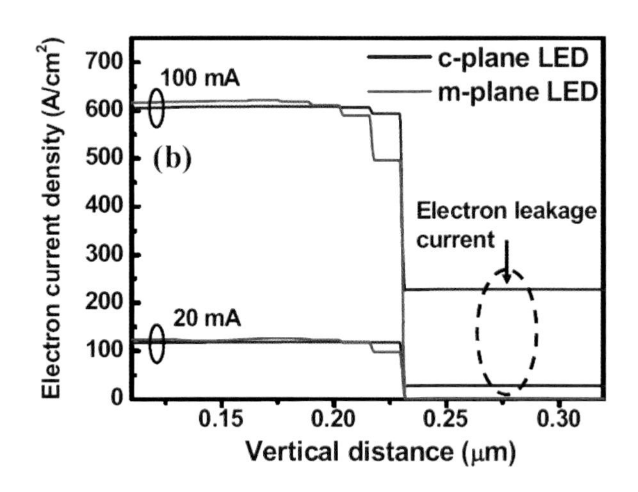

圖 4.95　m-plane 和 c-plane LED 其於 20mA 與 100mA 之模擬電子溢流情形[3]

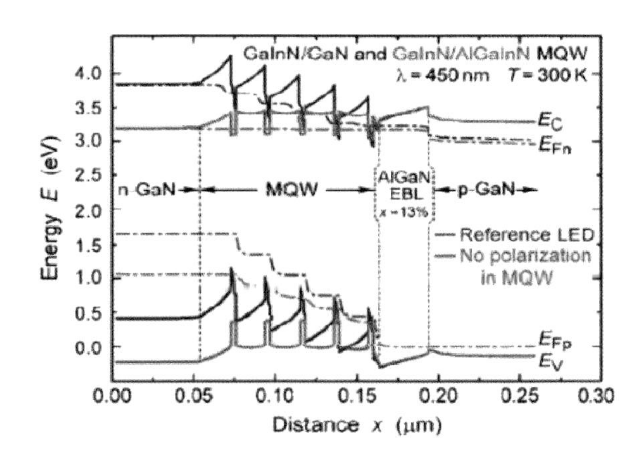

圖 4.96　極化不匹配與極化匹配的 MQWs 能帶圖 [4]

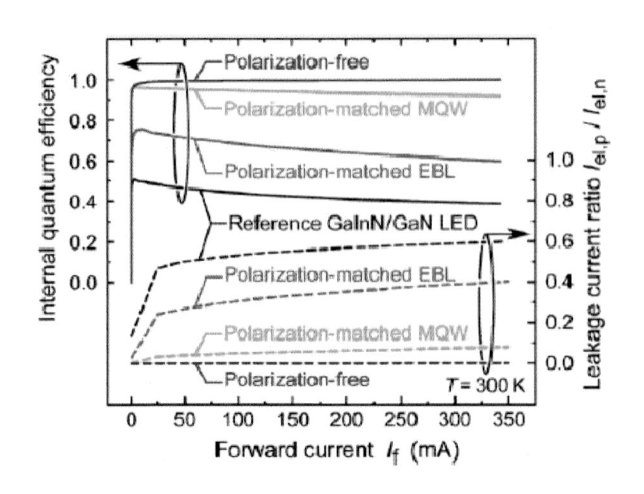

圖 4.97 極化不匹配與極化匹配的 MQW 其數值模擬 IQE 與溢流電子比例 [4]

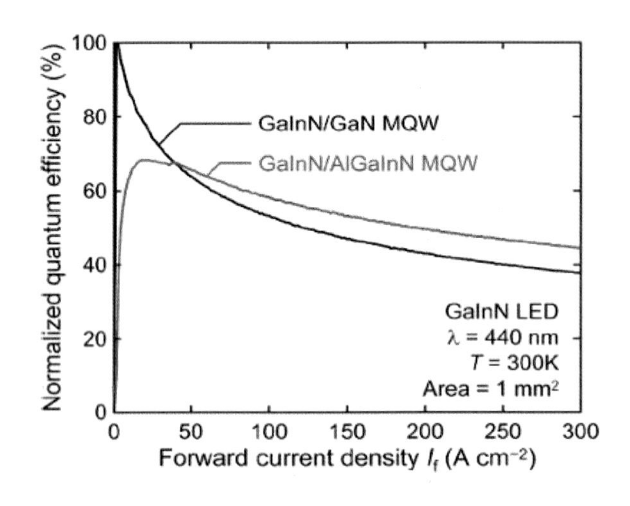

圖 4.98 擁有極化不匹配與極化匹配的 MQW 之 LED 元件其效率隨電流變化圖 [5]

4.4.2 載子傳輸造成的電子溢流

除了上述極化場造成量子井的載子侷限能力下降而引起的電子溢流外，其溢流發生最根本原因，來自於本身電子遷移率比電洞遷移率來的大，且電洞的有效值量較高，因而電子很容易快速的穿越主動區後就溢流而至 p 型區，而失去與電洞於多重量子井中復合的機會；另外，p 型摻雜的活化能相對 n 型來的高，使得 LED 元件中的電洞濃度比電子低。如此不匹配的載子特性，造成儘管電子大量注入多重量子井中，但電洞卻以不足量的數目與較差的傳輸能力集中分布於前幾個量子井中，如圖 4.99 所示，由於電子、電洞的注入時間與移動速度的差異，使得主動區內載子分布不均，引發電子溢流與 Auger 復合（稍後將作說明）的載子消耗，因而造成 LED 效率的低落。

而台大李允立教授團隊也使用不同量子井厚度的 LED 結構作分析，其測得的量子效率結果如圖 4.100 所示，可以發現當量子井變得越薄時，其效率下降的情況越發嚴重，而擁有較厚量子井的 LED，因為提高了主動層的載子容納量，期待在較高電流驅動下有較少的電子溢流，使得效率的下滑量減少。

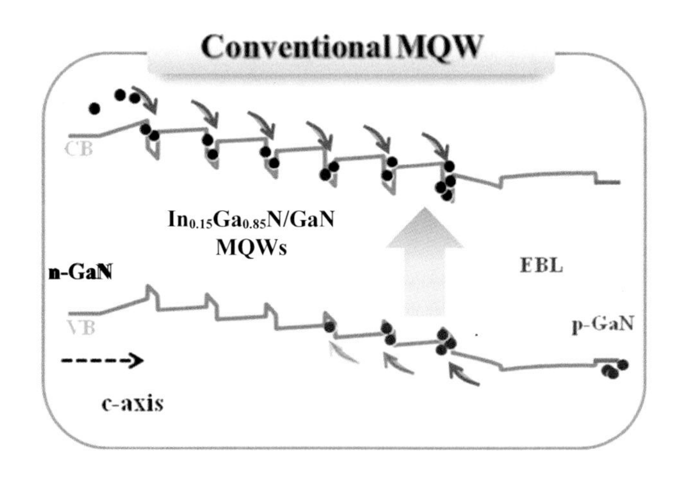

圖 4.99　傳統 LED 的多重量子井中載子傳輸情形

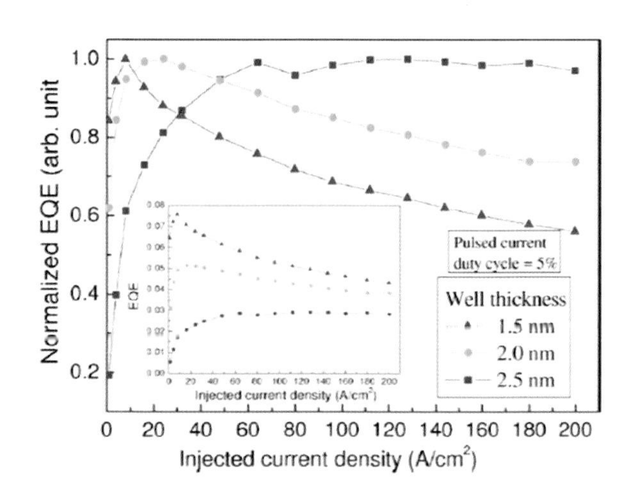

圖 4.100　不同量子井厚度 LED 的歸一化外部量子效率 [6]

然而，早期許多研究都針對阻止電子溢流作解決，像是在主動區後方插入一層較高能隙的材料做電子阻擋層，又或者提高多重量子井中能障厚度藉此來拖延電子穿越量子井速度，這些方法雖然有使 LED 亮度受到改善，但在高電流注入下，卻演變出效率不佳的狀況，歸就其因則是電洞注入量子井的困難未解決，因此開始有研究團隊將重心轉換到傳輸能力不佳的電洞上，期待提高電洞注入效率，將使主動層中的電子有較多機會與電洞復合，也是減少電子溢流的方法。

因此我們設計出漸變厚度的量子井結構 [7]，如圖 4.101 所示，也就是由 n 型區至 p 型區方向，量子井厚度漸變的增厚，此結構將使電子首先接觸到最窄的量子井，其侷限能力較佳將使電子不易快速通過量子井以減緩電子穿越速度，同時，對電洞來說，第一個落入的量子井較厚，由於侷限力差，將使電洞容易往下一個量子井移動，其數值模擬電洞濃度分佈於圖 4.102(a)，可看出比較於傳統多重量子井的分布來的更加均勻，也造成最後電子電洞輻射復合的量明顯提升（圖 4.102(b)）且高電流下的效率下降行為有所改善（圖 4.103）。

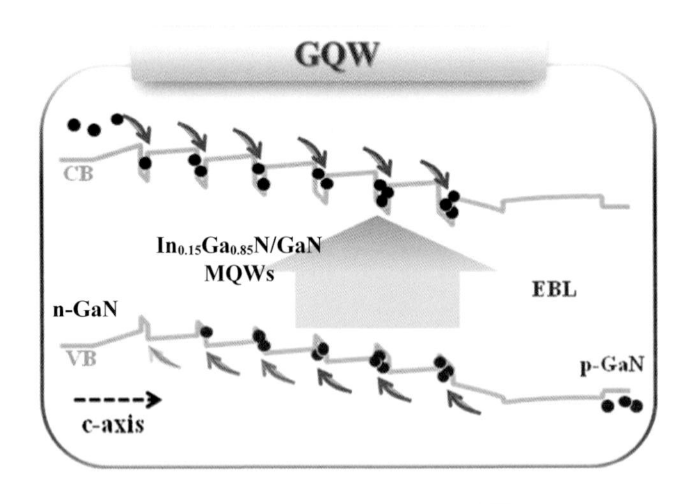

圖 4.101　漸變厚度量子井主動區能帶結構與載子傳輸示意圖

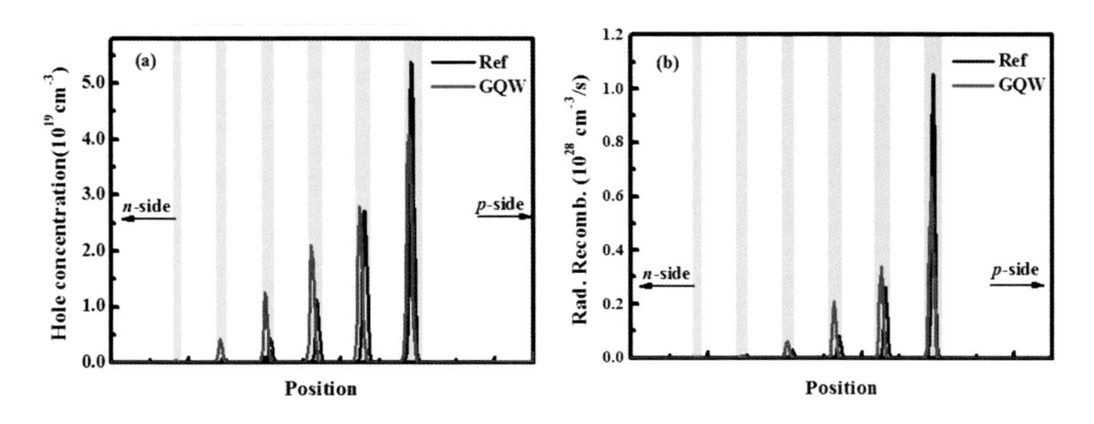

圖 4.102　多重量子井中數值模擬之電洞濃度與輻射復合分布圖

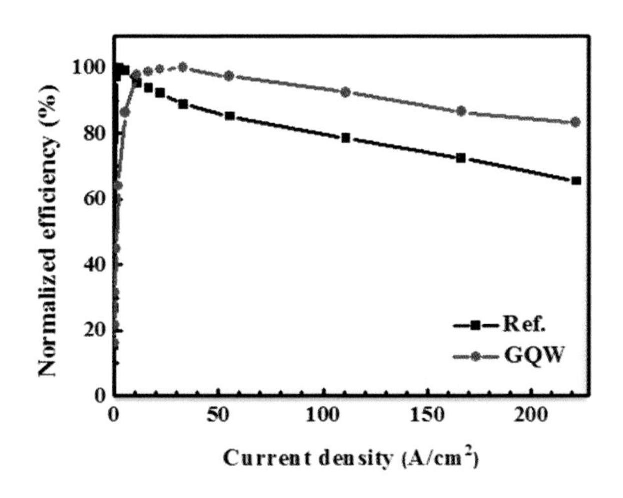

圖 4.103　傳統與漸變式量子井 LED 之效率圖

為了減少載子溢流現象，使用氮化鋁鎵（$Al_xGa_{1-x}N$）結構的電子阻擋層為大家共同的做法。但是目前已有研究團隊指出 $Al_xGa_{1-x}N$ 結構的電子阻擋層有較大的極化電場，這會降低能障的高度使得電子容易溢流 [8]。因此，載子的溢流現象並無法如預期的改善。另一方面，極化電場會導致在氮化鎵與氮化鋁鎵接面處電場的變化以及價電帶的偏移（$\triangle E_v$）提高，而這會延緩電洞的注入。為了減少電子阻擋層的極化電場，利用氮化鋁銦（AlInN）或氮化鋁銦鎵（AlInGaN）為材料的電子阻擋層已被提出來，這種結構能讓電子更加容易被侷限在主動區 [9, 10]。然而，這些方法對於磊晶的品質有很大的挑戰，更重要的是，電洞的注入由於在氮化鎵與電子阻擋層接面處存在的價電帶偏移（△E_v）沒辦法有效被改善。因此，我們設計出具有漸變能隙電子阻擋層（Graded-composition electron blocking layer, GEBL）結構的 LED[11]，它不但能有效阻擋電子的溢流，更加強了電洞的注入。從模擬中我們可以看到電子的侷限與電洞的注入有改善的情形。所以利用金屬有機化學氣相沉積成長出的 GEBL LED 相對於傳統 LED，在高電流操作下效率遞減的較少。

對傳統 LED 而言，操作在正向偏壓下其電子阻擋層能帶圖會受到內部壓電場和正向偏壓的影響會變成三角形的能障，如圖 4.104 所示。電子阻擋層的價帶從 n-GaN 到 p-GaN 的方向上可以看到能帶圖是一個斜坡漸漸向上的，這意味著電洞的傳輸會因為這層三角形的屏障層而被阻礙。反觀 GEBL 的價帶從 n-GaN 到 p-GaN 的方向上，由於鋁的含量逐漸增加，將原本的傾斜的價帶補償成平的，而導電帶的斜坡變的更斜。這樣的結果不僅能增強電洞在電子阻擋層的傳輸，亦增強了電子在電子阻擋層被侷限的程度。

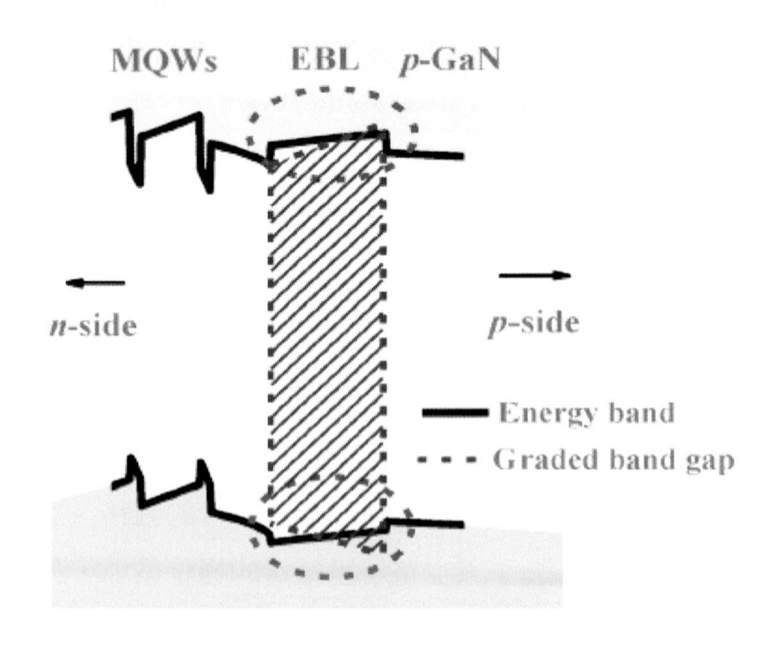

圖 4.104　漸變能隙的電子阻擋層示意圖

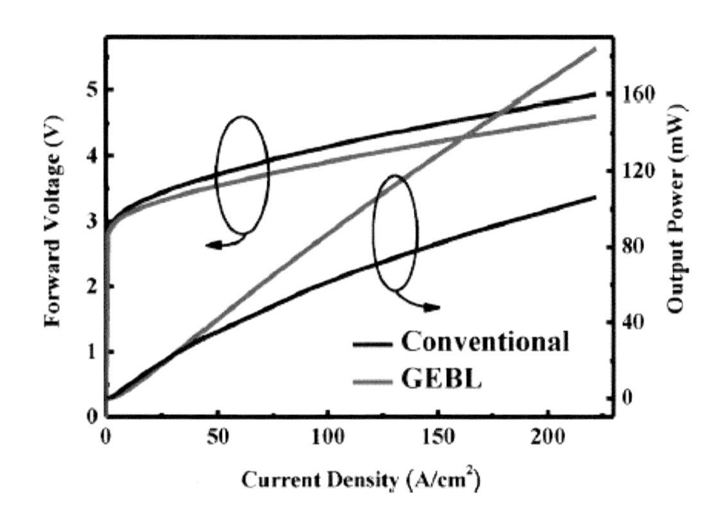

圖 4.105　傳統 LED 與 GEBL LED 電流密度對正向電壓與輸出功率關係圖

圖 4.105 為傳統 LED 與 GEBL LED 電流密度對正向電壓與輸出功率的關係圖。在電流密度 22 A/cm^2 下 GEBL 的正向電壓（V_f）為 3.28 V 而串聯電阻（Rs）為 7Ω，這比傳統 LED3.4 V 與 8 Ω 都來的低。較低的 V_f 與 Rs 可以歸功於改善電洞注入。從圖 4.105 L-I 曲線中我們可以看到，即便 GEBL LED 在低電流的輸出功率沒有那麼高，但隨著注入電流的增大，輸出功率也相對的增加。相對於傳統 LED，GEBL 的在電流密度 100 A/cm^2 和 200 A/cm^2 下輸出功率分別增強 40% 和 69%。這樣的現象可以由以下的方式解釋：在低電流密度下，因為 GEBL LED 的△E_v 是比傳統 LED 來的大，所以在 p-GaN 與電子阻擋層接面處電洞很難穿隧過去。在高電流密度下，電洞的穿隧效應可以被忽略，而擴散效應主導電洞傳輸進入量子井。綜合以上討論結果，比起傳統 LED，在 GEBL 中擴散效應是比較容易的，這是因為 GEBL 有較平坦的價帶以及在最後一層氮化鎵屏障層與電子阻擋層接面處的△E_v 較低。再加上 GEBL 有較佳的電子侷限能力，所以 GEBL LED 在高電流密度下有較強的光輸出。

最後，圖 4.106 為傳統 LED 與 GEBL LED 歸一化的電流密度對效率作圖。GEBL 最高的效率點（η peak ）是在電流密度為 80 A/cm^2 的位置，這比傳統 LED（20 A/cm^2）來的高很多。更有趣的是，傳統 LED 在 200A/cm^2 效

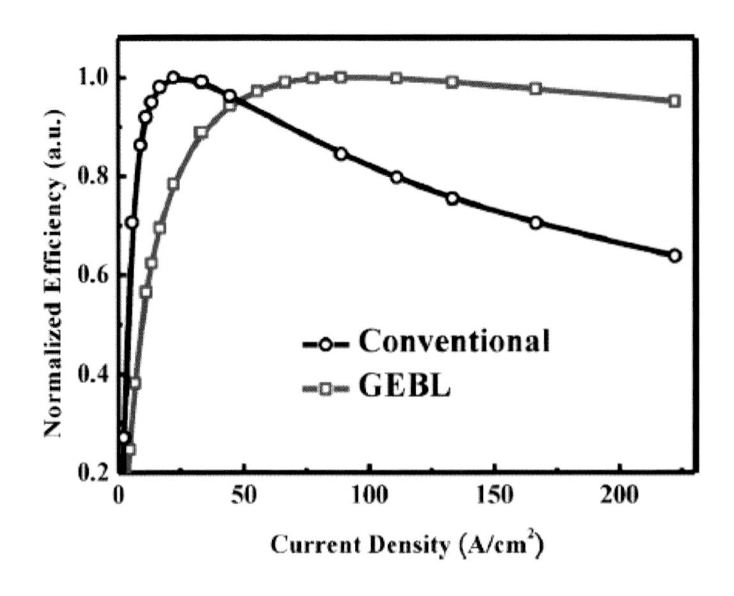

圖 4.106 傳統與 GEBL LED 歸一化的電流密度對效率作圖

率下降為 34% 而 GEBL 只有 4%。這樣大幅改善效率的原因要歸功於良好的電洞注入與電子侷限能力。

4.4.3 Auger 復合效應

Auger 復合（Auger recombination）這種電子電洞的結合，雖然也是發生在價電帶與導電帶之間的過程，但結合後的能量是給第三個載子（另一個電子或電洞），使其激發至更高的能階，這種非輻射式復合過程牽涉到三個載子的交互作用，Auger 復合效應取決於半導體的能隙寬度、載子密度以及能帶結構等多種因素，如先前所提及的，為達到固態照明需求，LED 必須在高操作電流下工作，讓原本在氮化物材料上不明顯的 Auger 復合效應，因注入主動層的載子濃度增加，影響內部量子效率的現象更為顯著。

根據 *ABC* model，內部量子效率可以表是為 4.36 式所示，其值正比於 Bn^2，

$$\eta_{IQE}=\frac{Bn^2}{An+Bn^2+Cn^3} \tag{4.36}$$

其中，n 為載子濃度、A 為 SRH 復合係數、B 為輻射復合係數，C 為 Auger 係數，而 Auger 效率則為

$$\eta_{\text{Auger}} = \frac{Cn^3}{An + Bn^2 + Cn^3} \tag{4.37}$$

可以看出其與載子濃度的三次方成正比，因此當載子濃度高時，Auger 現象越發明顯，其值從至 1×10^{-34} 到 5×10^{-29} $cm^6 \cdot s^{-1}$ 之間都有人提出。

為降低 Auger 現象來提高量子效率，可以利用增加量子井厚度來減少其載子密度，Gardner 等學者使用不同的主動區結構[12]，以分析不同的量子井厚度對效率之關係如圖 4.107，(a) (b) (c) 樣品其主動層分別為 2 個 2.5 nm 的量子井、為 6 個 2.5 nm 的量子井、與 13nm 的 DH（double hetero-structure）結構，可看出 DH 結構將使得 droop 發生點推至較高電流（200 A/cm^2），由於比起多重量子井結構有較少的載子密度，因此降低了 Auger 非輻射復合的效應。

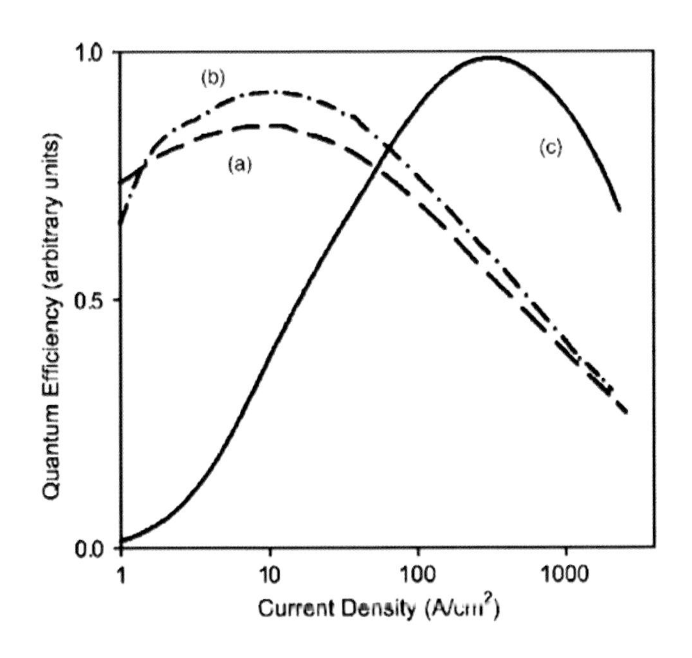

圖 4.107　不同主動層結構的 LED 其量子效率隨電流密度變化關係圖 (a) 為 2 個 2.5 nm 的量子井、(b) 為 6 個 2.5 nm 的量子井 (c) 與 13nm 的 DH

除此之外，由於傳統 LED 其多重量子井的載子傳輸不成對比，較高遷移率的電子與較小遷移率的電洞將集中於靠近 p 型區的量子井作結合，這種不均勻的載子累積除了先前提及的溢流可能外，也使得部分量子井的載子密度上升，而引發 Auger 復合現象，因此，經由設計 LED 結構改善載子在主動區的分佈，使輻射復合發光在多重量子井中更佳均勻，除了增加量子井的利用外，也是降低 Auger 效應發生的方法。

習題

1. 試舉出三種提高光萃取效率之結構設計及其原理。
2. 試簡述一種克服電流聚集的結構設計。
3. 試簡述影響 LED 內部量子效率的因素。
4. 試簡述在低於半導體能隙處主要影響半導體光吸收效率之因素。

參考文獻

1. S. Adachi and K. Oe “Chemical etching characteristics of (001) GaAs” J. Electrochem. Soc 130, 2427 (1983)
2. R. M. Fletcher, C. P. Kuo, T. D. Osentowski, K. H. Huang, and M. G. Craford “The growth and properties of high performance AlInGaP emitters using lattice mismatched GaP window layers” J. Electron. Mater. 20, 1125 (1991a)
3. R. M. Fletchcr, C. P. Kuo, T. D. Osentowski, and V. M. Robbins “Light-emitting diode with an electrically conductive window” US Patent 5,008,718 (1991b)
4. W. O. Groves and A. S. Epstein “Epitaxial deposition of Ⅲ-V compounds containing isoelectronic impurities” US Patent 4,001,056 (1977)
5. W. O. Groves, A. H. Herzog, and M. G. Craford “Process for the preparation of electroluminescent Ⅲ-V materials containing isoelectronic impurities” US Patent Re. 29.648 (1978a)
6. W. O. Groves, A. H. Herzog, and M. G. Craford “GaAsP electroluminescent device doped with isoelectronic impurities” US Patent Re. 29,845 (1978b)
7. X. Guo and E. F. Schubert “Current crowding and optical saturation effects in GaInN/GaN light-emitting diodes grown on insulating substrates” Appl. Phys. Lett. 78, 3337 (2001)

8. X. Guo, Y.-L. Li, and E. F. Schubert "Efficiency of GaN/GaInN light-emitting diodes with interdigitated mesa geometry" Appl. Phys. Lett. 79, 1936 (2001)
9. S.-R. Jeon, Y.-H. Song, H.-J. Jang, G. M. Yang, S. W. Hwang, and S. J. Son "Lateral current spreading in GaN-based light-emitting diodes utilizing tunnel contact junctions" Appl. Phys. Lett. 78, 3265 (2001)
10. W. B. Joyce and S. H. Wemple "Steady-state junction-current distributions in thin resistive films on semiconductor junctions (solutions of $\nabla^2 v = \pm e^v$) J. Appl. Phys. 41,3818 (1970)
11. C. P. Kuo, R. M. Fletcher, T. D. Osenowski, M. C., Lardizabal, M. G. Craford, and V. M. Robins "High performance AlGaInP visible light emitting diodes" Appl. Phys. Lett. 57.2937 (1990)
12. J. Nishizawa, M. Koike, and C. C. Jin "Efficiency of GaAlAs heterostructure red light-emitting diodes" J. Appl. Phys. 54,2807 (1983)
13. C. J. Nuese, J. J. Tietjen, J. J. Gannon, and H. F. Gossenberger "Optimization of electroluminesent efficiencies for vapor-grown GaAsP diodes" J. Electrochem Soc.: Solid State Sci. 116,248 (1969)
14. M. Rattier, H. Bensity, R. P. Stanley, J.-F. Carlin, R. Houdre, U. Oesterle, C. J. M. Smith, C. Weisbuch, and T. F. Krauss "Toward ultra-efficient aluminum oxide microcavity light-emitting diodes: Guided mode extraction by photonic crystals" IEEE J. Selected Topics in Quant. Electron. 8, 238 (2002)
15. H. Sugawara M., Ishakawa, and G. Hatakoshi "High-efficiency InGaAlP/GaAs visible light-emitting diodes" Appl. Phys. Lett. 58, 1010(1991)
16. H. Sugawara, M. Ishakawa, Y. Kokubun, Y. Nishikawa, S. Naritsuka, K. Itaya, G.. Hatakoshi, M. Suzuki "Semiconductor light-emitting device" US Patent 5,153,889, issued Oct. 6 (1992a)
17. H. Sugawara, K. Itaya, H. Nozaki, and G. Hatakoshi "High-brightness InGaAlP green light-emitting diodes" Appl. Phys. Lett. 61, 1775 (1992b)
18. D. A. Steigerwald, S. L. Rudaz, K. J. Thomas, S. D. Lester, P. S. Martin, W. R. Imler, R. M. fletcher, Jr. F. A. Kish, S. A. Maranowski "Electrode structures for light-emitting devices" US Patent 6,307, 218(2001)
19. G. H. B. Thompson Physics of Semiconductor Laser Devices (John Wiley and Sons. New York, 1980)
20. W. N. Carr and G. E. Pittman "One-Watt GaAs p-n junction infrared source" Appl. Phys. Lett. 3,173 (1963)
21. A. R. Franklin and R. Newman "Shaped electroluminescent GaAs diodes" J. Appl. Phys. 35, 1153 (1964)

22. T. Fujii, Y. Gao, R. Sharma, E. L. Hu, S. P. DenBaars, and S. Nakamura, "Increase in the extraction efficiency of GaN-based light-emitting diodes via surface roughening" Appl. Phys. Lett. 84, 855 (2004)
23. Y. Gao, T. Fujii, R. Sharma, K. Fujito, S. P. DenBaars, S. Nakamura, and E. L. Hu "Roughening hexagonal surface morphology on laser lift-off (LLO) N-face GaN with simple photo-enhanced chemical wet etching" Jpn. J. Appl. Phys. 43, L 637(2004)
24. V. Haerle "Naturally textured GaN surface" China Hi-Tech Fair (CHTF) Shenzhen, China, October 12- 17(2004)
25. R. Haitz "Light-emitting diode with diagonal faces" US Patent 5,087,949 (1992)
26. G. E. Hoefler, D. A. Vanderwater, D. C. DeFevere, F. A. Kish, M. D. Camras, F. M. Steranka, and I. H. Tan "Wafer bonding of 50-mm diameter GaP to AlGaInP-GaP light-emitting diode wafers" Appl. Phys. Lett. 69. 803(1996)
27. O. K. Kim and W. A. Bonner "Infrared reflectance and absorption of n-type InP" J. Electron. Mater. 12, 827(1983)
28. F. A. Kish and R. M. Fletcher "AlGaInP light-emitting diodes" in High Brightness Lighi-Emitting Diodes edited by G. B. Stringfellow and M. G. Craford, Semiconductors and Semimetals 48 (Academic, San Diego 1997)
29. F. A. Kish, F. M. Steranka, D. C. DeFevere, D. A. Vanderwatcr, K. G. Park, C. P. Kuo, T, D. Osentowski, M. J. Peanasky, J. G.. Yu, R. M. Fletcher, D. A. Steigerwald, M. G. Craford and V. M. Robbins "Very high-efficiency semiconductor wafer-bonded transparent-substrate $(Al_xGa_{1-x})0.5In0.5P/GaP$ light-emitting diodes" Appl. Phys. Lett. 64, 2839(1994)
30. F. A. Kish, D. A. Vanderwater, M. J. Peanasky, M. J. Ludowise, S. G. Hummel, and S. J. Rosner "Lowresistance ohmic conduction across compound semiconductor wafer-bonded interfaces" Appl. Phys. Lett. 67. 2060(1995)
31. R. S. Knox Theory of Excitons (Academic Press, New York, 1963)
32. M. R. Krames, M. Ochiai-Holcomb, G. E. Holler, C. Carter-Coman, E. I. Chen, I.-H. Tan, P. Grillot, N. F. Gardner, H. C. Chui, J.-W. Huang, S. A. Stockman, F. A. Kish, M. G. Craford, T. S. Tan, C. P. Kocot, M. Hueschen, J. Posselt, B. Loh, G. Sasser, and D. Collins "High-power truncated-inverted-pyramid $(Al_xGa_{1-x})_{0.5}In_{0.5}P/GaP$ light-emitting diodes exhibiting > 50% external quantum efficiency" Appl. Phys. Lett. 75, 2365 (1999)
33. J. J. O'Shea, M. D. Camras, D. Wynne, and G. E. Hoefler "Evidence for voltage drops at misaligned wafer-bonded interfaces of AlGaInP light-emitting

diodes by electrostatic force microscopy" J. Appl. Phys. 90. 4791 (2001)

34. Osram Opto Semiconductors Corporation. Regensburg, Germany "Osram Opto enhances brightness of blue InGaN-LEDs" Press Release (January 2001)
35. E. D. Palik Handbook of Optical Constants of Solids (Academic Press. San Diego. 1998)
36. J. I. Pankove Optical Processes in Semiconductors p. 75 and section on Urbach tail (Dover. New York, 1971)
37. W. Schmid, M. Scherer, C. Karnutsch, A. Plobl, W. Wegleiter, S. Schad, B. Neubert, and K. Streubel "high-efficiency red and infrared light-emitting diodes using radial outcoupling taper" IEEE J. Sel. Top. Quantum Electron. 8, 256 (2002)
38. I. Schnitzer, E. Yablonovitch, C. Caneau, T. J. Gmitter, and A. Scherer, " 30% external quantum efficiency from surface-textured, thin-film light-emitting diodes" Appl. Phys. Lett. 63, 2174 (1993)
39. E. F. Schubert, E. O. Goebel, V. Horikoshi, K. Ploog, and H. J. Queisser "Alloy broadenirg in photoluminescence spectra of AlGaAs" Phys. Rev. B 30, 813 (1984)
40. E. Fred Schubert, "Light-emitting Diodes" (Cambridge, New York, 2006)
41. S. Sinzinger and J. Jahns Microoptics (Wiley-VCH, New York.. 1999)
42. D. A. Stocker, E. F. Schubert, and J. M. Redwing "Crystallographic wet chemical etching of GaN"Appl. Phys. Lett. 73, 2654 (1998a)
43. D. A. Stocker, E. F. Schubert, W. Grieshaber, K. S. Boutros, and J. M. Redwing "Facet roughness analysis for InGaN/GaN lasers with cleaved facets" Appl. Phys. Lett. 73, 1925 (1998b)
44. V. Swaminathan and A. T. Macrander, "Materials Aspects of GaAs and InP Based Structures" (Prentice Hall, Englewood Cliffs, 1991)
45. F. Urbach "The long-wavelength edge of photographic sensitivity of the electronic absorption of solids" Phys. Rev. 92, 1324 (1953)
46. W. Walukiewicz, J. Lagowski, L. Jastrzebski, P. Rava, M. Lichtensteiger, C. H. Gatos, and H. C. Gatos "Electron mobility and free-carrier absorption in InP; determination of the compensation ratio" J. Appl. Phys. 51, 2659 (1980)
47. J. D. Wiley and Jr. M. DiDomenico "Free-carrier absorption in n-type GaP" Phys. Rev. B 1, 1655 (1970)
48. R. Windisch, B. Dutta, M. Kuijk, A. Knobloch, S. Meinlschmidt, S. Schoberth, P. Kiesel, G. Borghs, G. H. Doehler, and P. Heremans "40% efficient thin-film surface textured light-emitting diodes by optimization of natural lithography"

IEEE Trans. Electron Dev. 47, 1492 (2000)

49. R. Windisch, C. Rooman, B. Dotta, A. Knobloch, G. Borghs G. H., Doehler, and P. Heremans "Light extraction mechanisms in high-efficiency surface-textured light-emitting diodes" IEEE J. Sel. Top. Quantum Electron. 8, 248(2002)
50. C. H. Chen, S. A. Stockman, M. J. Peanasky, and C. P. Kuo, in High Brightness Light Emitting Diodes, edited by G. B. Stringfellow and M. G. Craford, Semiconductors and Semimetals, 48 (Academic, San Diego, 1997), pp. 97-144 and references therein.
51. Th. Gessmann, E. F. Schubert, "High-efficiency AlGaInP light-emitting diodes for solid-state lighting applications," J. Appl. Phys. 95, 2203 (2004).
52. Z. L. Liau and D. E. Mull, "Wafer fusion- A novel technique for optoelectronic device fabrication and monolithic integration," Appl. Phys. Lett. 56, 737 (1990).
53. K. Streubel, N. Linder, R. Wirth, and A. Jaeger, "High brightness AlGaInP light-emitting diodes," IEEE J. Sel. Top. Quantum Electron. 8, 321 2002
54. A. Erchak, D. J. Ripin, S. Fan, P. Rakich, J. D. Joannopoulos, E. P. Ippen, G. S. Petrich, and L. A. Kolodziejski, "Enhanced coupling to vertical radiation using a two-dimensional photonic crystal in a semiconductor light-emitting diode," Appl. Phys. Lett. 78, 563 (2002).
55. T. Gessmann, E. F. Schubert, J. W. Graff, K. Streubel, and C. Karnutsch, "Omnidirectional reflective contacts for light-emitting diodes" IEEE Electron Device Lett. 24, 683 (2003).
56. Y. J. Lee, H. C. Tseng, H. C. Kuo, S. C. Wang, C. W. Chang, T. C. Hsu, Y. L. Yang, M. H. Hsieh, M. J. Jou, B. J. Lee, "Improvement in light-output Efficiency of AlGaInP LEDs fabricated on stripe patterned epitaxy" IEEE Photonics Technol. Lett., 17, 2532 (2005).
57. Hung-Wen Huang, C. C. Kao, J. T. Chu, H. C. Kuo, S. C. Wang, C. C. Yu, "Improvement of InGaN-GaN light-emitting diode performance with a nano-roughened p-GaN surface" IEEE Phontonics Technol. Lett. 17, 983 (2005).
58. W. S. Chen, S. C. Shei, S. J. Chang, Y. K. Su, W. C. Lai, C. H. Kuo, Y. C. Lin, C. S. Chang, T. K. Ko, Y. P. Hsu, C. F. Shen, "Rapid thermal annealed InGaN/GaN flip-chip LEDs" IEEE Transactions On Electron Devices, 53, 32 (2006).
59. Shao-Hua Huang, Ray-Hua Horng, Kuo-Sheng Wen, Yi-Feng Lin, Kuo-Wei Yen, and Dong-Sing Wuu, "Improved light extraction of nitride-based flip-chip light-emitting diodes via sapphire shaping and texturing," IEEE Photonics Technol. Lett., 18, 2623 (2006).

60. F. Dwikusuma, D. Saulys, and T. F. Kuech, "Study on sapphire surface preparation for III-nitride heteroepitaxial growth by chemical treatments," J. Electrochem. Soc., 49, G603 (2002).
61. S. J. Kim, "Vertical electrode GaN-based light-emitting diode fabricated by selective wet etching technique," Jpn. J. Appl. Phys., 44, 2921 (2005).
62. Y. Fink, J. N. Winn, S. Fan, C. Chen, J. Michel, J. D. Joannopoulos, E. L. Thomas, "A dielectric omnidirectional reflector," Science, 282, 1679 (1998).
63. A. David, T. Fujii, B. Moran, S. Nakamura, S. P. DenBaars, C. Weisbush, H. Benisty, "Photonic crystal laser lift-off GaN light-emitting diodes," Appl. Phys. Lett., 88, 133514 (2006).
64. C. H. Lin, C. F. Lai, T. S. Ko, H. W. Huang, H. C. Kuo, Y. Y. Hung, K. M. Leung, C. C. Yu, R. J. Tsai, C. K. Lee, T. C. Lu, and S. C. Wang, "Enhancement of InGaN-GaN indium-tin-oxide flip-chip light-emitting diodes with TiO2-SiO2 multilayer stack omnidirectional reflector," IEEE Photonics Technol. Lett., 18, 2050 (2006).
65. C. F. Chu, F. I Lai, J. T. Chu, C. C. Yu, C. F. Lin, H. C. Kuo, S. C. Wang, "Study of GaN light-emitting diodes fabricated by laser lift-off technique," Journal of Applied Physics, 95, 3916 (2004).
66. Daniel A. Steigerwald, Jerome C. Bhat, Dave Collins, Robert M. Fletcher, Mari Ochiai Holcomb,Michael J. Ludowise , Paul S. Martin, and Serge L. Rudaz , "Illumination with solid state lighting technology," IEEE J. Sel. Top. Quantum Electron., 8, 310 (2002)
67. Hung-Wen Huang, H. C. Kuo, J. T. Chu, C. F. Lai, C. C. Kao, T. C. Lu, S. C. Wang, R. J. Tsai, C. C. Yu, and C. F. Lin, "Nitride-based LEDs with nano-scale textured sidewalls using natural lithography," Nanotechnology, 17, 2998 (2006)
68. Y. J. Lee, J. M. Hwang, T. C. Hsu, M. H. Hsieh, M. J. Jou, B. J. Lee, T. C. Lu, H. C. Kuo, and S. C. Wang, "Enhancing the output power of GaN-based LEDs grown on wet-etched patterned sapphire substrates," IEEE Photonics Technol. Lett., 18, 1152 (2006).
69. C.-E. Lee, Y.-J. Lee, H.-C. Kuo, M.-R. Tsai, B. S. Cheng, T.-C. Lu, S.-C. Wang, C.-T. Kuo, "Enhancement of flip-chip light-emitting diodes with omni-directional reflector and textured micropillar arrays" IEEE Photonics Technology Letters, 19, 1200 (2007).
70. H. W. Huang, C.H. Lin, C. C. Yu, K. Y. Lee, B. D. Lee, H. C. Kuo, S. Y. Kuo, K. M. Leung, S. C. Wang, "Investigation of GaN-based vertical-injection light-

emitting diodes with GaN nano-cone structure by ICP etching," Materials Science and Engineering B, 151, 3, 205 (2008) .

71. Sung-Pyo Jung, Denise Ullery, Chien-Hung Lin, and Henry P. Lee, Jae-Hong Lim, Dae-Kue Hwang, Ja-Yeon Kim, Eun-Jeong Yang, and Seong-Ju Park, APPLIED PHYSICS LETTERS 87, 181107, 2005.
72. Jinn-Kong Sheu and Y. S. Lu, Min-Lum Lee, W. C. Lai, C. H. Kuo, Chun-Ju Tun, APPLIED PHYSICS LETTERS 90, 263511, 2007.
73. Akihiko Murai, Daniel B. Thompson, Hisashi Masui, Natalie Fellows, Umesh K. Mishra, Shuji Nakamura, and Steven P. DenBaars, APPLIED PHYSICS LETTERS 89, 171116 (2006).
74. Akihiko Murai, Daniel B. Thompson, Christina Ye Chen, Umesh K. Mishra, Shuji Nakamura and Steven P. DenBaars, Jpn. J. Appl. Phys. 45 (2006) pp. L1045-L1047.
75. Akihiko Murai, Daniel B. Thompson, Hirohiko Hirasawa, Natalie Fellows, Stuart Brinkley, Choi Joo Won, Michael Iza, Umesh K. Mishra, Shuji Nakamura, and Steven P. DenBaars, Jpn. J. Appl. Phys. 47 (2008) pp. 3522-3523.
76. Phys. Status Solidi A 207, 10, 2217 (2010).
77. S. F. Chichibu et al. Nature Materials, 5, 810 (2006).
78. Ling et al. Appl. Phys. Lett. 96, 231101 (2010).
79. Kim et al. Appl. Phys. Lett. 91, 183507 (2007).
80. Schubert et al. Appl. Phys. Lett. 93, 041102 (2008).
81. Y.-Li. Li et al. IEEE J. Sel. Top Quant. Electron , 15, 1128 (2009).
82. Wang et al. Appl. Phys. Lett. 97, 181101 (2010).
83. Han et al. Appl. Phys. Lett. 94, 231123 (2009).
84. Choi et al. Appl. Phys. Lett. 96, 221105 (2010).
85. Kuo et al. Opt. Commun. 282, 4252 (2009).
86. Wang et al. APL 97, 261103 (2010).
87. Gardner et al. Appl. Phys. Lett. 91, 243506 (2007).

第五章 色彩學與色度學

5.1 人類眼睛的感光度及其測量

大多數可見光 LED 的光的接受器就是人類眼睛，而人眼的敏感度與感光度都會受到眼球構造與視覺特性影響，因此在這個章節裡將介紹有關人眼視覺與光度學在測量標準上的定義。

5.1.1 人眼構造

人類視覺系統主要的感覺器官是眼睛，圖 5.1(a) 概要的解釋人類的眼睛構造，在眼球內佈滿了視網膜（Retina），那是眼睛的感光部分；圖上也繪出視網膜中央窩，那是一個富含視錐細胞（cone cells）與桿細胞（rod cells）的核心區域，使得視覺中心對光有高敏銳度。物體表面反射或透射某些特定光波，成為視覺刺激的來源；眼睛是這些刺激的接收器，能對反射光波產生反應並做成視覺訊號；這些訊號傳遞至大腦經過分析釋義，以影響觀者的意識與行為表現。此三階段構成整個視覺感知體系。

眼睛的主要功能為接收外在光線刺激成像，其構造與照相機非常類似，包括控制進入光量、使光折射對焦及呈現外部影像等功能（表 5.1）。

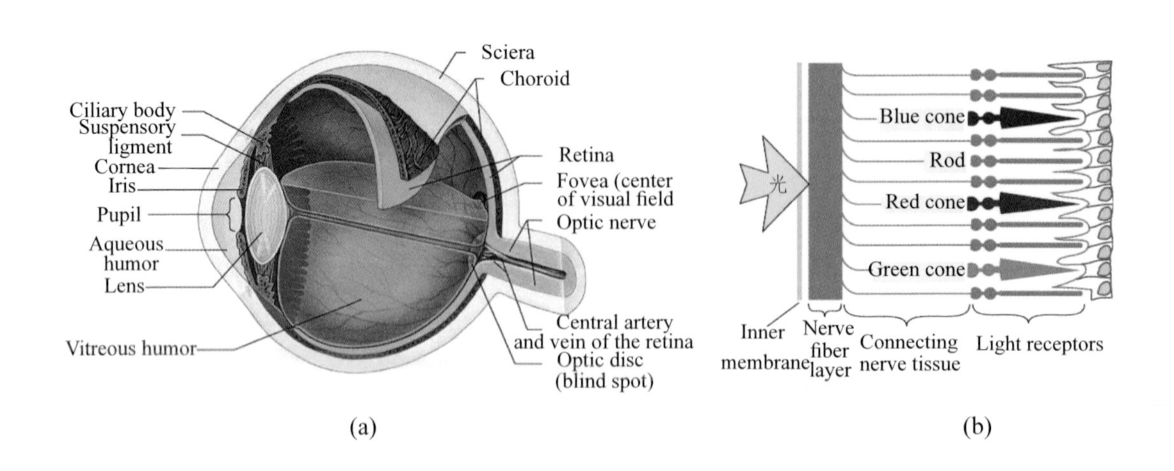

圖 5.1 (a) 眼球構造與 (b) 視網膜光感器的細胞結構示意圖

表 5.1　眼睛功能與相機之類比

眼睛構件	功　能	相機構件
眼皮	保護眼睛	鏡頭蓋
鞏膜	眼白，支撐眼珠	機身
角膜	保護、滋潤眼珠	護鏡
水晶體	對焦	鏡頭
虹膜	收縮、擴張瞳孔	光圈
瞳孔	控制進入光量	快門
視網膜	呈像	底片

圖 5.1(a) 中的眼球結構裡，角膜（cornea）是一透明薄膜，形同相機中的鏡片，負責 70% 的聚光力；虹膜（iris）根據光刺激眼睛的程度擴張與收縮瞳孔（pupil），進而控制進入的光量；水晶體（crystalline lens）則提供剩餘 30% 光能的對焦能力，透過毛狀體肌肉來控制水晶體的厚、薄以分別對近及遠距離對焦；光繼續通過玻璃液（vitreous humor）折射，倒影在視網膜（retina）上；視網膜上的感光細胞利用光色素（photopigment）吸收可見光，除提供清楚的影像外並轉換為神經能量，刺激視神經（optic nerve）傳遞至腦部闡釋為視覺資訊。視網膜由許多感光細胞構成，依形狀可分為桿狀細胞（rod cells）與錐狀細胞（cone cells）：錐狀細胞的主要功能在感受顏色，活躍於白晝等光度較高的情況；桿狀細胞僅接收光量，無法辨明顏色及細部，其所感受的是黑白影像，運作於夜晚等光度較差的情況。

圖 5.1(b) 則是視網膜的細胞結構，其中包含了感光的桿細胞和錐細胞。圖中也畫出視覺訊號傳遞到腦所需的神經節細胞和神經纖維。在視網膜中桿細胞不僅比錐細胞的含量多，對光的敏感度也比錐細胞好，而且桿細胞對於整個可見光光譜敏感度都很高。而錐細胞則有三種，分別是對紅光、綠光和藍光光譜範圍敏感。圖 5.2 說明了不同的視覺區和感光細胞的關連性，而表 5.2 則是桿狀細胞與錐狀細胞的特性整理。

表 5.2　錐狀與桿狀細胞的特性錐狀細胞

錐狀細胞	桿狀細胞	錐／桿狀細胞並行
白晝視覺	夜晚視覺	微光視覺
明視覺	暗視覺	中介視覺
作用範圍：$3.4\sim10^6$ cd/m^2	作用範圍：$0.034\sim3.4\times10^6$ cd/m^2	作用範圍：$0.034\sim3.4$ cd/m^2
對 555 nm 光波最靈敏	對 510 nm 光波最靈敏	
視銳度佳	視銳度差	視銳度減弱
彩色視覺	明暗視覺，無彩色	辨色力減弱
明適應	暗適應	過渡期
半數集中於視網膜小窩	主要集中於視網膜周邊	
周邊數量減少	不存在於小窩	

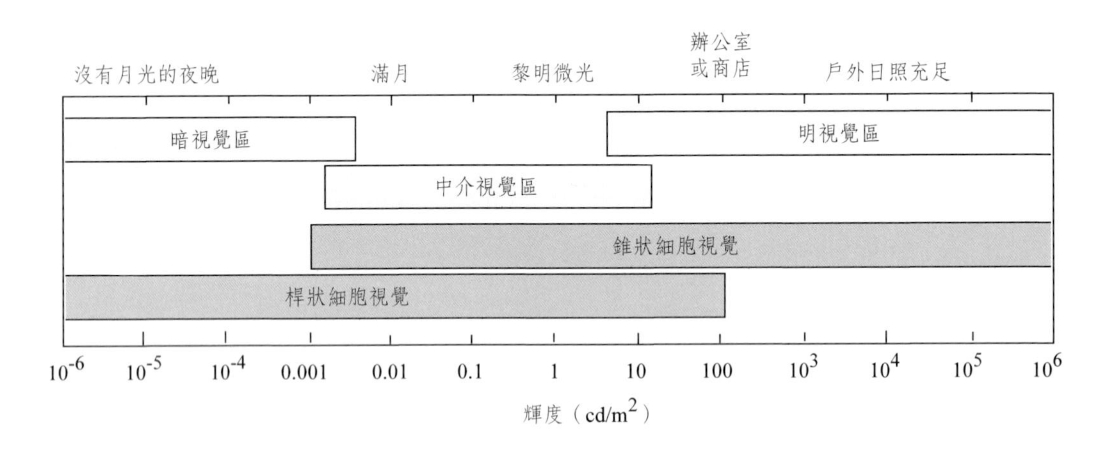

圖 5.2　感光細胞的視覺分類與工作區

(1) **錐狀細胞與明視覺**（photopic vision）：人眼的錐狀細胞約有八百萬個，且半數集中於視網膜的中央稱作小窩（fovea）的區域，其功能為眼睛對物體細部對焦成像，負責細部與色彩視覺。錐狀細胞可依光色素的不同分為三種受器，分別接收可見光譜對應的紅、綠、藍三主色。人眼所見的物體顏色即依此三受器細胞所接收光能量的相對強度，組合成我們所能感覺的色彩範圍。色彩視覺出現在明亮的狀況下，故稱明視覺，照度 > 3 cd/m^2，錐狀細胞若功能不良即會導致色盲。

(2) **桿狀細胞與暗視覺**（scotopic vision）：桿狀細胞的光色素稱為視紫質（rhodopsin），主要功能為負責夜晚及周邊視覺。相較於錐狀細胞，桿狀細胞對光更為敏感，較容易看到微弱的亮光，因此在極低的照度環境下，人眼僅能依賴桿狀細胞，此時的條件稱為暗視覺，因為無法分辨顏色，所有物體表面這時候看起來僅有灰階明暗的差異。人眼約有一億二仟萬個桿狀細胞，僅存在於視網膜的周邊，因該處缺乏錐狀細胞，導致我們對視野的周邊部分有辨色上的困難。因此在光量不足時，人眼桿狀細胞負責起辨別明暗度的功能，但看到的物體並沒有顏色的訊息；當光量充足到某個程度時，桿狀細胞便不起作用了，因為錐狀細胞即能告訴大腦接收到的顏色種類。暗視力區意指流明 $< 0.003\ cd/m^2$，而桿狀細胞的損傷則會導致夜盲。

(3) **中介視覺**（mesopic vision）：中介視覺發生於桿狀與錐狀細胞以相同的敏感度運作，特別是照度較低的微光（twilight）情況（$0.003\ cd/m^2 \sim 3\ cd/m^2$）。此時眼睛正處於辨色能力將喪失的邊緣，通常為明、暗視覺間的短暫過渡期。例如傍晚駕車，初期桿狀細胞較不敏感，人眼依賴錐狀與桿狀細胞共同作用來觀看，一旦桿狀細胞適應足夠，則取而代之成為主要的視覺。

圖 5.3 表示桿細胞和三種錐細胞的光譜感光度響應。圖中可發現所有感光細胞在暗視覺（scotopic vision）中的紅光光譜範圍的感應是比較微弱的，而對藍光光譜範圍的感應則比較強，而一般在光度學的討論中大多是以

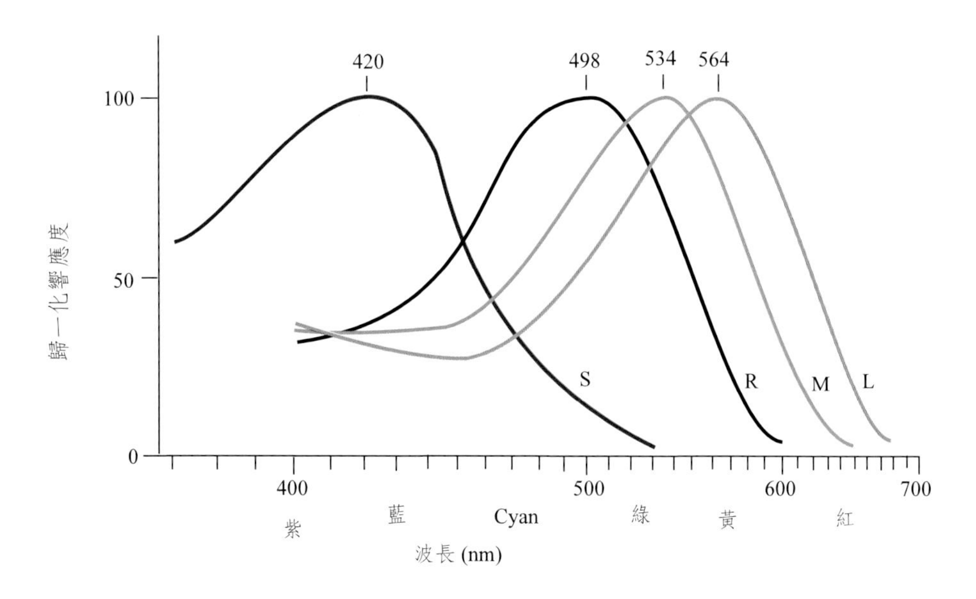

圖 5.3　歸一化的感光細胞光響應度（Normalized spectral sensitivity）。其中黑色代表桿狀細胞（rod cells），而紅、綠與藍色則代表三種錐狀細胞的響應曲線。

明視覺（photopic vision）為主。

5.1.2 基本的輻射度量和光度量

電磁輻射的物理量可以輻射度量（radiometric units）來描述其特性。我們可使用輻射度量將光表示成其他物理量：例如光子的數目，光的能量和光學的功率（在照明的領域中習慣稱為輻射通量）。然而輻射度量是和人類對光的感應知覺是無關的。舉例來說，紅外光並不會對眼睛造成任何光線的感覺；所以要描述人眼對光和色彩的感覺能力則是使用不同的單位，這些單位就稱為光度量（photometric units），接下來我們就針對常用的光度量做詳細的介紹。

光強度（luminous intensity）是一種光度量，即表示光源在一定方向和範圍內發出的人眼感知強弱的物理量。以均勻發光之點光源發射的光通量除以空間的總立體角 4π，就是該光源平均發光強度。例如圖 5.4 所示，一點光源沿某一方向的發光強度就是：沿此方向的單位立體角發出的光通量。如果光沿著 v 方向，取 v 為軸的一個立體角 $d\Omega$，設 $d\Omega$ 內的光通量為 $d\Phi$，則沿 v 方向的平均發光強度（I）為

$$I = \frac{d\Phi}{d\Omega}$$

光強度的單位為燭光（cd），這是 SI 國際單位。目前對光強度的定義如下：波長為 555 nm 的單色發光源其發光功率 1/683 瓦特時（明視覺下人眼最敏感的波長），在立體角為一球面度時的光強度稱為 1 燭光（cd）。

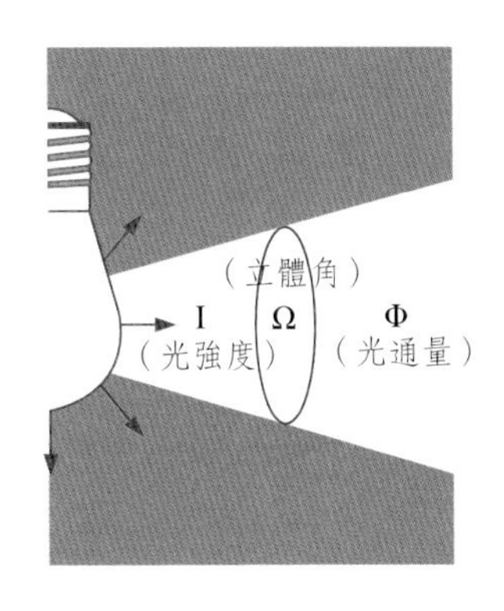

圖 5.4　光強度定義示意圖

圖 5.5　原始的光強度是以鉛管工人用來焊接水管的「燭光」定義

燭光這個單位有著深遠的歷史涵義。所有光強度單位都可追溯至 candela。它源自於 candlepower，或是更簡單的 candle。原始的定義為 1 candela 代表一鉛管工人使用的蠟燭所發出的光強度，如圖 5.5 所示。這個標準尺寸的蠟燭所發出的光強度即為 1.0 cd，但這個定義現今已被淘汰。一發光源的發光強度可以用標準的蠟燭數目來等效定義其發光強度，當然 candlepower 和 candle 皆非 SI 單位，所以其並非長遠的趨勢，在現今也鮮少使用。根據 1979 年第十六屆國際度量衡大會（CGPM）對燭光的定義：一燭光等於波長為 555.016 nm（頻率 540×10^{12} Hz）單色之光強度，在給定的方向上每球面度之輻射通量為 683 分之 1 瓦特。即 1 單位立體角內發射 1 流明的光通量。

光通量（luminous flux）也是光度量的一種，也是 SI 國際單位，表示一光源被人眼所感知到的光功率。其單位為流明（lm）。其定義為：一發光功率 1/683 瓦特之 555 nm 的單色發光源所有的發光通量即為 1 流明（lm）。由於人眼對不同波長光的光視效能不同，所以不同波長光的輻射功率相等時，其光通量並不相等。例如，當波長為 555 nm 的綠光與波長為 650 nm 的紅光輻射功率相等時，前者的光通量為後者的 10 倍。

比較以上 candela 和 lumen 的定義，可以知道 1 燭光＝每球度角 1 流明，也就是 cd = lm/sr。因此等向的光發射源有著發光強度 1 燭光時，其發光

通量為 4π lm = 12.57 lm。

照度（illuminance）意指每單位面積所入射的光通量，其單位是 lux（lux = lm/m^2）。這個 SI 單位主要是用來描述照光條件。表 5.2 提供了在不同情況下的照度值。對點光源來說，照度反比於光源到受照射面的距離 r 的平方，而正比於光束的軸線方向 r 與受照面的法線 n 間夾角的餘弦，即

$$E = \frac{I\cos\theta}{r^2}$$

一光源或一發光表面之輝度（或亮度）係指每單位面積，單位立體角，在某一方向上，自發光表面發射出的光通量，也可說是人眼所感知此光源或發光表面之明亮程度的客觀量測值。而面光源（就是有限發光面積的光源，例如顯示器或是 LED）的輝度（luminance）計算則是以特定方向上量到的發光強度（cd）發射的特定方向除以投影表面（m^2）的比值，因此照度的單位就是 cd/m^2。通常我們比較感興趣的輝度方向就是那片垂直光源表面的方向；這樣的條件設定下，輝度為法線方向的發光強度入射除以發光面積大小。

表 5.2　不同照明環境下的典型照度值

照明環境	照度（單位：lux）
星光	0.00005
多雲夜空	0.0001
無雲夜空	0.001
上或下弦月	0.01
滿月無雲夜	0.25
離燭光 30 cm 遠	10
客廳	50
玄關／廁所	80
明亮的辦公室	400
無雲日的日出／日落時	400
典型電視攝影棚照明	1,000
平均日照（最小值）	32,000
平均日照（最大值）	100,000

上面所提到的投影表面計算是依據著餘弦定律，也就是說投影表面＝發光表面 $\times\cos\theta$，θ 就是表面法線和光入射投影面方向（投影面法線）之間的夾角。發射光的表面面積和投影面如圖 5.6。輝度一般會隨觀察方向而變，但有某些光源如太陽、黑體、粗糙的發光面，其輝度和方向無關，這類光源叫做朗伯（Lambertian）光源。

一個具有朗伯光源特徵的 LED，其發光強度一樣根據餘弦定律分佈，因此具有朗伯光源特徵的 LED 其輝度會變成與角度無關的常數。對於 LED 的應用端，我們希望能在最小的晶片面積上獲得最大的發光強度和發光通量，因此輝度值可以用來評量發光二極體晶片在固定注入電流值時，如何設計發光面積來獲得足夠的發光強度。

以下有一些常被使用來描述發光源的輝度值的其他單位，其單位意義和簡稱對照表如表 5.3。

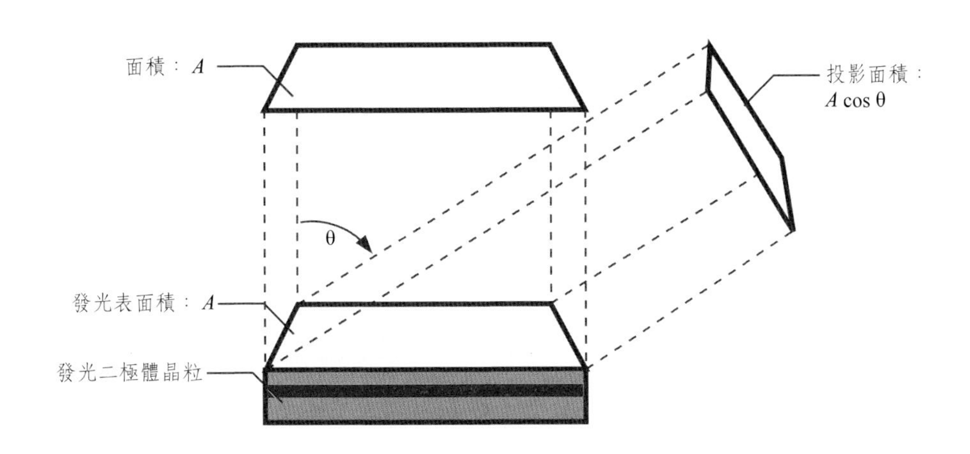

圖 5.6　LED 輝度計算的示意圖，其中 Acos θ 是投影面積

表 5.3　輝度的 SI 國際單位與非國際單位轉換表

單位	簡稱
1 cd/cm^2	1 stlib
$(1/\pi)$ cd/cm^2	1 lambert
1 cd/cm^2	1 nit
$(1/\pi)$ cd/m^2	1 apostilb
$(1/\pi)$ cd/ft^2	1 foot-lambert

為了加深讀者對於光度學中有關照明名詞的意義，在圖 5.7(a) 中以圖示法再次定義之，並在圖 5.7(b) 中以水管的出水量與水壓做為光度量測上的對比。

一般有機和無機發光二極體的輝度值如表 5.4 所示。表格中顯示了顯示器所需的輝度值較低，這主要是因為觀察者通常都是近距離觀看顯示器。當然，這種低輝度的發光源並不適用在交通號誌燈或是照明設備等需要較高光功率輸出的應用端上。

最後我們將輻射度量學與光度學中對應的度量單位整理如表 5.5 所示。

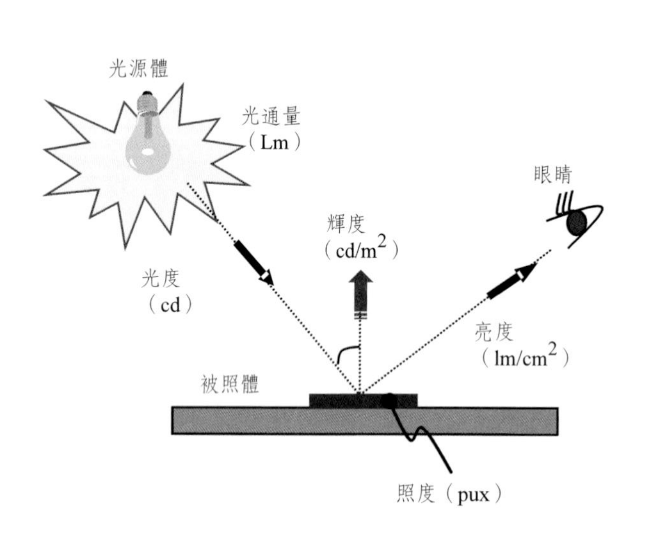

- 光度（Luminous intensity, I）
  光源體光強度之定義
  單位：燭光（cd）
- 光通量（Luminous flux, F）
  光源體單位時間內發出所有之光量
  單位：流明（Lm）
- 照度（Illumination, E）
  被照物面呈現的光亮程度
  單位：勒克斯（lux）
- 輝度（Luminance, L）
  光源體或被照物在單位面積內呈現具方向性的光亮程度
  單位：尼特（cd/m^2；nt）

圖 5.7(a) 光度學中照明單位的名詞定義

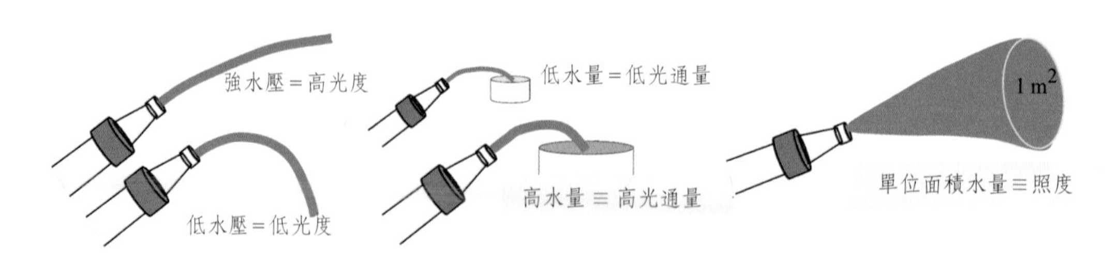

圖 5.7(b) 水流量與水壓與光度學單位的類比

表 5.4　顯示器與發光二極體的典型輝度值

元件	輝度（cd/m²）
顯示器（正常操作）	100
顯示器（最大值）	250-750
有機發光二極體	100-10000
III-V 族發光二極體	1000000-10000000

表 5.5　輻射度量與光度量的對照表

	光度學單位	輻射度學單位
能量（energy）	Talbot	joule（J，焦耳）
功率 F（flux）	Lumen（lm，流明）	watt（W，瓦特）
光度 I（intensity）	lm/sr = candela（cd，燭光）	W/sr
輝度 B（luminance、radiance）	lm/m^2 sr = nit（nt，尼特）	W/m^2sr
照度 E（illuminance、irrandiance）	lm/m^2 = lux（lx）	W/m^2

5.1.3　視覺函數（Eye Sensitivity Function）

輻射度學（radiometry）就是對電磁輻射進行定量量測的實驗科學，有時電磁輻射會作用於物體和生物體，進而產生各種物理、化學和生物效應，這些效應的度量也屬於輻射度學。當可見的電磁輻射作用於人眼而產生了光的效應，此時的效應不只跟輻射的組成及強弱有關，還跟人視覺器官的生理特性及人的心理因素有關，而光度學就是根據人類視覺器官的生理特性和某些約定的規範來評價輻射所產生的視覺效應。簡單的說，光度學是處理人眼所看到電磁輻射，而輻射度學是處理機器所量測的電磁輻射。

由於光度測量必需依賴人的視覺器官之生理特性，所以由國際照明委員會（Commission Internationale de l'Eclairage, CIE）統一制定了評價標準。而這個輻射度量和光度量之間的聯繫，則是由人眼視覺函數（eye sensitivity function）$V(\lambda)$ 進行轉換。1924 年，CIE 提出在 2 度小視場等能光譜實驗中，明視覺條件下點狀光源的視覺函數，這個稱為 CIE 1931 視覺函數，也是目前美國普遍採用的明視覺響應標準。由於 CIE 1931 視覺函數低估了人類眼睛在藍色與靛色光譜區域的敏感度，因此 1978 年，又修改了原本的函數，並提出了 CIE 1978 視覺函數。這個修正過的函數，在波長低於 460 nm 的光譜區域有較高的響應值。

視覺函數是使用最小閃爍法（minimum flicker method）所決定出來的，這是個用來比較輝度與決定視覺函數的古典方法。其原理是利用人眼對於色相（hue）與明度（brightness）有不同的反應頻率，如果標準色與比較色兩者間有明顯的明度差異，那麼我們將感受到明顯的閃爍。因此調整刺激光源使得閃爍情形最小便可得到視覺函數，一般色光切換的頻率大概為 15 赫茲，主要是用來觀看色相的變化情形。

圖 5.8 為 CIE 1931 視覺函數及 CIE 1978 視覺函數圖。從圖上可清楚的看出明視區的視覺函數在波長為 550 nm 的綠色波段上有最大響應，同時 CIE 1931 視覺函數對於藍光波段響應值的低估亦在 CIE 1978 視覺函數上做了修正。為了方便起見，圖上最大波長響應值均正規化為 1。

另外，圖 5.8 也顯示了暗視區視覺函數 V'(λ)。在暗視區狀態下，響應大的波段出現在 507 nm。函數曲線的標準化與光譜光效能值的測定，使全球光度量測上有了統一的基礎！

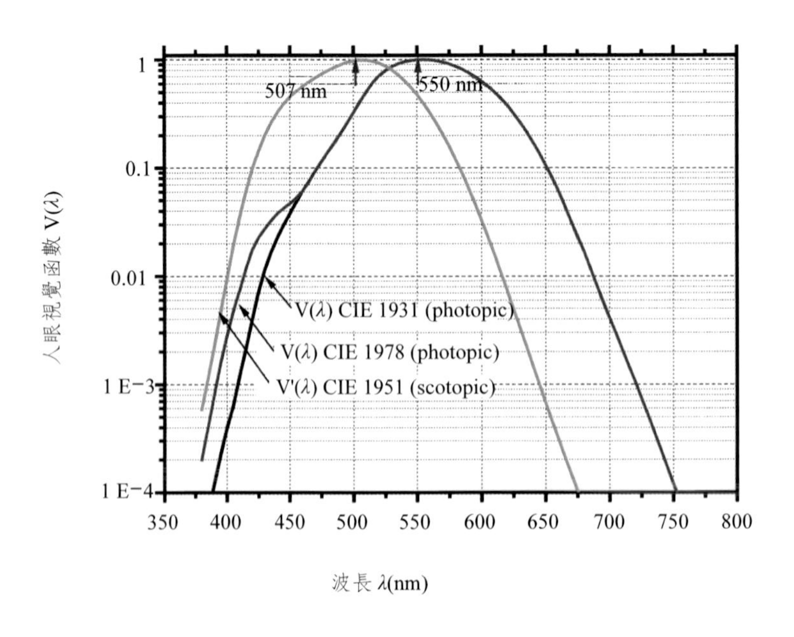

圖 5.8　CIE 1931 與 CIE 1978 明視覺條件下的視覺函數圖比較，以及 CIE 1951 暗視覺下的視覺函數

如圖 5.9 所示，明視區 CIE 1978 視覺函數可被視為是最精確的眼睛敏感度描述，但實際考慮更換標準度量可能帶來的不便，目前還是以 CIE 1931 當作參考標準。

當光波長落在為 390 nm 與 720 nm 之間，視覺函數值比 10^{-3} 還大，雖然人眼仍能感受到波長小於 390 nm 及大於 720 nm 的光線，但是在那範圍內的敏感度是非常低的。因此，我們可以將波長大於 390 nm 且小於 720 nm 的光視為可見光。在可見光範圍中，顏色與對應波長之間的關係如表 5.6 所示。當然顏色在某些範圍是主觀的，且不同顏色之間的轉變是連續的。

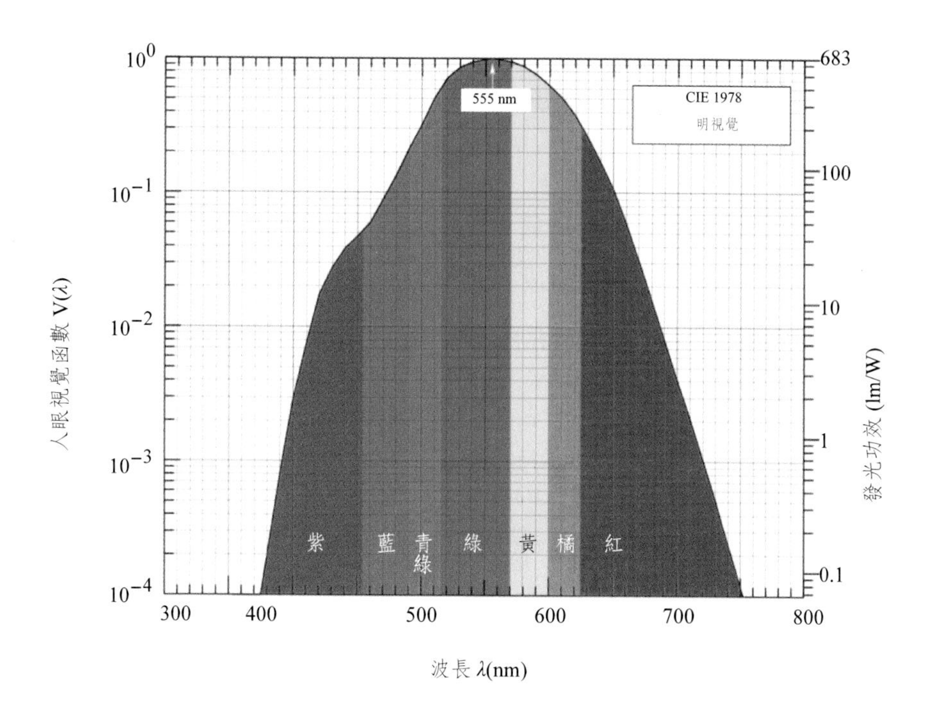

圖 5.9　CIE 1978 明視覺條件下的視覺函數

表 5.6　顏色與對應波長對照表

顏色	波長
紫外（ultraviolet）	＜390 nm
紫（violet）	390-455 nm
藍（blue）	455-490 nm
青綠（cyan）	490-515 nm
綠（green）	515-570 nm
黃（yellow）	570-600 nm
黃褐（amber）	590-600 nm
橘（orange）	600-625 nm
紅（red）	625-720 nm
紅外（infrared）	＞720 nm

5.1.4　發光功效（Luminous Efficacy）及發光效率（Luminous Efficiency）

在光度學和輻射度學中，測量對象都是電磁輻射，唯一的差別在所依據的評價標準不同。假設有一個光源，其光度功率為 F_l，而每個波長的輻射功率為 $F_r(\lambda)$，則光通量與輻射功率的關係如下：

$$F_l = K_m \int F_r(\lambda) V(\lambda) d\lambda$$

此處 K_m 為常數，在明視覺下 $K_m = 683$ lm/W，在暗視覺時 $K_m = 1754$ lm/W。$F_r(\lambda)$ 就是俗稱的是能量光譜密度 $P(\lambda)$，也就是每單位波長所能發射出的光線能量。光源發出的總功率為：

$$P = \int_{\lambda} P(\lambda) d\lambda$$

在實際發光二極體應用上，當注入電流為 100～1000 毫安培（mA）時，高效能的單晶片可見光 LED 可輻射出 10～100 流明（lm）的光通量。

輻射的發光功效是從輻射功率轉換到光通量的轉換效應，單位為每瓦特有多少流明。發光功效可被定義為：

$$發光功效=\frac{\Phi_{lum}}{P}=\left[683\frac{lm}{W}\int_{\lambda}V(\lambda)P(\lambda)d\lambda\right]\Big/\left[\int_{\lambda}P(\lambda)d\lambda\right]$$

對於近單色光源（$\Delta\lambda$ 趨近 0），其發光功效等於人視覺函數 $V(\lambda)$ 乘上 683 lm/W。然而，對於多色光源或是白光，發光功效必須對所有的波長範圍積分。圖 5.9 右邊的縱座標為發光功效。

另外光源的發光效率其單位也是 lm/W，與發光功效不同之處為發光效率是代表光源將所消耗之電能（以 W 為單位）轉換成光通量（以 lm 為單位）之效率：

$$發光效率=\frac{\Phi_{lum}}{IV}$$

其中（IV）是元件的輸入電能。

從上面的數學式子可看出，發光效率等於發光功效和電光轉換效率的乘積。圖 5.10 為一般光源的發光效率。

對於 LED 而言，發光效率是一個相當重要的性能指標。對於有完全電光轉換效率光源而言，發光功效將會等於發光效率。有些 LED 結構使用小的發光區域以及特別的光輸出耦合結構來達到很好的功率轉換值。然而，由於電流僅集中在小區域間發光，因此發光體的光通量很小。為了評斷 LED 在發光表現的優劣，表 5.7 是一些常用的性能指標。

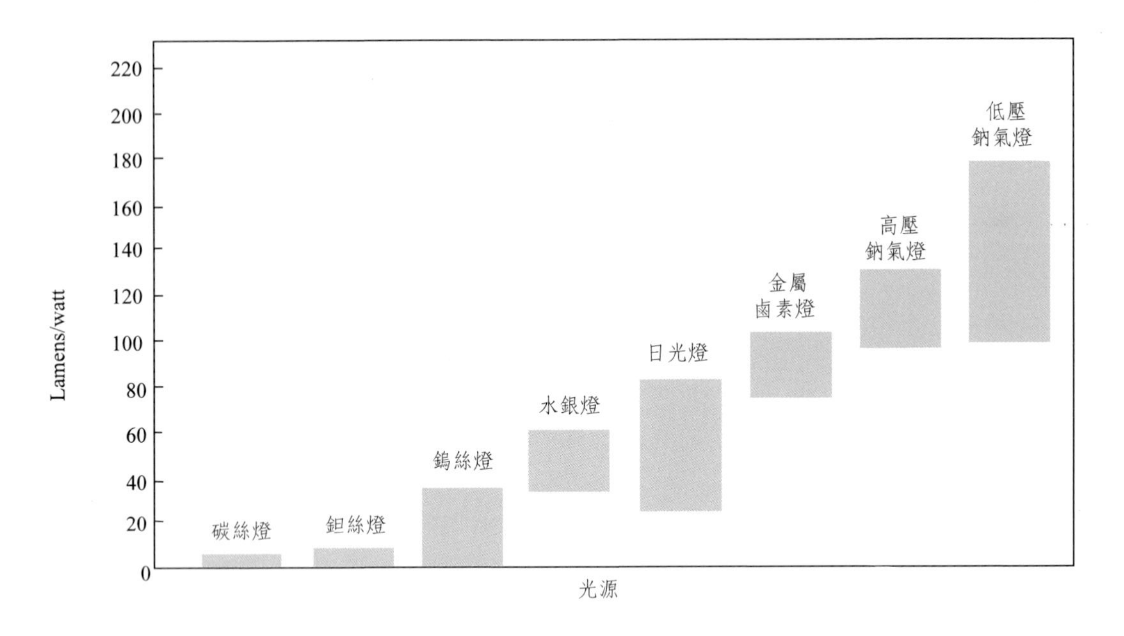

圖 5.10　一般光源的發光效率整理，其中包括了白熾燈、螢光燈與放電式燈具

表 5.7　LED 常用的性能指標

性能指標	意義	單位
發光功效（Luminous efficacy）	單位輻射功率轉換的光通量	lm/W
發光效率（Luminous efficiency）	單位電能轉換的光通量	lm/W
光強度效率（Luminous intensity efficiency）	單位電能單位立體角轉換之光通量	cd/W
輝度（Luminance）	晶片單位面積單位立體角的光通量	cd/m^2
功率轉換效率（Power efficiency）	單位電能轉換的輻射能	%
內部量子效率（Internal quantum efficiency）	主動區中注入電子轉換成光子機率	%
外部量子效率（External quantum efficiency）	LED 中注入電子數目轉換成光子機率	%
萃取效率（Extraction efficiency）	LED 主動區中光子散逸射出之機率	%

5.2 色度學

色度學是研究顏色度量與評價方法的一門學科，是顏色科學領域裡的一個重要部分。色度學與人眼對色彩的感知度有很緊密的關係。人的視覺辨別力與聽覺辨別力有很大的差異。若我們聽到同一種樂器同時發出的兩個頻率，我們可以分辨出這個樂器發出了兩個不同的頻率。但對於視覺卻不是如此。兩個混合的可見單色光訊號，我們所看到的卻只會是一種顏色，我們也無法分辨出這個顏色原本的組成光頻。前一個章節我們已經從人眼構造討論到光譜如何在人眼形成顏色，在這一節裡我們將進一步討論如何數量化地表達顏色，以及如何評價照明光源的好壞。

5.2.1 顏色匹配函數及色度圖

外來光線會導致眼球構造中的紅色、綠色、藍色錐細胞受到不同程度的刺激，因此產生了各種顏色的感覺。然而，每個人對於顏色與光通量的知覺程度具有差異性，所以即使在相同條件下，每個人感受到的顏色不同。基於這些原因，為了將人眼對顏色感知的詳細數據做一個標準化，CIE 使用顏色匹配函數與色度圖將色彩感知標準化。

如何表示顏色匹配方程式呢？把兩個顏色調整到視覺相同的方法叫顏色匹配，顏色匹配實驗是利用色光加色來實現的。圖 5.11 中左方是一塊白色屏幕，上方為紅 R、綠 G、藍 B 三原色光，下方為待配色光 C，三原色光照射白屏幕的上半部，待配色光照射白屏幕的下半部，白屏幕上下兩部分用一黑擋屏隔開，由白屏幕反射出來的光通過小孔抵達右方觀察者的眼內。人眼看到的視場如圖右下方所示，視場範圍在 2° 左右，被分成兩部分。圖 5.11 右上方還有一束光，照射在小孔周圍的背景白版上，使視場周圍有一圈色光做為背景。在此實驗裝置上可以進行一系列的顏色匹配實驗。待配色光可以通過調節上方三原色的強度來混合形成，當視場中的兩部分色光相同時，視場中的分界線消失，兩部分合為同一視場，此時認為待配色光的光色與三

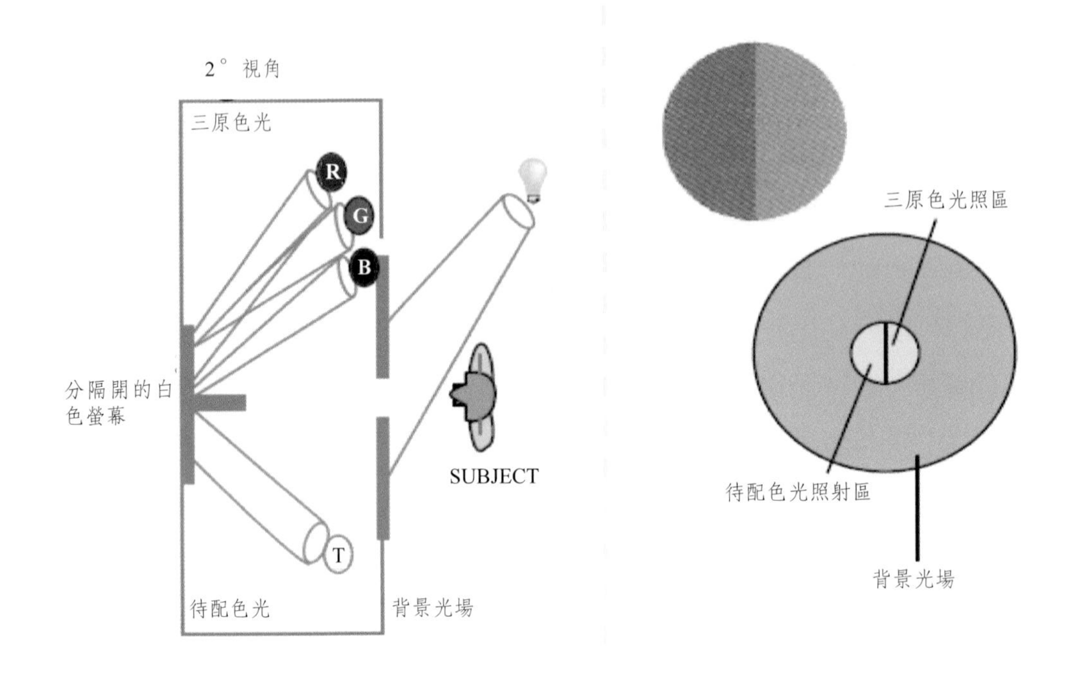

圖 5.11　顏色匹配實驗示意圖

原色光的混合光色達到色匹配。不同的待配色光達到匹配時三原色光亮度不同，可用顏色方程表示：

$$C = R(R) + G(G) + B(B)$$

式中 C 表示待配色光；(R)、(G)、(B) 代表產生混合色的紅、綠、藍三原色的單位量；R、G、B 分別為匹配待配色所需要的紅、綠、藍三原色的數量，稱為三刺激值（tristimulus values）。為了將人眼對顏色感知的詳細數據做一個標準化，國際照明委員會（CIE）在 1931 年參考 Wright（W. D. Wright, 1928-1929）與 Guild（J. Guild, 1931）兩人的配色實驗數據，定出了在小視場（2°）匹配等能光譜色的 r、g、b 光譜三刺激值，並將這組函數稱為「1931 CIE-RGB 系統標準觀察者」。國際照明委員會規定紅、綠、藍三原色的波長分別為 700 nm、546.1 nm、435.8 nm，其中 435.8 nm 與 546.1 nm 是汞燈的特徵波長，而 700 nm 僅對錐細胞有視覺反應。在顏色匹配實驗中，當這三原色光的相對亮度比例為 1.0000：4.5907：0.0601 時就能匹配出等能白光，所以 CIE 選取這一比例作為紅、綠、藍三原色的單位量，即 (R)：(G)：(B) = 1：1：1。（如圖 5.12 所示）儘管這時三原色的亮度值並不等，但 CIE 卻把每一原色的亮度值作為一個單位看待，所以色光加色法中紅、綠、藍三原色光等比例混合結果為白光，即

$$(R)+(G)+(B)=(W)。$$

如果色光是單一波長的光，那麼匹配所得到的數量就是這個單色光的刺激值。如果波長遍及可見光範圍，則得到刺激值按波長的變化，這個變化稱為光譜三刺激值，它反映了人眼對光與色轉換按波長變化的規律，這是顏色定量測量的基礎，CIE-RGB 光譜三刺激值是 317 位正常視覺者，用 CIE 規定的紅、綠、藍三原色光，對等能光譜色從 380 nm 到 780 nm 所進行的專門性顏色混合匹配實驗得到的。實驗時，匹配光譜每一波長為 λ 的等能光譜色所對應的紅、綠、藍三原色數量，稱為光譜三刺激值，記為 $\bar{r}(\lambda)$、$\bar{g}(\lambda)$、$\bar{b}(\lambda)$，它是 CIE 在對等能光譜色進行匹配時用來表示紅、綠、藍三原色的專用符號。因此，匹配波長為 λ 測得等能光譜色 $C(\lambda)$ 的顏色方程為

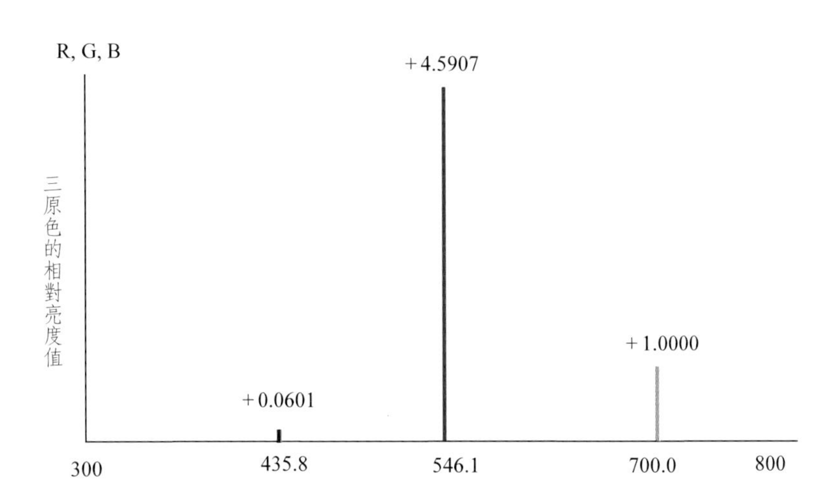

圖 5.12　CIE-RGB 標準中三原色的相對亮度值

$$C(\lambda)\equiv\bar{r}(\lambda)(R)+\bar{g}(\lambda)(G)+\bar{b}(\lambda)(B)$$

式中 (R)、(G)、(B) 為三原色的單位量，分別為 1.0000、4.5907、0.0601；C(λ) 在數值上表示等能光譜色的相對亮度，也就是之前提過的明視覺視覺函數 V(λ)，如圖 5.13 所示，其中最大值為 C(555)，且有 C(555) = 1，即

$$C(555)\equiv\bar{r}(555)(R)+\bar{g}(555)(G)+\bar{b}(555)(B)=1.000$$

在很多情況下光譜三刺激值是負值，這是因為待配色為單色光，其飽和度很高，而三原色光混合後飽和度必然降低，無法和待配色實現匹配。為了實現顏色匹配，在實驗中須將上方紅、綠、藍一側的三原色光之一移到待配色一側，並與之相加混合，從而使上下色光的飽和度相匹配。例如，將紅原色移到待配色一側，實現了顏色匹配，則顏色方程為

$$C(\lambda)+\bar{r}(\lambda)(R)\equiv\bar{g}(\lambda)(G)+\bar{b}(\lambda)(B)$$

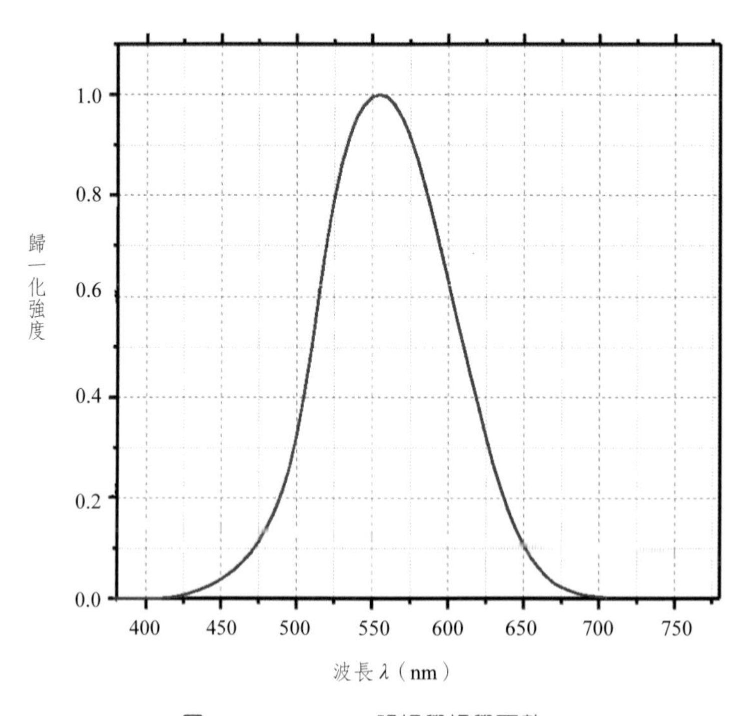

圖 5.13　CIE 1931 明視覺視覺函數

因此，待配色

$$C(\lambda) \equiv -\bar{r}(\lambda)(R) + \bar{g}(\lambda)(G) + \bar{b}(\lambda)(B)$$

所以 $\bar{r}(\lambda)$ 出現了負值。

1931 年 Guild 與 Wright 提出的 10 人觀測數值的平均值 $\bar{r}(\lambda)$、$\bar{g}(\lambda)$、$\bar{b}(\lambda)$，這個顏色匹配函數之平均值可認為是正常色視覺者的平均值，如圖 5.14 所示。此函數亦可視為人眼對色彩的脈衝響應函數（impulse response）。各個 R, G, B 視為單位向量構成三度空間之軸，使得任意一個顏色 [F] 為此三度空間上之一點，故為色空間（color space）。

因三度空間比較麻煩，同時透過加法混色 $\vec{F} = \bar{r}(\lambda)[R] + \bar{g}(\lambda)[G] + \bar{b}(\lambda)[B]$，我們得知光顏色產生與三原色 $[R]$、$[G]$、$[B]$ 之比例量有關與絕對值 $\bar{r}(\lambda)$、$\bar{g}(\lambda)$、$\bar{b}(\lambda)$ 無關，也就是另一色光其三分量為 $a\bar{r}(\lambda)$、$a\bar{g}(\lambda)$、$a\bar{b}(\lambda)$（a 是個常數），此二個光之顏色對人眼而言只是亮度不一樣而顏色一樣。故將 $\bar{r}(\lambda)$、$\bar{g}(\lambda)$、$\bar{b}(\lambda)$ 規一化後求得相對值如下：

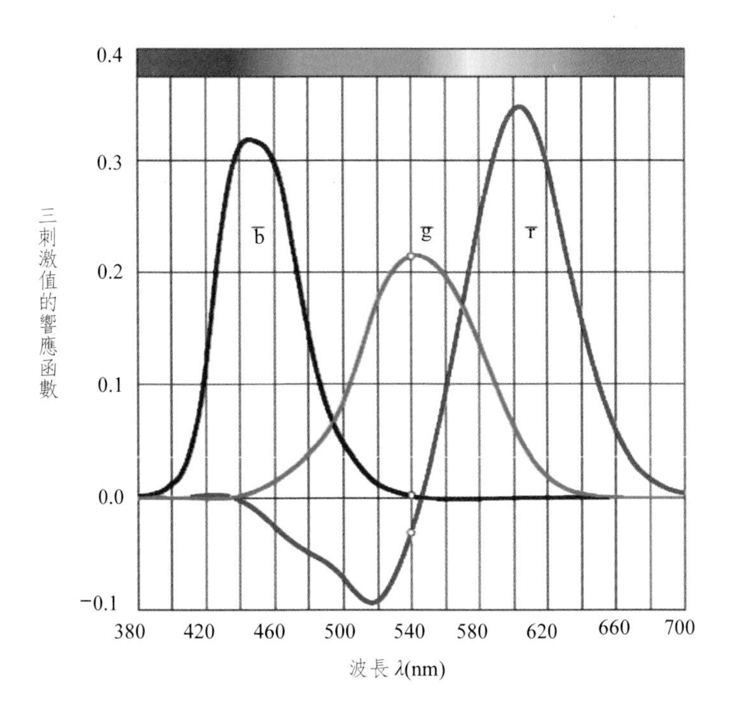

圖 5.14　CIE-RGB 三刺激值

$$r(\lambda)=\frac{\bar{r}(\lambda)}{\bar{r}(\lambda)+\bar{g}(\lambda)+\bar{b}(\lambda)}$$

$$g(\lambda)=\frac{\bar{g}(\lambda)}{\bar{r}(\lambda)+\bar{g}(\lambda)+\bar{b}(\lambda)}$$

$$b(\lambda)=\frac{\bar{b}(\lambda)}{\bar{r}(\lambda)+\bar{g}(\lambda)+\bar{b}(\lambda)}$$

其中 $r(\lambda)+g(\lambda)+b(\lambda)=1$。

所有單色光在 (r, g)- 色度圖的形成之軌跡稱為光譜軌跡（Spectrum locus）如圖 5.15。其中三個原色光標示為 R、G、B，分別為 [R] = 700 nm、[G] = 546.1 nm、[B] = 435.8 nm，這些三原色光均實際上是存在的。其中光譜軌跡因為單色光所連接之點所得曲線，如圖 5.15 之最外曲線（從 380 nm 至

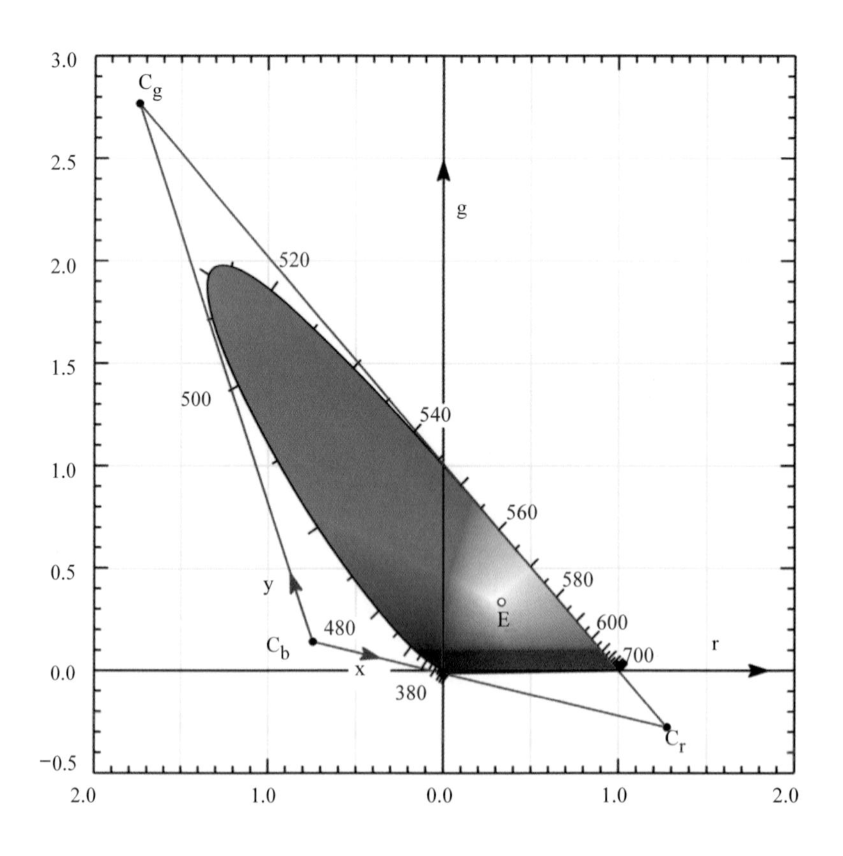

圖 5.15　CIE-rg 色度圖

780 nm，為飽和度 100%），故任意座標點超出此曲線，表示其飽和度超過 100% 均無意義。如上所述，RGB 表色系統的配色函數帶有負值。因為負值的存在會造成運算的複雜性，於是為了 (1) 方便性和 (2) 只利用一個刺激值表示亮度，故 CIE 於 1931 年在制定 RGB 色度系統的同時，又確定了新的原刺激值 [*X*]、[*Y*]、[*Z*]，得到了 XYZ 色度系統。XYZ 表色系統也稱為 CIE 1931 表色系統（CIE 1931 standard colorimetric system），下一段我們再繼續討論。

CIE-RGB 與 CIE-XYZ 變化，是利用圖 5.15 中，將落在第二象限有負座標全部右移，但所圈之面積只要把單色光光軌跡圖包括進去即可，不用太大之範圍，其原因就如前段所述，在單色光軌跡外面之座標點均無意義。同時希望在新的座標系統中，只有一個刺激值 Y 代表亮度，而不像 CIE-RGB 系統中 R, G, B 之值均對亮度有貢獻，所以選定圖 5.15 中，C_b 與 C_r 之連線為零亮度曲線，其 C_r, C_g, C_b 即代表在新色度圖中的三原色，而這三個原色是不存在為虛擬的，形成新的色度圖如圖 5.16 所示，是一個虛擬卻很方便的色度圖。

換句話說，所謂 1931 CIE-XYZ 系統，就是在 RGB 系統的基礎上，用數學方法，選用三個理想的原色來代替實際的三原色，將 CIE-RGB 系統中的光譜三刺激值 $\bar{r}$、$\bar{g}$、$\bar{b}$ 和色度坐標 r、g、b 均變為正值。選擇三個理想的原色（三刺激值）X、Y、Z，X 代表紅原色，Y 代表綠原色，Z 代表藍原色，這三個原色不是物理上的真實色，而是虛構的假想色。它們在圖 5.15 中的色度坐標分別為 C_r、C_g、C_b，如表 5.8 所示。

從圖 5.15 中可以看到由 C_r、C_g、C_b 形成的三角形將整個光譜軌跡包含在內，因此整個光譜色變成了以此三角形作為色域的域內色。在 XYZ 系統中所得到的光譜三刺激值 $\overline{x}(\lambda)$、$\overline{y}(\lambda)$、$\overline{z}(\lambda)$、和色度坐標 x、y、z 將完全變成正值。兩組顏色空間的三刺激值如表 5.9 所示。

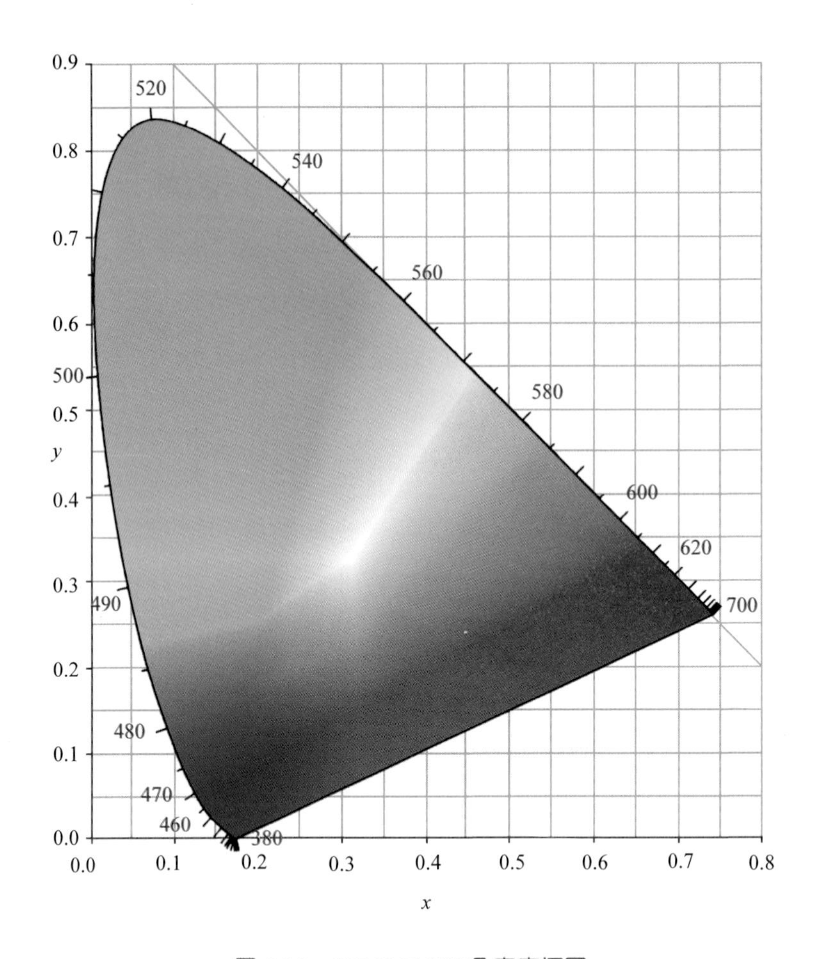

圖 5.16 CIE 1931 XY 色度座標圖

表 5.8 CIE XYZ 系統中的三原色在 CIE rgb 色度上的座標位置

	r	g	b
C_r	1.275	−0.278	0.003
C_g	−1.739	2.767	−0.028
C_b	−0.743	0.141	1.602

圖 5.17 為 CIE 1931 顏色匹配函數 $x(\lambda)$，$y(\lambda)$，$z(\lambda)$，對於任何光源都可以以三原色來描述，其中的 $y(\lambda)$ 和頻譜視覺函數 $V(\lambda)$ 相同，因此所得到的數值 Y 可以代表原有的光度。$x(\lambda)$，$y(\lambda)$，$z(\lambda)$ 都是無單位的量值，且顏色匹配函數與色度圖都是唯一的。

表 5.9　CIE RGB 與 CIE XYZ 色度系統的轉換矩陣

$$\begin{bmatrix}\bar{x}(\lambda)\\ \bar{y}(\lambda)\\ \bar{z}(\lambda)\end{bmatrix}=\begin{bmatrix}2.7689 & 1.7517 & 1.1302\\ 1.0000 & 4.5907 & 0.0601\\ 0.0000 & 0.0565 & 5.5943\end{bmatrix}\cdot\begin{bmatrix}\bar{r}(\lambda)\\ \bar{g}(\lambda)\\ \bar{b}(\lambda)\end{bmatrix}$$

$$\begin{bmatrix}X\\ Y\\ Z\end{bmatrix}=\begin{bmatrix}2.7689 & 1.7517 & 1.1302\\ 1.0000 & 4.5907 & 0.0601\\ 0.0000 & 0.0565 & 5.5943\end{bmatrix}\cdot\begin{bmatrix}R\\ G\\ B\end{bmatrix}$$

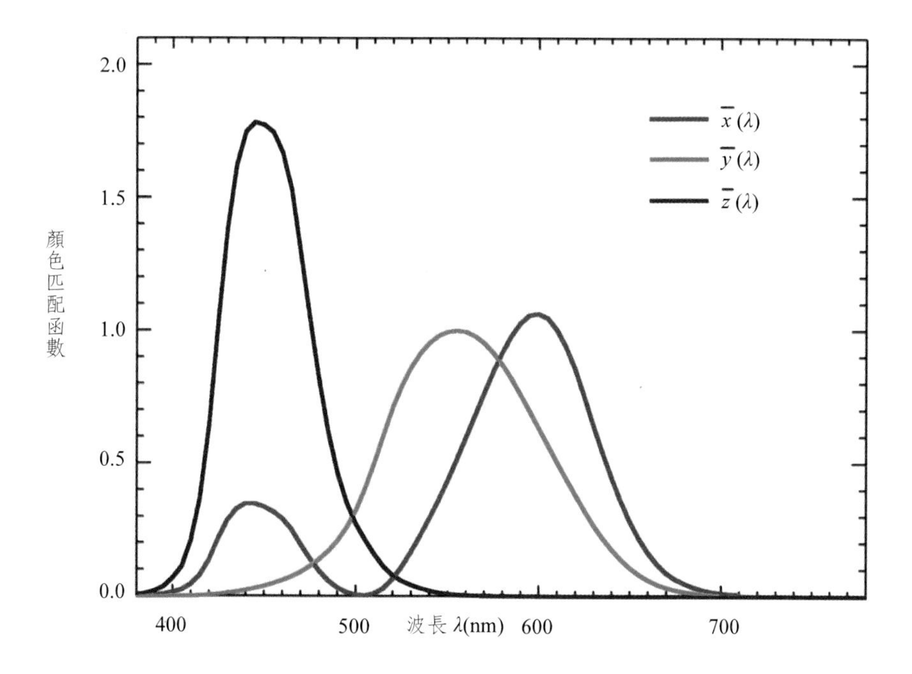

圖 5.17　CIE 1931 顏色匹配函數（color matching function）

如果光源的頻譜分佈為 P(λ)，而配色函數則採用圖 5.17 的 $x(\lambda)$、$y(\lambda)$、$z(\lambda)$，三刺激值 X、Y、Z 可寫成

$$X=k\int_{vis}P(\lambda)\bar{x}(\lambda)d\lambda$$

$$Y=k\int_{vis}P(\lambda)\bar{y}(\lambda)d\lambda$$

$$Z = k\int_{vis} P(\lambda)\bar{z}(\lambda)d\lambda$$

此處，常數 k 為規一化常數

$$k = \frac{100}{\int_{vis} P(\lambda)\bar{y}(\lambda)d\lambda}。$$

而色度座標 x、y 可由下式來求得

$$x = \frac{X}{X+Y+Z}，y = \frac{Y}{X+Y+Z}。$$

x、y 形成的色度圖稱為 CIE 1931 *xy* 色度圖，如圖 5.16 所示。因為 z 值可用 x 和 y 來表示，所以 z 色度座標不帶有新的資訊。而圖 5.18 則顯示一般常見顏色在色度圖上的座標範圍。

在圖 5.18 所示的 *xy* 色度圖中，x 色度坐標相當於紅原色的比例，y 色度坐標相當於綠原色的比例。由圖中的馬蹄形的光譜軌跡各波長的位置，我們可以看到光譜的紅色波段集中在圖的右下部，綠色波段則集中在圖的上部，而藍色波段集中在軌跡圖的左下部。中心的白光點 E 的飽和度最低，光源軌跡線上（馬蹄形外緣）飽和度最高。如果將光譜軌跡上表示不同色光波長點與色度圖中心的白光點 E 相連，則可以將色度圖畫分為各種不同的顏色區域，如圖 5.18 所示。因此，如果能計算出某顏色的色度坐標 x、y，就可以在色度中明確地定出它的顏色特徵。例如青色樣品的表面色度坐標為 $x = 0.1902$、$y = 0.2302$，它在色度圖中的位置為落在藍綠色的區域內。當然不同的色彩有不同的色度坐標，在色度圖中就佔有不同位置。因此，色度圖中座標點的位置可以代表各種色彩的顏色特徵。圖 5.18 也顯示出等能量點位於色度圖座標 $(x, y) = (1/3, 1/3)$ 處，這個色度座標表示等能白光，在由 CIE-RGB 轉換至 CIE-XYZ 的系統後此座標值沒有改變，表示三刺激值 X、Y 與 Z 數量相等。但是，色度坐標僅規定了顏色的色度，並無法看出顏色的

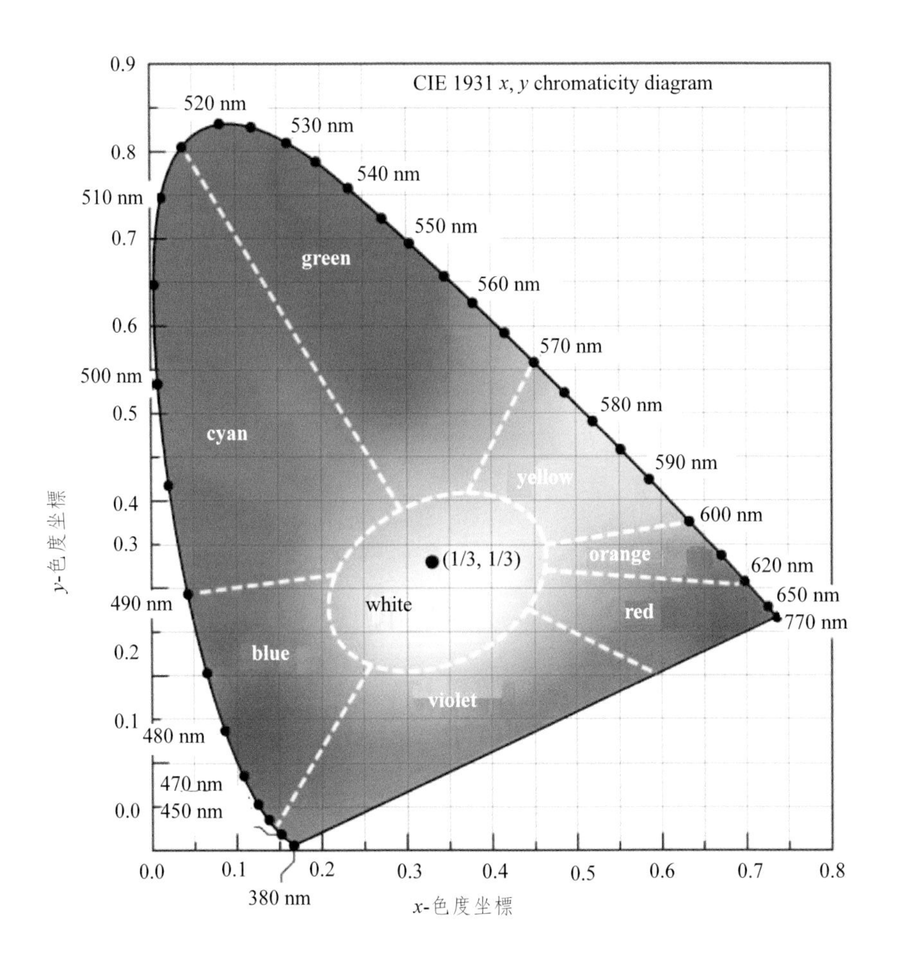

圖 5.18　一般常見顏色在 CIE *xy* 色度圖上的座標範圍

亮度，所以若要唯一地確定某顏色，還必須指出其亮度特徵，也即是 Y 的大小。如此一來，既有了表示顏色特徵的色度坐標 (x, y)，又有了表示亮度特徵的亮度因數 Y，則該顏色的外貌便能完全唯一地確定。為了直觀地表示這三個參數之間的意義，可用一立體圖（圖 5.19）形象表示。

色彩差別量與其他物理量在性質上迥然不同。例如長度這一物理量，人們常常可以任意分割，即使人眼無法分辨的微小長度，還可以借助顯微鏡和其他物理儀器來測量和觀察。但是，對於色彩差別量來說，主要取決於眼睛的判斷。如果一個眼睛不能再分辨的色彩差別量，而人們又不能借助物理儀器來觀察它，這樣它就成了一個無意義的數值。我們把人眼感覺不出的色彩差別量叫做顏色的寬容量。顏色的寬容量反映在 CIE *xy* 色度圖上即為兩

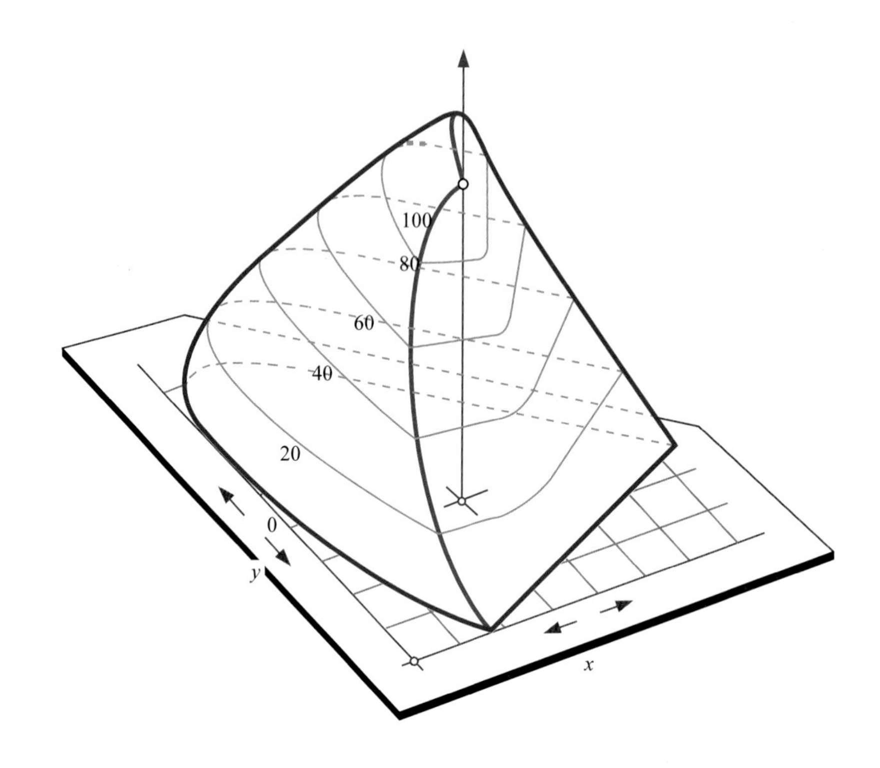

圖 5.19　CIE *xy*Y 立體色度圖座標，Y 軸表示亮度的大小

個色度點之間的距離。因為，每種顏色在色度圖上是一個點，但對人的視感覺來說，當這種顏色的色度坐標位置變化很小時，人眼仍認為它是原來的顏色，感覺不出它的變化。所以，對視感覺效果來說，在這個變化的距離（或範圍）以內的色彩差別量，在視覺效果上是等效的。因此建立色度圖的均等性就變成非常重要的一件事。

1942 年，美國柯達研究所的研究人員麥克亞當（D. L. Macadam）發表的一篇關於人的視覺寬容量的論文，迄今為止，仍是在色彩差別定量計算與測量方面的基本著作。在研究的過程中，麥克亞當在 CIE *xy* 色度圖上不同位置選擇了 25 個顏色色度點作為標準色光，其色度坐標 *x*、*y*。又對每個色度點畫出 5～9 條不同的方向直線，取相對兩側的色光來匹配標準色光的顏色，由同一位觀察者調節所配色光的比例，確定其顏色辨別的寬容量。通過反複做 50 次配色實驗，計算各次所得色度坐標的標準差，圍繞指定標準色度點向各個方向的輻射線為各標準差的距離，發現在不同方向上，此距離是不相等。圍繞標準色度點，在不同方向上取距離為一個標準差的點的軌跡近似一個橢圓，我們稱呼這樣的圖形 MacAdam 橢圓。還可以看到在色度圖不同位置上的 25 個顏色點的橢圓形狀大小不一樣，其長軸方向也不相同。這表明在 *xy* 色度圖中，在不同位置不同方向上顏色的寬容量是不相同的。換句話說，標準 CIE *xy* 色度圖上的相同的幾何距離，在不同的顏色區域裡和不同顏色變化的方向上，所對應的視覺顏色差別量大小是不同的，圖 5.20 中的各個橢圓形寬容量是按實驗結果的標準差的 10 倍繪出的。

肉眼可分辨的色度總數，可用 MacAdam 橢圓的平均面積除以色度圖的區域。這個計算可得知人眼可分辨出大約 50000 種不同的色度。若考慮量度的可能變化，則可分辨的顏色數量會超過 10^6。

由上面 MacAdam 橢圓的討論中，我們可以知道 CIE 1931 *xy* 色度圖存在著色彩均勻性的問題。為了解決這個問題，CIE 在 1976 年提出了均等色度圖（uniform chromaticity scale diagram, UCS diagram），可由原本的 *xy* 座標經過一次線性轉換求得，如下式所示

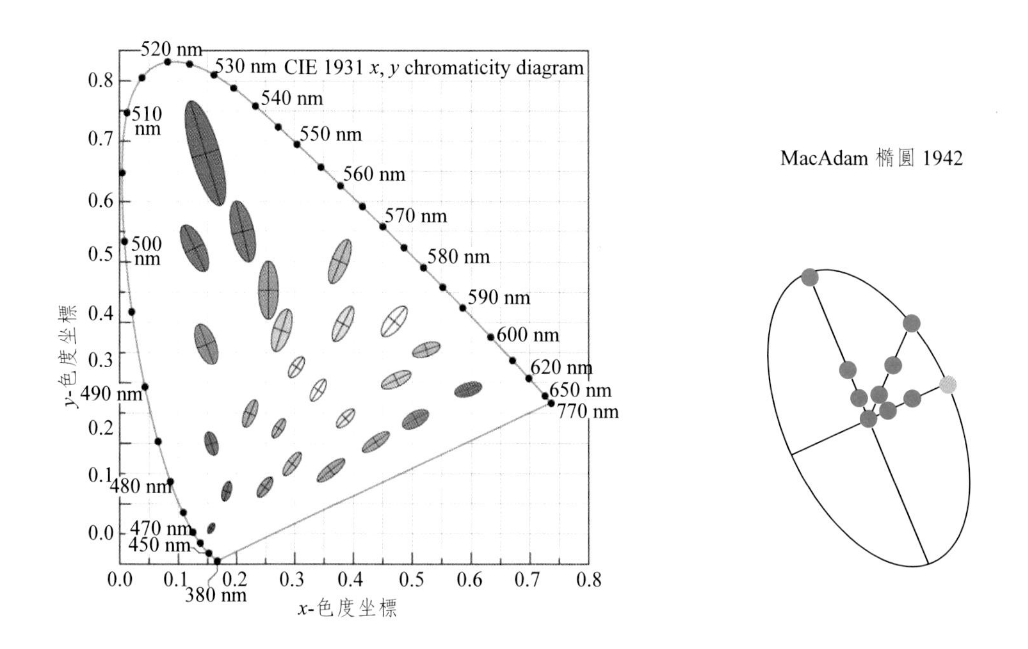

圖 5.20　CIE *xy* 色度圖上的 MacAdam 橢圓，橢圓內的長短軸為原尺寸的 10 倍

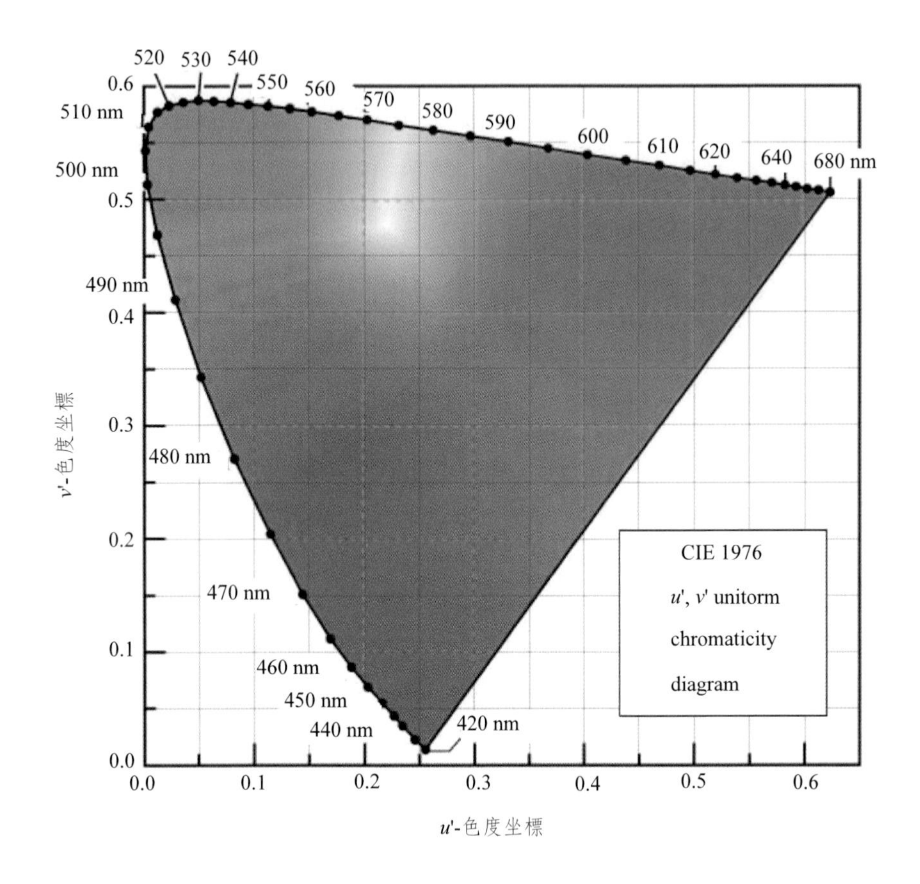

圖 5.21　CIE 1976 *u'v'* 均勻色度座標

$$u'=\frac{4x}{-2x+12y+3}=\frac{4X}{X+15Y+3Z}\text{，}$$

$$v'=\frac{9y}{-2x+12y+3}=\frac{9Y}{X+15Y+3Z}\text{。}$$

u'、*v'* 形成的色度圖稱為 CIE 1976 UCS 色度圖或 *u'v'* 色度圖，如圖 5.21。

CIE-*xy* 色度圖中兩點之間的色差在空間上是很不均勻的，也就是顏色會很迅速的在某一軸向上改變。*xy* 色度圖的缺點在 *u'v'* 均勻色度圖中已改善不少，兩點之間的色差大約跟其在色度圖上的幾何距離成正比。*xy* 色度圖中的 MacAdam 橢圓轉換到 *u'v'* 均勻色度圖後，不可分辨的顏色區域的形狀和面積較均勻，如圖 5.22 所示。

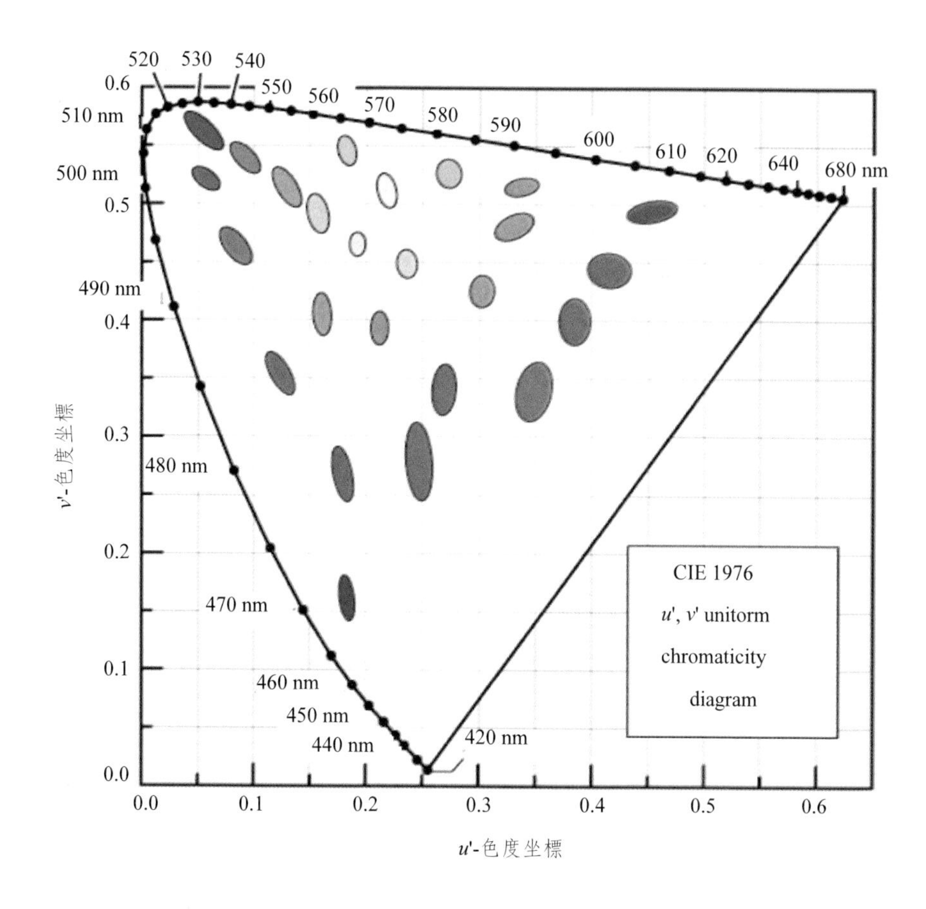

圖 5.22　CIE *xy* 色度圖上的 MacAdam 橢圓轉換至 CIE *u'v'* 均勻色度圖後的分佈，橢圓內的長短軸為原尺寸的 10 倍。

5.2.2　顏色純度

前面內容介紹了 CIE 色度系統的發展與目前較常使用的 CIE-*xy* 色度系統，此色度圖最大功用在於色匹配（color matching）以及加法混色。在圖 5.23 之色度圖中有一些重要資訊如：

- 主波長（dominate wavelength）：延伸等能白光 (1/3, 1/3) 座標點與待測光源之色座標 (x, y) 可與馬蹄頻譜軌跡外緣相交於某點，此點之單色光波長即為此光源之主波長。
- 色彩飽和度（color purity or color saturation）：光源 (x, y) 愈接近頻譜軌跡表示色彩愈純，而色彩飽和度的定義如下：

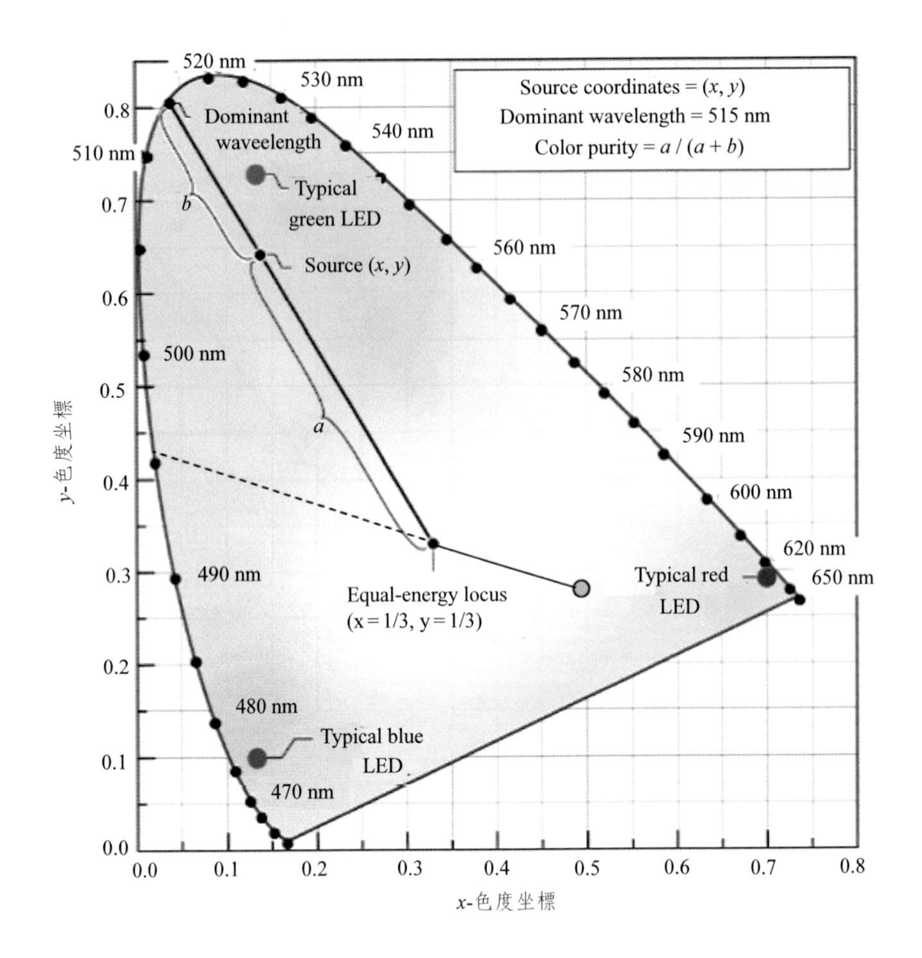

圖 5.23　CIE *xy* 色度圖中的重要資訊：光源主波長與色彩飽和度。

color purity $= \dfrac{a}{a+b}$，a 與 b 分別是色度圖上待測光源到等能白光點與主波長的距離。

對於位於色度圖的邊緣單色光源（$\Delta\lambda \rightarrow 0$）而言，其色彩飽和度是 100%，而接近白光區的飽和度則降為 0。

最後我們介紹 LED 與色度圖的關聯性，以及 LED 光源的色度特性。對於人眼來說，LED 發出的光可說是單色光（$\Delta\lambda$ 趨近 0）；但在嚴格的物理角度來看，LED 並非是單色光，因為 LED 的光譜線寬大約是 1.8 kT。由於 LED 的有限光譜線寬影響，LED 的色度座標上雖不是位於圖形的邊緣，但是接近邊緣，因此使用 LED 作為顯示器光源的色彩飽和度相當高。圖 5.24 為不同 LED 在色度圖中的位置，由圖可看出，紅色 LED 的位置和藍色 LED

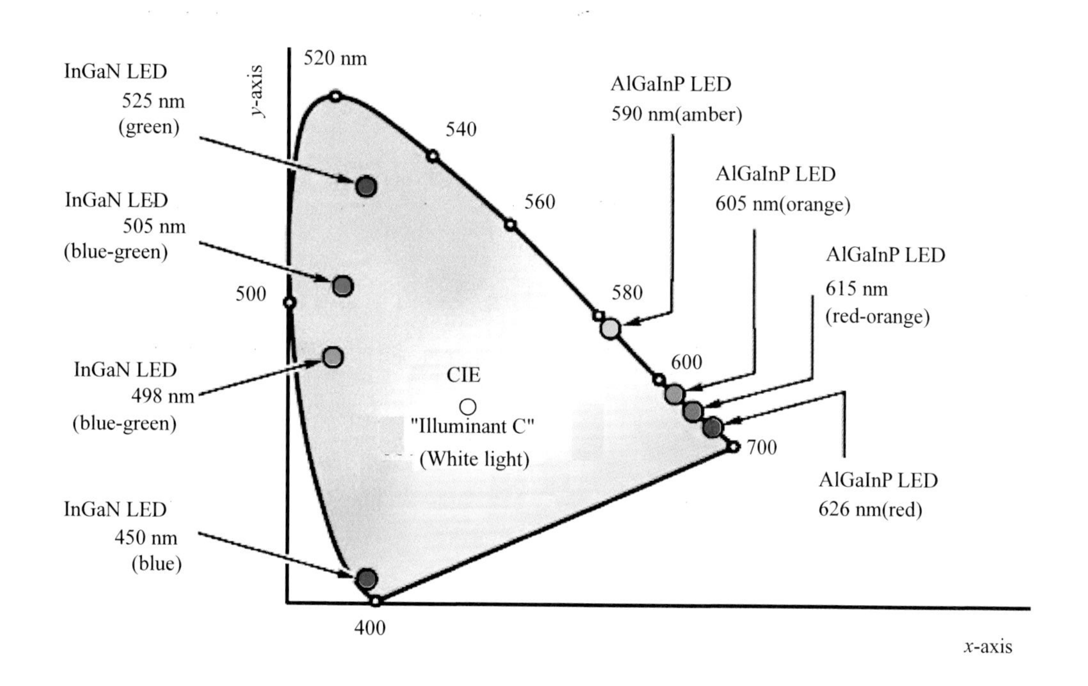

圖 5.24　典型的紅、藍、綠 LEDs 在 CIE *xy* 色度圖上的座標位置

的位置是在圖的邊緣，也就是說它們的顏色飽和度很高，可以接近 100%。然而，藍綠色和綠色 LED 的色度座標較接近中心，使得色彩飽和度較低，這是由於發光光譜的有限線寬及色度圖在綠色波長範圍有較大的曲率。

5.3 普朗克光源和色溫

白光是一個特別的顏色，我們可以從色度圖中找到非常多的可見光譜組合來產生白光。而在這些光譜之中，普朗克黑體輻射光譜是既特別且非常有用的標準。因為我們可以只使用一個參數來描述某特定光譜，這個參數就是色溫（color temperature）。色溫在照明相關產業中，是一個非常實用的設計標準。此外，自然界中的白光光譜也非常類似普朗克光譜。因此這個章節我們就從黑體輻射開始介紹有關普朗克光源與色溫的相關定義與應用。

5.3.1 太陽光譜

白光光譜的範圍可延伸包含在整個可見光波段，最常見的白光光譜模型就是太陽光。太陽光譜如圖 5.25 所示，太陽光的光譜範圍可從紅外光到紫外光，而且光譜會依據每天的時間、季節、海拔高度、天氣等因素改變。

從下圖可以發現由於太陽光在紅外光與紫外光波段處的輻射照度都不弱，所以儘管我們可使用濾波的方式消除紅外光和紫外光的組成，它仍然不會是個有效率的白光光源。

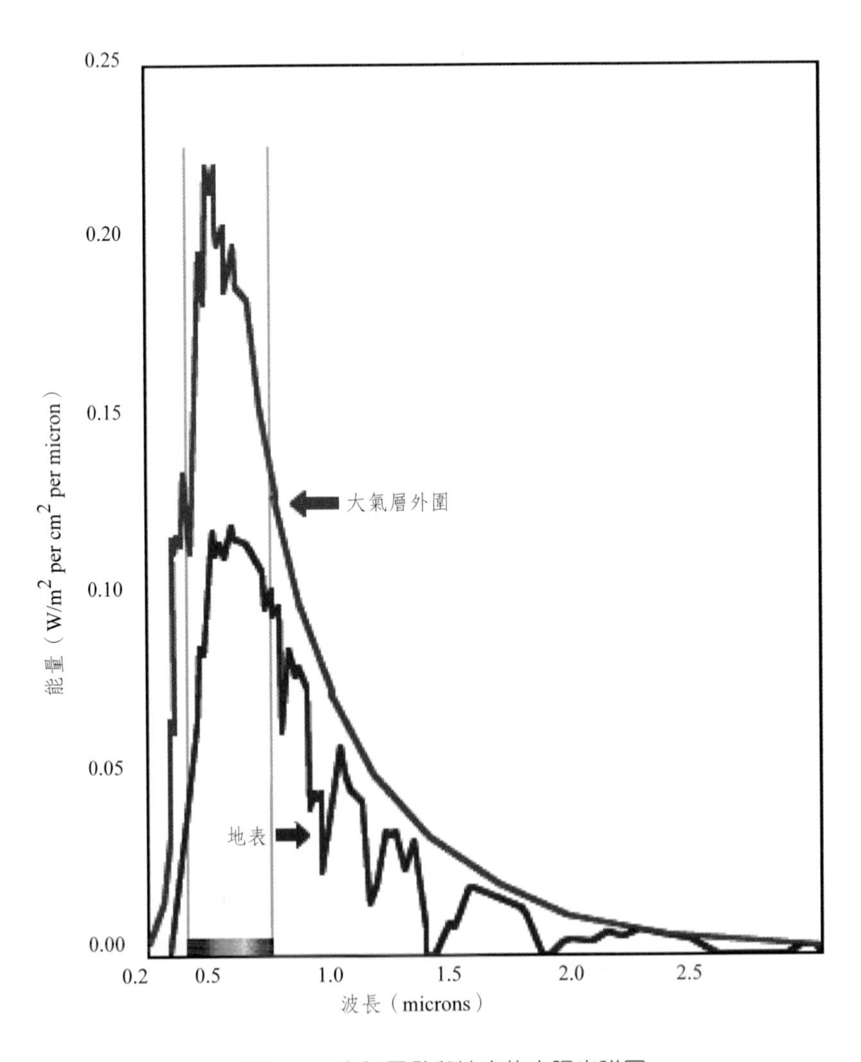

圖 5.25　大氣層外與地表的太陽光譜圖

5.3.2 普朗克光譜

不論是在照明的領域，或是在顯示器應用上，我們都需要去對白光的獨立標準做一個定義，而普朗克黑體輻射光譜就是這樣的一種標準。若是當我們的光源光譜分佈與某黑體輻射出來的光譜相同時，便可以用黑體的表面絕對溫度這個參數，來代表這樣的光譜分佈。所謂的黑體是指在任何溫度下，將落到它表面上的任何波長的輻射全部吸收，也就是它的光譜吸收比恆等於 1 的物體。黑體在熱平衡時之能量吸收率等於發射率，其輻射光譜可由普朗克公式來描述：

$$I(\lambda)=\frac{2hc^2}{\lambda^5\left[\exp\left(\frac{hc}{\lambda kT}\right)-1\right]}$$

不同黑體溫度的普朗克光譜如圖 5.26 所示，在表面溫度為 T 時，黑體輻射強度最大處的波長可依據 Wien's 定律求得：

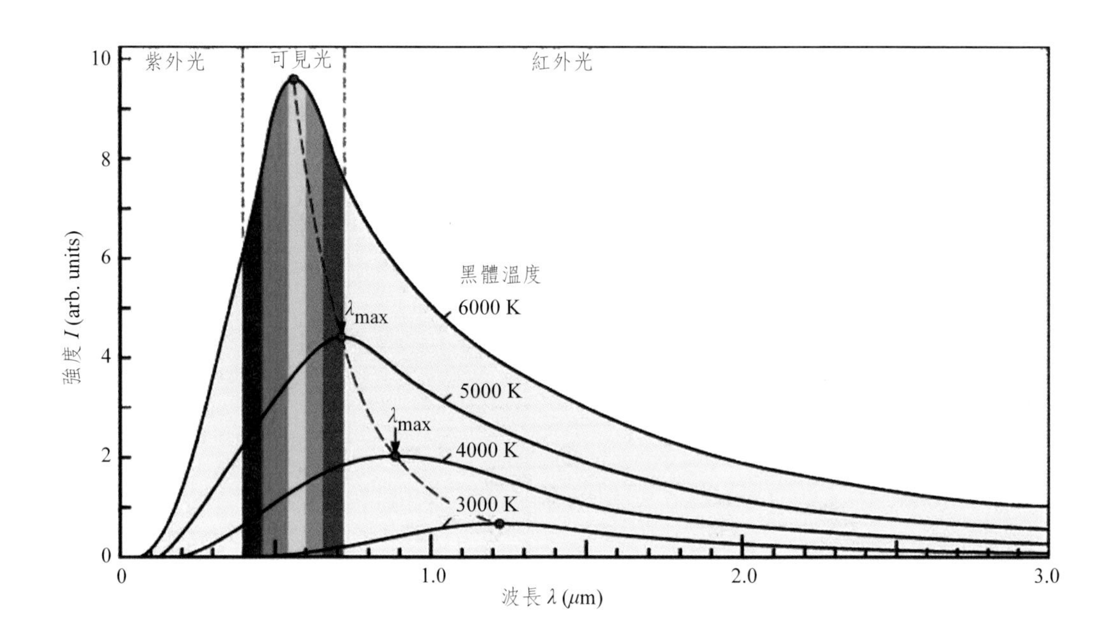

圖 5.26　不同黑體溫度的普朗克光譜，λ_{max} 表示該溫度下輻射強度最大的波長

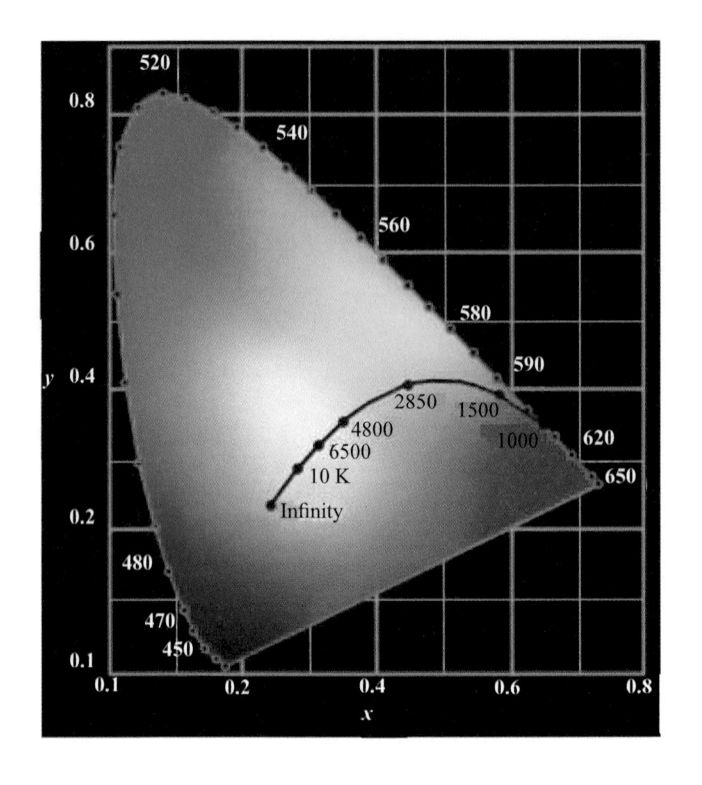

圖 5.27　CIE-*xy* 色度圖上的普朗克軌跡與對應的黑體溫度

$$\lambda_{\max} = \frac{2880\ \mu mK}{T}$$

在黑體表面溫度為 3000 K 時，黑體輻射光譜大部分都落在紅外線波段。而隨著溫度的升高，黑體的輻射功率迅速增加，且峰值波長向短波方向移動。由上面的公式可得知黑體輻射的光譜分佈完全決定於它的表面溫度，只要溫度一定，它的光譜分佈就可以計算出來。正因為這樣，黑體在輻射度學、光度學、色度學中有十分重要的意義。

黑體輻射的位置在 CIE-*xy* 色度圖的座標上如圖 5.27 所示，這條線又稱普朗克軌跡（planckian locus）。當黑體輻射的溫度增加，色度座標位置從紅光波長移動到色度圖的中心處。根據色度圖上的普朗克軌跡，我們可以知道當黑體溫度界於 2500 和 10000 K 之間時，此黑體輻射是表現出白光特性。此外，圖上也標示出許多由國際照明委員會所定義的一些發光標準。普朗克軌跡以及其黑體溫度的位置在 CIE-$u'v'$ 均勻色度圖中的普朗克軌跡顯示如圖 5.28 所示。

在 CIE-xy 和 CIE-$u'v'$ 色度座標中，隨著溫度的增加，普朗克軌跡皆是由紅光開始，然後經過橘光和黃光，最後在白光區域結束。這些色度座標的連續變化情形讓人聯想到金屬加熱時的顏色變化，因此接著就來討論『色溫』的意義。

5.3.3　色溫和相關色溫

『色溫』這個名詞乍看之下有點令人困惑，因為直覺上顏色似乎與溫度沒有直接的關係。然而從上面普朗克黑體輻射的介紹中可得知，當溫度上升時，黑體的顏色可由紅色、橘色、黃白色、白色到偏藍色的白。因此，當光源所發出的光的顏色與黑體在某一溫度下（例如將鉑加熱）輻射的顏色相同時，也就是光源的色度座標落在普朗克軌跡上，那麼黑體對應的溫度就稱為

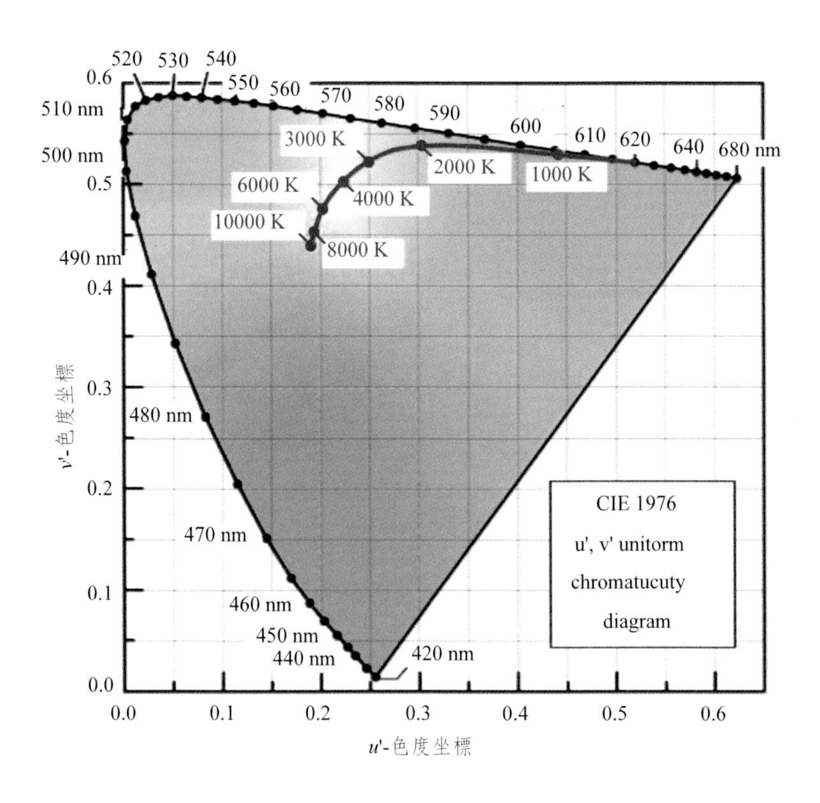

圖 5.28　CIE-$u'v'$ 均勻色度圖上的普朗克軌跡與對應的黑體溫度

該光源的『色溫』（color temperature, CT），用絕對溫度 K（kelvin）表示。

另外一種較常見的情形是光源所發出的光的顏色與黑體在某一溫度下輻射的顏色接近時，但其色度座標並未落在普朗克軌跡上，黑體對應的溫度就稱為該光源的『相關色溫』（correlated color temperature, CCT），單位也是絕對溫度 K。

在 CIE-*u'v'* 均勻色度圖中，只要找到光源色度座標與普朗克軌跡上最短幾何路徑的對應色溫，便可決定此光源對應的相關色溫。然而，由於 CIE-*xy* 色度圖並非是均勻色度圖，因此這個最短距離的方法並不適用。圖 5.29 是 *xy* 色度圖中相關顏色溫度的常數線。

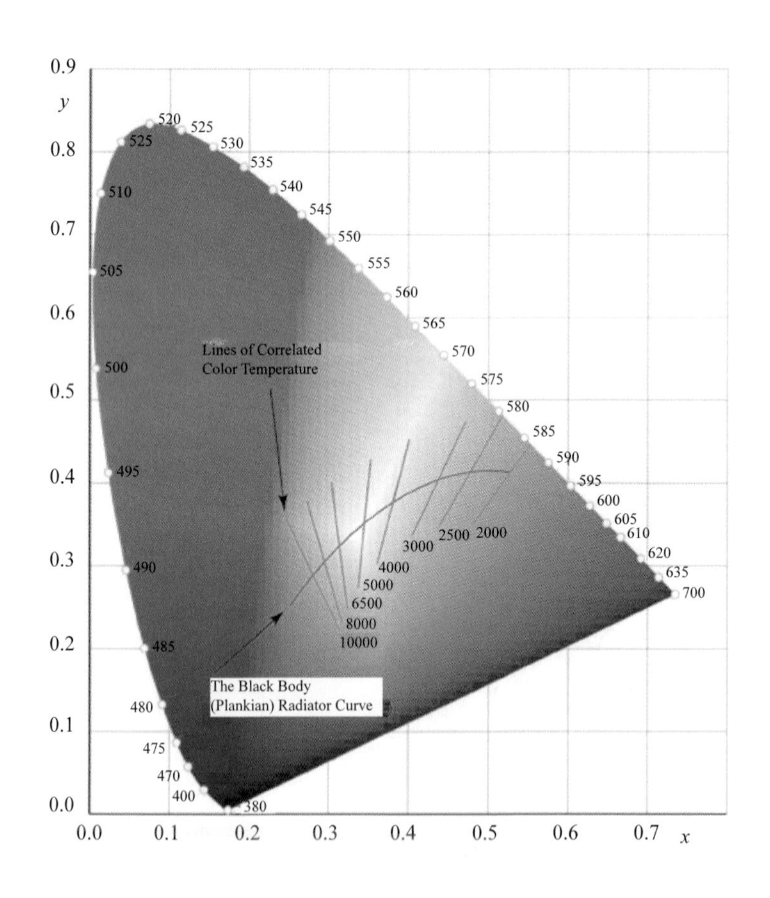

圖 5.29 CIE-*xy* 色度圖上的相關色溫線

相對於色度座標來說，『色溫』對於白光光源的特性描述是相當重要的參數，主要的原因就是所有的白光之間最大的差別就是色溫，只要知道此白光光源的色溫，色度座標就不會差太多。當然若是此光源色度座標離普朗克軌跡太遠，則不便稱它為白光，可能是泛紅、泛黃或是偏藍的白光。舉例來說，白熾燈色度座標雖然沒有落在普朗克軌跡上，但是距離非常接近，因此這樣的光源就可以用色溫來表示其顏色。一般標準白熾燈的色溫範圍大概介於 2000～2900 K 之間，而暖色系白熾燈光源的色溫則約 2800 K。其他如金屬鹵化物燈的色度座標則遠離普朗克軌跡，因此對這些光源來說，相關色溫就可以派上用場。圖 5.30 就是常見光源的色溫表。

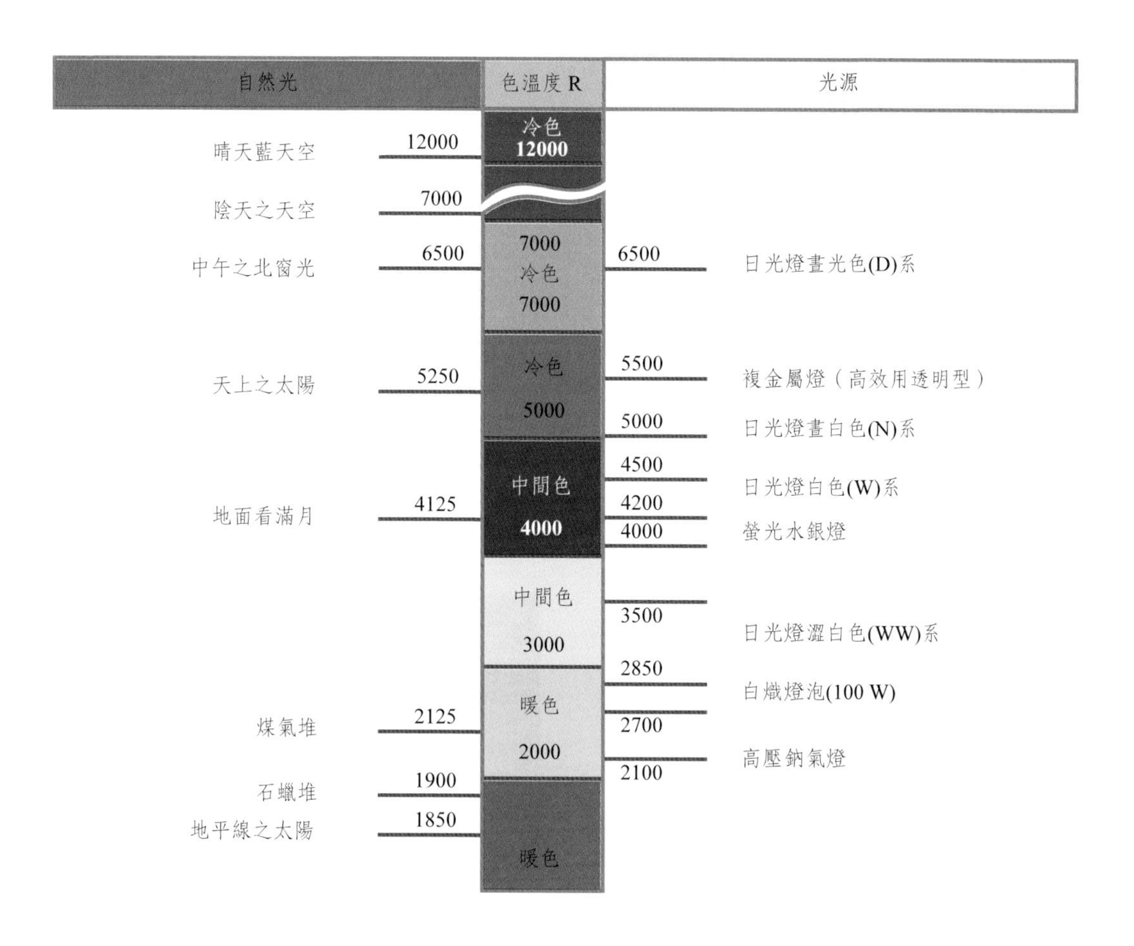

圖 5.30　常見光源色溫表

5.4 顏色混合和演色性

5.4.1 加法混色

在色彩學上，混色的方法大致上分為加法混色和減法混色，本章節將針對 LED 在顯示器應用或是固態照明研究上使用的加法混色做一介紹，讓有興趣開發或選用照明相關材料時有所參考。

利用多種光源進行混色的方式已被利用在許多應用上，例如 LED 顯示器就是以紅光、綠光和藍光三種顏色的 LED 當作光源，當這三種顏色的 LED 混合之後可以產生各式各樣的顏色。另一比較實際的混色應用是由兩種以上或多種互補色來產生白光進行固態照明的研究。圖 5.31 顯示了利用三原色與 LED 光源進行加法混色的示意圖與實驗結果。

接下來，我們將介紹如何計算三個光源混色之後的 CIE-*xy* 色度座標。假設三個光源的光譜功率密度分別為 $P_1(\lambda)$，$P_2(\lambda)$，和 $P_3(\lambda)$，而他們各自的波峰波長以 λ_1、λ_2 和 λ_3 來表示，而每一個光源發光譜線寬度遠比其中任一顏色匹配函數來的窄。若三個光源在色度圖上的坐標點為 (x_1, y_1)，(x_2, y_2)，(x_3, y_3)。如此一來其三刺激值（tristmulus value）可由下式求得

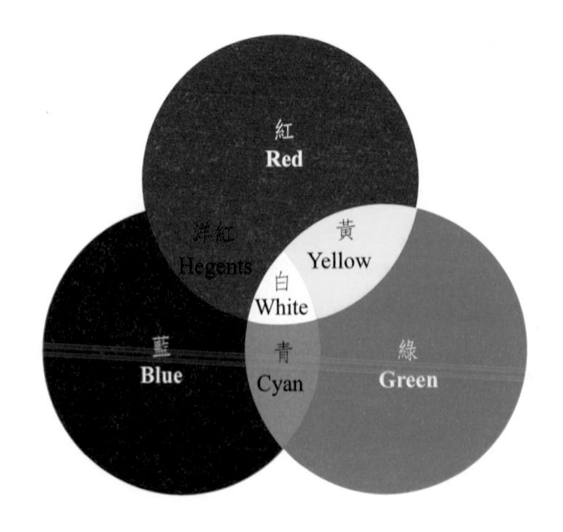

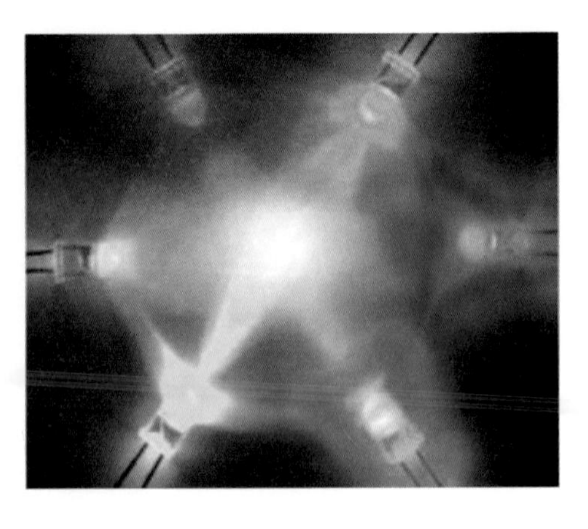

圖 5.31　三原色加法混色與 LED 光源混色實驗

$$X=\int_{\lambda}\bar{x}(\lambda)P_1(\lambda)d\lambda+\int_{\lambda}\bar{x}(\lambda)P_2(\lambda)d\lambda+\int_{\lambda}\bar{x}(\lambda)P_3(\lambda)d\lambda\approx\bar{x}(\lambda_1)P_1+\bar{x}(\lambda_2)P_2+\bar{x}(\lambda_3)P_3$$

$$Y=\int_{\lambda}\bar{y}(\lambda)P_1(\lambda)d\lambda+\int_{\lambda}\bar{y}(\lambda)P_2(\lambda)d\lambda+\int_{\lambda}\bar{y}(\lambda)P_3(\lambda)d\lambda\approx\bar{y}(\lambda_1)P_1+\bar{y}(\lambda_2)P_2+\bar{y}(\lambda_3)P_3$$

$$Z=\int_{\lambda}\bar{z}(\lambda)P_1(\lambda)d\lambda+\int_{\lambda}\bar{z}(\lambda)P_2(\lambda)d\lambda+\int_{\lambda}\bar{z}(\lambda)P_3(\lambda)d\lambda\approx\bar{z}(\lambda_1)P_1+\bar{z}(\lambda_2)P_2+\bar{z}(\lambda_3)P_3$$

其中 P_1，P_2，P_3 分別是三個光源的輻射功率。接下來再令

$$L_1=\bar{x}(\lambda_1)P_1+\bar{y}(\lambda_1)P_1+\bar{z}(\lambda_1)P_1$$

$$L_2=\bar{x}(\lambda_2)P_2+\bar{y}(\lambda_2)P_2+\bar{z}(\lambda_2)P_2$$

$$L_3=\bar{x}(\lambda_3)P_3+\bar{y}(\lambda_3)P_3+\bar{z}(\lambda_3)P_3$$

如此一來，三光源組成的混合光色度座標便可得到

$$x=\frac{x_1L_1+x_2L_2+x_3L_3}{L_1+L_2+L_3}$$

$$y=\frac{y_1L_1+y_2L_2+y_3L_3}{L_1+L_2+L_3}$$

由上面的推導結果可得知，多種光源的色度座標其實就是單光源色度座標的加權線性組合。

混色原理可參考圖 5.32 的色度座標圖。圖中顯示出當兩個色度座標位於 (x_1, y_1)，(x_2, y_2) 的光源混合之後，其混合光色度座標的變化情形。在這個例子中，因為只有利用兩個光源進行混色，所以上面式子的 $L_3=P_3=0$，線性組合的結果告訴我們兩光源混色結果的色度座標一定會落在連接兩點的直線上。所以落在兩個色度座標連接線上的任何顏色（包括白色）都可以被此兩個顏色混合而成。

圖 5.32 也顯示出紅、綠、藍三種顏色的混色結果。圖中那三個由直線

相連的三個色度座標分別代表典型的紅、綠、藍 LED，而直線圍成的三角形區域則被稱為色域（color gamut），色域範圍內的所有顏色都可以被這三種顏色混合得出。顯示器品質的重要指標之一就是能否提供豐富的色彩選擇，因此我們期望能夠利用三種光源就能產生夠大的色域範圍、更明亮以及飽和度更高的顏色。

由上面的介紹可知道色域的大小與形狀可由組成的原色光源決定，色域的形狀如同一個多邊形，而這些原色光源就是這個多邊形的頂點。因此如同圖 5.32 中由三原色光源構成的色域必定是個三角形，而任何由這三個頂點的原色進行加法混色所產生的顏色，色度座標點一定會在這個三角形內。

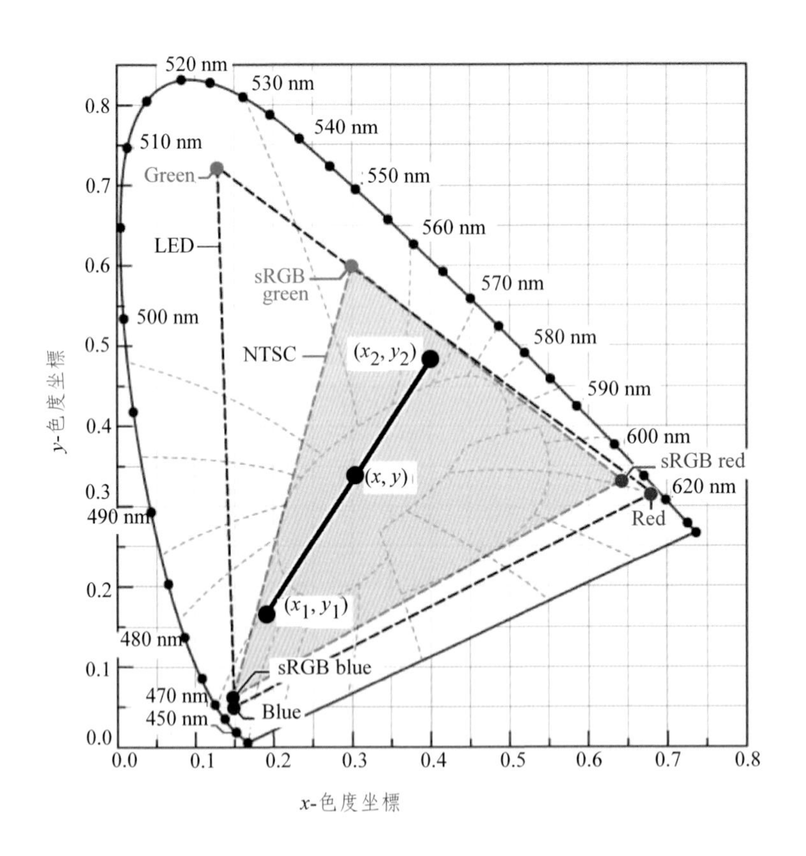

圖 5.32 NTSC 與 sRGB 的標準色域定義，以及兩色度座標為 (x_1, y_1)，(x_2, y_2) 的光源混色後色度座標變化示意圖。

5.4.2　標準光與標準光源

由於人大部分的時間是處於日光照明的環境，因此人類的視界是習慣於日光環境的。即使現在有諸多人工光源用以照明，但論及照明效果上，一般人的喜好色大多還是處於在自然光的照射環境（日光）。可惜的是，日光光譜並非單一值，它會隨著時差、地理位置、以及氣候而不斷的變化。大氣雲層的厚與薄也會在數分鐘之內改變了日光光譜。而日光色溫的變化之劇可從早晨的 2000 K，變化到午後的 10000 K 觀察得到。

國際照明委員會（Commission Internationale delEclairage, CIE）定義標準光（CIE standard illuminant）與標準光源（CIE standard source）的差別在標準光是依據（相對）頻譜分佈來規定的光，它可說是一個理想光源；標準光源則是為實現標準光的頻譜分佈而製作出來的人造燈具。在 1931 年 CIE 規定了標準光 A、B、C，其中標準光 A 可以是裝置在無色、透明的石英玻璃燈泡中，並充有少量惰性氣體的鎢絲燈的光譜表現。標準光 B 是午間日光的光譜分佈，實現它的標準光源可以在標準光 A 光源前加裝溶液濾光片（liquid filter）以改變其色溫。標準光 C 是平均日光光譜，同樣的，也可以在標準 A 光源前加裝另一種溶液濾光片而製作出其標準光源。除了上述三種標準光外，CIE 也規定了標準日光 D55、D65 與 D75，三者的色度座標（1931 chromaticity coordinates）滿足下列關係式：

$$2.870\, y_D^2 - y_D - 3.000\, x_D^2 - 0.275 = 0$$

式中 x_D 值的範圍介於 0.250 和 0.380 之間。以下將各標準光的色溫、色度以及演色性整理如表 5.10。

5.4.3　色差與演色性

在 $u'v'$ 色度圖上的色彩均等性較 xy 色度圖上改善了許多，但還不是很完美，主要的原因是亮度（lightness）的均等性沒有改良。除了色度的均勻性外，接著明度的均等性也需考慮進去，因此便產生了均等色彩空間

表 5.10 各標準光的特性

光源	色溫	色度座標	光源演色指數
A	2856 K	(0.44, 0.41)	99.41
B	4874 K	(0.34, 0.35)	99.16
C	6774 K	(0.31, 0.32)	98.03
D_{55}	5503 K	(0.33, 0.35)	99.54
D_{65}	6504 K	(0.31, 0.33)	99.56
D_{75}	7504 K	(0.29, 0.31)	99.46

（uniformcolor space）。CIE 在這方面提出了 CIE 1976$L^*a^*b^*$ 色彩空間及 CIE 1976 $L^*u^*v^*$ 色彩空間統一評價明度與色度在視覺上的色差表現，其代表的公式如下：

CIE-LUV

$$For \frac{Y}{Y_0} > 0.008856$$

$$L^* = 116\left(\frac{Y}{Y_0}\right)^{\frac{1}{3}} - 16$$

$$Otherwise, L^* = 903.3\left(\frac{Y}{Y_0}\right)$$

$$u^* = 13L^*(u' - u'_0)$$

$$v^* = 13L^*(v' - v'_0)$$

$$u'_0 = \frac{4X_0}{X_0 + 15Y_0 + 3Z_0}$$

$$v'_0 = \frac{9X_0}{X_0 + 15Y_0 + 3Z_0}$$

$$h_{uv} = \tan^{-1}\left(\frac{v^*}{u^*}\right)$$

$$C^*_{uv} = [(u^*)^2 + (v^*)^2]^{\frac{1}{2}}$$

$$s_{uv} = \frac{C^*_{uv}}{L^*}$$

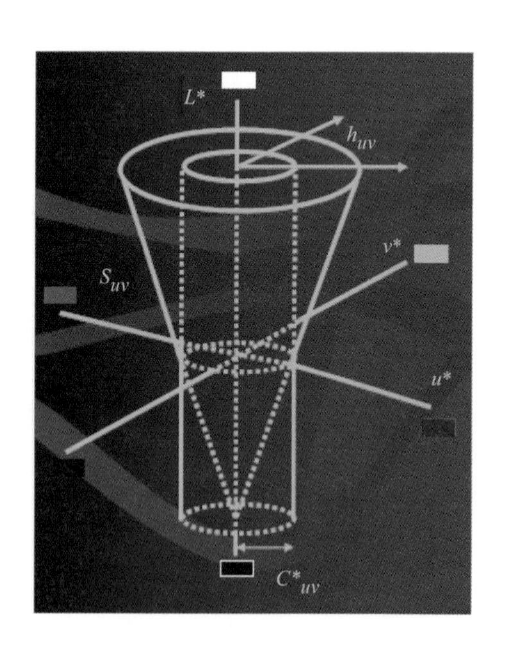

CIE-LAB

$$if\ \frac{\varphi}{\varphi_0} > 0.008856，\varphi = X, Y, Z$$

$$f(I) = I^{\frac{1}{3}}$$

$$Otherwise, f(I) = 7.787I + \frac{16}{116}$$

$$L^* = 116f\left(\frac{Y}{Y_0}\right) - 16$$

$$a^* = 500\left[f\left(\frac{X}{X_0}\right) - f\left(\frac{Y}{Y_0}\right)\right]$$

$$b^* = 200\left[f\left(\frac{Y}{Y_0}\right) - f\left(\frac{Z}{Z_0}\right)\right]$$

$$h_{ab} = \tan^{-1}\left(\frac{b^*}{a^*}\right)$$

$$C^*_{ab} = [(a^*)^2 + (b^*)^2]^{\frac{1}{2}}$$

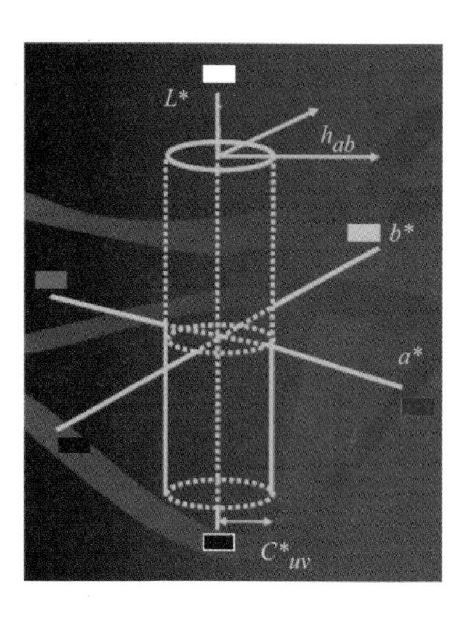

式子中 X、Y、Z 為顏色樣品的三刺激值；u'，v' 為顏色樣品的色度座標；X_0、Y_0、Z_0 為 CIE 標準光照射在完全反射漫射體後反射至人眼中的白色物體之三刺激值，因此 $Y_0 = 100$；u_0' 與 v_0' 為光源的色度座標，L 是亮度，h 是色相角度而 C 則是彩度。由上計算得兩個顏色的 $L^*u^*v^*$ 或 $L^*a^*b^*$，即可進一步算出它們之間的色差（ΔE）。

$$\Delta E_{LUV} = [(\Delta L^*)^2 + (\Delta u^*)^2 + (\Delta v^*)^2]^{\frac{1}{2}}$$

$$\Delta E_{LAB} = [(\Delta L^*)^2 + (\Delta a^*)^2 + (\Delta b^*)^2]^{\frac{1}{2}}$$

上列式子最後附帶了公式成立的條件，即說明光量充足時，此公式可清楚表示出人眼對不同顏色的色差關係。CIE-Lab 因其建立於均勻色度空間、且能表現出明度與色度，因此工業上常以此為評估人眼可能看到的色差情形。例如傳統顯示器製造者在調整激發螢光粉發光之電子束能量時，會將顯示器明度（luminance）對電壓（voltage）的非線性關係式（電壓的指數亦稱為 gamma 值）調整成與 CIE-Lab 明度關係式一致，如此才不致使顯示器因亮度不足而失真。CIE-Lab 與 Luv 之色差運用上，在影像處理方面使用 Lab 較多，而照明則多採用 Luv 系統。

太陽光和白熾燈之輻射連續光譜，在可見光的波長範圍內（380 nm-760 nm），包含著紅、橙、黃、綠、藍、靛、紫等各種色光。物體在太陽光或白熾燈的照射下，會顯示出所謂的真實顏色，但當物體在非連續光譜的氣體放電燈的照射下，顏色就會有不同程度的失真。因此，我們把光源對物體真實顏色的呈現程度稱為光源的演色性（color-rending index）。圖 5.33 即是物體在不同光源照射下的顏色展現。

為了對光源的演色性進行定量的評價，引入演色性指數（color-rendering index, CRI or Ra）的概念。以標準光源為準，將其演色性指數定為 100，其餘光源的演色性指數均低於 100。演色性指數用 Ra 表示，Ra 值越大，表示光源的演色性越好。

2900 K，鎢絲燈

2900 K，螢光燈偏黃

5000 K，標準

7000 K，螢光燈偏藍

圖 5.33　水果在不同光源照射下的顏色展現

由於人眼多是習慣日光環境的，因此國際照明委員會（CIE）便以普朗克軌跡上的黑體輻射光譜作為評斷依據，對落於普朗克軌跡之上方些微距離的各時相日光，其演色性皆相當高。由前面表 5.10 可看出標準光 A 色溫最低，D_{75} 色溫最高，因此標準光 A 看起來會比較偏紅；D_{75} 則偏藍白。由另一個角度來看，標準光 A 的譜線會在長波的部分有相對較強的表現，D_{75} 則在短波有較高的光強值。此外，表 5.10 各標準光也都具有非常高的演色指數，這數字告訴我們在此標準光源照射之下的任何物體，都不會有色偏的現象。不過這裡要特別說明的一點是，色溫高低與演色性的好壞並沒有絕對的關係。由人眼來直接觀察光源，並不是一個用來判斷光源好壞的方法。因此國際照明委員會對演色性的評價則訂出 14 個標準色樣品，它們的反射能譜

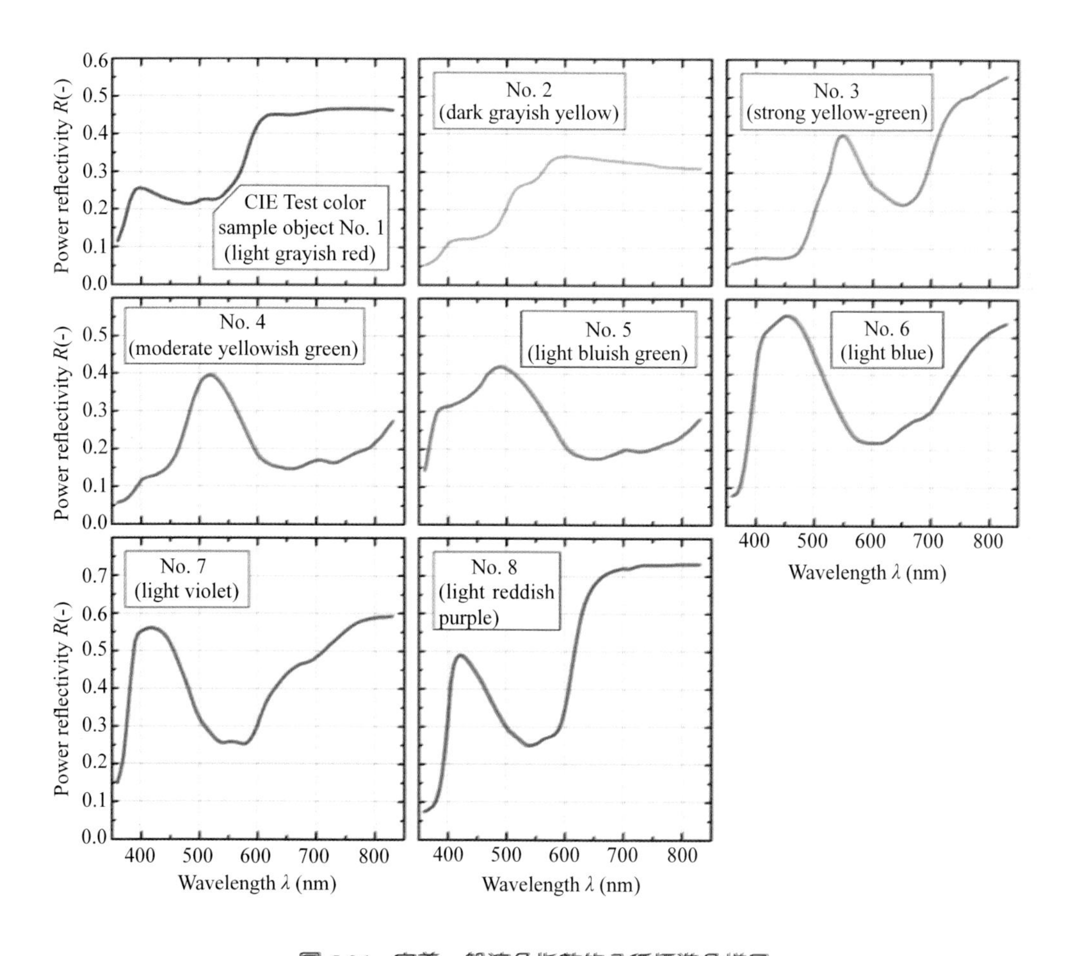

圖 5.34　定義一般演色指數的八種標準色樣品

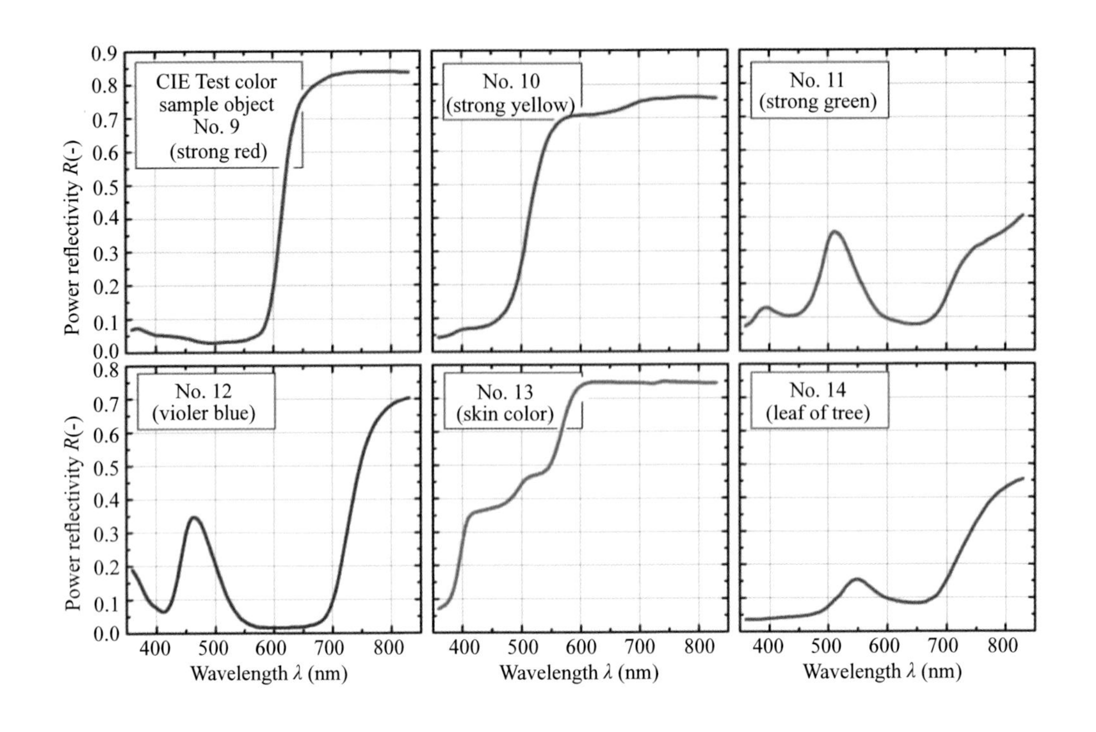

圖 5.35　定義特殊演色指數附加的六種標準色樣品

如圖 5.34 與圖 5.35 所示，光源在對此 14 個色樣品的顏色表現，若能保持與參考光（以普朗克軌跡上的色度點為主）對同樣的 14 個色樣品，有很小的色差 ΔE，則我們便能預期它能有極高的演色指數（color rendering index）。

CIE 定義待測光對 14 個樣品的個別演色情形為特殊演色指數（special CRI）；取 14 個特殊演色指數中的前 8 項作平均，定義此值為一般演色指數（general），演色指數以 100 為最完美，一般用作在室內照明的燈具也有規定一般演色指數應當高於 80。下面分別列出特殊演色指數（Ri）以及一般演色指數（Ra）的關係：

$$R_i = 100 - 436\Delta E$$

$$R_a = \frac{1}{8}\sum_{i=1}^{8} R_i$$

若是在某種光源照明下見到的各種色彩和用標準照明完全相同時，此燈的平均演色評價指數（Ra）定為 100，常見的光源演色性指數可參考表 5.11。但是，Ra 是表示色彩再現保真度的指數，而並不表示色彩的優劣。因此，有時即使 Ra 低，產生色差，而也能見到很好的色彩。但如人的臉，有時即使有一點點的色差，也會感到不自然，給人不健康的感覺。平均演色評價指數 Ra 低，並不能說這種燈的實用價值低。一般，若平均演色評價指數 Ra 在 80 以上，就基本上可以滿足色彩視度要求較高的照明要求。而根據燈具的使用領域或用途，國際照明委員會亦規定了一定的基準。表 5.12 是給出相對於平均演色評價指數 Ra 值的燈的適用範圍。

表 5.11　常見光源的演色性指數

主要光源的平均演色性評價數（Ra）	
日光燈三波長	80
日光燈白色	65
日光燈晝光色	69
色評價用	99
水銀燈泡	40
高演色性複金屬燈	90
複金屬燈	65
高演色性鈉光燈	53
鈉光燈	25
鹵素燈泡	100
燈泡	100

表 5.12　演色性和燈的用途

指數（Ra）	等級	演色性評價	一般應用	作用場所	燈源
90 ~ 100	1A	優良	需要色彩精確比對與檢核之場所。	顏色檢查、臨床檢查、美術館	鹵素燈、白熾燈、三波長燈管
80 ~ 89	1B		需要色彩正確判斷及討好表觀之場所	印刷廠、紡織廠、飯店、商店、醫院、學校、精密加工、辦公大樓、住宅等	複金屬燈、省電燈泡
60 ~ 79	2	普通	需要中等演色性之場所。	一般作業場所	螢光燈
40 ~ 59	3		演色性要求較低，但色差不可過大。	粗加工工廠	
~ 39	4	較差	演色性不重要，明顯色差亦可接受。	一般照明場所	水銀燈、鈉燈

習題

1. 人眼的錐細胞與桿狀細胞的功能比較。
2. 名詞解釋：
   光通量（Luminous flux）
   （發）光強度（Luminous intensity）
   照度（Illuminance）
   朗伯表面（Lambertian surface）
   演色指數（Color rendering index, Ra）
   色溫（Color temperature, CT）
3. 為什麼需要發展寬色域（Wide Color Gamut）顯示器？
4. LED 做為顯示器光源有何優點？
5. 利用 LED 產生白光的方式有哪幾種？與一般路燈照明比較，採用 LED 有哪些優缺點？

參考文獻

1. "Spectral luminous efficiency functions based upon brightness matching for monochromatic point sources, 2°, and 10° fields," CIE Publication No. 75 (1988a).
2. "CIE 1988 2° spectral luminous efficiency functions of photopic vision," CIE Publication No. 86 (1988b).
3. Colour & Vision database, http://cvision.ucsd.edu/index.htm .
4. R. W. G. Hunt, Measuring Colour, Ellis Horwood, London, (1995).
5. G. Wyszecki, and W. S. Stiles, Color Science, John Wiley & Sons, New York, (2000).
6. V. N. Mahajan, Optical Imaging and Aberrations, Part I Ray Geometrical Optics, SPIE PRESS, Washington, (1998).
7. R. W. Boyd, Radiometry and the Detection of Optical Radiation, John Wiley & Sons, New York, (1983).
8. 大田登，基礎色彩再現工程，全華科技圖書，台北市，（2004）。

第六章

白光發光二極體組成、螢光粉與封裝方式

6.1 白光發光二極體組成

6.2 螢光粉介紹

6.3 封裝型式比較

6.4 高效率與高均勻性白光發光二極體

6.1 白光發光二極體組成（white light-emitting diode; WLED）

6.1.1 介紹

白光發光二極體（white light-emitting diode; WLED）之優點為體積小、高效率、壽命長、節能等，未來將取代傳統燈源成為二十一世紀照明新光源。如圖 6.1(a) 所示，主要製作方式可分兩類，其中一類為多晶片型，藉由透鏡混合紅、綠與藍三晶片之發光二極體，並產生白光。優點為可調整所須之光色，具高演色性。但因三色 LED 所屬材料系統、驅動電壓、溫度與光衰減率均有所差異，且須三套電路設計分別控制電流，造成設計困難、成本增加。故目前商品化之產品與未來發展趨勢仍以單晶片型為主流。單晶片型搭配螢光粉產生白光，可稱之為 PC-LED（phosphor converted LED; PC-LED），其主要分為以下三類：

(1) 藍色 LED 搭配黃色螢光粉：利用藍光激發黃色螢光粉並且封裝成白光發光二極體如圖 6.1(b)。目前螢光粉大多使用鈰摻雜之釔鋁石榴石（yttrium aluminum garnet; YAG），利用螢光粉產生之黃光與藍光混合，而產生白光。優點為製作簡單且成本低，目前成為市場上發展之主流。缺點為其光譜因缺少紅光成分，故演色性差，演色性較差會使物體失去最真實之色彩。此外，目前發展以矽酸鹽類之黃色螢光粉取代 YAG，但其耐熱性差，易隨著溫度提升造成色座標藍偏，使白光逐漸偏藍之趨勢。

(2) 藍色 LED 搭配紅色與綠色螢光粉：藉藍光分別激發不同螢光粉並且可發出紅光與綠光，利用紅、綠光與未被吸收之藍光混合，進而產生白光如圖 6.1(c)。由於此白光具有藍光、綠光與紅光成分，優點為演色指數高，但缺點為整體發光效率較低，且須成本較高。

(3) 紫外光 LED 搭配紅色、綠色與藍色三色螢光粉：利用 UV-LED 所產生之紫外光同時激發可分別發出紅、綠與藍光之螢光粉，三種色光混合而成白光如圖 6.1(d)。優點為演色性高，可達 90 以上，各種色光可由不同比例

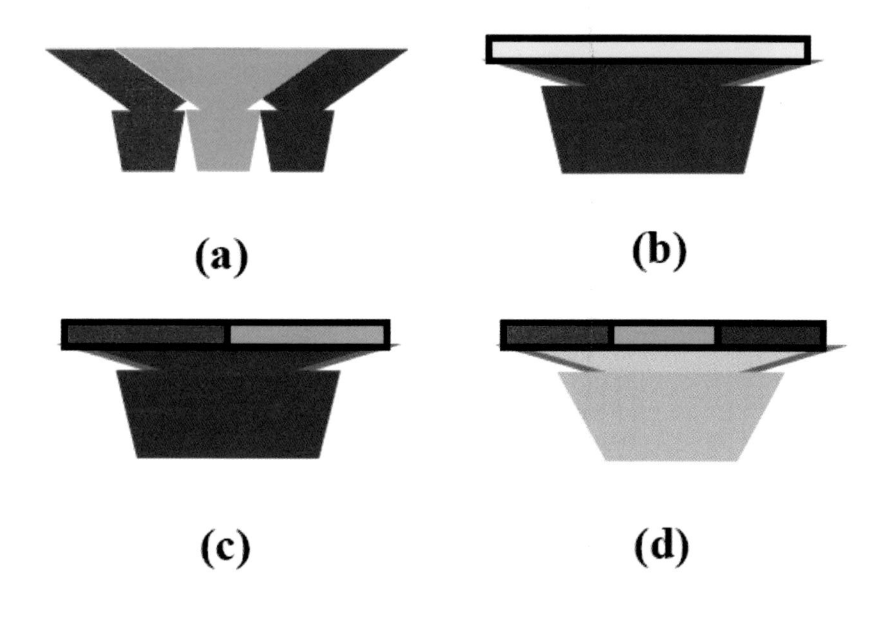

圖 6.1　白光發光二極體組成方式

之螢光粉組合，且兼具單晶片型控制電路較簡單。缺點為混合三種螢光粉困難度較高且成本相對提升。一般認為其將為未來最具應用潛力之技術。

6.2　螢光粉介紹

6.2.1　螢光粉發光原理

位於基態能階之電子經由外界給予適當之能量（如光能、電能等）後，被激發至高能階之激發態，若以放光形式釋放能量，可偵測其發光現象（phenomenon of luminescence）。放光現象可細分為螢光（fluorescence）與磷光（phosphorescence）。如圖 6.2 所示，S_0、S_1 與 S_2 分別代表單重態（singlet）基態（ground state）、第一激發態（first excited state）與第二激發態（second excited state），其中每一電子能階可再細分為不同之振動能階（vibrational state）。

室溫下，大部分之電子經振動緩解至最低振動能階之激發態，經光能刺激而吸收此能量後，電子即由基態躍遷至激發態，電子經內轉換（internal

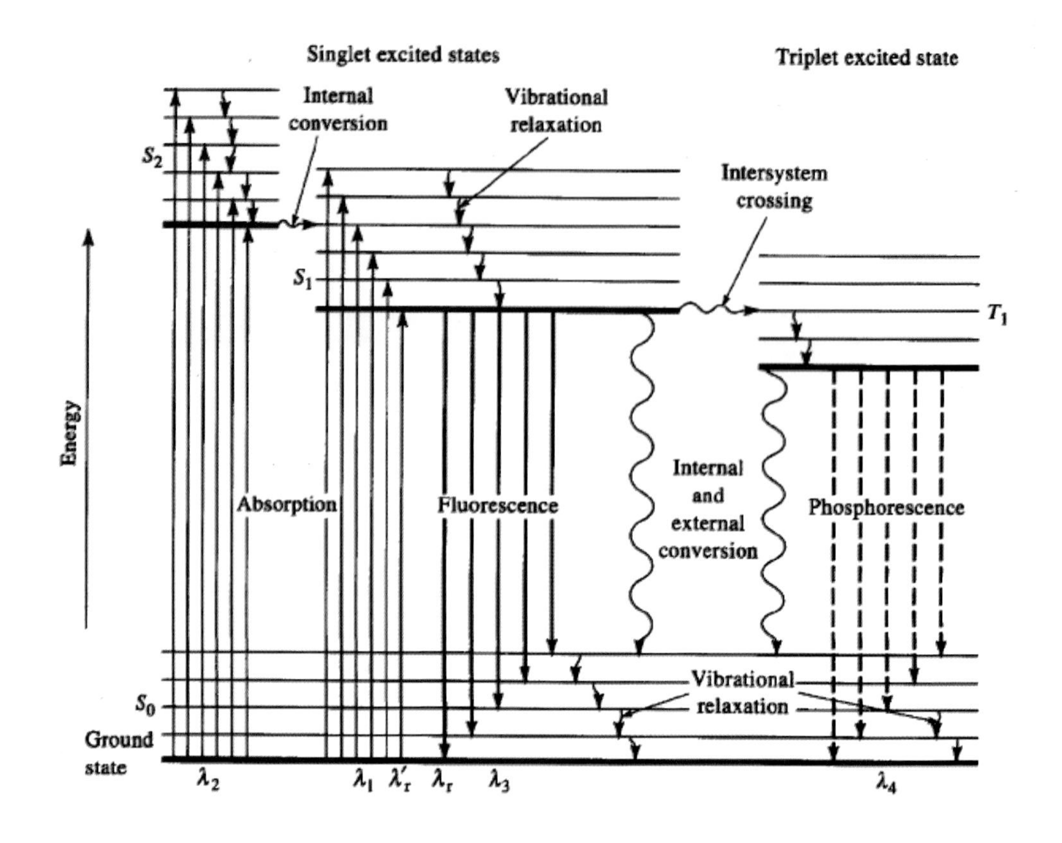

圖 6.2　發光機制示意圖，螢光與磷光之電子轉移機制(2)

conversion）而至較低之激發態電子能階。此時，位於單重激發態之電子以光之方式釋放能量並回至基態能階，此時產生螢光（fluorescence; $h\upsilon_f$）。於單重激發態之電子經由系統間跨越（intersystem crossing）之方式改變電子自旋狀態至三重態（triplet）能階 T_1。當位於三重激發態之電子以光之方式釋放能量並回至基態能階，此時產生磷光（phosphorescence; $h\upsilon_p$）。回至較高振動能階之基態電子經熱平衡而回至能量較低之基態。一般而言，螢光之半生期約 10^{-8}～10^{-6} 秒，而磷光則經過系統間跨越之過程而不易回到基態，因而有較長之半生期（10^{-3}～1 秒）。

6.2.2 螢光粉種類與特性

晶片種類	螢光粉發光色	化學式
紫外光	紅	Y_2O_2S：Eu、Y_2O_3：Eu、$Sr_2Si_5N_8$、(Ca,Sr,Ba)S：Eu、YVO4：Eu 與 $CaAlSiN_3$：Eu
	綠	$(Ca,Sr,Ba,)_2(Mg,Zn)Si_2O_7$：Eu、$Ca_8Mg(SiO_4)_4Cl_2$：Eu,Mn、$Ba_2SiO_4$：Eu、$Ba_2MgSi_2O_7$：Eu、$Ba_2ZnSi_2O_7$：Eu、$SrAl_2O_4$：Eu、$BaMg_2Al_{10}O_{17}$：Eu,Mn 與 $Ca_8Mg(SiO_4)_4Cl_2$：Eu,Mn
	藍	$BaMg_2Al_{10}O_{17}$：Eu、$(Ca,Sr,Ba)_5(PO_4)_3Cl$：Eu、$Sr_3MgSi_2O_8$：Eu 與 $Sr_4Al_{14}O_{25}$：Eu
藍光	紅	(Ca,Sr,Ba)S：Eu、$(Ca,Sr,Ba)_2Si_5N_8$：Eu、SrSiON：Eu 與 $CaAlSiN_3$：Eu
	綠	$SrGa_2S_4$：Eu、(Sr,Ga,Ba)S：Eu、$(Ca,Sr,Ba)_2SiO_4$：Eu 與 SrSiON：Eu
	黃	$Y_3Al_5O_{12}$：Ce,Gd、SiAlON：Eu 與 $(Ca,Sr,Ba)_2SiO_4$：Eu

一般而言，目前常用之 LED 激發光源有兩種，一種為 460nm 之藍光，適用於釔鋁石榴石（YAG）之激發光源，另一種為 380-420nm 之紫外光，適用於紫外光發光二極體用之螢光粉激發光源，兩者各有其優缺點。於螢光粉體本身之吸收波段能量之處選擇其機發光源，較有利轉換較高能量之光線。當外界溫度升高，光譜之放光強度隨之降低，此現象稱為熱淬滅，控制發光二極體之熱管理，有助於保持螢光粉體之強度。

6.3 封裝型式比較

6.3.1 點膠、敷型與分離式

高輸出流明與均勻變角度色溫為現今白光發光二極體極力追求之目標，目前螢光粉封裝方式可分為三種如圖 6.3。傳統方式螢光粉封裝方式稱為點膠，結構如圖 6.3 (a)所示，將螢光粉加入封裝膠後均勻攪拌，利用點膠機將螢光粉膠體置入封裝支架中，其優點為成本低，但由於螢光粉本身粒徑不同，造成沉澱速率之不同，使螢光粉均勻度不佳，造成白光整體色溫不均勻。目前，為追求高品質與高亮度之白光 LED，開始利用不同螢光粉封裝方式，其中主要可分為分離式（Remote）與敷型（Conformal）兩種封裝結構。

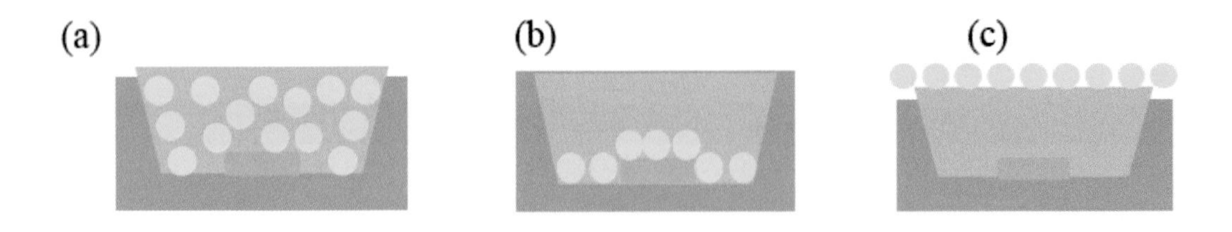

圖 6.3　螢光粉封裝方式：(a)點膠封裝體、(b)敷型封裝體、(c)分離式封裝體

Conformal 封裝體之結構如圖 6.3(b) 所示，將螢光粉層用堆疊的方式塗佈於藍光晶片上，此種封裝方式可使藍光晶片均勻地被高濃度螢光粉包覆，以得到更高均勻度之白光，由於螢光粉厚度被大幅減少，因此光由晶片發射後，可經由最短路徑減少散射時間以提高發光亮度。Conformal 封裝最早由 Lumileds 所發展，利用電泳法（electro phoretic deposition, EPD）使螢光粉均勻分布於晶片表面，其他方法也應運而生。此外，由於螢光粉受藍光激發後會向各方向發射出黃光，但是由於敷型（Conformal）封裝體本身螢光粉層與晶片互相接觸，故背向散射的黃光易直接被反射率較低的晶片所吸收，導致黃光無法有效萃取，進而影響流明強度。

為提高輸出流明，分離式（Remote）封裝體為將螢光粉層與晶片分開之結構，如圖 6.3(c) 所示，將藍光晶片點上封裝膠後再塗布一層均勻螢光粉層。此種結構由於螢光粉層與晶片距離較遠，可有效減少黃光之背向散射被藍光晶片所吸收，因此黃光利用率提升，使分離式（Remote）封裝體結構具有較佳之輸出流明。

如圖 6.4 所示，於定電流操作下，Remote 封裝體發光效率較敷型（Conformal）封裝體佳。此外，分離式（Remote）封裝體，因大角度藍光所經過光程較多，造成大角度之藍光相較於中心少，故大角度黃光與藍光比例較高，導致 Remote 封裝體大角度色溫偏低。故敷型（Conformal）封裝體著重於改善 LED 之顏色均勻度，而分離式（Remote）封裝體則著重於增進 LED 之發光效率。

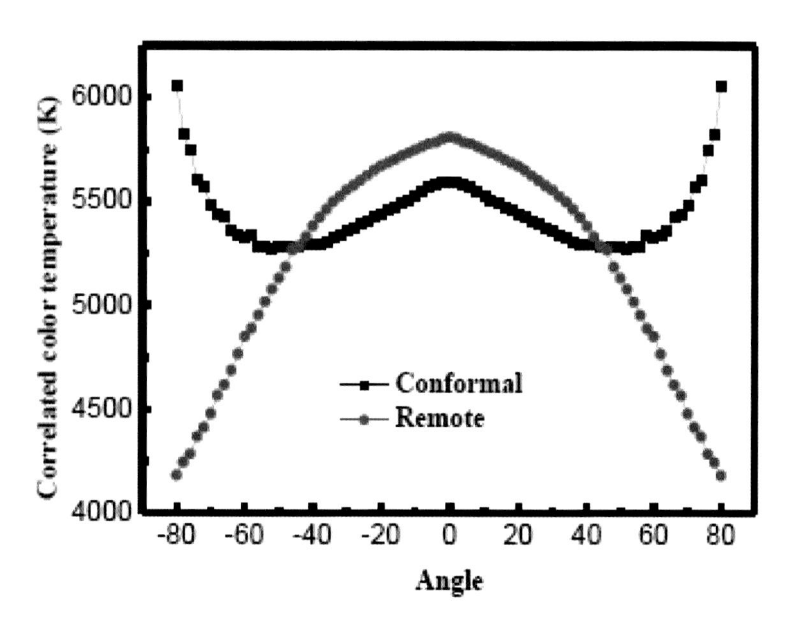

6.4　發光效率與變角度色溫

6.4　高效率與高均勻性白光發光二極體

6.4.1　粗化形式

流明輸出（lumen flux）與流明效率（lumen efficiency）對於高發光效率之白光發光二極體（white LED）為主要課題。故本章節主要針對白光發光二極體之流明提升，過去欲增加白光發光二極體流明之提升，主要針對藍光發光二極體做改善，如微米或奈米結構於藍光晶片，改變電極使出光面積變大，此種方式皆可以提升藍光之發光效率，而後結合螢光粉達成白光，由於藍光晶片發光效率變高，藍光激發螢光粉之機率也變得更多，故對於白光流明提升確實有改善，但轉換成白光仍受限於上方螢光粉層與空氣層間之折射率不匹配的問題與螢光粉吸收問題，故改善螢光粉層出光與吸收漸漸成為一個探討之方向。

本章節利用一個簡易之壓印（imprinting）技術製作微米等級粗糙化螢光粉結構，此種結構提供三個光學機制，第一減少螢光粉層與空氣層間之折射率不匹配，達成一個漸變式折射率螢光粉層以增加光之萃取，第二粗糙化螢光粉結構可增加二次光學藍光之利用率使藍光再次激發螢光粉提升螢光粉之吸收率，第三使得封裝體之場型變得較寬大，不需要而外之光學設計來達成，綜合以上的光學機制來達成高發光效率的白光發光二極體。

圖 6.5 為製作粗糙化螢光粉結構、一般平的螢光粉結構與平的螢光粉加上透鏡結構製成流程圖。為比較每一種形式的封裝體，選用的藍光晶片、支架與螢光粉濃度是一樣的條件下，圖中(C)在壓印之前需要有壓印模具，此壓印模具可以任意變換的，於此實驗所使用是單晶矽（100）晶片利用濕式蝕刻方式，將單晶矽晶片蝕刻成金字塔形狀，而後塗上一層與螢光粉膠不反應的溶液（release film），在螢光粉膠還沒乾之前壓印上去，之後烤乾螢光粉膠撕開壓印模具即可達成粗糙化螢光粉結構。

圖 6.2(a) 利用電子束顯微鏡觀察到壓印模具的單晶矽金字塔結構平均高度大約 4 微米左右，圖 6.6(b) 再利用原子力顯微鏡觀察壓印後的微米螢光粉結構平均深度大約為 1 微米左右。故此圖可讓我們確實驗證出成功地將金字塔結構轉印到螢光粉上形成微米等級螢光粉結構。圖 6.7 將粗糙化螢光粉結構、平的螢光粉結構與平的螢光粉加上透鏡結構放進積分球裡，量測不同電流下流明輸出與流明效率，結果發現粗糙化螢光粉結構的確有最佳的流明輸出與流明效率，特別是在 120 mA 下點亮時，粗糙化螢光粉結構有 5.4%流明與 2.5%流明提升相較於平的螢光粉結構與平的螢光粉加上透鏡結構，因此粗糙化螢光粉結構流明的提升是由於漸變式折射率的螢光粉層增加光的萃取以及二次光學藍光的利用率的增強使得藍光再次激發螢光粉，進而提升螢光粉的吸收率更有效地轉成黃光而被萃取出。為瞭解粗糙化螢光粉結構、平的螢光粉結構與平的螢光粉加上透鏡結構是否對遠場場型是否有影響，因此進行了遠場場型量測。如圖 6.8 很明顯的發現平的螢光粉結構加上透鏡之後的遠場場型幾乎與平的螢光粉結構差不多大約是 70°與 68°，但是粗糙化螢光粉結構的確有增大遠場場型大約是 87°左右，因此在一次驗證粗糙化螢光粉結構可以增加光的散射使得遠場場型變得更寬大。

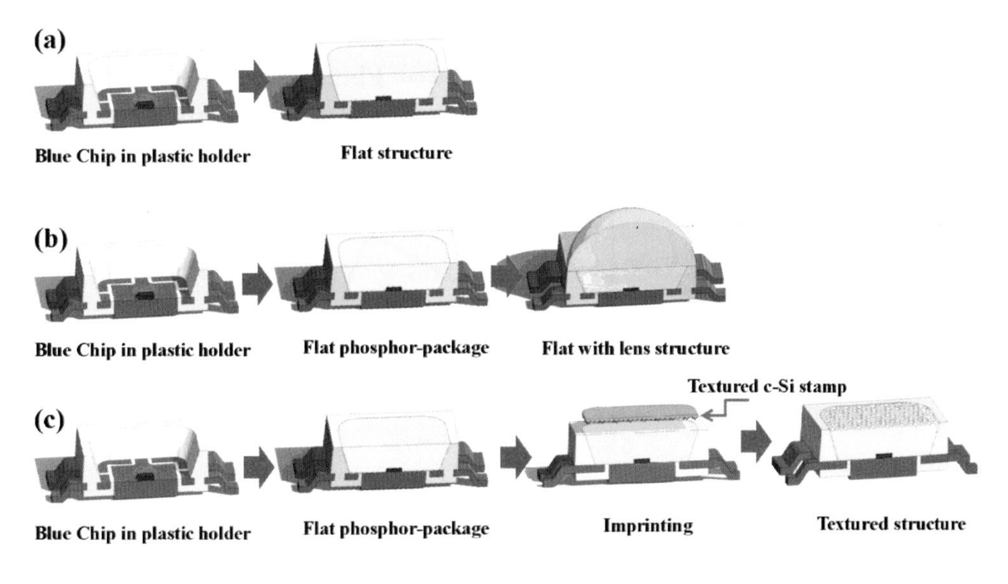

6.5　製作粗糙化螢光粉結構

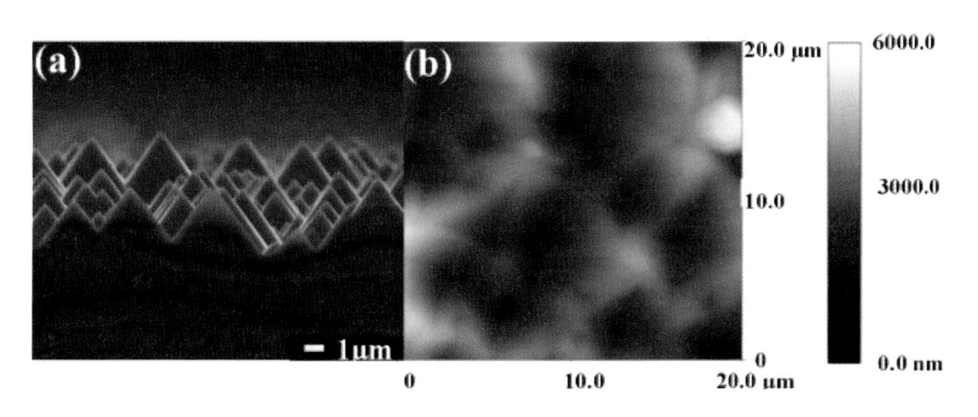

6.6　利用 SEM 觀測壓印模具之單晶矽金字塔結構

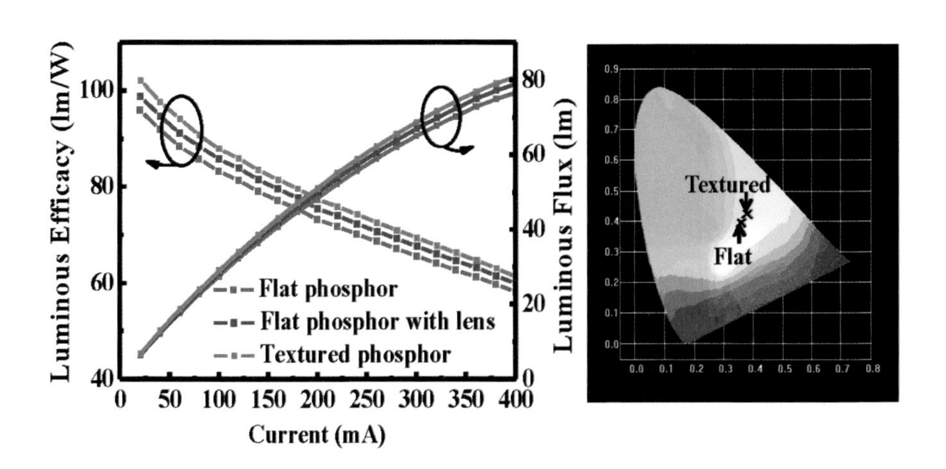

6.7　發光流明與發光效率之比較圖以及色座標圖

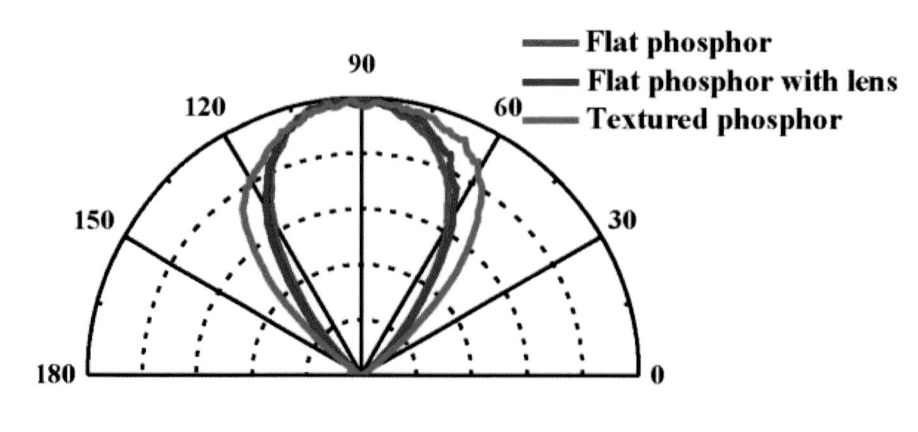

6.8　遠場場型之比較圖

此方法為一次光學即可完成不需多餘之光學設計，簡易之壓印方式粗糙化螢光粉結構對未來之高效率白光發光二極體開創更多潛力之應用性。

6.4.2　圖形化 Remote phosphor 結構

利用圖形化 Remote phosphor 結構之方式，可改善傳統 Remote phosphor 結構之變角度色溫均勻性問題，結構如圖 6.9 所示，利用脈衝噴塗方法塗佈圖形化螢光粉層於中心部分，而周圍區域並無螢光粉層，利用此方法，不僅提高大角度藍光之萃取效率，且改善變角度色溫之均勻性。

本研究與點膠方式相比，脈衝噴塗可逐層且均勻塗佈螢光粉溶液，易達到所需色溫。傳統 Remote phosphor 結構製作方式為先利用透明 Silicone 透

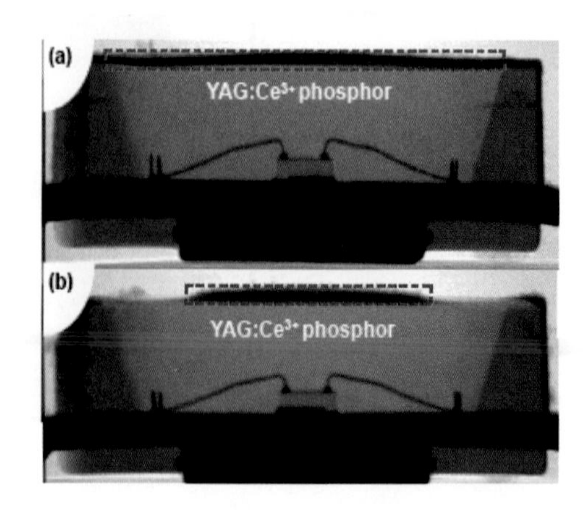

圖 6.9　利用 X-ray 透視(a)傳統與(b)圖形化 Remote phosphor 結構

明膠填平封裝體放入烤箱烤乾後，於表面直接噴塗整面螢光粉層，而圖形化 Remote phosphor 結構則在表面放置一圓形孔洞遮罩後才噴塗螢光粉層，此結構會在外圍部分留下乾淨無螢光粉層區域，因為兩種結構螢光粉覆蓋區域比例不同，必須噴塗不同厚度來達到相同色溫.

由圖 6.10 中，觀測變角度色溫於-80 度到 80 度之情況，傳統與圖形化 Remote phosphor 結構之△CCT（於角度在-80 度到 80 度間色溫最大值與最小值的差）分別為 1320K 與 266K，故圖形化 Remote phosphor 結構可改善變角度色溫之均勻性，可解決俗稱之「黃圈」現象。

利用蒙特卡羅（Monte Carlo Method）之模擬方法模擬傳統與圖形化 Remote phosphor 之結構。參數分別為螢光粉折射率=1.82，Silicone 膠折射率=1.54，封裝體外折射率=1，封裝體底部銀反射率=95%，結果圖 6.11，大角度藍光可由周圍區域出射，而圖 6.12 計算變角度黃藍光強度比，圖形化 Remote phosphor 結構由 0～70 度具極佳之藍光與黃光比之一致性，因此模擬與實驗相符合。

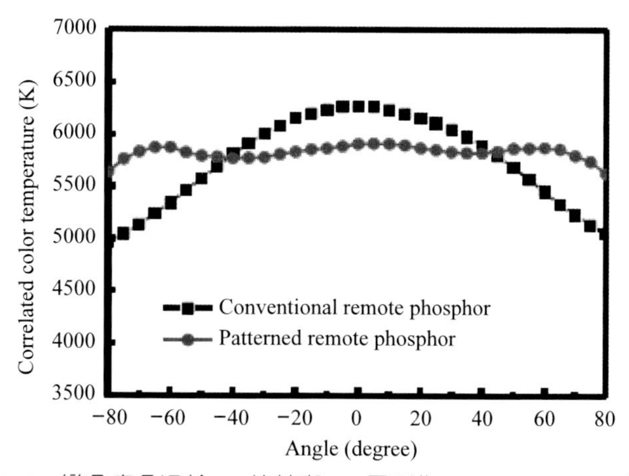

圖 6.10　變角度色溫於 (a) 傳統與 (b) 圖形化 Remote phosphor 結構

圖 6.11　利用模擬比較變角度色溫於傳統與圖形化 Remote phosphor 結構之光線圖

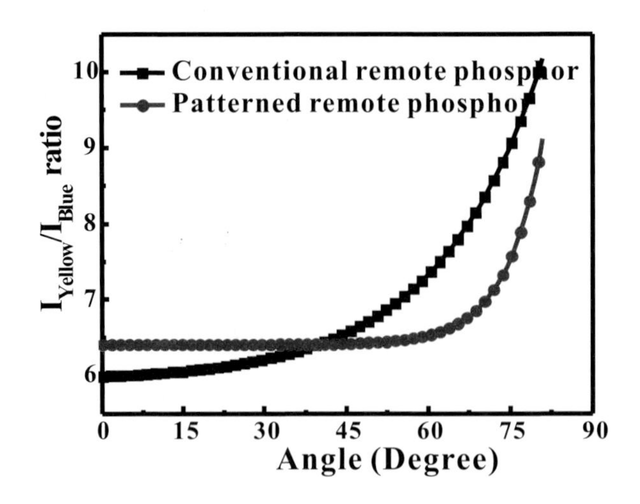

圖 6.12　利用模擬比較黃光與藍光比例於傳統與圖形化 Remote phosphor 結構之光線圖

於此研究中，利用圖形化 Remote phosphor 結構之技術有效提升變角度色溫之一致性。大角度的色溫偏低問題可由圖形化 Remote phosphor 結構改善。希望此新穎之技術，對未來固態照明有所貢獻。

參考文獻

[1] Jong Kyu KIM, Hong LUO, Eric Fred SCHUBERT, Jaehee CHO, Cheolsoo SONEand YongjoPARK"Strongly Enhanced Phosphor Efficiency in GaInN White Light-Emitting DiodesUsing Remote Phosphor Configuration and Diffuse Reflector Cup"Japanese Journal of Applied Physics Vol. 44, No. 21, 2005, pp. L 649-L 651.

[2] Eric Fred SCHUBERT"LIGHT-EMITTING DIODES p356-357".

[3] 劉如熹，白光發光二極體製作技術，全華圖書，台北市(2008)。

[4] 劉如熹，紫外光發光二極體用螢光粉介紹，全華圖書，台北市(2005)。

[5] Clegg, R. Mc; Wang, X.F.; Herman, B. Chemical Analysis Series, 1996, 137, 196.

[6] Lin, C.C, Liu, R.S, Joural of physical chemistry Letters. 2011, 2, 2011.

第七章

LED的應用

將 LED 以發光波長來分類可區分成兩大類，一為可見光 LED（450～780 nm），另一為不可見光 LED（850～1550 nm）。

可見光 LED 又可依亮度區分為一般亮度 LED 和高亮度 LED。一般亮度的可見光 LED 主要有紅、橙、黃光等產品，主要由 AlGaAs、GaP、GaAsP 等材料製成，其主要應用範圍為消費性電子產品，如 3C 家電的指示燈、室內情境或顯示用燈等；而高亮度的可見光 LED 主要由 AlGaInP 及氮化鎵系列（GaN based）等材料製成，包括紅、橙、黃、綠、藍及白光等，其應用範圍主要有戶外顯示和照明等，包括戶外全彩看板、交通號誌燈、背光源、照明用燈和汽車頭燈等，如表 7.1 所示。

不可見光 LED 則可分成短波長紅外光 LED（850～950 nm）及長波長紅外光 LED（1300～1550 nm）。短波長紅外光 LED 主要由 GaAs 及 AlGaAs 等材料製成，其應用範圍廣泛，包括搖控器、開關、通訊設備、無線通訊、CD 讀取頭等；長波長紅外光 LED 主要應用在光通訊上，如光通信模組、條碼讀取頭等，主要由 AlGaAs、InP 等材料製成。

目前，產品附加值高的高亮度氮化鎵系列藍／綠、白光 LED 的應用市場最受注目，其應用市場廣泛，有照明、交通號誌、汽車、顯示、液晶面板、現代資訊、通信、家電、數位照相／攝影機，以及生物醫藥等眾多領域（如表 7.2）。根據工研院 IEK 2007 資料，LED 產業在 2011 年整體市場規

表 7.1　LED 分類及其應用領域

LED 分類		材　料	應　用
可見光（450～780 nm）	一般光度 LED	GaP、GaAsP、AlGaAs	3C 家電 消費電子產品 室內顯示
	高亮度 LED	AlGaInP（紅、橙、黃）	戶外全彩看板 交通信號 背光源 汽車第三剎車燈
		InGaN（藍、綠）	
		GaInN＋螢光粉、RGB（白光 LED）	背光源 照明
不可見光 LED（850～1550 nm）	短波長紅外光（850～950 nm）	GaAs、AlGaAs	IRDA 模塊 遙控器
	長波長紅外光（1300～550 nm）	AlGaAs	光通信光源

表 7.2　GaN 系 LED 的應用領域與最終產品

LED 產品	應用領域	終端產品
ITO 藍／綠光 LED	資訊、交通、汽車及消費電子產業	室內外大型看板、交通信號燈、機場道路夜間指示燈、車身內照明、手機按鍵背光源等
覆晶式／綠光 LED	LCD 面板背光源	手機顯示屏、PDA、DVD、車載導航系統、液晶顯示器、筆記型電腦、液晶電視等
高功率／綠光 LED	閃光燈、便攜照明系統、固定彩色照明系統	數位相機／攝像機、礦燈、手電筒、建築與景觀照明
紫外光 LED	醫療、金融、生物、檢測	醫療、驗鈔機／生物農業、殺菌消毒等
藍紫光 LED	光學存取系統	高容量藍光 DVD

模可望達 114 億美元，2006 年至 2011 年五年的複合成長率可達 13%，主要原因即為白光 LED 的發光效率（lm/W）發展超乎預期；而這也是 LED 技術發展上，最常被使用的一個參考指標。目前國內外知名實驗室的白光 LED 發光效率已經在 150 lm/W 以上，而商品化的發光效率也可達 100 lm/W，相較於一般傳統光源已具有其優勢，因此逐漸被廣泛使用在顯示與照明產業上。在顯示器背光模組部分，小尺寸的市場雖面臨同樣具有薄形、省電特性的 EL、OLED 等新興科技的挑戰，但因為 LED 技術已相當成熟，具低價吸引力，未來應將持續成為主流。以手機用光源為例，目前市場佔有率即高達 95% 以上。至於中型尺寸顯示器部份，主要包括車用顯示器、數位相框、可攜式媒體播放器、可攜式個人電腦與筆記型電腦等，其螢幕尺寸介於 7～15 吋間，LED 背光模組的滲透率約為 21%。在大尺寸顯示器應用方面，於 2004 年底，Sony 即推出全球第一款 40 吋及 46 吋 LED 背光模組液晶顯示器電視「QUALIA 005」，如圖 7.1 所示，背光源皆使用三色 LED，耗電量分別為 470 W 及 550 W，雖然產品的色彩飽和度高達 NTSC（美國國家電視委員會電視系統標準）所制定標準的 105%，但仍有其價格過高與散熱、色彩均勻性等技術成熟度上的問題，且背光模組總厚度高達 10 公分，故銷量不高。不過 LED 背光液晶顯示器電視領域中，相關的技術問題仍持續改善中。至於在照明產業部分，在全球每年逾七百億美元的照明市場中，目前 LED 照明僅佔兩億美元，還有相當的發揮空間。以下章節即針對目前 LED 應用廣泛的背光及照明和長波長 LED 的通訊來做介紹。

圖 7.1　全球第一款大尺寸 LED 背光模組液晶顯示器電視（Sony）

7.1　LED 在背光源的應用

隨著電腦、手機、數位相機等數位產品朝向「輕、薄、短、小」的開發，傳統的顯示器——陰極射線管（cathode ray tube, CRT）由於體積大，耗電量高，已經不能滿足其要求，逐漸地被平面顯示器所取代。從目前消費市場的發展來看，平面顯示器作為電視應用，需朝向螢幕尺寸更大、平面化、薄型的方向發展；另外一方面用在攜帶型產品則朝向輕、薄和小的方向發展，且對解析度的要求也越來越高。目前平面顯示器的主流技術為液晶顯示器（Liquid Crystal Display, LCD）。液晶顯示器是一種本身不會發光的顯示器，因此需要其他光源，如日光燈、LED 等作為其背後的照明光源，才能看見顯示內容，這種在背面使用白色光源的模式稱為背光（back light）。

液晶顯示器一般由四大部分構成，分別為：(1) 顯示器面板、(2) 背光模組（backlight unit, BLU）、(3) 驅動 IC（連接軟板）、(4) 外部框架，圖 7.2 為薄膜電晶體（thin film transistor, TFT）LCD 模組的基本構成。在液晶顯示

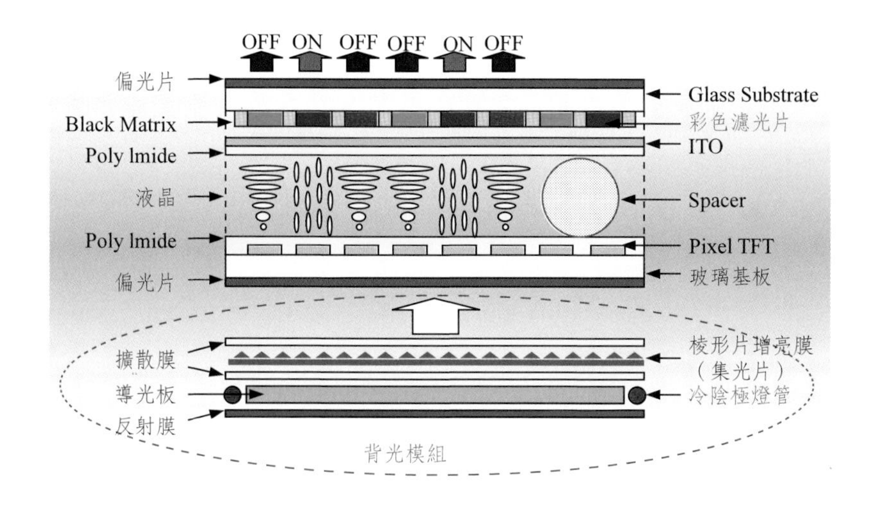

圖 7.2　TFT- LCD 及其背光模組的結構示意圖

器中，背光模組佔有相當重要的比例，而且尺寸越大所佔比例越高，在 32 吋 TV 面板模組中所佔比例甚到達近四分之一，可見背光模組在液晶顯示器中的重要性。

7.1.1　背光源分類

背光模組的主要構成元件為光源、導光板（light guide plate）、擴散膜（diffuser sheet）、反射膜（reflect sheet）、增亮膜（BEF）等。圖 7.3 為背光模組的結構示意圖。由於背光必須為面光源形式，因此必須將白熱電燈泡等點光源或螢幕燈等線光源，利用光學結構、光擴散片等方式形成面光源。背光模組的配置方式常見的有兩種：(1) 直下式與(2)邊緣發光式，如圖 7.4 所示。表 7.3 顯示出一般直下式與邊緣發光式的背光模組在顯示器的應用領域，一般而言，小尺寸的採側向式以達到薄型化及節省成本的目的；大尺寸顯示器由於需高亮度而採直下式的構造。一般傳統背光源所使用的光源大致有以下幾種：(1) 白熱電燈泡；(2) LED；(3) 螢光燈（fluorescent lamp, FL）；(4) 冷陰極螢光燈管（cold cathode fluorescent lamp, CCFL）。為了使 LCD 達到全彩色化以及薄型、輕量、低電功率損失的幾項大特點，在 LCD 的設計上就必須開發出高性能的光源。

LCD panel
Prism sheet
Diffuser
Lamp
Reflector
Frame
上擴散片
（Diffusion Up）
燈反射蓋
（Lamp Holder）
增光片
（Prism Lens）
燈管的後蓋
（Lamp Cover）
下擴散片
（Diffusion Down）
燈管
導光板
（Light Guide Plate）
光反射點（Reflector）
光反射點
（Reflector）

(a) (b)

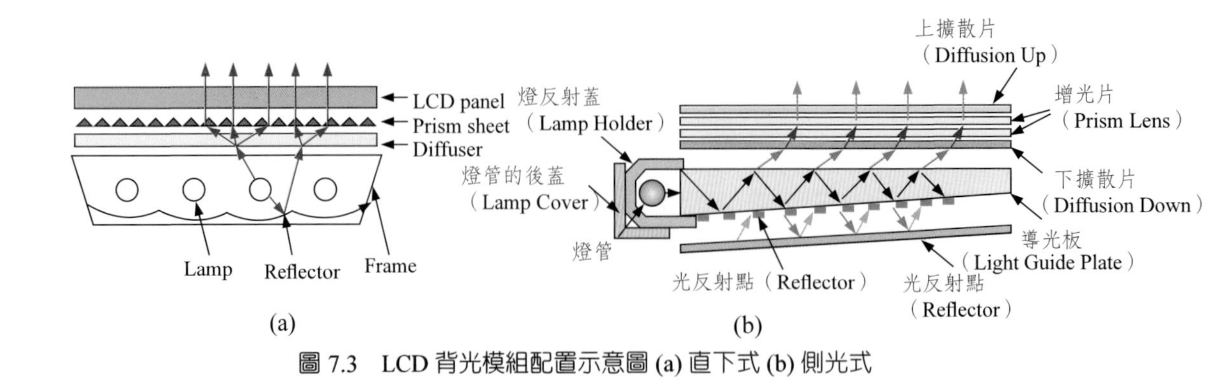

圖 7.3　LCD 背光模組配置示意圖 (a) 直下式 (b) 側光式

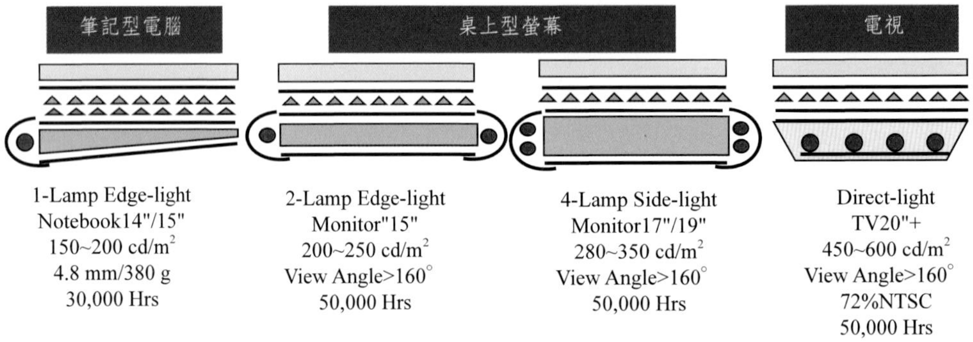

筆記型電腦
桌上型螢幕
電視
1-Lamp Edge-light
Notebook14"/15"
150~200 cd/m²
4.8 mm/380 g
30,000 Hrs
2-Lamp Edge-light
Monitor"15"
200~250 cd/m²
View Angle>160°
50,000 Hrs
4-Lamp Side-light
Monitor17"/19"
280~350 cd/m²
View Angle>160°
50,000 Hrs
Direct-light
TV20"+
450~600 cd/m²
View Angle>160°
72%NTSC
50,000 Hrs

圖 7.4　直下式與邊緣發光式的背光模組在顯示器的應用領域

表 7.3　不同形式背光模組在顯示器的應用領域

背光模組型式	光源種類	特色	NB	Monitor	TV
側光式	R、G、B LED	色域較廣 需要混光距離		●	
	RGB Set	色域較廣 不需混色，機構較為簡單	●	●	
	白光 LED	色域較廣 可達成薄型化	●	●	
直下式	R、G、B LED	色域較廣 需要混光距離 散熱需求高			●
	RGB Set	色域較廣 不需混色，機構較為簡單 驅動電路較為復雜		●	●

目前冷陰極螢光燈管（CCFL）生產技術成熟、價格低與穩定性高，因此仍是 TFT-LCD 背光源的主流選項。然而 CCFL 超細燈管的機械強度不

足，此問題在大尺寸電視中更嚴重；而且以傳統三原色螢光粉配合彩色濾光片的色彩表現能力欠佳，因此開發使用 LED 取代 CCFL 背光源便成為現階段的重要研究課題。LED 本身具有很多特點可彌補 CCFL 的部分缺陷。與 CCFL 相比，LED 具有下列優點：不含有毒物質汞，具極佳的色域顯示能力，良好的機械震動穩定性、較長的使用壽命、控制電路簡單、驅動電壓低與奈秒級的開關時間等。過去 LED 的發光強度不高，所以主要被侷限應用在小尺寸背光源中，如手機和 PDA（如圖 7.5 所示）。繼手機面板導入 LED 背光後，車用顯示器等中型尺寸 LCD 面板已成為 LED 背光的下一目標的市場。在 2005 年時，LED 應用於車用顯示器的比重僅約為 6.5%；2006 年則增至 25.9%；2008 年車用顯示器有超過 90% 已採用 LED 背光技術。隨著歐盟即將導入歐盟環保（RoHS）規定，含汞的冷陰極螢光燈管背光未來將逐步被 LED 取代。一般業者認為，當 LED 背光與 CCFL 背光價格拉近至 1.5 倍以內時，LED 背光滲透率就會快速拉高。根據先前 PIDA 的調查資料，LED 與 CCFL 使用於 7 吋面板背光的價差已縮小，而筆記型電腦背光也逐漸導入 LED 的趨勢，未來除了引爆 LED 需求大幅成長外，也可能造成價格大眾化。由不斷下修的筆記型電腦 LED 背光模組成本做分析，在筆記型電腦產品中以背光源為例，2007 年第三季台灣廠商所喊出的 12.1 吋 NB 面板背光源用 LED，價格已落在市場可接受的價格區域，未來白光 LED（筆記型電腦用）價格勢必因更多台灣廠商競爭，價格下殺更為劇烈，已縮短與 CCFL 成本的距離，圖 7.6 是已推出的以 LED 為背光源的 NB 產品。

圖 7.5　LED 小尺寸背光源產品

NB 廠商	推出時間	LED 背光模組產品
Sony	11/2005 01/2006	11.1 吋 VAIO type TX 系列產品 13.3 吋 VAIO type SZ 系列產品
富士通	08/2005 04/2006 06/2007	10.6 吋 LOOXT 系列產品 12.1 吋 Lifebook Q 系列產品 13.3 吋 Lifebook S6410 產品
東芝	04/2005 06/200	7.2 吋 Libretto U100 系列產品 12.1 吋 Portege R500 產品
華碩	02/2007 05/2008	U1 系列產品 8.9 吋 EeePC 第二代產品
HP	02/2007	12 吋 Compaq 2510 p 系列產品
Dell	07/2007	XPS M1330
Apple	06/2007 01/2008	15 吋 MacBook Pro 產品 13.3 吋 MacBook Air 產品
聯想	03/2008	13.3 吋 ThinkPad X300 產品

圖 7.6　已推出的 LED 背光模組筆記型電腦（Digitimes）

表 7.4　LED 在在液晶顯示器與液晶電視背光源的應用實例

	Monitor	NB	TV
優點	色域寬 高動態對比	模組厚度薄、重量輕 省電、增加電池續航力	色域廣 高動態對比
缺點及挑戰	CCFL 跌價迅速，與 LED 價差仍大 對色彩及其他光學規格較不要求 對重量及厚度無特殊要求	色域較窄 導光板良率不佳 白光 LED 專利問題	散熱問題待克服 混光均勻性 色彩及亮度衰減造成不均勻
潛在市場	少數專業及利基型顯示器	輕薄型小尺寸 NB（ex: 12.1"、13.3"）	產品及技術尚未成熟

資料來源：Display Search、臺證整理。

隨著半導體技術和新型 LED 封裝技術的快速發展，LED 的發光效率已經大幅提升，目前已能應用在大型液晶顯示器和液晶電視背光源中，如表 7.4 所示。未來的目標是以 LED 背光源逐步取代 CCFL 背光源以達到省電及薄型化的目標。根據 Insight Media 的調查，到了西元 2010 年，LED 背光模組在 40～47 吋液晶電視背光源市場中，使用比例可超過一半，達 1150 萬片。

一般而言，絕大多數的中小尺寸面板，都是利用 3～10 顆的白光 LED，採用串連的方式來作為背光光源，甚至於手機或 PDA 的鍵盤背光也多是利用 LED 作為輔助照明之用，因此對於新一代 LED 的驅動方式和技術，也就日益重要了。由於傳統的冷陰極管是利用交流驅動，整體驅動線路

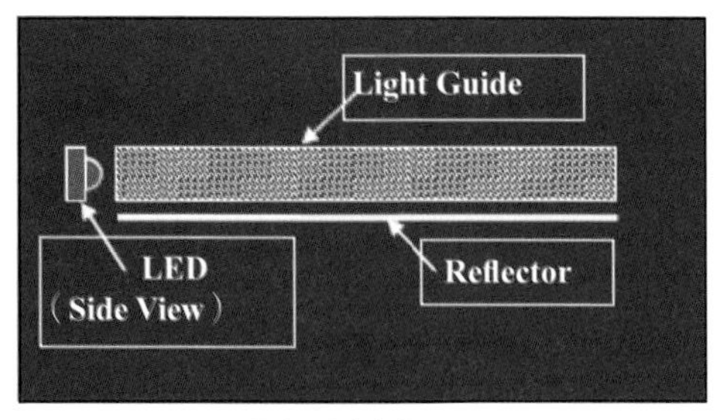

Edge-Lighting

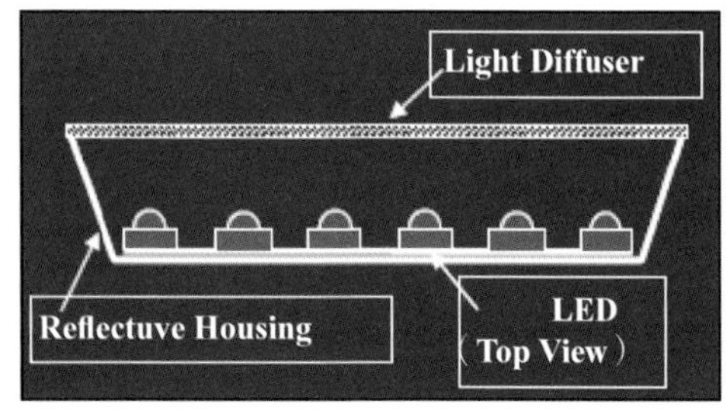

Direct-Lighting

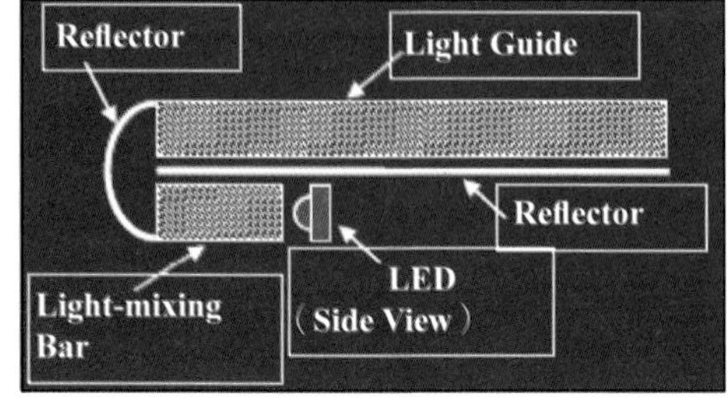

Folded-Back Edge-Lighting

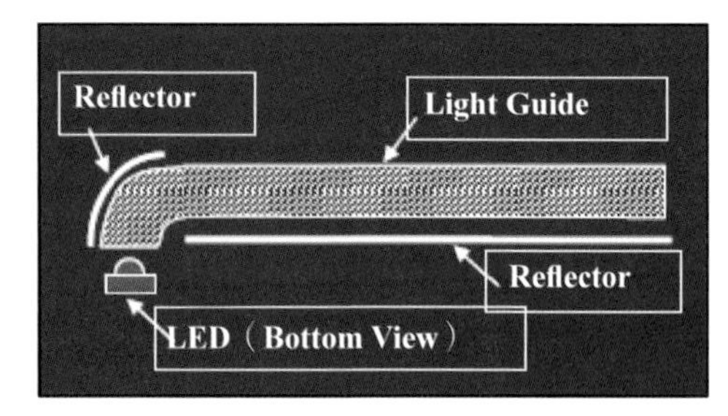

Angled Edge-Lighting

圖 7.7 依不同目的設計的 LED 在背光模組中的配置簡圖

較為複雜，並且需要安裝反向器（Inverter），將產品機構中所使用的直流電，轉換成高壓交流電來驅動。所以，在低耗電、電路簡單化、高演色要求下，在中小面板的部分，採用白光 LED 來作為背光源已經相當普及了。白光 LED 除了體積小、亮度高的優點外，驅動電路也較冷陰極管簡單。在多色 LED 電路驅動設計部分，大部分都是利用場序交互點燈的驅動方式，藉此得以形成所謂的「Field Sequence」。好處是，可以讓 RGB 三色 LED 與液晶面板的 TFT array cell 來達到同步，達到更廣的色彩表現範圍，不過就整體結構的部分，需要搭配 RGB 三色 LED 重新設計，因為包括導光板、色轉換電路等等，傳統機構的部分元件都需要重新開發，雖然元件的材料上沒有太大不同，但是結構上卻需要配合 LED 的點光源特性重新設計。圖 7.7 為四種依不同目的設計的 LED 在背光模組中的配置簡圖。

7.1.2 技術發展

Sony 公司在 2004 年首先推出在 40 吋液晶電視中使用 LED 背光源，開啟了 LED 背光的時代。2006 年 6 月，在美國舉辦的國際資訊顯示學會

（SID）展覽會上德國歐司朗光電半導體（Osram Opto Semiconductors）展示了使用 LED 背光源的 102 吋液晶電視，總共配備了 1732 個 LED 模組，其中紅色和藍色 LED 各 433 個，綠色 LED 為 866 個，亮度為 6000 cd/m^2，耗電量為 770 W，色彩表現範圍與 NTSC 規格相比為 110%，亮度均勻性為 85%，厚度小於 40 mm。2006 年的展覽會上，LG & Philips LCD 也發表了 47 吋 LED 背光源的 TFT-LCD 模組，分辨率為 Full HDTV 1920×1080，亮度 500 cd/m^2，色域範圍達到 105%（與 NTSC 標準相比），功率小於 120 W，對比度則為 2000：1。該公司液晶電視採用 LED 背光源後，比原來使用 CCFL 背光源時的色域範圍大幅增加，也提高了動態資訊信號的顯示畫質如圖 7.8 所示。同年的許多平面顯示器展場上，如日本「FPD International 2006」、台灣「FPD Taiwan 2006」等都有 LED 背光源產品的展出，顯示從 2006 年開始，LED 已成為液晶顯示器背光源的主角。

目前，LED 應用於 LCD 背光源與 CCFL 背光源相比，還存在一些尚待克服的挑戰。如：(1) 光學設計，RGB 之 LED 點光源如何形成均勻色度亮度分佈的面光源；(2) 散熱設計，如何克服大尺寸、高亮度所產生的散熱問題；(3) 溫度變化和老化時色度亮度的穩定性，及色度亮度衰減、漂移補償的問題；(4) 降低耗電量；(5) 場序 LED 背光源驅動技術、動態對比度控制技術；(6) LED 成本偏高。（如表 7.5）

圖 7.8　以 LED 為背光源的 47 吋 TFT-LCD

表 7.5　LED 與 CCFL 應用於 LCD 背光源成本比較

面板尺寸	12.1 吋	
背光模組技術	CCFL	LED（NB 用）
用量	1 支 500 mm 以下長度燈管與 2 顆 Inverter	藍光 LED + 螢光粉，約 30 顆
單價（新臺幣）	CCFL：50 元 Inverter：26 元 導光板：100 元	LED：約 6 元 導光板：150 元
總成本（新臺幣）	合計：242 元	約 300 元

對於提升下一代液晶電視競爭力而言，LED 背光源的開發是相當重要的一環，若能充分利用 LED 光源的獨特性能，可以為液晶電視創造出更高的附加價值。不同於 CCFL 背光源，LED 背光源可以做成主動式背光源。目前 LED 背光源的技術趨勢是「主動式動態 LED 背光源技術」。傳統 CCFL 和被動式 LED 背光源只能提供均勻面光源，而影像亮度、對比度和畫質仍是由液晶顯示面板控制，背光源本身對於提升影像對比、畫質灰階分佈並沒有進一步幫助；而且不論影像內容如何變化，背光源的功率損耗是固定不變的；若採用主動式動態 LED 背光源技術，畫面對比度與影像畫質都可以大幅度提高與改善。「主動式」與「靜態式」兩者技術的最大差異在於電路設計以及整合轉換圖像信號。以主動式與動態方式最佳化驅動 LED 背光源模組可大幅提高畫面對比度，從 1000：1 突破到大於 10000：1，滿足未來高液晶畫質及高動態範圍（high dynamic range, HDR）影像的需求，還可以有效降低損耗，減少 LED 熱量產生，提高 LED 壽命與可靠度，降低背光模組成本，改善動態畫面殘影。

再者，雖然液晶技術本身就有低耗電以及多元化技術發展的特色，但是由於材料先天因素限制，導致背光利用率過低的問題，其中的一個主要影響因素就是彩色濾光片的使用。由於彩色濾光片會從傳統背光源的白光裡吸收不必要的波長，只讓特定的色光通過，然而這種吸收會形成光強度的損失。所以在 2001 年開始，一些學者便開始針對切換光源的場序（field sequential）彩色技術進行研究開發，其重點在於如何進行色彩分離。

所謂 Field Sequential 技術就是透過對紅、綠、藍的影像，進行高速切換來實現彩色顯示的一種技術，使用場序驅動法可以實現液晶顯示器的彩色化，即時空彩色法。將一只（frame）彩色圖像依次分解為 R、G、B 三色的三原色子場（field），不須使用三原色彩色濾光片，通過按時間次序高速依次切換 RGB 子場，利用人眼的視覺暫留特性，來獲得彩色顯示。簡單的說，Field Sequential 彩色技術就是，將 TFT 液晶面板中光源由 CCFL 改採 LED 的同時，也同時放棄使用彩色濾光片，達到面板具有高速應答時間、高色彩飽和以及高亮度的目標，並且還可以因為少掉彩色濾光片來降低液晶面板模組的總成本。2003 年在日本 International Display Workshops 2003 會議上，日本青森產業綜合支援中心展示了場序（field sequential）方式液晶面板。NEC 公司則在 2005 SID 會議中，成功地展示採用「場序方式」，所開發出分辨率精細度高達 1450 ppi（pixel perinch）的液晶面板，厚度為 0.55 英吋，解析度為 640×480 像素。2006 年 5 月，東芝松下顯示器科技研發公司（TMD）宣佈成功研發了場序驅動方式的 9 英吋高解析度液晶顯示器（如圖 7.9 所示）。這款面板和傳統液晶螢幕相比，不需要透過可能吸收高 70% 光源的濾光片，因此不僅較亮也較省，而且因為不用將一個畫素切割分成 3 個子畫素來顯示三種顏色，所以可以在同樣的面板面積下達到傳統 3 倍的解析度。在解析度上可以在 9 吋的面板上達到 800×480 的細膩度，而可觀看的視角也將近 170 度左右。研究結果顯示，如果場序驅動液晶顯示器商業化

圖 7.9　利用場序驅動法製作的 LCD（東芝松下）

成功的話，它所帶來的衝擊與影響在未來數年中，每年可能都有上百億美元的商機。目前全球的各大面板業者都積極的朝向這方面的技術進行開發，同時也獲得了一些實際的成果。

7.2 LED 照明應用

由於油量的有限蘊藏與油價波動，全世界都在為尋找替代能源或是節能而努力。根據統計，2005 年全球能源消耗使用於照明應用上，其中 99% 用於電力系統；僅 0.9% 用於汽車光源，0.1% 用於離網型（off-grid）電力系統。估計因照明需求而產生的 CO_2 量更高達 15.28 億噸。如果沒有更有效率的能源使用方法，根據美國能源總署預估，到 2025 年全球能源需求會比 2004 年成長 46.31%。在原油資源逐漸枯竭的情況下，尋找替代能源已成為燃眉之急，而更有效率的使用能源也是當下全球各國政府非常重要的課題。

自從愛迪生發明燈泡後，現有的白熾燈泡與螢光燈使用至今已經超過百年，LED 由於利用本身電子往不同能階移動所產生的能量差而發光，與利用燃燒燈絲發光的白熾燈相較，LED 使用壽命長、省電、耐用、耐震、牢靠、適合量產、體積小、反應快的種種優點，使得 LED 成為人類下一代照明的希望所在。表 7.6 為經濟部在 2006 年規劃的產業技術白皮書，表中對於 LED 照明的相關技術各階段發展，都有預期的技術指標。事實上，因為 LED 為自發光源，加上自身具有的相對優點，在還沒能取代白熾燈炮前，應用就已非常廣泛，舉凡裝飾用的聖誕燈飾，到電梯用的樓板指示燈，或現在已處處可見的 LED 戶外看板，或手機按鍵光源等等。特別的是在發光功率大幅提升後，LED 應用於汽車內部外部當發光元件也越來越普遍，更可作為顯示器的背光源，如手機、筆記型電腦、甚至大型的 LCD TV 都已開始使用 LED 當背光源，圖 7.10 說明高亮度 LED 的應用領域。

表 7.6 經濟部 2006 年在 LED 照明應用上的產業技術白皮書

	項目	2000 年		2005 年		2010 年		2015 年
照明應用	一般照明	閃光燈	桌燈					
		裝飾燈	緊急照明		室內照明			
			車後燈		室外照明			
			公園燈					
	產業照明		指向照明	液晶背投光源				
			Camera flash	TiO_2/UV light				
			平面照明	投射照明				
		手機背投光源	小行螢幕投光源	行動液晶光源	車頭燈			
白光技術進程	發光效率-Lab（lm/W）	15	20	47	70	119	137	164
	發光效率-Commercial（lm/W）	15	20	47	70	92	110	137
	Reliabilty (khr)					30	37	50
	CRI	60	70	76		>80	>80	>80
	P_{input} (W)		1	2		3	6	7
	I_{input} (mA)	20	350			1050	2100	1350
關鍵技術	紫外光 LED	特徵化氧化鋁基板		量子點／奈米線				
		晶粒粗化／透明電極	光子晶體					
			高亮度磊晶結構					
	專利							
	Non-polar technology							
	Green LED							
	AC LED							
	螢光材料	RGB 材料選擇／配比						
		氧基螢光粉		氮基螢光粉				
	光學封裝	覆晶						
			抗熱阻／紫外線環氧樹脂					
	照明設計		陣列型 LED 分配／強度	LED 平面光源導向				
			結構化熱電處理設計		建築用整合光源			

7.2.1 照明技術演進

從西元前 3 世紀起，蠟燭與油燈照亮了人類社會長達 22 個世紀之久。在西元 1810 年代，煤油燈的出現，人類社會正式進入第一世代光源時代。自此之後，約間隔 60 年便會有一個新世代的光源出現。圖 7.11 說明了近代光源技術的開啟與演進。在西元 1879 年，隨著真空管技術的成熟，愛迪生發明了第二世代光源—白熱燈。而 1938 年，第三世代光源—螢光燈的出現，

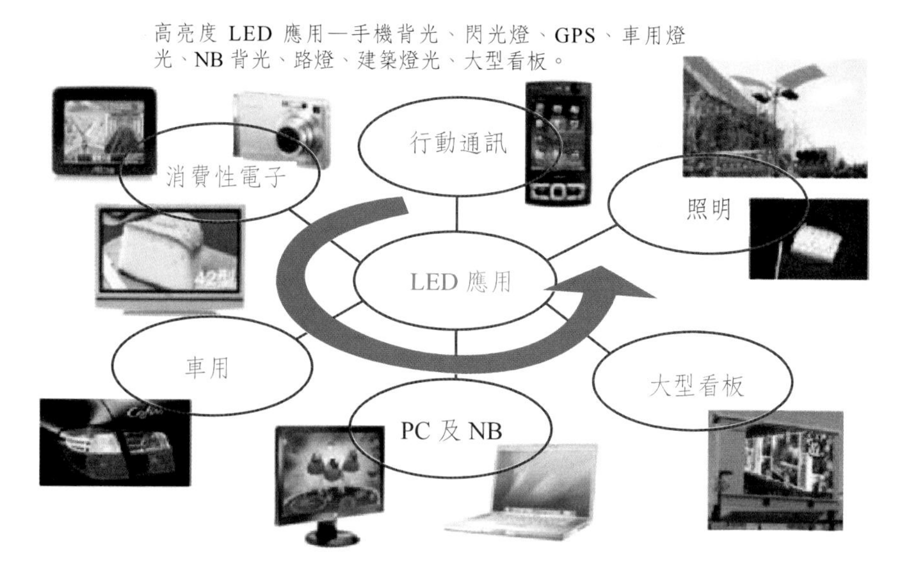

圖 7.10　高亮度 LED 的應用領域（台灣工銀證券投顧，IBTS）

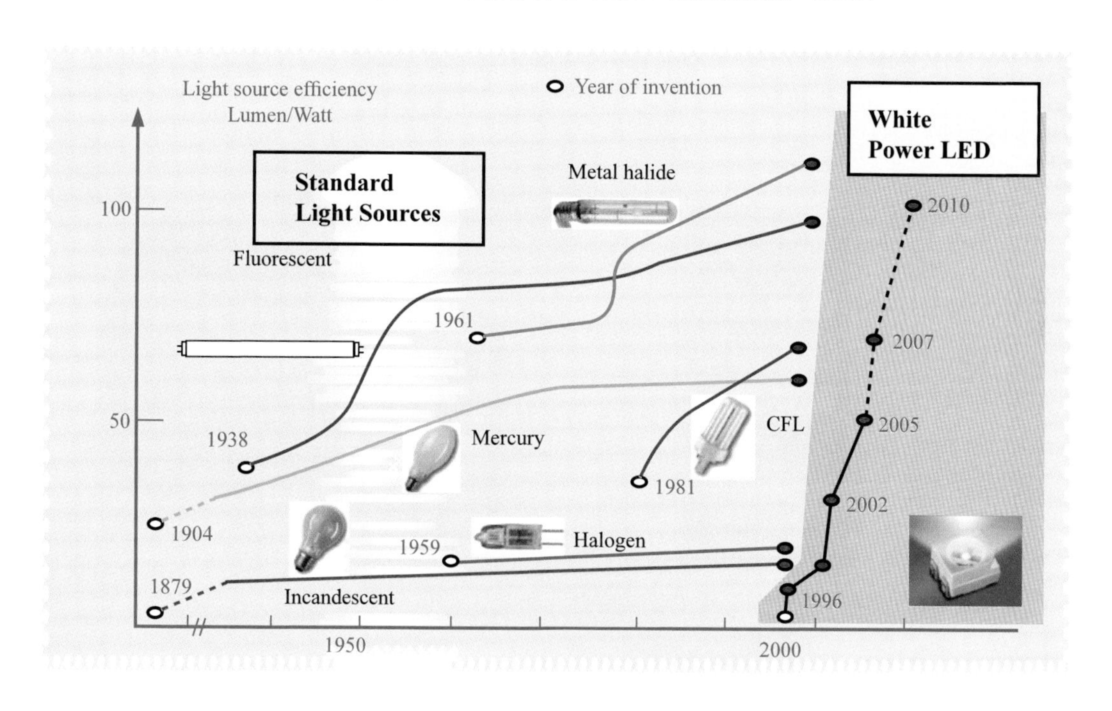

圖 7.11　近代光源的演進圖

則引發一連串放電光源技術的開發。一直到了 1996 年，白光發光二極體（LED）的出現，正式宣告第四世代光源-LED 的照明世代來了。

近年來油價不斷的攀升與波動，再加上石化能源使用促使全球暖化與氣候異常嚴重，因此藉由新能源與再生能源的發展，可望降低二氧化碳的排放，改善能源危機與環境的污染。然而上述研究需要足夠的時間才可看到成效，唯有節約能源才是短期最有效減緩環境問題的方法，因此節能概念促使近年 LED 產業快速的發展。另外，由於 LED 具有低耗電、體積小、以及無汞、符合環保需求等特性，因此 LED 應用領域不斷擴大。由指示燈與信號燈的應用，擴大至彩色手機取代黑白手機的應用。近年因高亮度 LED 出現，範圍更進一步擴大至數位相機、照相手機、以及 7 吋以下中、小尺寸顯示器背光源等。過去幾年來，全球 LED 市場，仰賴著彩色手機取代黑白手機應用下，呈現高成長的狀況；雖然在 2005 年時受到景氣影響，導致全球 LED 產值成長稍微趨緩。然而近幾年的產值又隨著節能議題節節高升，並促使新應用不斷推出，預期今後將由大尺寸面板背光源，包括筆記型電腦與液晶電視的普及持續推動 LED 產業成長（圖 7.12）。然而未來最大的應用端還是照明市場，一般預期在 2010 年以後，將由照明應用為 LED 再帶來另一波成長契機，如圖 7.13 所示。

圖 7.12　LED 在顯示背光源的應用（Apple, Cnnon, Sony, 友達）

圖 7.13 全球 LED 市場應用預測

在講求能源環保的時代，LED 的節能特色一直被注視著，尤其在照明應用上一直被引頸期盼著，因此未來 LED 用於一般照明裝置將日漸普及。日本在 2007 年提出 LED 照明普及化後，隨著 LED 技術上的突破，創造了許多商品的應用，從前面提及的手機背光源、交通號誌、汽車照明、大尺寸顯示器背光源等應用，甚至在未來的 LED 一般照明與緊急照明等商品應用，LED 的規模與商機，都給市場帶來無限的想像空間。因此世界重要國家對於白光 LED 照明市場，都有國家型計劃給予經費上的補助與預計目標，整理如表 7.7 所示。隨著相關製程技術的改良，目前 LED 的發光效率已達到 100 lm/W 以上，亮度已可逐漸取代傳統燈源。最大的問題點是 LED 燈價格較高，與白熾燈泡與傳統燈泡的價差仍有 10 倍～100 倍之間的差距，因此尚未能普及於一般家庭照明。不過 LED 燈泡使用壽命高達 6 萬小時，且發光效率較傳統燈泡高，如表 7.8。在環保與節能考量下，政府機關已計畫於 2010 年起開始執行相關產業政策，並規畫 2012 年全面禁產白熾燈，而且公部門計劃在 2009 年開始全面使用 LED 照明，其餘飯店與住家也可望能在 2012 年全年禁止使用白熾燈，其主要便是看好採用 LED 燈所帶來的好處。如果以使用時間六萬小時來比較的話，採用 LED 燈不需要替換燈泡，電費則需花費 900 元，合計電費與燈泡耗材約 2650 元。但是使用省電燈泡與白熾燈泡，合計電費與耗材的費用則高達 4300 元與 9600 元（見表 7.9）。因此不論就節能或者長期耗費成本來看，都使 LED 燈更具競爭力。

表 7.7　各國投入的 LED 白光照明國家型計劃

國家	研究項目	白光技術指標	
美國，50000 萬美元，9 年參與廠商，16 家	技術研發透明基板金屬接觸層，VCSEL 奈米量子點，提高外部量子效率至 200	發光效率	2020 年，200 lm/W
		壽命	> 10,000 hrs
		單價	< 15 US dollar/Klm
		其它	CRI > 80
日本，12 億日幣，5 年參與廠商，13 家	材料特性發光結構，螢光體，照明燈具，LED 燈具標準制定	發光效率	2010 年，120 lm/W
		壽命	> 20,000 hrs
		單價	<5 日幣／chip
		其它	2003-2005 年量產， 2007-2016 年普及，效率 > 40%
韓國，40 億韓幣，5 年	白光 LED（藍光＋螢光粉），白光（R、G、B 三層，無螢光粉）	2010 年>100 lm/W	
歐洲，300 萬歐元，35 年	高亮度戶外照明光源	400-590 nm，4cd 高亮度藍光 LED，AllnGaN Alloy 製程及多層 MOCVD 材料，降低Ⅲ族氮化合物磊晶沉積之前製程和Ⅲ，Ⅴ族材料比率降至 100：1	

表 7.8　LED 與其它照明光源功率轉換比較表

光源功率轉換	LED	白熾燈	日光燈	金屬鹵素燈
可見光能量	10 ~ 12%	5%	23%	27%
紅外光能量	0%	90%	36%	17%
紫外光能量	0%	0%	0%	19%
總輻射能量	10 ~ 12%	95%	59%	63%
熱能	88% ~ 90%	5%	41%	37%
總和	100%	100%	100%	100%

表 7.9　各種照明光源的成本比較表（統一證券報告）

	LED 燈	省電燈泡	白熾燈泡
使用壽命（hrs）	60,000	6,000	1,500
價格	1750	160	15
發光效率（lm/W）	40-80	45	12
使用六萬小時所需之電費（元）	900	2,700	9,000
使用六萬小時所需之數量	1	10	40
燈泡耗材費用（元）	1,750	1,600	600
使用六萬小時之總成本（元）	2,650	4,300	9,600

表 7.10 不同色光 LED 所使用的材料性質

材料	禁制帶能量寬度（eV）	發光波長（nm）	發光顏色
GaAs	1.35	940	接近紅外線
GaP	2.26	700	紅
		565	綠
		555	純綠
$GaAs_{1-x}P_x/GaP$		660	紅
$GaAs_{1-x}P_x/GaP$		630	紅
		610	橙
		590	黃
$Ga_{1-x}Al_xAs$	1.42 ~ 2.26	660	紅
GaN	3.39	400	藍、紫

回顧過去，自 1960 年代第一顆 LED 問世之後，數 10 年間包括紅（620 nm）、橙（590 nm）、黃（570 nm）、綠（550 nm）不同色光的 LED 皆被成功開發出來，唯獨藍光 LED 困擾研究人員相當長的時間；直到 1993 年日本日亞化學工業株式會社的研究員中村修二先生發表突破性的氮化銦鎵系列高亮度藍光 LED 後，LED 全彩世代才正式來臨。1994 年 GaN 系高亮度綠光 LED 與 1996 年 GaN 系白光 LED 相繼問世，更是宣告 LED 產業成為未來照明市場的耀眼之星。目前幾種常用不同色光 LED 所使用的材料整理如表 7.10。

白光 LED 有許多製作方式，其中最受矚目的是使用 Ⅲ-Ⅴ 族氮化物半導體材料製作藍光 LED，再搭配釔鋁石榴石的黃光螢光粉產生白光。其中 LED 的藍光經由黃光螢光粉的部分光轉換及混光作用而獲得白光，這類白光 LED 的推出引起全球的矚目，也開創 LED 照明應用的新紀元。事實上，白光 LED 除了上述的藍光 LED 加上黃光螢光粉的製作方式之外，還可以使用藍光 LED 加上紅／綠光或其他組合的螢光粉，或者是使用紫外光 LED 加上紅／綠／藍光或其他組合的螢光粉製成。當然，我們也可以直接應用數個不同色光的 LED 組合產生白光 LED 的效果。白光 LED 產品的種類整理如表 7.11。

隨著 LED 晶粒與封裝技術的進步，LED 已不再侷限於交通號誌指示燈的用途上，在電梯、飛機的機艙、餐飲店入口等室內照明上，已不難發現白光

表 7.11　產生白光 LED 的方式

方式	激發源	發光元素與螢光材料	發光原理
單晶型	藍光 LED	InGaN/YAG 黃色螢光粉	以藍色光激發螢光粉（黃色發光）
	紫外光 LED	InGaN/RGB 三波長螢光粉	以紫外光激發
多晶型	藍光 LED 黃綠光 LED 藍綠光 LED 橙光 LED	InGaN GaP AlInGaP	把互補的 2 色光混成一組
	藍光 LED 綠光 LED 紅光 LED	InGaN AlInGaP AlGaAs	把 3 原色光混成一組

LED 應用的增加的趨勢。LED 照明大致可分為輔助照明以及一般照明兩大類，前者主要為只是信號用，包括交通號誌、警示燈、手機顯示燈、裝飾情境燈等。一般照明用途主要包括景觀照明、個人照明（如手電筒、燈具等）、道路照明、室內照明等（圖 7.14）。國內 LED 產業發展早，因此以產量來看，市佔率居首。然目前仍以應用在消費性電子產品為主，未來終極應用仍需著眼在照明市場上，國內照明應用市場正在逐漸起步當中。

另外，目前商業照明的市場應用也是相當的多元化。商業照明應用主要可定義為二：(1) 廣泛的商品照明如條狀照明燈；(2) 重點式商品照明如化妝

圖 7.14　LED 在一般照明市場上的應用

圖 7.15　LED 在商業照明上的應用

品展示燈或珠寶聚光燈等（如圖 7.15）。LED 商業照明可廣泛用於超市、銀行、連鎖店、機場、火車站、隧道、地鐵站與展覽場所等光源應用（圖 7.16）。由於商業使用照明的時間較長，LED 較現有的傳統燈源所擁有的體積小、壽命長與節能等優勢，將較一般住家容易推廣與使用。

資料來源：JSA, 2006/9

圖 7.16　東京跑馬場 LED 大型顯示幕

7.2.2 LED 車用照明

近幾年在光電與電子產業的加持下，汽車燈源從早期光源的演化，進一步達到系統間的整合，近年來更出現了 LED 車頭燈，許多人更預言耗能極低的高功率白光 LED 若是應用在車頭燈上，將會是下一個「殺手級應用」。

目前 LED 車用光源主要是以指示用燈為主，可略分為車內與車外光源兩大類，如表 7.12 所示。車外光源則以第三煞車燈、後方向燈為主，而車內光源則以閱讀燈、儀表板燈、圓頂燈等為主，如圖 7.17。採用 LED 的尾燈模組相對於一般白熾尾燈，約減少了 30%～90% 的消耗功率，若是加上車內燈的應用，LED 可望大幅減少汽車對於汽油的使用量。根據美國能源部報告，若美國車燈全部改用 LED，一年將可減少約 10 億加侖的汽油量，大概是美國四天汽油的消耗量，如果進一步連車頭燈之遠燈、近燈及前方向燈全面改用 LED，對於全球節能會有相當大的貢獻。

2007 年 4 月日本 Koito 公司為使白光 LED 車頭燈盡快達到實用化，與 Nichia 公司聯合研發，並成功交付給 Lexus 車廠旗艦車型 LS600 h 投入使用，全世界第一台以 LED 作為頭燈並量產的車種 LS600 h 就此產生（圖 7.18）。這個研發成果成功地實現了最高級 LED 車頭燈的應用，也使 LED 頭燈正式進入了「量產時代」。不過此車款早期僅有近光燈具備 LED 光源，並非全車採用 LED 光源。事實上，世界上的幾大汽車巨頭也都在不斷推出以 LED 為光源新型汽車。像日系的豐田、三菱、本田、日產等廠商推

表 7.12　LED 在汽車上的應用

	使用項目	應用範圍
可見光	車內光源	儀表板、空調、音響、車門燈 閱讀燈、顯示器
	車外光源	第三剎車燈、霧燈、側燈 頭燈、方向燈
不可見光	車用感應器	倒車感測器、排檔感測器 光源感測燈、盲點感測器 紅外線夜視系統

圖 7.17　LED 車用光源

圖 7.18　第一個車頭燈採用 LED 光源的 Lexus LS600 h

出的天籟、皇冠、銳志、凱迪拉克系列；美系的通用汽車公司推出的別克系列；德系的 S 級奔馳系列等都已經採用了 LED 尾燈，如圖 7.19 所示。以現在的 LED 產品市場來看，高亮度的 LED 的造價仍不便宜，為了提高汽車光源的亮度，對 LED 的需求數量也會較多，相對的成本也會提高，因此目前只在少量高級轎車上得到了應用。不過，有的廠商也推出採用 LED 光源的中低價位車型，如三菱在大陸市場推出的藍瑟（Lancer）車型，採用了扇形 LED 高辨識的剎車燈，這也預示著將來 LED 光源將會覆蓋低、中、高檔全部車款，得到最全面的普及。其中，最受矚目的德國車廠奧迪（Audi）R8 新車款全面採用 LED 燈具，連車用頭燈系列都是全面 LED（圖 7.20），比先前日廠豐田在 Lexus RS600L 車系僅採用 LED 頭燈但遠光燈並未採用 LED 更是一大突破。

圖 7.19　採用 LED 光源做為頭燈的各種車型

圖 7.20　第一台全車採用 LED 光源的車型（Audi）

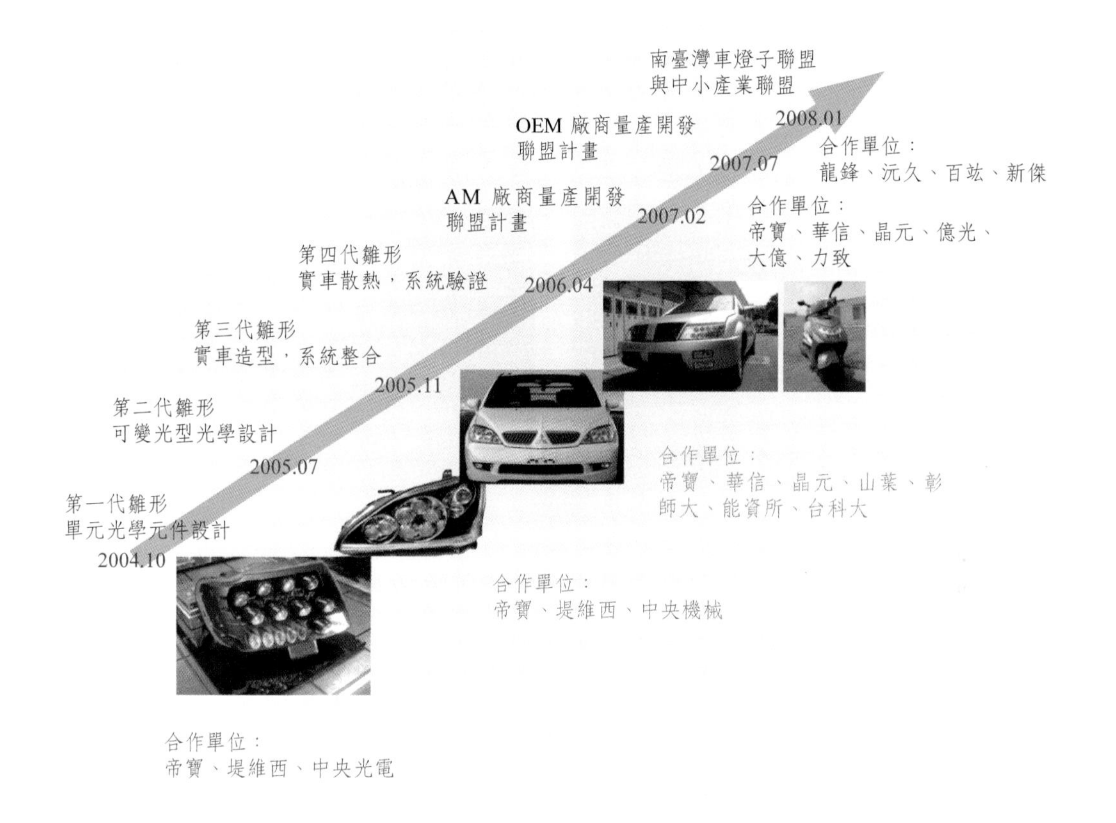

圖 7.21　國內車用頭燈光學設計發展圖（經濟部技術處 http://doit.moea.gov.tw/news/eachcontent.asp?ListID = 117 & q1 = & q2 = & q3 = & q4 = & status = find & award = ex）

以國內車用 LED 應用領域來說，工研院電光所具有多年之 LED 研發經驗，而且是國內最大的光電研發機構，在 LED 車頭燈之發展亦歷經了四代雛形品的開發（圖 7.21）。除晶粒成長外，其餘之 LED 產業相關封裝、散熱、光學、機構及電控等技術發展都有不錯表現。之前在經濟部技術處的支持下，電光所與國內各大廠商成立車用先進環保光源技術開發聯盟，合作開發新款搭載 LED 頭燈之新型車種，並開發 LED 頭燈之零件保修市場，積極整合台灣 LED 上中下游產業、汽車燈廠與車廠，帶動國內汽車 LED 頭燈發展，全力協助業者將成熟之概念設計予以商品化。若這項合作開發案能有效協助國內廠商與國外車廠技術接軌、掌握市場先機，應該可為台灣廠商營造更大商機。

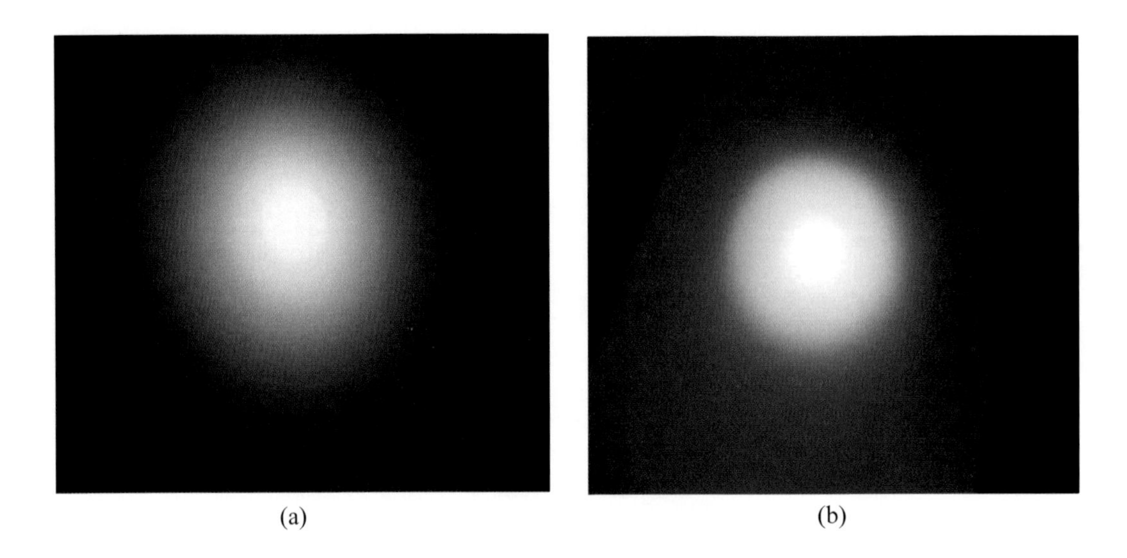

(a) (b)

圖 7.22 (a) 傳統高功率白光 LED 與 (b) 改良螢光塗佈後的 LED 發光光型（工研院）

至於 LED 頭燈的主要技術可大致分成三類，以下逐一說明：

(1) 螢光粉塗佈技術

在高功率 LED 技術開發工作上，除了將光源輸出的流明值提升，增加其發光效率之外，另一個重要的課題即是螢光粉塗佈的技術。如圖 7.22 (a) 所示，為傳統高功率 LED 加上準直透鏡後所得到之發光光型圖，由此圖可以清楚發現，因為螢光粉塗佈不均勻所導致之色溫不均勻現象，於發光光型內層為顏色白光、中間出現藍圈，最外圍則出現黃圈。將此種封裝體直接運用在車燈上，將會造成所得之發光光型圖顏色不均勻，使得部分區域之顏色不符合現行法規所規定之顏色範圍。若是利用改良的螢光粉塗佈技術，使高功率 LED 發光光型圖色溫分佈趨近於相同，便會如圖 7.22 (b) 所示。利用此一技術將之運用於 LED 車燈上，將可解決 LED 發光光型圖顏色不均勻之問題，使得 LED 所發出之顏色色溫能符合現行車燈法規所規定之顏色範圍。

(2) 高效率系統光學設計

在 LED 車燈設計上，由於 LED 光源的特性不同於傳統 HID、鹵素燈泡或白熾燈泡，所以其光學設計不宜直接套用過去的光學系統，必須重新設計。LED 光源具有指向性高、發光源小等特性，單位面積的發光量仍無法與鹵素燈泡甚至是 HID 燈泡相抗衡。因此若要利用 LED 元件產生足夠的光通

圖 7.23　車頭燈設計範例（工研院）

量來滿足現行法規需求，必須改變 LED 元件的排列，使得點光源轉為面光源輸出。只是如此一來將會大大增加光學設計困難度，這是 LED 車燈在光學系統設計難度上不同以往的主要原因，圖 7.23 是車頭燈設計範例。

實際的車頭燈光學系統設計規格上，車燈之配光規格要求是直接由行車安全發展而來，霧燈和遠光燈為左右對稱之光型，而近光燈為左右不對稱之光型，靠右側行走會有右側 15 度向上光型，靠左側行走則會有左側 15 度向上光型，主要是要照向路外側和上方指標，而另一側為水平光是要避免照到對向來車駕駛而產生眩光。在光學設計上非對稱光型是較困難的。至於頭燈霧燈方向燈的配光要求又不盡相同。

(3) 高導散熱技術

白光 LED 具備效率高、耗電少、省能源、壽命長的特性。若是將其應用於車燈上，更能發揮其體積小的優越性，造型設計可更為自由、多變、新穎。國際車廠以及車燈廠都將 LED 頭燈開發視為極具潛力研究之議題，並且已著手進行 LED 頭燈之設計開發，預期將成為新一代車燈光源。如前面章節所述，由於傳統單顆 LED 亮度遠低於一般照明需求，因此高功率 LED 需藉由提高操作電流或將單顆 LED 晶粒的面積放大，以符合照明使用所需。然而，增大 LED 晶粒面積雖可提高額定電流，卻衍生出散熱與發光效率大幅降低的問題。由於大晶粒使用較大電流將使晶粒溫度升高，其所產生之熱量需自封裝體中有效導出，才能提升光輸出功率。因此在使用設計上對

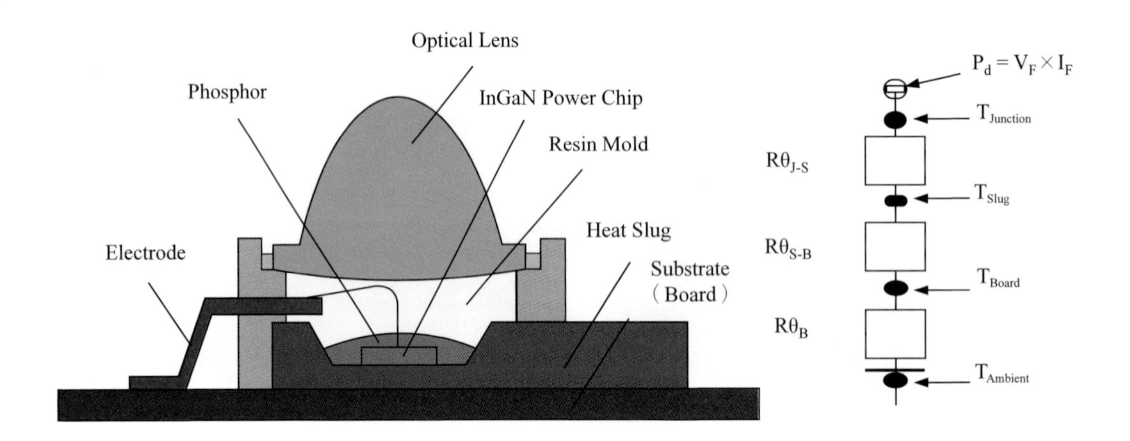

圖 7.24　高功率 LED 的散熱設計示意圖

圖 7.25　車輛研究測試中心發表的分佈式頭燈照明系統

基板的散熱考量便十分重要，高功率 LED 結構如圖 7.24 所示。除了上面提到大電流輸入產生的溫度效應外，LED 頭燈放置的位置靠近汽車引擎室，因此來自引擎室之高熱將也會使 LED 頭燈之效能降低，所以在車用市場上，LED 頭燈的散熱系統設計的確是重要且有價值的研究方向。圖 7.25 是台灣的車輛研究測試中心在 2009 年三月發表了全球首套分佈式照明系統，可望解決了部分頭燈散熱問題，搶攻數百億全球市場商機。

7.2.3　一般照明

眾所皆知，白光 LED 進入傳統照明仍有一段距離，如圖 7.26 所示。也因此各種新應用的大門不斷被創意敲開。由於 LED 體積小且易攜帶，加上是半導體光源，發光區亦較窄，因此能量較為集中，亦能以電流的強弱來做控制。除了各種應用照明、戶外建築及手機背光源等應用外，全球也都還在挖空心思，找尋各種新應用，目前以可攜式產品為最大之應用。自 2005 年「交流／直流轉換器」（AC/DC Converter）技術成功被開發出來，讓 LED 使用的電源不再受限於電池，變成可以直接使用家裡電源插座供應的交流電。由於是直接插電於 110 V 交流電壓使用的交流發光二極體（ACLED），因此可立即應用於工業及民生產品，如逃生指示燈、霓虹燈、夜燈等。由工研院電子與光電研究所合作研發的「晶片式交流電發光二極體照明技術」（On-Chip AC LED Lighting Technology），於 2008 年榮獲有產業創新奧斯

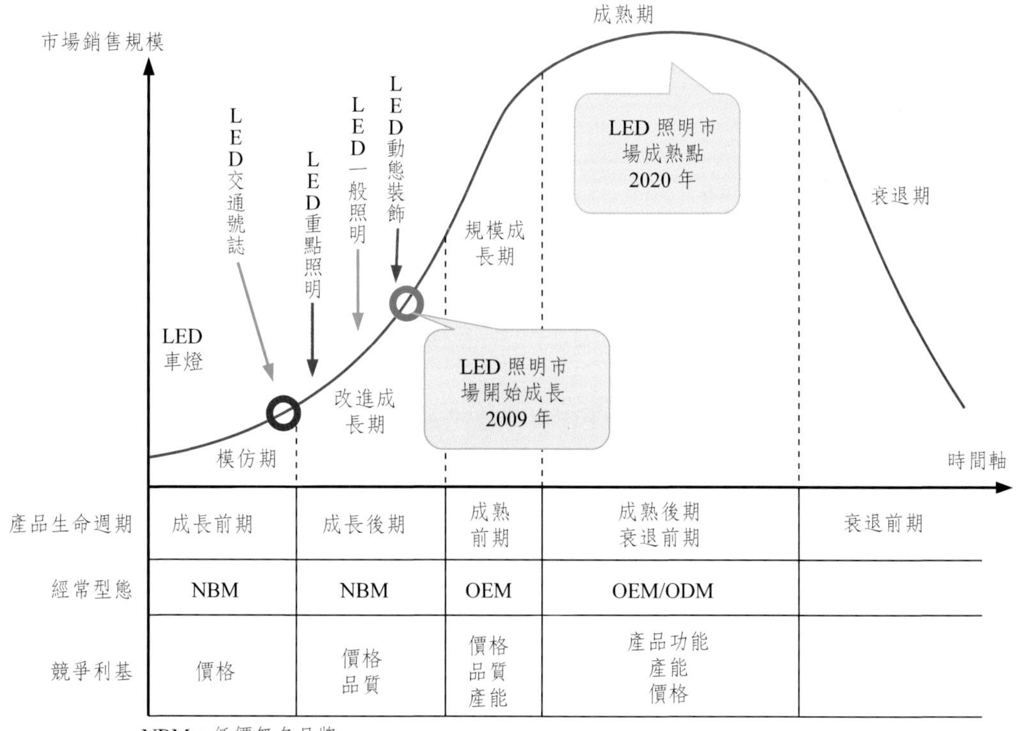

產品生命週期	成長前期	成長後期	成熟前期	成熟後期 衰退前期	衰退前期
經常型態	NBM	NBM	OEM	OEM/ODM	
競爭利基	價格	價格 品質	價格 品質 產能	產品功能 產能 價格	

圖 7.26　LED 照明市場發展預測

卡獎之稱的「R & D 100 Awards」。這項殊榮所代表的，不只是工研院全新獨創的 LED 技術受到國際肯定，特別是對台灣的 LED 產業而言，更開創了無可限量的未來。（圖 7.27～28 和表 7.13）

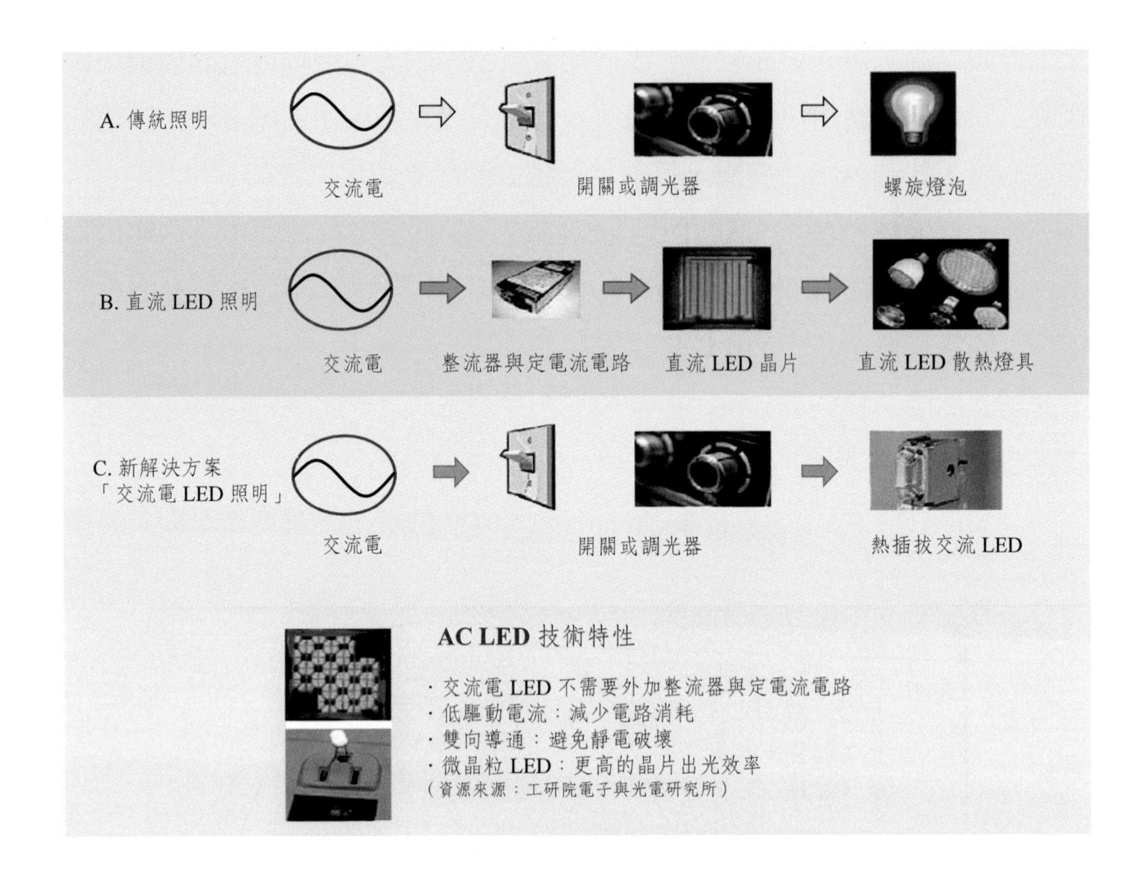

圖 7.27　AC LED 技術特性與比較（工研院）

表 7.13　AC LED 與其他光源效率比較

比較項目 ＼ 光源形式		20 W 鎢絲燈	5 W DCLED	ITRI 5 W AC LED
光源效率	總光通量 lm	250 lm	250 lm	250 lm
	光源效率 lm/W	12.5 lm/W	50 lm/W	50 lm/w
	輸入電源	AC110 V/180 mA	DC3.5 V/1.5 mA	AC110 V/50 mA
燈具應用	燈具效率 %	60%	85%	85%
	功率因素（用電效率）	100%	30-70%	85-93%
	電路效率	100%	30-85%（因加裝定電流電路等而降低）	95%
	電路成本	低	高	低

表 7.13　AC LED 與其他光源效率比較（續）

比較項目＼光源形式		20 W 鎢絲燈	5 W DCLED	ITRI 5 W AC LED
燈具應用	熱管理組裝	無	鋁基板	熱插拔
	造型設計	無加裝散熱裝置問題，可做造型設計	使用鋁基板體積大，不易做造型設計	採熱插拔方式，狀似燈泡，可做造型設計

資料來源：工研院電子與光電研究所
註：該比較項目中，表現最差的光源形式，以粉紅底色表示。

圖 7.28　工研院 AC LED 展示作品

照明市場中最被看好的應用，首推路燈市場。根據大陸官方統計，若大陸將 1/2 的路燈全部改為 LED，所省下的電力將超過長江大壩的發電量，相當於 180 億萬瓦的電力，可見 LED 的照明應用對全球帶來的能源節省是相當可觀的，表 7.14 整理出部分國家在 LED 照明市場上的規劃。只是 LED 應用於一般道路照明時，其基本的要求在必須能夠提供足夠的亮度給駕駛人或者行人，且光源的發光量度不能只侷限在特定角度，因此基於交通安全考量，LED 亮度與照度都有嚴格的要求。

表 7.14　各國在 LED 照明市場上的政策

	政府政策	發展動態
中國	中國大陸的 LED 照明計畫從 2005 年啟動，花費 2 億人民幣，由中央成立跨部會小組來推動，「十一五」科技發展規劃將半導體照明產品列入第一種點發	聯盟正在籌建技術規範工作組，準備選擇 LED 路燈為切入點，研究並製定相應測試方法技術規範等。
台灣	台灣 14 家 LED 大廠和工研院共同發起台灣光電半導體產業協會 Taiwan Optoelectronic Semiconductor Industry Association (TOSIA)，2007 能源局並預計未來四年投入 20 億元，全力協助 LED 業者技術研發。	經濟部能源局爭取經費補助地方政府全面汰換 LED 交通號誌，全台有 72 萬盞交通號誌，目前還有 43 萬盞還沒更換為 LED，預估未來三年會更換完畢，總投入 23 億元。另外，還會選擇具代表性建築和戶外環境，建置 LED 照明示範應用區。隨著 LED 路燈技術進展，LED 路燈將是下一波的推動重點。目前全台有 135 萬盞的路燈，已證明發光效率可以省電，明年能源局會選擇八米巷作為示範道路。
日本	投入 12 億日圓積極發展材料特性發光結構、螢光體、照明燈具與 LED 燈具標準制定。	日本電球工業會發起 LED 量測標準，在 2004 年年底共同制定了一套新的準則，作為未來照明用白光 LED 的量測標準。
美國	美國能源部，光電子產業發展協會和國家電子製造廠商協會共同制定了美國 2020 年前的通用照明用半導體 SSL-LED 技術發展規劃。	針對以下技術之提升：1. 緩層和外延生長技術，2. 物理學、加工過程和器件，3. 燈泡、發光裝置和系統。
歐盟	國家半導體計畫投入	各大廠投入高亮度戶外照明光源，飛利浦為最早投入 LED 照明的廠商之一，於 2006 年初，飛利浦為美化城市於法國里昂附近的戶外照明應用中心啟用 LED 照明設施。

LED 研究開發始於 1960 年間，初期主要運用在交通信號和標識之指示用途上（圖 7.29），近期已開始使用在照明用途上。雖然目前仍以消費性電子產品為主要應用端，然未來最大宗的應用領域應屬照明市場。由於使用 LED 燈的壽命可達 6 萬小時以上，粗估其電費與燈泡耗材僅需花費 2650 元，而省電燈泡與白熾燈泡需高達 4300 元與 9600 元。因此不論從節能或者

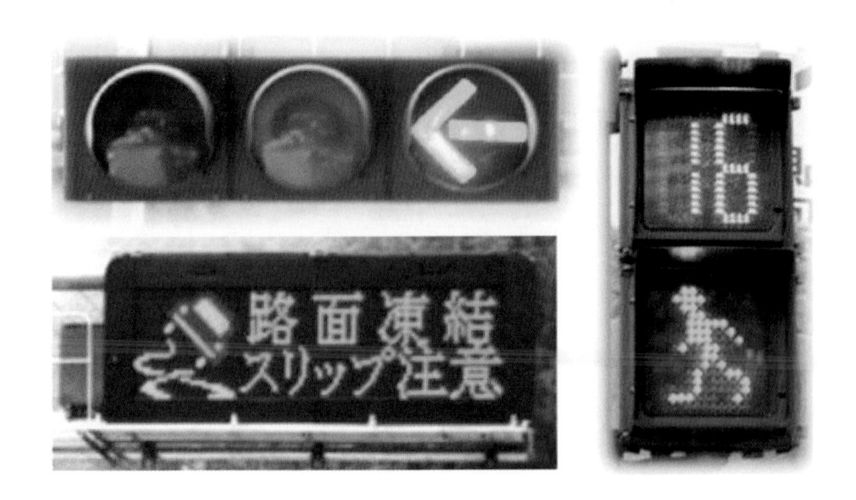

圖 7.29　LED 在交通號誌指示燈的應用

長期耗費成本的角度切入，都使 LED 燈具更有競爭力。目前比較大的問題是短期內 LED 燈與省電燈泡或者白熾燈泡仍有十～百倍價差，預期要到 2010 年後 LED 燈滲透率才會明顯提升，因此目前照明主要應用仍在路燈。在全球積極節能的趨勢不變之下，LED 路燈的需求量已節節提升。2007 年全球 LED 路燈的滲透率僅 0.25%，但預期 09 年 LED 路燈的滲透率將超過 1%，而 2011 年更可突破 5%，達到 5.8%，屆時路燈的需求量將成長至 8 百萬座，如圖 7.30 所示。若以每座路燈約需 110 顆 LED 的需求量來看，估計今年 LED 應用於路燈的需求量將較去年增加 167%。且預期 LED 滲透率突破至 5% 時，將是需求快速起飛之際，估計屆時全球 LED 路燈的產值將突破 36 億美元，估計 07～10 年，LED 路燈產值的複合成長率高達 87%（圖 7.31）。

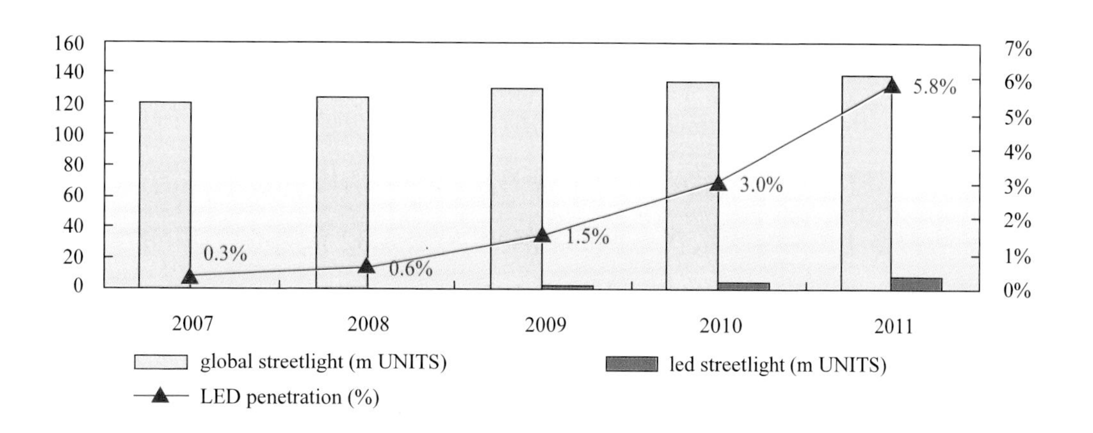

圖 7.30　LED 路燈之滲透率（統一證券報告）

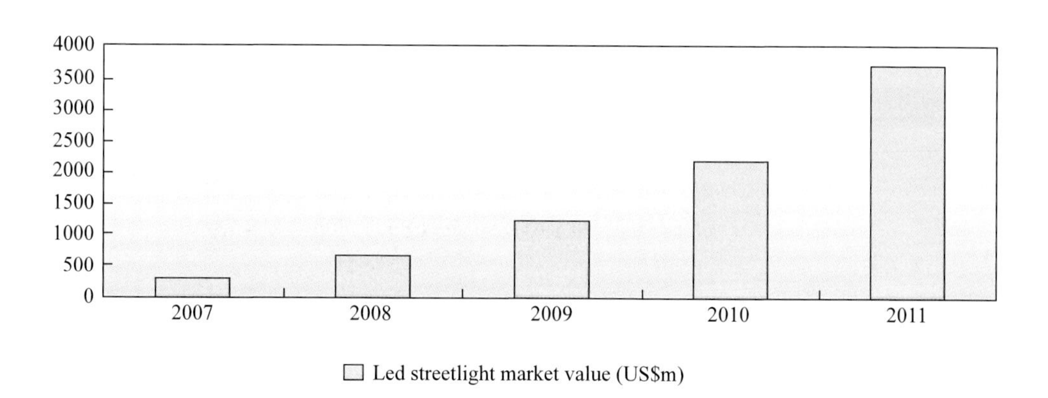

圖 7.31　LED 路燈之產值（統一證券報告）

圖 7.32　傳統路燈與 LED 路燈

目前，LED 照明技術日趨成熟，大功率 LED 光源轉換效率已經達到 100 lm/W 以上，這個進步使得城市路燈照明節能改造工程成為可能。而高功率 LED 路燈，正以迅猛的速度衝擊傳統的路燈市場。目前在街道上已經可以看到許多 LED 路燈取代了傳統路燈，如圖 7.32。兩者燈源的比較則如表 7.15 所列。雖然 LED 路燈的發展與推廣速度迅速，但是 LED 路燈的標準制定上卻相對滯後。在全球範圍內，LED 的路燈標準也不是完全沒有，像歐洲就有制定 LED 路燈的標準。事實上，各地區對 LED 路燈的標準，在指標上不盡相同，也必須符合當地實際狀況。

表 7.15　傳統路燈與 LED 路燈的特性比較

路燈種類	傳統路燈具	LED 路燈
耗電量	500 W ~ 1000 W/hr	低於 40 W/hr
壽命	~ 3000 hr	80000 ~ 100000 hr
平均照度	30 Lux（隨時間衰退）	~ 36 Lux
最大光度的範圍	65 度	~ 105 度
閃爍及炫光	少許	無
明暗均勻度	1：3	1：2
維修方式	需經常性維修	幾乎不需要
單價	較低	較高

註：以市區（商業區）幹道、瀝青地面為準遮蔽型雨具。燈高 8 m、基座高 0.5 m、燈臂長 2 m、至燈源中心 0.3 m。

此外，為了提升道路之使用率、提升行人的安全感，如何使光源讓駕駛者的眼睛感覺到舒適，且長時間使用下亦不覺得疲勞，故在照明設計上其均勻度與避免炫光也是相當重要的考量，因此一般來說照明要求有嚴格的標準：以國際照明標準而言（表 7.16），在重要的城市道路上，照度要求在 20 Lux，均勻度則要求 0.4 以上。目前國內的最新技術進展，其發光效率已可達到 72 lm/W 以上。另外，道路照明上，光害的問題也必須考慮進來，尤其在住宅區中，必須設法讓光線投射至需要的地方，避免人們因光害的影響，而影響到生活品質。因此在燈具設計上，有分為遮隔型及半遮隔型，兩者最大的差別在於投射區域的廣度，遮隔型投射區域窄、光束較集中；而半遮隔型投射區域廣、光束分散。在市區的主要幹道上，以遮隔型為主，增加光束的集中性，並避免不必要的光害。經濟部標準檢驗局已在 2008 年 12 月公告台灣「發光二極管道路照明燈具」標準。

總結來說，以目前一般路燈所使用的高壓鈉燈來看，雖然其顯示出來的亮度比家裡的燈還要亮，然而目前道路規範標準只需要 150 W 的電力，但傳統照明廠商卻提供到 400 W，因此浪費的電力相當龐大，也超出標準規範甚多。顯示出一般照明消耗的能源甚多，因此 LED 照明與水銀燈比較，可節

表 7.16　國際道路照明標準（統一證券報告）

道路分類	照度	照度均勻度（最低照度／最高照度）
雙向有分隔島的高速公路	50 Lux	0.4
雙線道之高速公路	30 Lux	0.4
一級城市之主要幹道	20 Lux	0.4
次要道路	15 Lux	0.4

表 7.17　LED 應用於路燈的需求預估（統一證券報告）

	2007	2008	2009	2010	2011
全球路燈需求量（百萬）	120	125	130	134	138
LED 路燈需求量（百萬）	0.3	0.8	1.9	4	8
LED 路燈使用顆數（每座）	110	110	110	100	100
路燈使用 LED 總需求數量（百萬顆）	33	88	209	400	800
YOY%		167%	138%	91%	100%

YOY：年增率

省用電量約達 75%，與目前路燈使用的高壓鈉燈相較，用電量則可節省 49%，所以未來的需求會逐年提升，如表 7.17 所示。

7.2.4 其它照明應用

LED 的技術日益成熟，應用的領域也越來越多。LED 在照明上的一些應用，除了上面已提及的用途外，還可依住宅、設施、商店與戶外領域來區分。

圖 7.33 LED 照明的其它應用

住宅領域：壁燈、夜燈、輔助照明燈、庭園燈、閱讀燈；

設施領域：緊急指示燈、醫院用病床燈；

商店領域：聚光燈、崁燈、桶燈、燈條；

戶外領域：建築外觀、太陽能燈、燈光表演。

圖 7.33 為 LED 在照明用途上的其它應用。另外，中國也有推出礦工專用的 LED 頭燈，可說是 LED 特殊應用的另一發展。中國煤礦業相當發達，可是卻常常發生意外爆炸事件，因此大眾便慢慢重視安全問題。以前的頭燈沒有防爆裝置，現在已修法規定一些標準，開始採用 LED 頭燈（如圖 7.34）。主要是因為 LED 為半導體光源，不會有所謂氣爆的問題。在中國 1 年約有 800 多萬顆礦工燈要換，而 2007 年底前中國 LED 礦工頭燈替換率已達約 40%；另外有趣的是由於礦工長期在黑暗的環境下，心情不好，常常會拿礦工燈出氣，因此耗損率不低。除了頭燈之外，礦照燈也會採用 LED 燈，形成中國一塊很大的市場。照明市場一直被視為 LED 最大且最具發展潛力的市場，雖然目前由於成本與產品特性的限制，還無法推出主要照明產

圖 7.34　煤礦業使用的 LED 頭燈

品。但不可諱言的，由於近年來 LED 技術的快速發展，在特殊照明市場（例如冷凍照明、航空燈、交通號誌燈等利基市場）已經取得一些市場占有率。而在一般照明市場上，包括桶燈、崁燈、投射燈及景觀照明燈產品也陸續推出，部分產品也已開始取代鹵素燈、白熾燈泡等傳統光源，讓廠商對 LED 照明的未來發展抱持高度樂觀的態度。圖 7.35、圖 7.36 與圖 7.37 是目前大陸市場中有關景觀照明、市內照明與特種照明的應用實例。

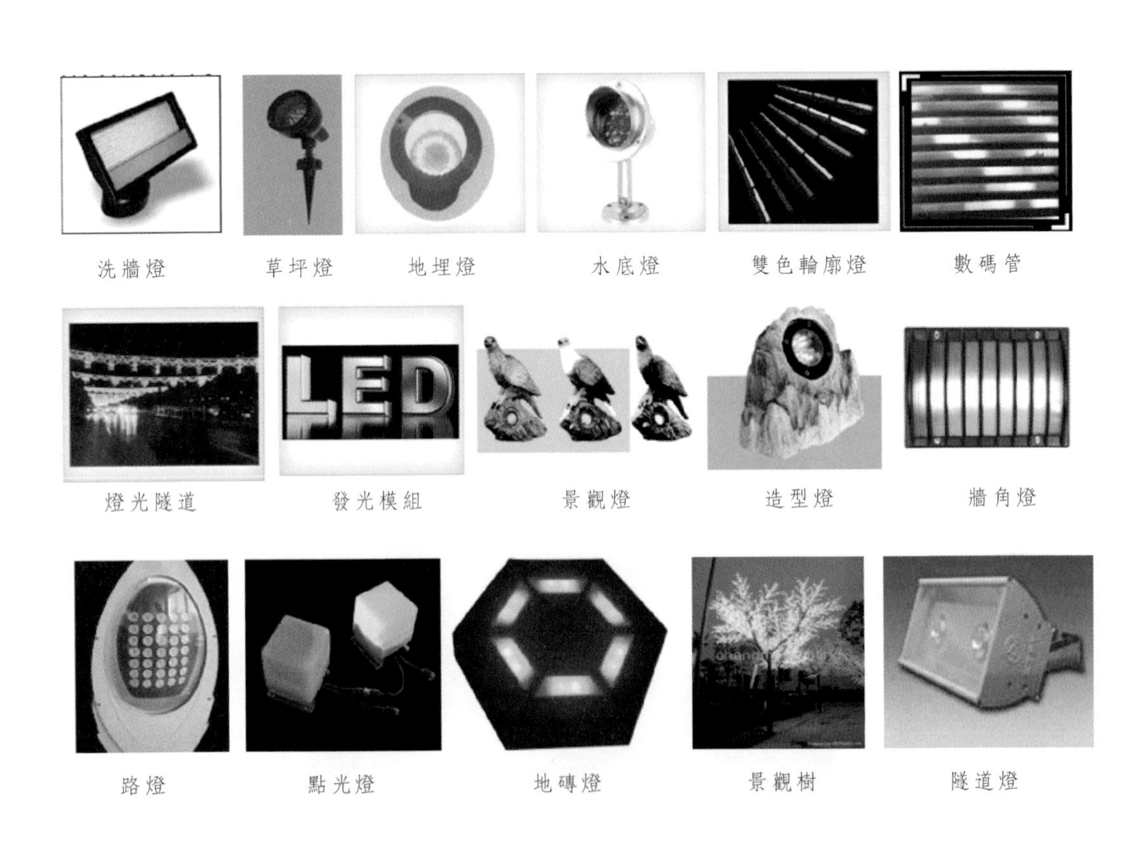

圖 7.35　中國市場的 LED 景觀照明應用實例（新世紀光電）

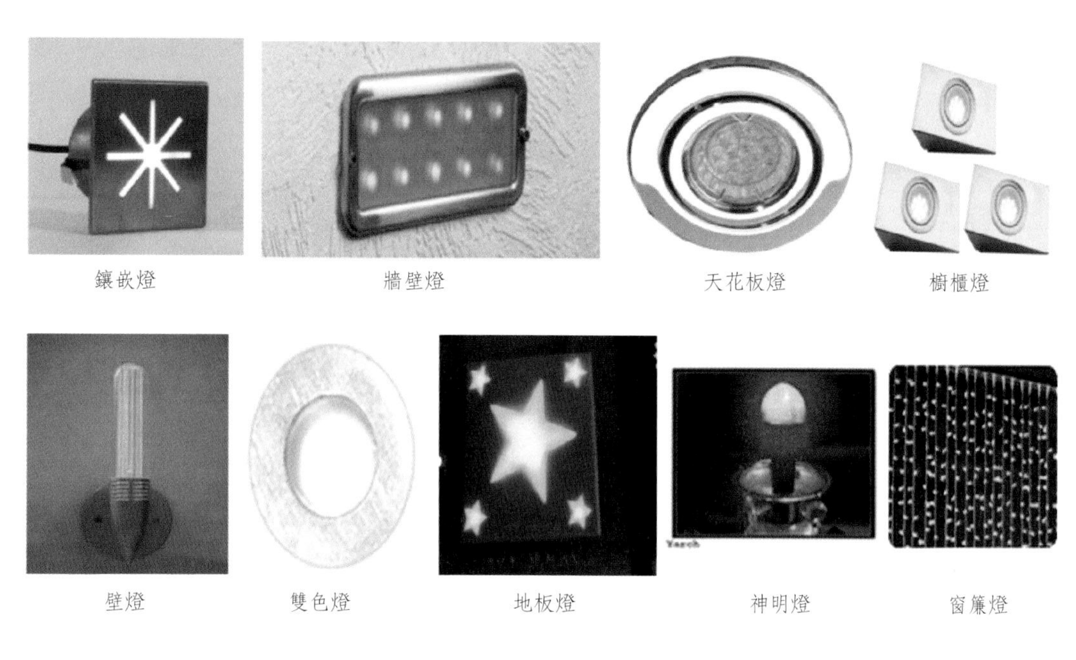

圖 7.36 中國市場的 LED 市內照明應用實例（新世紀光電）

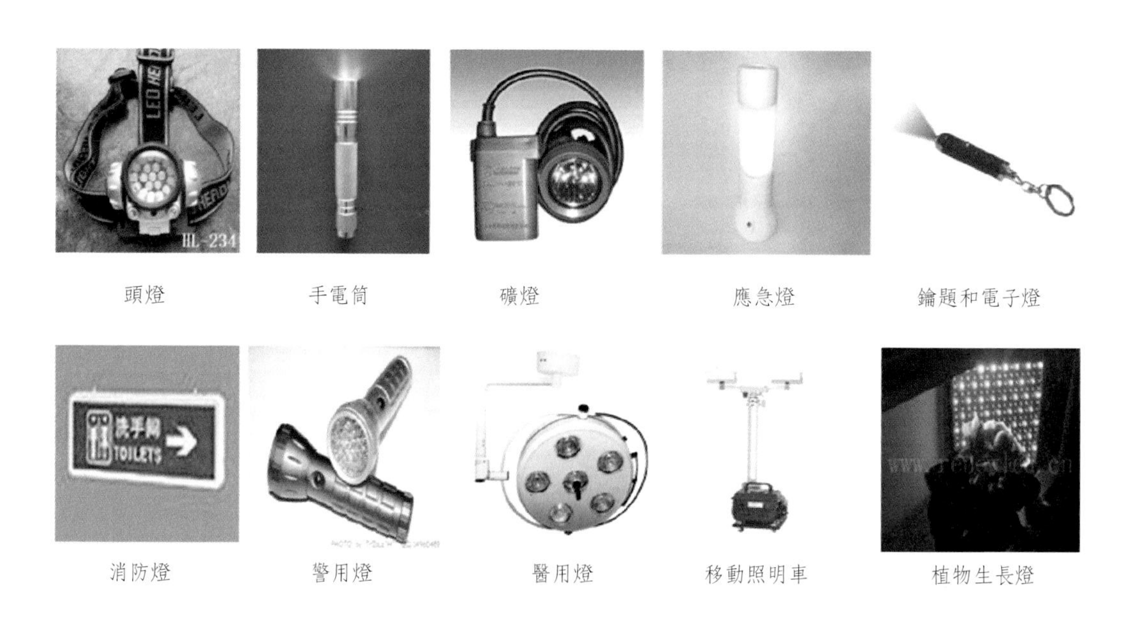

圖 7.37 中國市場的 LED 特種照明應用實例（新世紀光電）

過去 LED 產業的高度成長，主要是靠著手機產業發達所賜。以彩色螢幕照相手機為例，從螢幕背光源、按鍵用背光源、來電顯示燈到照相手機閃光燈，至少要用到 10～12 顆 LED。據統計，2007 年全球手機出貨量約為11

億台，光是手機的 LED 需求量就達到 110～132 億顆。然而，近來隨著手機市場的漸趨飽和，LED 在手機的應用成長有趨緩的情形，卻也因為油電高漲、環保意識抬頭，開始衍生出新的成長機會。

首先，因應歐盟公告的「電子電機設備有害物質限用指令」（RoHS），禁止含有鉛、汞、鎘、六價鉻等的電子電機設備輸入歐盟，含汞的陰極射線管（CCFL）螢幕將逐步被較環保的 LED 背光模組取代。而

圖 7.38　北京奧運

（資料來源：北京奧運官方網站）

華碩 Eee PC 和蘋果電腦新的超薄筆記型電腦 Macbook Air 的輕薄短小，更讓外界體認到應用 LED 背光源的優勢；因此，國際大廠如 SONY、Dell、HP 等公司，也預計在今後推出更多的 LED 背光模組筆記型電腦。另外，由於發光效率與散熱模組在技術上的改善，全球大車廠如：豐田、奧迪、BMW 與通用汽車已開始採用 LED 頭燈；台灣的裕隆汽車及中國的東風汽車也開始跟進，這些發展使 LED 在車用市場上的成長規模亦受到期待。而由於 LED 的節能環保特性，美、英、荷、加、中等國在 2007 年開始如火如荼的積極展開 LED CITY 示範計畫。中國更因為北京奧運帶來的宣傳效果（圖 7.38），積極佈建 LED 路燈、廣告看板、大型螢幕、字幕機及景觀燈等，這樣的商機也為 LED 照明應用與技術的進步帶來新的成長機會。

中國市場以上海市為例，目前已經有很多公共走道的路燈採用 LED。目前在淮海路、外灘等地都有節能的景觀燈、路燈等示範工程。而大陸當局更計畫啟動黃浦江兩岸的景觀燈改造，將兩岸的街燈改採 LED 燈。2005 年，中國大陸通過「建設節能社會，發展循環經濟」計畫，花費 2 億元人民幣，由中央成立跨部會小組推動，將半導體照明產品列入第一重點發展領域。而中國大陸政府目前選擇 LED 路燈作為此領域切入重點，並著手制定相關測試方法以及技術規範。此一推動計畫，是中國大陸從中央到地方執政者推行的重點政策，要在全國主要城市推動 LED 節能計畫，特別是針對標誌性建築，進行景觀燈光節能改造工程，以節省各城市的用電量。2008 年 3 月，大陸政府建設部更進一步下令，嚴禁城市景觀照明使用高耗能燈具，例如強力探照燈、大功率泛光燈、大面積霓虹燈、彩泡、美耐燈等高亮度高能耗燈具。並鼓勵使用太陽能道路照明、LED 等綠色能源照明，因此使得大陸在 LED 路燈市場的發展，較其他地區來的更加積極，政府政策大力推動即是主因。市調機構預估，2009 年大陸路燈的產值將達 120 億元，到 2010 年則是呈現倍數成長，屆時年產值將達新台幣 254 億元。

至於國內方面，雖需求量不及大陸龐大的市場，但隨著環保議題受到全球的重視下，LED 產業也是台灣政府大力扶植明日產業，經濟部能源局更預計未來 4 年將投入 20 億元，全力協助 LED 業者技術研發。惟產業起飛關鍵仰賴終端應用是否能快速發展，因此經濟部將從推動汰換交通號誌燈開始著手。目前國內已有 72 萬盞交通號誌改採 LED，尚有 43 萬盞須汰換，未來 3 年國內政府仍將再砸 23 億元，將交通號誌全數汰換成 LED。預期在交通號誌汰換完成後，路燈將是下個發展重心。目前全台有 135 萬盞路燈，明年將會有示範道路出現。另外政府也在 2009 年推出「新能源兆元產業旗艦計畫」架構，在 LED 產業部分，將協助中游模組廠商建立自主技術，規劃引進全球系統大廠參與投資，快速建立全球頂尖系統大廠，並以大陸市場為基礎，建構兩岸 LED 產業標準，使兩岸標準成為全球標準，可望促成新兆元產業。

LED 面對新應用的十字路口，如何在新的應用領域做有效的開發，以及建立消費者對 LED 照明產品品質的信心，是打開新市場最重要的關鍵。台灣目前在 LED 照明標準與應用推廣工作上，已有不同時程的計劃表，如表 7.18 所示。表 7.19 是台灣在 LED 產業發展上的 SWOT 分析，如何掌握現有的優勢與機會，克服劣勢與威脅，在這個產業中大放異彩，是非常重要的課題。

表 7.18　推動 LED 照明產業的時程表（經濟部產業白皮書）

目前	短程	中程	長程
2007	2008　2009　2010	~2015	~2020
白光 LED 光源光效 90 lm/W	白光 LED 光源光效 120 lm/W、壽命 20000 小時	白光 LED 光源光效 180 lm/W	白光 LED 光源光效 250 lm/W
LED 照明光電模組及燈具	標準化光電模組：室內用、屋外型高可靠度驅動電源：壽命 35000 小時節能優質 LED 照明燈具	低成本高效能燈具．模組化照明系統	節能、環保 LED 照明系統
LED 照明標準	LED 照明標準：模組、路燈、顯示幕國際認證實驗室	LED 照明產品標準	
LED 照明示範推動	LED 照明產品節能標章 LED 道路、建築及景觀照明示範	LED 照明應用普及化	

表 7.19　台灣 LED 照明產業的 SWOT 分析表（經濟部產業白皮書）

優勢（Strength）	劣勢（Weakness）
1. 擁有 LED 照明關鍵之 LED 光源、光電模組及產品開發技術及相關專利 2. LED 產業結構完整，研發技術實力雄厚，量產能力全球第一；照明產業製造技術優良，擁有行銷通路應變力佳；後續承接技術與推廣應用實力堅強 3. 資訊電子業研發與製造能力具國際競爭優勢，結合 LED 照明應用效益加乘 4. 光環境設計人才輩出，垂直整合創造應用機會	1. LED 發光效率落後 20 Lm/W 且缺乏晶片設計及製程核心專利 2. 欠缺 LED 元件、產品標準及測試驗證規範 3. LED 照明廠家規模小、研發能力弱，產品設計能力不足 4. 欠缺光源基材、高導熱及光學擴散等材料 5. LED 價格仍高於傳統螢光燈數十倍 6. 應用市場掌握有待加強，缺乏產品開發主導性，產品附加價值低
機會（Opportunity）	威脅（Threat）
1. 全球綠色照明潮流，市場需求日增，長期必然會成市場主流。 2. 效能不斷提升，各種新應用的產品不斷推出，帶動市場需求 3. 美、日、韓、中國由政府推動成立國家級計畫，促進全球產業迅速發展 4. LED 隨其能源效率提升，皆有廣泛替代與應用領域，極具高附加價值 5. 光環境設計、LED 光源、照明業等，寄望 LED 創造產業新契機 6. 景觀照明工程激增，節能與光環境品質受到重視，開啟 LED 照明應用大門	1. 傳統照明產品性能也持續提升，但價格更具優勢，LED 在一般照明之應用有阻力 2. 中國大陸積極發展 LED 照明產業及應用，產業技術雖不及我國，但應用市場大，成本優勢明顯高於我國 3. 多個國家及照明大廠全力投入，各區域競爭自然化，台灣面臨前有強敵、後有追兵，市場競爭激烈 4. 日本已推出光源行業標準，中國大陸擬定完成 LED 照明標準時程

7.3 LED 的通訊應用

光通訊產業為 21 世紀重要的產業項目之一。近幾年來，結合電腦硬體技術、通訊傳輸設備、網路多媒體與光通訊網路應用的寬頻網路建設與服務，在台灣已具備相當規模，因為寬頻通訊是政府推動知識經濟、扶植全球競爭力的重要籌碼，面對網際網路的高度發展與頻寬需求的迫切，具備高頻寬優勢的光纖格外受到矚目，也帶動了光纖通訊技術的成長與蛻變，並造就了各種新產品需求與市場效應。

7.3.1　光纖通訊技術的發展

在遠古時代的人們，為了要加速訊息的傳遞，就知道利用光信號來進行通訊，如烽煙與旗語等，此種光通信因為缺乏良好的光源和通信媒介，以至於無法滿足訊息傳遞之需要。而自西元 1960 年美國物理學家發明了紅寶石雷射，以及西元 1970 年美國康寧公司研製出每公里僅衰減 20 分貝的光纖之後，再經過各國多位科學家的努力，促使光纖通信系統日趨實用化。

光通訊與傳統通訊最大的不同在於以傳輸容量較大的光纖取代銅纜作為傳輸的媒介。光通訊起源於 1970 年代，主要藉由纖細如髮絲的光纖為媒介，以光波來傳送資訊的一種有線通訊方式。因為光纖較銅線具有重量輕、體積小、傳輸距離長、傳輸速率快、傳訊品質高、保密性佳以及低噪音等特性，使得光纖開始被廣泛應用。不過早期受限於技術未成熟與價格昂貴等因素，大多使用於對資料流量需求較大的長途通訊骨幹網路架構上。而在 80 年代中期以後，研究人員更不斷地改進光源、光纖及發明不同的光配件，使得短短數十年間，光通訊技術已經由無到有，發展成為遍及全球的光纖通訊網，圖 7.39 即為光通訊架構示意圖。

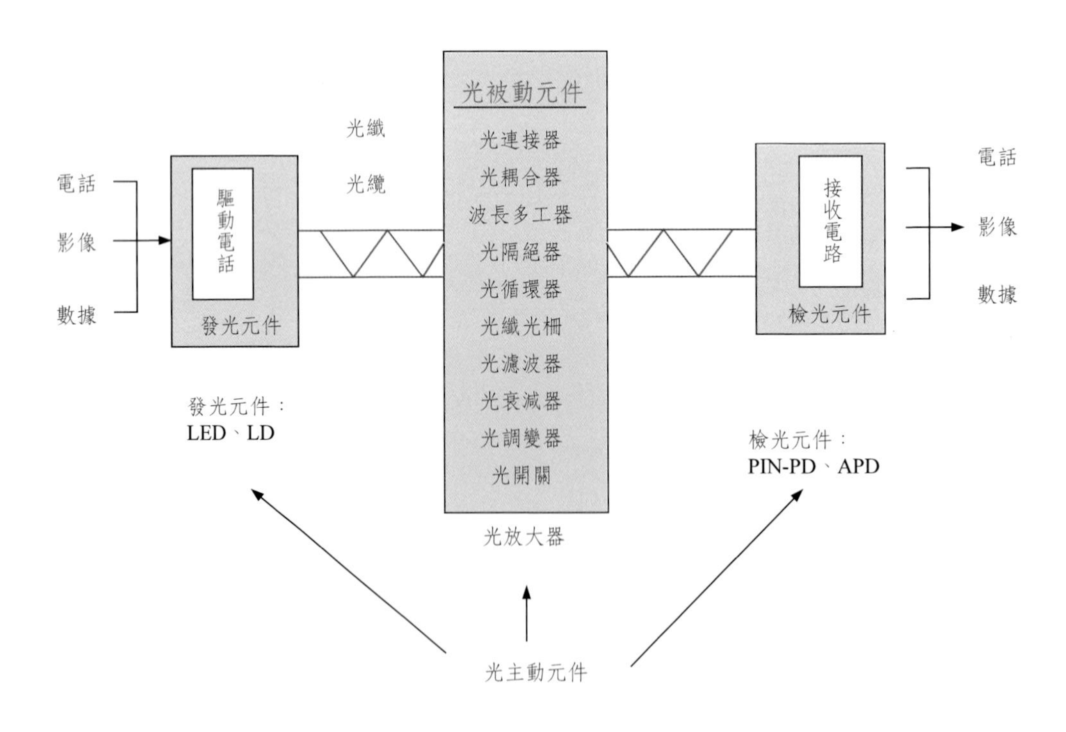

圖 7.39 光通訊架構示意圖

7.3.2 光纖通訊的優點與缺點

優點：

由於光纖是石英玻璃（SiO_2）所製成，具有腐蝕、耐火、耐水及壽命長之特性，因此不受外來的火花及雷電等之干擾，是安全與保密性極高的通訊設備。另外，相對於傳統電纜的銅、鉛等材料而言，光纖原料可以說是取之不盡；此外光纜重量輕、體積小，所以在埋設光纜線路時，可相對節省管道空間。

其次，若能選用適當波長的光源，當光訊號通過用石英玻璃製成的光纖時，訊號強度的衰減量非常小。圖 7.40 是典型光纖的損耗光譜圖，通常傳輸五十公里時才會衰減為十分之一，而且傳送很遠，也不會使載送的訊號改變形狀而失真。和金屬電纜比較起來，可以減少許多為了增強訊號及消除雜訊而設置的轉發器（repeater）。

一般而言，通訊量的大小，取決於傳送訊號的頻率高低，頻率越高，便可傳送越多的資料。由於其驚人的傳送能力，將可使聲音、影像及電腦資料在短時間之內傳送出去，光纖在通訊方面的潛力由此可見。科學家之所以對

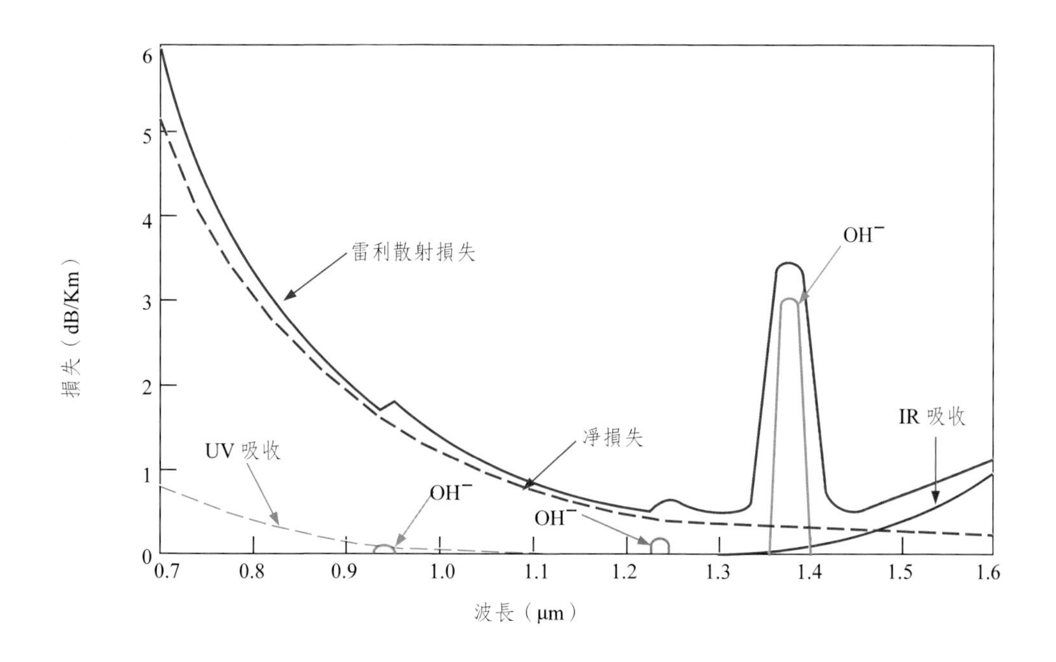

圖 7.40 典型光纖的損耗光譜圖

光纖通訊抱著如此熱烈的期盼，最大的理由是與以往的傳統電通訊相比，光纖通訊可達成的通訊量超出若干倍之多。而且光纖屬於非金屬的石英介質絕緣體，不會受到電磁波等之干擾，在高干擾的環境可保持訊號完整。不受電磁干擾，傳送資訊保密性強。

缺點：

雖然光纖通訊的優點很多，但它本身還是有一些缺點。例如元件昂貴，光纖質地脆、彎曲半徑大、易因屈曲而損毀、機械強度低、佈線時需要小心及需要專門的切割及連接工具，光纖的接駁、分路及耦合的技術比銅線麻煩等。但這些都不是嚴重的問題，隨著科技的發展這些問題都可以獲得解決。

7.3.3 光纖通訊光源

適合作為光通訊的光源種類形式，不僅和通訊距離有關，更取決於需求的頻寬。對於短傳輸用途的區域網路而言，LED 是常被選用的光源，因為驅動方式簡單、成本低、生命週期長、並可提供足夠的輸出功率，儘管輸出頻譜較雷射二極體（LD）來得寬。另外，長距離傳輸和寬頻通訊的光源選擇以雷射二極體較佳，因為他們有較窄線寬、高輸出功率以及較高的信號帶寬能力。不論光源是雷射二極體或發光二極體，它們都具有很小的體積及適當的光輸出功率，而且可與直徑很小的光纖相匹配，除此之外它們的硬體結構與低電源需求亦正好與近代固態電子技術相匹配。

LED 元件構造有兩種基本型式，假如光是由復合面區域發射，如圖 7.41(a) 所示，則此元件為面發射 LED（SLED）；假如光輻射是由晶體邊緣區域發射，亦即晶體面垂直主動層的區域，則此 LED 為一邊緣發射 LED（ELED）（如圖 7.41(b)）。

對面發射發光二極體來說，光源與光纖耦合最簡單的方式便是將光纖埋入蝕刻過的平面 LED 結構中，並使光纖盡可能貼近井底，亦即輻射主動區，這種形式的結構稱為普羅斯型元件（Burrus-type），盡可能捕捉較多的光線，如圖 7.42(a) 所示。另一種方法是使用截斷式球面透鏡（微透鏡）將光聚到光纖中，使用透鏡一般具有高折射率（n = 1.9～2），接著透鏡以一折射率匹配的黏著劑黏合於 LED 上，如圖 7.42(b) 所示；另外，光纖也能以相似的黏著劑黏合在透鏡上。

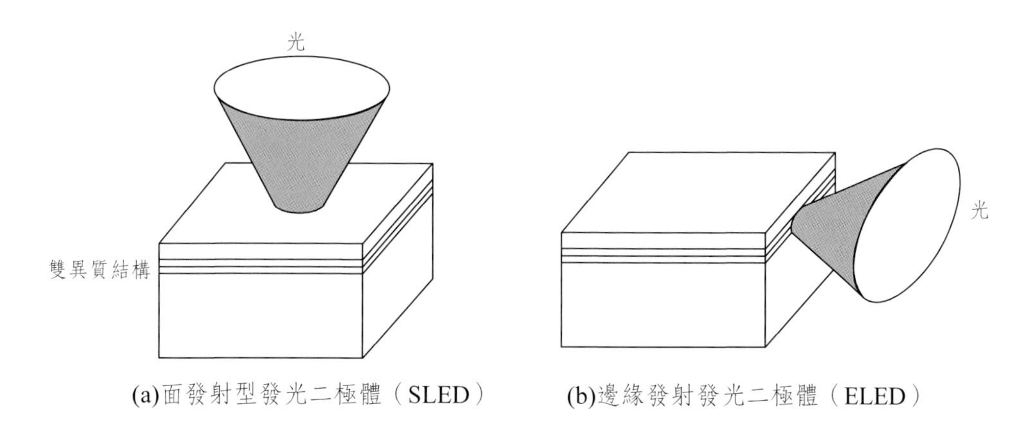

圖 7.41 兩種基本形式的發光二極體示意圖

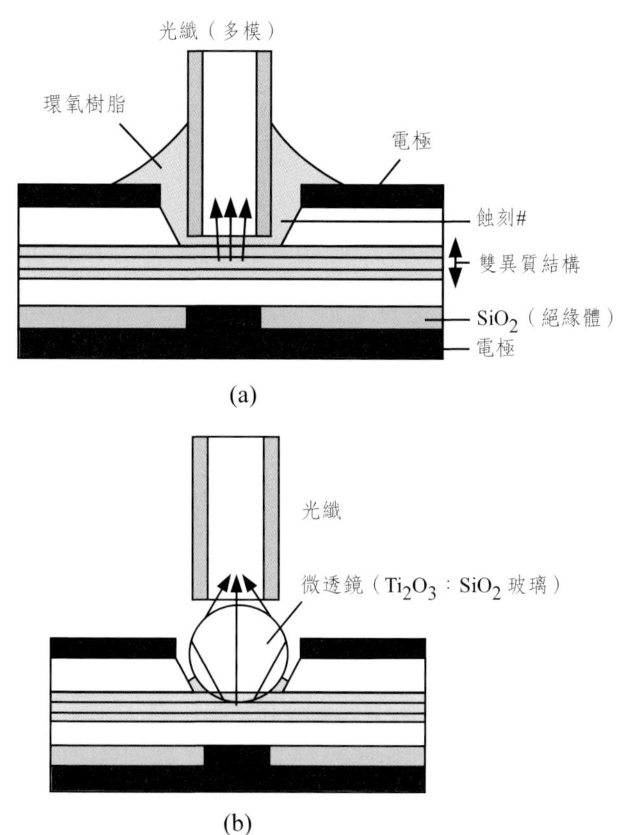

圖 7.42 (a) 光由面發射 LED 耦合進入多模光纖，其中使用折射率匹配的環氧樹脂光纖被黏合於 LED 結構上，(b) 微透鏡將面發射 LED 的發散光聚焦並導入多模光纖中。

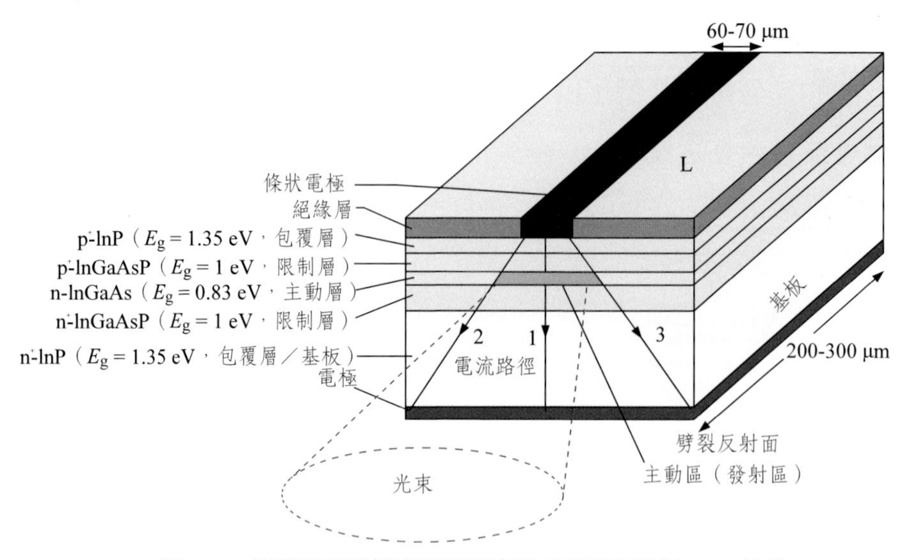

圖 7.43　以圖示說明雙異質接面條狀接觸邊緣發射 LED 結構

與面發射型 LED 比較，邊射型 LED 可提供較大的光強度和光束，並有較佳的光束平行度，圖 7.43 顯示一操作波長在 1.5 μm 下，典型的邊發射 LED 結構圖。主動區載子復合產生的光被雙異質結構所形成的波導導引到晶體的邊緣；InGaAs 主動區的能隙值約為 0.83 eV，因為周遭環繞著具有較寬能隙（E_g ≒ 1 eV）的 InGaAsP 限制層，形成雙異質結構；光由主動層（InGaAs）發射，並發散至鄰近層（InGaAsP），其可收納光並引導它沿著晶體到達邊緣，InP 具有更寬能隙（E_g ≒ 1.35 eV），因此比 InGaAsP 的折射率更小，這兩個 InP 層形成包覆層，因此可將光更有效的侷限在雙異質結構中。

通常有一些透鏡系統是可方便地將 ELED 的輻射耦合到光纖中，例如在圖 7.44(a)，利用一半球狀的透鏡接合到光纖端，對準發光二極體後可將光束耦合到光纖中。

另一個方式是利用斜射率棒型透鏡（gradient index, GRIN），它的截面具有拋物線的折射率分佈，沿棒軸方向有一最大的折射率，它像是一個大直徑短長度斜射率「光纖」（典型的直徑為 0.5～0.2 mm），斜射率棒型透鏡能用來聚焦 ELED 的光，使它進入光纖中，如圖 7.44 (b) 所示，這樣的耦合對單模光纖特別有用，因為他們的核心直徑大小大概在 10 μm 左右。

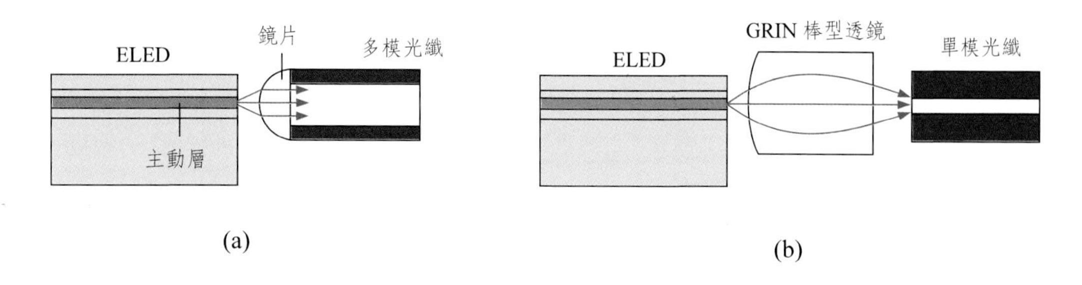

圖 7.44　典型地藉由使用透鏡或 GRIN 棒型透鏡，可將邊緣發射 LED 的光耦到光纖中。

即使使用相同半導體材料作成的面發射與邊緣發射 LED 的輸出頻譜也不一定相同，第一個原因是主動層可能有不同的摻雜濃度，第二個可能則是 ELED 中有一些光子出現自吸收的情形，典型的 ELED 輸出頻譜的線寬會略小於 SLED 形式。例如典型 InGaAsP 邊射型 LED 操作在接近 1300 nm 下，可能具有一線寬 75 nm 的輸出頻譜，而相對的面發射型 LED 的線寬則約 125 nm。

台灣的光纖通訊產業在 1997 年左右到達巔峰，當時與光纖通訊相關的元件公司，例如卓越光纖、全新光電等，都籌募大量資金，炒熱了台灣光纖通訊產業。但是光通訊產業自 2000 年網路泡沫化後，沈寂了很長一段時間。到了 2005 年全球光通訊產業已有回溫情況，最主要的推力為各地在寬頻網路建設的開始，其中以日本在政府推動 FTTH（Fiber To The Home）相關建設上最為積極。未來在寬頻光通訊市場的普及化工作上，仍有許多努力的空間。

習題

1. 未來以 LED 作為顯示器的背光源已成為主流發展趨勢，比較 LED 在顯示器的背光應用上的優點與缺點？
2. LED 根據發光波長可以有不同的應用，請簡述其分類與應用領域。
3. 在顯示器背光模組中的光源配置可分為側光式與背下式，兩種設計上有何差異性？簡述 LED 背光應用在大型顯示器、電視螢幕與筆記型電腦上的優缺點與挑戰。

4. 比較 LED 燈泡、白熾燈泡與省電燈泡的一般使用壽命與功率轉換。若要達到 LED 白光照明的普及，LED 發光效率應該要在多少以上較佳？
5. LED 在車用市場上的應用有哪些（可見與不可見光）？LED 在車頭燈照明上有哪些特別需要注意與克服的技術？
6. LED 照明產業的 SWOT 分析。
7. 在光纖通訊的光源選擇上，使用何種波長的 LED 較好？理由為何？這個波長 LED 使用材料為何？

參考文獻

1. 李麗玲等，「照明系統技術發展規劃報告」，工研院（2004）
2. 經濟部能源科技研究發展計劃，「照明系統技術開發應用與前瞻技術研發」計劃書（2007）
3. 經濟部能源科技研究發展計劃，「LED 照明技術研發與推廣」計劃書（2007）
4. 財信，LED 投資新趨勢，財信出版（2008）
5. 謝煜弘，「新世紀光源白光 LED 之特性與應用」，照明學刊第十九卷，第二期（2002）
6. B.J. Huang, M.S.Wu and Y.T. Huang, “Feasibility of roadway lighting using high-power LED, World Sustainable Energy Days 2007- European Energy Efficiency Conference, March 1, 2007 (Wels, Austria).
7. 劉世忠，「發光二極體產業概況」，產經資訊（2007）
8. 「LED 照明光源展望（七）：SWOT 分析」，工業材料，236 期，pp.150-154 (2006).
9. 「白光 LED 發展概論」，工業材料，229 期，pp.66-68 (2006).
10. L. Yang, S. Jang, W. Hwang, M. Shin, “Thermal analysis of high power GaN-based LEDs with ceramic package” , Thermochimica Acta, vol.455, No.1-2, pp.95-99 (2007).

索　引

D

E

F

G

H

I

K

L

M

N

O

P

Q

R

S

T

習題解答

第一章

1. 1907 SiC（蕭基特二極體）第一顆 LED
   1936 ZnS（二六族半導體 LED）
   1952-53 GaAs（三五族半導體 LED）波長 870～980nm
   發展歷史
   1907 SiC LED 黃光、綠光、橘光
   1923 SiC p-n 接面注入電流會產生藍光
   1936 ZnS 也可發光
   1962 GaAsP 為紅光 LED（第一顆可見光 LED）
   1963 GaP p-n 接面 LED N、Zn、O 摻雜會發紅綠光
   1972 GaAsP/GaAs N 摻雜發出黃光
   1980 AlGaAs/GaAs，AlGaAs/ AlGaAs 發光效率高於紅光 LED
   1985 AlGaInP/GaInP 四元材料→625、610、590nm→紅、橘、黃光
   1986 GaN 薄膜產生藍光
   1989 p-GaN 薄膜，CP_2Mg 摻雜→藍光且低電阻
   1990 將紅光 LED 建立在 GaP 基板上提高發光效率
   1993 InGaN/GaN 產生藍光、綠光
   1995 GaN 產生高亮度藍綠光
   1996 利用 InGaN 藍光 LED 激發鈰黃色螢光物質之白光 LED
   結論
   AlGaInP 為高效率紅黃光 LED
   AlGaInN 為高效率藍綠光 LED
2. (1) $f_{(E)} = \dfrac{1}{1+e^{(E-E_f)/K_BT}}$，$E - E_F = 0.25\text{eV}$
   ∵傳導帶∴$E - E_F \geqq 3K_BT$ 時，$\exp[(E - E_F)/K_BT] \geqq 20$；
   $1 + \exp[(E - E_F)/K_BT] \sim \exp[(E - E_F)/K_BT$
   $\therefore f_{(E)} \cong \dfrac{e^0}{e^{(E-E_f)/K_BT}} = e^{-(E-E_f)/K_BT}$
   [If T=300K，$f(E) \cong 6.67\times10^{-5} = 6.67\times10^{-3}\%$]
   (2) $Nc=2.8\times10^{19}\text{cm}^{-3}$, $K_B(T = 300K) = 0.02585\text{eV} \cong 0.026\text{eV} = 26\text{mV}$
   $n = Nce^{-(Ec-E_f)/K_BT} = 2.8\times10^{19}\times6.67\times10^{-5} = 1.87\times10^{15}\text{cm}^{-3}$
3. $N_d = 10^{16}$，$N_d \gg n_i = 1.45\times10^{10}\text{cm}^{-3}$，所以 $n = N_d = 10^{16}\text{cm}^{-3}$
   對於本質矽：$n_i = N_c\, e^{\frac{-(E_C-E_{Fi})}{k_BT}}$ (1)
   有摻雜：$n = N_d = N_c\, e^{\frac{-(E_C-E_{Fn})}{k_BT}}$ (2)

將(1)、(2)式相除，得到 E_{Fi} 與 E_{Fn} 關係式：

$$\frac{N_d}{n_i}=\frac{N_c\,e^{[-(E_C-E_{Fn})/k_BT]}}{N_c\,e^{[-(E_C-E_{Fi})/k_BT]}}=e^{[(E_{Fn}-E_{Fi})/k_BT]}$$

取ln：$E_{Fn}-E_{Fi}=k_BT\ln\left(\frac{N_d}{n_i}\right)$

室溫T = 300k下，$k_BT=0.02585eV\cong 0.026\text{eV}=26\text{meV}$

$$E_{Fn}-E_{Fi}=0.02585\times\ln\left(\frac{10^{16}}{1.45\times10^{10}}\right)=0.02585\times13.44=0.3475eV$$

$$=0.348eV$$

晶片再摻入硼，受體濃度$N_a=2\times10^{17}\text{cm}^{-3}>N_d=10^{16}\text{cm}^{-3}$，因為由於補償作用，會將半導體反轉成p型矽$p=N_a-N_d=1.9\times10^{17}\text{cm}^{-3}$

對於本質矽：$n_i=N_V\,e^{[-(E_{Fi}-E_V)/k_BT]}$ (3)

有摻雜的矽：$p=N_V\,e^{[-(E_{FP}-E_V)/k_BT]}$ (4)

將(3)(4)相除，得到 E_{Fi} 與E_{FP} 關係式：

$$\frac{p}{n_i}=\frac{N_V\,e^{[-(E_{FP}-E_V)/k_BT]}}{N_V\,e^{[-(E_{Fi}-E_V)/k_BT]}}=e^{[-(E_{FP}-E_V)/k_BT]}$$

取ln：

$$E_{FP}-E_{Fi}=-k_B\,T\ln\left(\frac{p}{n_i}\right)=(-0.02585)\times\ln\left(\frac{1.9\times10^{17}}{1.45\times10^{10}}\right)$$

$$=(-0.02585)\times16.39=-0.4236\text{eV}=-0.424\text{eV}$$

4. $\tau_e=\tau_h=\frac{1}{\text{BN}_\text{a}}=1.39\times10^{-8}(\text{s})\qquad\frac{\text{k}_\text{B}\text{T}}{\text{e}}=0.02585(\text{V})$

$\text{D}_\text{h}=0.02585\times250\times10^{-4}=6.465\times10^{-4}(\text{m}^2\text{s}^{-1})$

$\text{D}_\text{e}=0.02585\times5000\times10^{-4}=1.2925\times10^{-2}(\text{m}^2\text{s}^{-1})$

$\text{L}_\text{h}=(\text{D}_\text{h}\tau_\text{h})^{1/2}=6.465\times10^{-4}(\text{m}^2\text{s}^{-1})\times1.39\times10^{-8}(\text{s})=3\times10^{-6}(\text{m})$

$\text{L}_\text{h}=(\text{D}_\text{e}\tau_\text{e})^{1/2}=1.2925\times10^{-2}(\text{m}^2\text{s}^{-1})\times1.39\times10^{-8}(\text{s})=1.34\times10^{-2}(\text{m})$

中性區擴散逆向飽和電流為：

$$\text{I}_{\text{s0}}=\text{A}\left[\frac{\text{D}_\text{h}}{\text{L}_\text{h}\text{N}_\text{d}}+\frac{\text{D}_\text{e}}{\text{L}_\text{e}\text{N}_\text{a}}\right]\times\text{e}\times\text{n}_\text{i}^2$$

$$=5.19\times10^{-1}\times[2.155\times10^{-21}+0.965\times10^{-20}]$$

$$=6.13\times10^{-21}(\text{A})$$

順向擴散電流為：

$$I_{diff}=I_{s0}\exp\left[\frac{eV}{k_BT}\right]=6.13\times10^{-21}\times\exp\left[\frac{1}{0.02585}\right]=3.94\times10^{-4}(\text{A})$$

內建電位 $\text{V}_0=\frac{\text{k}_\text{B}\text{T}}{\text{e}}\ln\left(\frac{\text{N}_\text{a}\text{N}_\text{d}}{\text{n}_\text{i}^2}\right)=0.02585\times\ln\left(\frac{10^{46}}{(1.8\times10^{12})^2}\right)=1.28(\text{V})$

空乏區寬度 $\text{W}=\left[\frac{2\text{e}(\text{N}_\text{a}+\text{N}_\text{d})(\text{V}_\text{o}-\text{V})}{\text{eN}_\text{a}\text{N}_\text{d}}\right]^{\frac{1}{2}}$

$$=\left[\frac{2\times13.2\times8.85\times10^{-12}\times(2\times10^{23})(1.28-1)}{1.6\times10^{-11}\times(10^{21})^2}\right]^{\frac{1}{2}}$$

$$=0.069\text{um}$$

對一對稱二極體而言：$W_p = W_n = \frac{1}{2}W$　並取 $\tau_e = \tau_h \approx \tau_c \approx 10ns$

$$I_{r0} = \frac{Aen_i}{2}\left[\frac{W_P}{\tau_e} + \frac{W_n}{\tau_h}\right] = \frac{Aen_i}{2}\left(\frac{W}{\tau_r}\right)$$

$$\frac{10^{-6} \times 1.6 \times 10^{-19} \times 1.8 \times 10^{12}}{2}\left[\frac{9 \times 10^{-8}}{10 \times 10^{-9}}\right] = 1.3 \times 10^{-12}(A)$$

所以 $I_{recom} = I_{r0}\exp\left(\frac{eV}{2k_BT}\right) = (1.3 \times 10^{-12})\exp\left(\frac{1}{2 \times 0.02585}\right) = 3.3 \times 10^{-4}(A)$

$I_{diff} = 3.94 \times 10^{-4}(A)$　$I_{recom} = 3.3 \times 10^{-4}(A)$　故有相同數量級大小

5. (a) $n_i = (N_c N_v)^{1/2} e^{\left[\frac{E_g}{2k_BT}\right]}$

(b) $\sigma = en_i(\mu_e + \mu_n) = 9.64 \times 10^{-10}(1/\Omega \cdot cm)$

$\rho = \frac{1}{\sigma} = 1.04 \times 10^{9}(\Omega \cdot cm)$

(c) $E_c - E_{Fi} = K_B T \ln\left(\frac{N_c}{N_v}\right) = 0.7eV$

(d) $n_i(T) = [N_{c(300)} N_{v(300k)}]^{1/2}\left(\frac{T}{300}\right)^{3/2} e^{\left[-\frac{E_g}{2k_BT}\right]} = 2.04 \times 10^{6}\ (cm^{-3})$

第二章

1. $0.85um = 850nm$, $\alpha = 10^4 cm^{-1}$, $d = 1um = 10^{-4}cm$

$I = I_0\exp(-\alpha d) = 1(mW)\exp(-10^4 \times 10^{-4}) = 1\exp(-1) = 0.368mW$

2. (i) 注入載子侷限在主動層而提高可復合的機率（輻射復合）

(ii) 降低非輻射復合降低熱的產生

(iii) 高位能障可降低漏電流的產生

(iv) 多量子井可以降低載子溢流的現象

(v) 可以降低驅動電壓

(vi) 電子阻擋層可以降低載子逃脫而損失效率

3. $$\frac{d\lambda}{dT} = -\frac{hc}{E_g^2}\left(\frac{dE_g}{dT}\right) = \frac{-(6.626 \times 10^{-34})(3 \times 10^8)}{(1.42 \times 1.6 \times 10^{-19})^2}\ (-4.5 \times 10^{-4} \times 1.6 \times 10^{-19})$$

$$\frac{d\lambda}{dT} = \frac{6.626 \times 10^{-34} \times 3 \times 10^8}{(1.42)^2 \times 1.6 \times 10^{-19}} \times (4.5 \times 10^{-4}) = \frac{19.878 \times 10^{-26}}{3.22624 \times 10^{-19}} \times 4.5 \times 10^{-4}$$

$= 2.77 \times 10^{-10} mK^{-1} = 0.277 nmK^{-1}$

$\Delta\lambda = (d\lambda/dT)\Delta T = (0.277nmK^{-1})(10K) \approx 2.8nm$

4. $\eta_{ext} = \frac{P_o}{P_i} = \frac{P_o}{IV}$

$$\eta_{ext} = \frac{2.5 \times 10^{-3}W}{(50 \times 10^{-3}A)(1.6V)} = 0.03125 = 3.125\%$$

5. (a) GaAs：

GaAs → 封裝用聚合物：$\phi_{c1} = \sin^{-1}\frac{n_{s2}}{n_{s1}} \Rightarrow \phi_{c1} = \sin^{-1}\frac{1.5}{3.4} = 26.18°$

封裝用聚合物→空氣：$\phi_{c2} = \sin^{-1}\frac{n_{air}}{n_{s2}} \Rightarrow \phi_{c2} = \sin^{-1}\frac{1}{1.5} = 41.8°$

GaN：

GaN → 封裝用聚合物：$\phi_{c1}=\sin^{-1}\frac{n_{s2}}{n_{s1}} \Rightarrow \phi_{c1}=\sin^{-1}\frac{1.5}{2.5}=36.87°$

封裝用聚合物 → 空氣：$\phi_{c2}=\sin^{-1}\frac{n_{air}}{n_{s2}} \Rightarrow \phi_{c2}=\sin^{-1}\frac{1}{1.5}=41.8°$

(b) GaAs + 封裝用聚合物

GaAs 和封裝用聚合物界面

$\frac{Pescapel}{Pescape}=\frac{1}{2}(1-\cos\phi_{c1})=\frac{1}{2}(1-0.897)=0.0515=5.15\%$

封裝用聚合物界面和空氣接面

$\frac{Pescapel}{P\text{聚合物}}=\frac{1}{2}(1-\cos\phi_{c2})=\frac{1}{2}(1-0.7455)=0.1272=12.72\%$

GaN+ 封裝用聚合物

GaN 和封裝用聚合物界面

$\frac{Pescapel}{Pescape}=\frac{1}{2}(1-\cos\phi_{c1})=\frac{1}{2}(1-0.8)=0.10=10\%$

封裝用聚合物界面和空氣接面

$\frac{Pescapel}{P\text{聚合物}}=\frac{1}{2}(1-\cos\phi_{c2})=\frac{1}{2}(1-0.7455)=0.1272=12.72\%$

第三章

1. 從液相中直接利用沉積法，將磊晶層藉由過飽和的磊晶溶液成長在單晶的基板上。
   以成長方式分類：步階冷卻法、平衡冷卻法、過冷卻法、雙相法。
2. 物理沉積法（PVD）：在真空環境中，藉由熱蒸發或離子撞擊的方式，使蒸發源產生的原子或是分子氣體，於基板上沉積而形成薄膜的方法。
   化學沉積法（CVD）：利用反應分子氣體的分解或分子間的化學反應，促使分子氣體形成薄膜。化學沉積法是將化學氣體注入反應室內，在維持一定高溫的基板表面上，藉由熱分解與化學反應進行磊晶薄膜成長。
3. MOCVD 與鹵化法相比最大的優點是化學反應的可逆性，MOCVD 的化學反應是不可逆的，所以磊晶時的生長溫度可以在較大的範圍內進行，這對於反應腔體結構簡化、反應過程的控制都有極大的好處。
   MOCVD 適用於量子井與超晶格結構的生長的理由：
   (1) 有機金屬原料具有多重選擇，且原料之純度、來源、價格、穩定度及處理方便性都受到肯定（相較於 HVPE）。
   (2) 操作上不需要高真空相對於 MBE，可在一大氣壓下操作，故系統價格低，維修簡易。
   (3) 不需要溶劑及事後除去溶劑的麻煩相對於LPE。
   (4) 磊晶磨表面光滑，多重結構生長控制容易，參雜生度及濃度可精確控制。
   (5) 量產化是其最重要之潛力。

4.

	MBE	MOCVD
優點	1. 沒有有毒氣體（固體源）。 2. 易得到磷化物；不需要 As 或 P 的再裝填（氣體源）。 3. 減小熱量消耗（金屬有機化合物）。	1. 耗熱少；易得到磷化物；可以選擇性生長。 2. 適用範圍廣泛，幾乎可以生長所有化合物及合金半導體。 3. 非常適合於生長各種異質結構材料。 4. 可以生長超薄磊晶層，並能獲得很陡的介面過渡。 5. 生長易於控制。 6. 可以生長純度很高的材料。 7. 磊晶層大面積均勻性良好。 8. 可以進行大規模生產。
缺點	1. 耗熱多；磷需要裂化或昇華源（固體源）。 2. 耗熱多；產生有毒氣體；額外的泵載荷）氣體源）。 3. 難得到磷化物；要考慮金屬有機化合物的純度；要考慮碳污染；額外的泵載荷；比起氣體源 MBE 沒有太多優點；需要更多複雜化學物質（金屬有機化合物）。	額外的泵載荷；可能產生碳污染；要考慮金屬有機化合物的純度；產生有毒氣體

5.

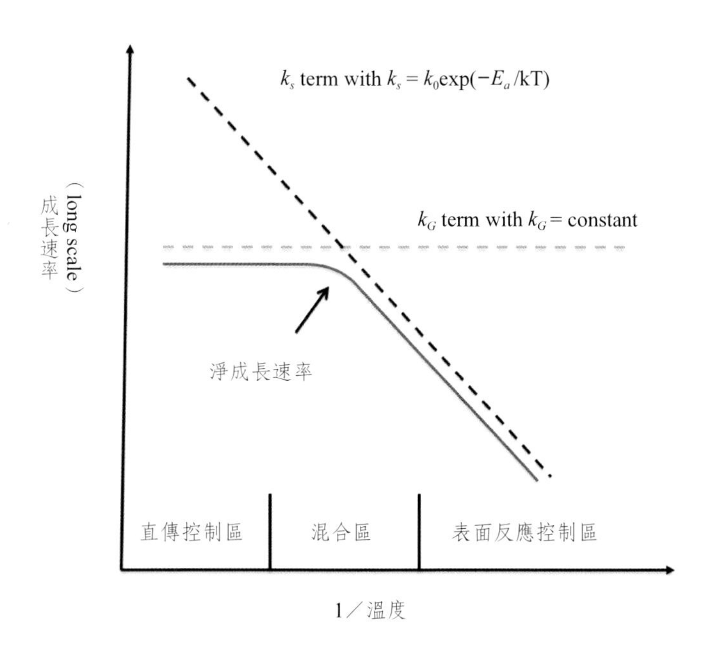

可以將化學氣象磊晶大致區分為兩個區域（由上圖）：質量傳輸控制區與表面反應控制區。

第四章

1. (1) 利用將藍寶石基板圖形化可以有效地增強光萃取效率，因為可以藉由基板上的幾何圖形改變散射機制或是將散射光導引至 LED 內部由逃逸角錐中穿出。由於藍寶石基板表面堅硬，較不易使用一般的乾式蝕刻，且有造成表面損壞可能，故一般多利用化學的濕式蝕刻方式。

   (2) 抗反射層：光學上的抗反射原理主要是利用光線在不同介質中藉由控制反射塗層之折射率與厚度的相乘積等於入射波長 1/41 奇數倍的效應，而產生干涉效果獲得抗反射效果。

   (3) 表面粗糙畫或是表面結構化，當 LED 表面為一完美平滑的表面時，會導致光在結構中形成波導模式而無法逃逸，而當半導體表面為適度粗糙化的表面時，即有多處能將波導模式的光耦合出去，即形成漫射方式散射出去。

2. （參考）

   電流分佈層：在含有薄上方侷限層 LED 結構中，電流會被注入到不透光的上方電極下面的主動區，所以主動區產生的光會因電極的不透光而降低光萃取效率。這個問題可利用在上方侷限層和上方歐姆接觸電極之間加入電流分佈層來避免，將從上方電極所注入的電流分散到未被不透光電極所覆蓋到的區域，再往下注入到沒有被電極阻擋住的主動區中。

   電流阻擋層：這層是用以阻擋電流進入到接觸電極下方的主動區，造成電流流經偏離接觸電極的區域，因此提高光的萃取效率。阻擋層位於上侷限層的上方，其尺寸大約與金屬接觸電極的大小相同。電流阻擋層有 n 型的導電性，且埋在於 p-型導電性的材料中，由於電流阻擋層的周圍形成 p-n 接面，因此電流會流過阻擋層周圍。

3. (1) 雙層異質結構：不僅可使用在塊材也使用在量子井主動區的設計。量子井主動區提供狹窄井區額外的載子濃度，這樣可以進一步改善內部量子效率；另外一方面，如果使用量子井主動區，量子井中的能障會阻止相鄰井間的載子流動，因此能障必須夠透明，才能允許井與井之間高效率的載子傳輸，並可避免載子在主動區中不均勻的分佈。

   (2) 主動區的摻雜：由於載子的生命週期和主要載子的濃度有關，在低激發範圍內，輻射載子的生命週期會隨著自由載子濃度的上升而下降，因此輻射效能會增加，在適當摻雜下，其螢光效率會隨摻雜濃度增加而增加。

   (3) p-n 接面的位移：通常受體會從上方的侷限層擴散到主動區且進入下方的侷限層，例如常作為摻質的 Zn 和 Be 雜質都是小原子，容易在晶格中擴散，此外，Zn 和 Be 都具有和濃度相關關係強烈的擴散係數，一旦 Zn 和 Be 受體超出臨界濃度其會很快擴散，而導致元件將不能正常動作，而且將不會發出先前所設計的波長。

   (4) 侷限層的摻雜：是由於電子的擴散長度大於電洞的擴散長度，而侷限層中高的 p 型載子濃度，會使電子維持在主動區中，並且避免他們擴散進入侷限層。低摻雜濃度的 p 型侷限層會使電子容易從主動層中脫逃，因而降低內部量子效率。

(5) 非輻射複合：點缺陷、多餘的雜質、差排和其他的缺陷所造成深層能階必須非常少，同樣地，表面復合必須保持在最低的可能標準。而將表面遠離有電子或電洞的區域數個擴散長度遠，可降低表面復合的發生。

(6) 晶格匹配：在雙異質結構中，主動區所使用的材料和侷限層不同，但兩者卻要有相同的晶格結構和晶格常數。如果半導體沒有相同的晶格常數，則在兩種半導體的介面或是介面的附近將會發生缺陷。

4. 在低於其能隙的吸收尾端稱作 Urbach 尾部（Urbach tail），而其特性能量又決定了低於能隙能量時，其吸收係數所下降的速率。如果入射光子的能量比能隙能量小很多時，Urbach 尾部所造成的吸收效應很小而可忽略，此時自由載子的吸收就變成了主要吸收機制。一自由載子因吸收了光子而被激發到較高的能階時，其吸收轉換必須遵守動量守恆。

第五章

1. 錐狀細胞主要功能在感受顏色，活躍於白晝等光度較高的情況；桿狀細胞僅接收光量，無法辨明顏色及細部，其所感受的是黑白影像，運作於夜晚等光度較差的情況。

2. 光通量：表示一光源被人眼所感知到的光功率。其單位為流明（lm）。其定義為：一發光功率 1/683 瓦特之 555nm 的單色發光源所有的發光通量即為 1 流明（lm）。

（發）光強度：表示光源在一定方向和範圍內發出的人眼感知強弱的物理量。

照度：意指每單位面積所入射的光通量，其單位是 lux。

朗伯表面：某些光源如太陽、黑體、粗糙的發光面，其輝度和方向無關，這類光源則稱之朗伯光源。

演色指數：以標準光源為準，將其演色性指數定為 100，其餘光源的演色性指數均低於 100。演色性指數用 Ra 表示，Ra 越大表示光源的演色性越好。

色溫：當光源所發出的光的顏色與黑體在某一溫度下輻射的顏色相同時，也就是光源的色度座標落在普朗克軌跡上，那麼黑體對應的溫度就稱為該光源的色溫。

3. 色域範圍內的所有顏色都可以被三種顏色混合出。而顯示器品質的重要指標之一就是能否提供豐富的色彩選擇。LED 不是單色光，因為 LED 的光譜線寬大約是 1.8kT。由於 LED 的有限光譜線寬影響，LED 的色度座標上並不是位於圖形的邊緣，但是接近邊緣，因此使用 LED 作為顯示器光源的色彩飽和度相當高。

4. 較低的高壓電源，大幅減低了電磁干擾外，由於省卻了電壓轉換，在使用電池作電源的產品上也省卻了電壓轉換時的功率損耗，而 LED 的工作壽命，顏色的穩定性也較好。

5. a. 第一種是以紅、藍、綠（R，B，G）等三色 LED，混合成白光；

第二種是以單一 LED 晶片放射白光；

第三種是以螢光粉與 LED 晶片組合，製造白光。

b. LED 極高的開關速度，LED 的亮起時間比白熾燈快 0.5 秒之多，這對行車安全非常重要。而車輛行駛環境中震盪、溫差變化下，LED 仍然有穩定的光度及非常可的靠性。

第七章

1. 優點：體積小、亮度高、驅動電路比冷陰極管較簡單

   缺點：(1) 光學設計，RGB 之 LED 點光源如何形成均勻色度亮度分佈的面光源；(2) 散熱設計，如何克服大尺寸、高亮度所產生的散熱問題；(3) 溫度變化和老化時色度亮度的穩定性，及色度亮度衰減、漂移補償的問題；(4) 降低耗電量；(5) 場序 LED 背光源驅動技術、動態對比度控制技術；(6) LED 成本偏高。

2. 紅光（620nm）；橙光（590nm）；黃光（570nm）；綠光（550nm）。

3. 小尺寸的採側向式以達到薄型化及節省成本的目的

   大尺寸顯示器由於需高亮度而採直下式的結構

	大型顯示器	筆記型電腦	電視螢幕
優點	色域寬 高動態對比	模組厚度薄、重量輕省電，增加電池續航力	色域廣 高動態對比
缺點與挑戰	CCFL跌價迅速與LED價差仍大，對色彩及其他光學規格較不要求，對重量級厚度無特殊需求	色域較窄 導光板良率不佳 白光LED專利問題	散熱問題待克服 混光均勻性 色彩及亮度衰減造成不均勻

4. 如下表：

	LED 燈泡	白熾燈泡	省電燈泡
使用壽命hrs	60000	6000	1500
功率轉換lm/W	40-80	45	12

   100lm/W

5. (1) 目前 LED 車用光源主要是以指示燈為為主，可分為車內與車外光源兩大類，車外光源以第三煞車燈為主、後方向燈為主，而車內光源則以閱讀燈、儀錶板燈、圓頂燈等為主。

   (2) LED 車頭燈主要技術可分為螢光粉塗布技術、高效率系統光學設計、高導散熱技術。

6. LED 照明產業的 SWOT 分析如下表：

優勢	劣勢
1. 擁有 LED 照明關鍵之 LED 光源、光電模組及產品開發技術及相關專利 2. LED 產業結構完整、研發技術實力雄厚、量產能力全球第一；證明產業製造技術優良、有行銷通路應變力佳；後續承擔技術與推廣應用實力堅強 3. 資訊電子業研發與製造能力具國際競爭優勢，結合 LED 照明應用效益加乘 4. 光環境設計人才輩出，垂直整合創造應用機會	1. LED 發光效率落後 20Lm/W 且缺乏晶片設計及製造核心專利 2. 欠缺 LED 元件、產品標準及測試驗證規範 3. LED 照明廠家規模小、研發能力弱，產品設計能力不足 4. 欠缺光源基材、高導熱及光學擴散等材料 5. LED 價格仍高於傳統螢光燈數十倍 6. 應用市場掌握有待加強，缺乏產品開發主導性，產品附加價值低
機會	威脅
1. 全球綠色照明潮流，市場需求日增，長期必然會成市場主流 2. 效能不斷提升，各種新應用的產品不斷推出，帶動市場需求 3. 美、日、韓、中國由政府推動成立國家級計畫，促進全球產業迅速發展 4. LED 隨其能源效率提升，皆有廣泛替代與應用領域，極具高附加價值 5. 光環境設計、LED 光源、照明業等，寄望 LED 創造產業新契機 6. 景觀照明工程激增，節能與光環境品質受到重視，開啟 LED 照明應用大門	1. 傳統照明產品性能也持續提升，但價格更具優勢，LED 在一般照明之應用有阻力 2. 中國大陸積極發展 LED 照明產業及應用，產業技術雖不及我國，但應用市場大，成本優勢明顯高於我國 3. 多個國家及照明大廠全力投入，各區域競爭自然化，台灣面臨前有強敵、後有追兵，市場競爭激烈 4. 日本已推出光源行業標準，中國大陸擬定完成 LED 照明標準時程

7. 長波長紅外光 LED（1300～1550nm）

InGaAs 主動區的能隙值約 0.83eV，因為周遭環繞著具有較寬能隙的 InGaAsP 限制層，形成雙異質結構：光由主動層（InGaAs）發射，並發散至鄰近層（InGaAsP），期可以收納光並引導它沿著晶體到達邊緣，InP 具有更寬能隙，因此比 InGaAsP 的折射率更小，這兩個 InP 層形成包覆層，因此可將光更有效的局限在雙異質結構中。

國家圖書館出版品預行編目資料

LED原理與應用／郭浩中，賴芳儀，郭守義著.
——三版.——臺北市：五南，2013.01
面；　公分
ISBN 978-957-11-6940-8（平裝）
1.光電科學　2.電子光學　3.燈光設計
469.45　　101025372

5D91

LED原理與應用（第三版）

Principles and Applications of Light-emitting Diode

作　　者— 郭浩中（244.3）　賴芳儀（394.5）
郭守義（244.4）

發 行 人— 楊榮川
總 編 輯— 王翠華
主　　編— 王者香
圖文編輯— 蔣晨晨
責任編輯— 李匡惠
封面設計— 簡愷立
出 版 者— 五南圖書出版股份有限公司
地　　址：106台北市大安區和平東路二段339號4樓
電　　話：(02)2705-5066　　傳　　真：(02)2706-6100
網　　址：http://www.wunan.com.tw
電子郵件：wunan@wunan.com.tw
劃撥帳號：01068953
戶　　名：五南圖書出版股份有限公司

法律顧問　林勝安律師事務所　林勝安律師

出版日期　2009年6月初版一刷
2012年3月二版一刷
2013年2月三版一刷
2016年6月三版二刷

定　　價　新臺幣700元

凝煉知識品味閱讀